AF493634

Tirage à part.

Tome II, volume 1. **Fascicule 1.**

ENCYCLOPÉDIE DES SCIENCES MATHÉMATIQUES PURES ET APPLIQUEES

PUBLIEE SOUS LES AUSPICES DES ACADÉMIES DES SCIENCES DE GÖTTINGUE, DE LEIPZIG, DE MUNICH ET DE VIENNE AVEC LA COLLABORATION DE NOMBREUX SAVANTS.

ÉDITION FRANÇAISE

RÉDIGÉE ET PUBLIÉE D'APRÈS L'ÉDITION ALLEMANDE SOUS LA DIRECTION DE

JULES MOLK,
PROFESSEUR À L'UNIVERSITÉ DE NANCY.

TOME II (PREMIER VOLUME),

FONCTIONS DE VARIABLES RÉELLES.

RÉDIGÉ DANS L'ÉDITION ALLEMANDE SOUS LA DIRECTION DE

H. BURKHARDT ET **W. WIRTINGER**
(MUNICH) (VIENNE).

PARIS, GAUTHIER-VILLARS — LEIPZIG, B. G. TEUBNER

1909
(21 MAI)

Tome II; premier volume; premier fascicule.

Sommaire.

Avis.

Dans l'édition française, on a cherché à reproduire dans leurs traits essentiels les articles de l'édition allemande; dans le mode d'exposition adopté, on a cependant largement tenu compte des traditions et habitudes françaises.

Cette édition française offrira un caractère tout particulier par la collaboration de mathématiciens allemands et français. L'auteur de chaque article de l'édition allemande a, en effet, indiqué les modifications qu'il jugeait convenable d'introduire dans son article et, d'autre part, la rédaction française de chaque article a donné lieu à un échange de vues auquel ont pris part tous les intéressés; les additions dues plus particulièrement aux collaborateurs français, sont mises entre deux astérisques. L'importance d'une telle collaboration, dont l'édition française de l'Encyclopédie offrira le premier exemple n'échappera à personne.

Tome II. Analyse.

Rédigé dans l'édition allemande sous la direction de H. Burkhardt-Munich et de W. Wirtinger-Vienne.

Rédaction française sous la direction de J. Molk-Nancy.

Premier volume.
Fonctions des variables réelles.

Second volume.
Fonctions de variables complexes.

Troisième volume.
Equations différentielles ordinaires.

Quatrième volume.
Equations aux dérivées partielles.

Cinquiéme volume.
Développements en séries.

En préparation

tome I. **Arithmétique et Algèbre.** Rédigé dans l'édition allemande par **W. F. Meyer**-Königsberg. Rédaction française par **J. Molk**-Nancy.

tome III. **Géométrie.** Rédigé dans l'édition allemande par **W. F. Meyer**-Königsberg. Rédaction française par **J. Molk**-Nancy.

tome IV. **Mécanique.** Rédigé dans l'édition allemande par **F. Klein** et **C. H. Müller**-Göttingue. Rédaction française par **P. Appell**-Paris et **J. Molk**-Nancy.

tome V. **Physique.** Rédigé dans l'édition allemande par **A. Sommerfeld**-Munich. Rédaction française par **P. Langevin**-Paris et **J. Perrin**-Paris.

tome VI. **Topographie, Géodésie, Géophysique.** Rédigé dans l'édition allemande par **Ph. Furtwängler**-Aix-la-Chapelle et **E. Wiechert**-Göttingue. Rédaction française par **Ch. Lallemand**-Paris.

tome VII. **Astronomie.** Rédigé dans l'édition allemande par **K. Schwarzschild**-Göttingue. Rédaction française par **H. Andoyer**-Paris.

tome VIII. (à l'étude) **Questions d'ordre philosophique, historique ou didactique.**

d'un point P du plan sont ses coordonnées usuelles que l'on désigne souvent sous le nom de „coordonnées cartésiennes rectangulaires" du point P; elles déterminent sans ambiguïté la position du point P dans le plan. Une courbe plane quelconque (C), pouvant être envisagée comme un ensemble de points P, est alors représentée par un ensemble de paires de nombres réels (x, y). Si, dans cet ensemble, on fixe arbitrairement l'une des deux coordonnées, l'abscisse x par exemple, celles des paires de nombres réels (x, y_1), (x, y_2), ... de l'ensemble où figure cette valeur de x définissent des valeurs $y_1, y_2, \ldots$ de l'ordonnée y qui *correspondent* à la valeur fixée de l'abscisse x sur la courbe (C).

On exprime la dépendance de l'abscisse variable x dans laquelle la courbe (C) met ainsi l'ordonnée variable y, en disant que y est *fonction* de la *variable indépendante* x.

Pour les courbes planes usuelles, définies par une propriété géométrique ou cinématique, cette dépendance s'exprime soit par une relation algébrique entre x et y, soit par une relation dans laquelle interviennent les fonctions trigonométriques ou exponentielles ou encore leurs inverses[5]).

Comme cette relation permet de calculer, avec une approximation aussi grande que l'on veut, sans faire intervenir la représentation géométrique de la courbe, les valeurs de y qui correspondent à chaque valeur de x, on a été bientôt amené, par analogie, à envisager plus généralement une quantité variable *quelconque* y comme une *fonction* d'une autre quantité variable x lorsque y est formée au moyen de x à l'aide d'une suite quelconque donnée d'opérations connues, et à étudier la façon dont se modifient les valeurs des *fonctions* y ainsi définies quand on fait varier arbitrairement la *variable indépendante* x.

*La méthode des coordonnées appliquée à des problèmes de géométrie dans l'espace aurait pu, de même, donner naissance à la notion de *fonction de deux variables indépendantes.* En réalité les premières traces de la notion de fonction de deux variables indépendantes se rencontrent, soit dans des recherches d'analyse pure[6]), soit dans la

---

5) *On a pendant longtemps distingué les courbes en géométriques et en „mechaniques" [voir par ex. *P. Varignon,* Hist. Acad. sc. Paris 1704, H. p. 115] suivant que le rapport $\frac{y}{x}$ ou seulement le rapport $\frac{dy}{dx}$ est „réglé", c'est-à-dire exprimable en nombres (au sens donné à ce mot par *P. Varignon* et ses contemporains). Les sections coniques étaient ainsi envisagées comme des courbes géométriques, la cycloïde comme une courbe mechanique.*

6) *Voir par ex. *G. W. Leibniz,* Acta Erud. Lps. 1684, p. 467; Werke, éd. *C. I. Gerhardt,* Math. Schr. 5, Halle 1858, p. 220; *I. Newton,* Philos. natu-

Edition française de l'Encyclopédie des sciences mathématiques.
Tirage à part de l'article II 1.
Paris, Gauthier-Villars. Leipzig, B. G. Teubner.

II 1. PRINCIPES FONDAMENTAUX DE LA THÉORIE DES FONCTIONS.

Exposé, d'après l'article allemand de **A. PRINGSHEIM** (Munich), par **J. MOLK** (Nancy).

I. Aperçu historique.

1. Origine de la notion de fonction[1]. L'origine de la notion de *fonction* d'une ou de plusieurs variables remonte au 17ième siècle; elle se rattache à la découverte, faite par *R. Descartes*[2] et *P. de Fermat*[3], d'une *méthode* permettant de résoudre par l'algèbre les problèmes de la géométrie.

En géométrie plane, cette méthode repose sur la représentation, dont on trouve déjà des traces chez les Grecs[4], de chaque point du plan par deux nombres réels pris dans un ordre déterminé, auxquels on a donné le nom de *coordonnées* du point. Si l'on trace, dans le plan, deux axes rectangulaires OX, OY, l'*abscisse* x et l'*ordonnée* y

1) Voir à ce sujet *M. Cantor*, Vorles. Gesch. Math. (2e éd.) 3, Leipzig 1901, p. 215, 242, 256; *Interméd. math. 3 (1896), p. 22; *P. Tannery*, id. 7 (1900), p. 52 [Question 539]; *G. Eneström*, Bibl. math. (3) 2 (1901), p. 150.* Voir aussi *H. Hankel*, Math. Ann. 20 (1882), p. 63/70; *A. Brill* et *M. Nöther*, Jahresb. deutsch. Math.-Ver. 3 (1892/3), éd. Berlin 1894, p. 127, 140.

2) Géométrie, Leyde 1637; Œuvres, éd. *Ch. Adam* et *P. Tannery* 6, Paris 1902, p. 169/485.

3) Ad locos planos et solidos isagoge, ms. publié par son fils *Samuel de Fermat*, Varia Opera math., Toulouse 1679, p. 1; Œuvres, éd. *Ch. Henry* et *P. Tannery* 1, Paris 1891, p. 91; trad. par *P. Tannery*, Introduction aux lieux plans et solides, Œuvres 3, Paris 1896, p. 85.

*Ce mémoire a été rédigé et même, d'après l'„Eloge de Monsieur de Fermat" [J. des savants 1665, p. 45], „avait esté veu devant que M. des Cartes eut rien publié sur ce sujet". Une lettre de *P. de Fermat* à *Giles Personier (dit Roberval)* datée du 22 septembre 1636 [Œuvres 2, Paris 1894, p. 74] semble d'ailleurs établir la priorité de *P. de Fermat*.*

4) *Cf. *H. G. Zeuthen*, Overs. Selsk. Forhandl. Köbenh. (Bulletin Acad. Copenhague), 1888, p. 127/44 [1887].*

solution de certains problèmes de géométrie plane où fig paramètre arbitraire, comme le problème des trajectoires orthog

Cette notion s'étend de même au cas de *fonctions d'un n quelconque de variables indépendantes.*

Jusque vers la fin du 17ième siècle, le besoin d'un terme spécial pour désigner les „fonctions“[8]) d'une ou de plusieurs variables ne s'est pas fait sentir; cette notion étant toujours revêtue d'un caractère nettement géométrique, il suffisait, pour les fonctions d'une variable par exemple, de parler de l'ordonnée d'une courbe correspondant à une abscisse donnée.*

ralis principia math., Londres 1687 (livre 2, lemme 2), p. 250; trad. par *G. E. de Breteuil* (marquise *du Chastelet*) 1, Paris 1759, p. 260; Opera, éd. *S. Horsley* 2, Londres 1779, p. 278; et *Jean Bernoulli,* Acta Erud. Lps. 1697, p. 128; Opera 1, Lausanne et Genève 1742, p. 183.*

7) *Voir déjà par ex. la lettre de *G. W. Leibniz* à *Jean Bernoulli,* datée du 6/16 décembre 1694; Werke, éd. *C. I. Gerhardt,* Math. Schr. 3, Halle 1855/6, p. 157 (Texte et notes 6 et 7 de *G. Eneström*).*

8) D'après *Jean (le Rond) d'Alembert,* les anciens analystes appelaient fonctions d'une quantité quelconque x les différentes puissances de cette quantité. Voir à ce sujet: Encyclopédie ou Dictionnaire raisonné 7, Paris 1757, p. 50; Encyclopédie méthodique, math. 2, Paris et Liége 1785, p. 78; voir aussi *J. L. Lagrange,* Théorie des fonctions analytiques, Paris an V, p. 2; Œuvres 9, Paris 1881, p. 15; *S. F. Lacroix,* Traité du calcul différentiel et du calcul intégral 1, Paris an VIII, p. 1; (2e éd.) 1, Paris 1810, p. 1; **A. A. Cournot,* Traité élémentaire de la théorie des fonctions, Paris 1857, p. 1.*

Cette affirmation de *J. d'Alembert* est sans doute inexacte.

*Il est cependant possible que *J. d'Alembert* ait traduit par „fonction“ le mot latin „dignitas“ dont s'étaient effectivement servis les anciens analystes, par ex. *N. Tartaglia* [General trattato di numeri et misure 2, Venise 1556, livre II fol. 24^b, livre IX fol. 138^b; id. 6, Venise 1560, fol. 1^b; trad. *G. Gosselin,* Paris 1578] et *R. Bombelli* [L'Algebra, Bologne 1572, p. 1] pour désigner le produit de plus de deux facteurs égaux [cf. *M. Cantor,* Vorles. Gesch. Math. (2e éd.) 2, Leipzig 1900, p. 524, 623, 626]; il faut d'ailleurs remarquer que les mots „dignité“ et „fonction“ étaient synonymes au 16ième siècle.*

D'après *G. Eneström* [Archiv Math. Phys. (3) 3 (1902), p. 319], *J. d'Alembert* a simplement voulu dire que les seules fonctions dont les analystes se soient d'abord occupés étaient les puissances de la variable [voir *G. W. Leibniz,* Historia et origo calculi differentialis (mém. posth.); Werke, éd. *C. I. Gerhardt,* Math. Schr. 5, Halle 1858, p. 394: „cum antea non aliae fuerint adhibitae functiones quantitatum, quam . . . potentiae et radices“; cf. *Jacques Bernoulli,* Acta Erud. Lps. 1697, p. 214; Opera 2, Genève 1744, p. 775] et l'on peut avancer que *J. d'Alembert* ne s'est vraisemblablement pas soucié de rechercher si les anciens analystes ont effectivement employé le mot „fonction“, ou non.

*Il n'est peut-être pas sans intérêt de remarquer que *A. Girard* désignait en 1629 [Invention nouvelle en l'Algèbre, Amsterdam 1629; réédité par *D. Bierens de Haan,* Leyde 1884, sign. $E_3{}^b$, $E_4{}^a$] par *faction* ce que nous appelons aujourd'hui „fonction symétrique élémentaire“.*

*Dans sa „Methodus fluxionum“ rédigée dès 1671, mais publiée seulement en 1736, *I. Newton* fait usage[9]) de la locution „relata quantitas“ à peu près dans le sens de „fonction“. Dans ses „Principes“, il désigne[10]) les fonctions sous le nom de „genitae“.

Quelques années plus tard, *G. W. Leibniz*[11]) emploie dans le même sens la locution „quantitas formata“ suivie de l'indication de la variable indépendante, tandis que *Jean Bernoulli*[12]) fait encore usage pour le même objet d'une longue transcription.*

Dès 1692, *G. W. Leibniz*[13]) a fait usage du mot „fonction“ dans un sens se rapprochant de celui que nous lui donnons.

9) *Methodus fluxionum et serierum infinitarum, écrit en latin en 1671, imprimé en anglais Londres 1736; Opuscula, éd. *J. Castillon* 1, Lausanne et Genève 1744, opusc. II, p. 65. *I. Newton* distingue entre „relata quantitas“ et „correlata quantitas“; on pourrait traduire par „variable dépendante“ et „variable indépendante“.*

10) **I. Newton*, Philos. naturalis principia math.[6]), (livre 2, lemme 2), p. 250; Opera 2, Londres 1779, p. 277. L'expression $A^3B^4C^2$ (où A, B, C désignent des variables indépendantes) est appelée „genita“.*

11) *Lettre de *G. W. Leibniz* à *Jean Bernoulli* datée du 7 juin 1694 [*G. W. Leibniz*, Werke, éd. *C. I. Gerhardt*, Math. Schr. 3, Halle 1855/6, p. 143; cf. id. p. 464: „BC datur per x et a“].*

12) *Lettre de *Jean Bernoulli* à *G. W. Leibniz* datée du 9 mai 1694 [*G. W. Leibniz*, Werke, éd. *C. I. Gerhardt*, Math. Schr. 3, Halle 1855/6, p. 139]. Le fait que l'équation $x = yf\left(\frac{dy}{dx}\right) + h\varphi\left(\frac{dy}{dx}\right)$ a lieu est exprimé par la phrase: „$x = y$ multiplicato vel diviso per quantitatem aliquam, rationalem sive irrationalem, quomodocumque compositam ex differentialibus dx et dy, plus constante multiplicata vel divisa per quantitatem, si vis, aliter compositam ex differentialibus dx et dy“ (Texte et notes 9 à 12 de *G. Eneström*).*

13) Avant 1698, *G. W. Leibniz* désignait habituellement par fonction une ligne dont la longueur dépend de la position d'un point sur une courbe donnée [voir par ex. Acta Erud. Lps. 1692, p. 170; Werke, éd. *C. I. Gerhardt*, Math. Schr. 5, Halle 1858, p. 268: „. . . ipsa recta tangens, vel aliae nonnullae *functiones* ab ea [curva] pendentes, . . .“ voir aussi: Acta Erud. Lps. 1694, p. 316; Le journal des sçavans pour 1694, p. 353; Werke, éd. *C. I. Gerhardt*, Math. Schr. 5, p. 307: „j'appelle *fonctions* toutes les portions des lignes droites qu'on fait en menant des droites indéfinies qui répondent au point fixe et aux points de la courbe; comme sont abscisse, ordonnée, corde, tangente, perpendiculaire, soustangente, sous-perpendiculaire, resecta ou retranchée par la tangente, retranchée par la perpendiculaire, sous-retranchées, sub-resectae a tangente vel perpendiculari, corresectae, et une infinité d'autres d'une construction plus composée, qu'on se peut figurer“].

*Dans une lettre à *Chr. Huygens* datée du 29 juin 1694, *G. W. Leibniz* [Werke, éd. *C. I. Gerhardt*, Math. Schr. 2, Berlin 1850, p. 186; Der Briefwechsel von *G. W. Leibniz* mit Mathematikern, publ. par *C. I. Gerhardt* 1, Berlin 1899, p. 740; *Chr. Huygens*, Œuvres 10, La Haye 1905, p. 650] s'exprime de la même

*En 1697, *Jean Bernoulli*[14]) pour exprimer qu'une ligne PZ dépend d'une autre ligne PF dit que „PZ est composée de PF et de la donnée A de quelque façon qu'on se puisse imaginer" et aussi que „PZ est composée comme l'on voudra de PF et de données."*

Jean Bernoulli toutefois semble être le premier qui ait fait usage du mot „fonction" dans le sens précis qu'il a actuellement; il l'a fait en 1698, en communiquant à *G. W. Leibniz*[15]) la solution du problème des isopérimètres qu'il venait de trouver. Il emploie d'ailleurs aussi le mot „fonction" dans un mémoire[16]) sur le même problème, écrit en français en 1701.

C'est à *Jean Bernoulli*[17]) que l'on doit aussi la définition des fonctions d'une grandeur variable comme étant des „*quantités composées de quelque manière que ce soit de cette grandeur variable et de constantes*".

L. Euler[18]) a donné à cette définition un sens plus précis et, en

---

façon.* *Jacques Bernoulli* adoptait le mot „fonction" dans ce même sens [voir par ex. Acta Erud. Lps. 1694, p. 391; Opera 1, Genève 1744, p. 618. Voir aussi: Acta Erud. Lps. 1698, p. 225; Opera 2, Genève 1744, p. 788].

*Plus tard, *G. W. Leibniz* a désigné par le mot „fonction" non seulement une fonction explicite quelconque, mais aussi une quantité qui dépend d'une autre quantité comme la dérivée d'une quantité dépend de cette quantité elle-même [voir par ex. son mém. posth. „Historia et origo calculi differentialis"; Werke, éd. *C. I. Gerhardt*, Math. Schr. 5, Halle 1858, p. 408: „et quemadmodum quantitates hactenus consideratae simpliciter apud Analystas habuerant suas functiones, nempe potentias et radices, ita jam quantitates ut variantes habere novas functiones, nempe differentias"] (Note de *G. Eneström*).*

14) *Histoire des ouvrages des savants 1697, p. 452; Opera 1, Lausanne et Genève 1742, p. 202. Cinq ans plus tard *Jean Bernoulli* s'exprime encore de la même façon [Hist. Acad. sc. Paris 1702, M. p. 289; Opera 1, p. 393]. *Jacques Bernoulli* dit aussi à la même époque [Acta Erud. Lps. 1700, p. 261; Opera 2, Genève 1744, p. 875] en parlant d'une fonction de x „quantitas quaecumque data per x" (Texte et note 14 de *G. Eneström*).*

15) Voir l'appendice à la lettre de *Jean Bernoulli* à *G. W. Leibniz*, datée du 5 juillet 1698; *G. W. Leibniz*, Werke, éd. *C. I. Gerhardt*, Math. Schr. 3, Halle 1855/6, p. 507: „earum [applicatarum] quaecunque functiones per alias applicatas PZ expressae."

16) *Jean Bernoulli* [Hist. Acad. sc. Paris 1706, M. p. 235; Opera 1, Lausanne et Genève 1742, p. 424] y parle de „fonctions quelconques des appliquées exprimées par d'autres appliquées" (c'est-à-dire „ordonnées").

17) Acta Erud. Lps. 1718, p. 16; Hist. Acad. sc. Paris 1718, M. p. 106; Opera 2, Lausanne et Genève 1742, p. 241. Cf. note 14.

18) „Functio quantitatis variabilis, est expressio analytica quomodocunque composita ex illa quantitate variabili, et numeris seu quantitatibus constantibus" [Introd.[21]) 1, p. 4; trad. *J. B. Labey* 1, p. 2].

apparence, plus restreint en y remplaçant le mot „*quantité*" par la locution „*expression analytique*".

A. C. Clairaut[19]) et *L. Euler*[20]) ont, les premiers, désigné les fonctions d'une variable par des lettres placées devant la variable, comme on le fait encore aujourd'hui.

2. Classification des fonctions d'après Euler. L'„Introduction à l'analyse infinitésimale" de *L. Euler*[21]) contient une étude systématique des fonctions élémentaires. La classification des fonctions qui y est adoptée repose essentiellement sur le *mode de formation* des fonctions au moyen des variables indépendantes. A ce point de vue on distingue les fonctions en *algébriques* et *transcendantes*, en *explicites* et *implicites*, en uniformes (*univoques*) et multiformes (*plurivoques*).

Quand deux variables x et y sont liées par une équation algébrique de la forme[22])

$$(\alpha) \qquad \sum_{\mu=0}^{\mu=m} \sum_{\nu=0}^{\nu=n} a_{\mu,\nu} x^{\mu} y^{\nu} = 0,$$

où m et n sont des nombres naturels quelconques donnés et où les coefficients $a_{\mu,\nu}$ sont des constantes données, chacune des deux variables est une fonction *algébrique* de l'autre.

Les fonctions *rationnelles* de x sont, à ce point de vue, les fonctions algébriques de x correspondant dans l'équation (α) au cas où $n = 1$. Et parmi ces fonctions, les fonctions *rationnelles entières* de x

19) *A. C. Clairaut* [Hist. Acad. sc. Paris 1734, M. p. 197] se sert de différents signes comme

$$\Pi x, \quad \Phi x, \quad \Delta x, \qquad \text{etc.}$$

pour exprimer différentes fonctions en général.

20) *L. Euler* [Additamentum ad dissertationem de infinitis curvis, Comm. Acad. Petrop. 7 (1734/5), éd. 1740, p. 187 de la seconde pagination (dans ce volume les pages 181 à 189 sont marquées deux fois) et p. 190] emploie les symboles

$$f\frac{x}{a}, \quad f(x+a), \quad f\left(\frac{x}{a}+b\right), \ldots$$

pour désigner des fonctions quelconques des variables $\frac{x}{a}$, $x+a$, $\frac{x}{a}+b$, ...

G. W. Leibniz et *Jean Bernoulli* faisaient encore usage de symboles plus compliqués, ou parfois de la majuscule X, pour désigner une fonction de la variable x [voir à ce sujet, *M. Cantor*, Vorles.[1]) 3, p. 216; *G. Eneström*, Bibl. math. (2) 5 (1891), p. 89].

21) Introductio in analysin infinitorum (en deux volumes), Lausanne 1748; trad. *J. B. Labey*, Introduction à l'analyse infinitésimale 1, Paris an IV; 2, Paris an V.

22) Introd.[21]) 1, p. 5; trad. *J. B. Labey* 1, p. 4.

sont celles pour lesquelles on a, en outre,

$$a_{1,1} = a_{2,1} = \cdots = a_{m,1} = 0,$$

en sorte que le coefficient de y se réduit à une *constante*.

Lorsque y est formée au moyen d'un nombre fini de sommes, différences, produits, quotients ou radicaux à indices entiers, portant sur la variable x, on dit que y est une fonction algébrique *explicite* de x. Lorsque y est liée à x par une équation algébrique qui n'est pas résolue par rapport à y (même dans le cas déjà expressément mentionné par *L. Euler* où cette équation n'est pas résoluble par radicaux) on dit que y est une fonction algébrique *implicite* de x.

Une fonction y de x est dite *transcendante*[23]) lorsque, pour former l'expression qui sert à la définir, il est nécessaire d'effectuer sur x des opérations transcendantes, c'est-à-dire, d'après *L. Euler*, de prendre des logarithmes, d'élever à des puissances irrationnelles, ou encore d'effectuer des intégrations autres que celles qui fournissent des fonctions algébriques de x.

Lorsqu'à chaque valeur déterminée de x ne correspond qu'une seule valeur de y, *L. Euler* dit que y est une fonction *uniforme*[24]) de x; dans le cas contraire y est une fonction *multiforme* de x.

En envisageant des *fonctions implicites* d'une variable, *L. Euler* a notablement étendu la notion de fonction. De plus, la distinction, qui lui est due, des fonctions en fonctions *uniformes* et fonctions *multiformes* est capitale.

Mais sa manière de définir les fonctions *transcendantes* est trop vague et trop incomplète pour avoir pu être maintenue. La seule définition générale que l'on puisse donner de la transcendance d'une fonction est de dire qu'une fonction est transcendante dans un inter-

23) *Jean Bernoulli* [Acta Erud. Lps. 1724, p. 365; Opera 2, Lausanne et Genève 1742, p. 591; Hist. Acad. sc. Paris 1730, M. p. 78; Opera 3, Lausanne et Genève 1742, p. 174] distinguait entre plusieurs „degrés" de transcendance; le premier de ces degrés était formé par les intégrales des fonctions algébriques. *G. W. Leibniz* [Acta Erud. Lps. 1686, p. 294; Werke, éd. *C. I. Gerhardt*, Math. Schr. 5, Halle 1858, p. 228] disait que les problèmes qui „omnem aequationem algebraicam transcendant" conduisent à des „quantitates transcendentes". *Il appelait parfois „interscendentes" les polynomes dont les termes sont des puissances irrationnelles de la variable multipliées par des constantes [Acta Erud. Lps. 1703, p. 20; Werke, éd. *C. I. Gerhardt*, Math. Schr. 5, Halle 1858, p. 361. (Note de *G. Loria*).*

24) Introd.[21]) 1, p. 7; trad. *J. B. Labey* 1, p. 6.* On fait encore aujourd'hui bien souvent usage de cette dénomination. Il faut toutefois reconnaître que le mot „uniforme" ne rend guère l'idée que l'on veut exprimer; le mot „univoque" l'exprime mieux. Au lieu de „multiforme" mieux vaut dire „plurivoque".*

valle donné lorsque, dans cet intervalle, elle n'est pas algébrique. Il semble tout à fait impossible de remplacer cette définition de caractère négatif par une définition de caractère positif en essayant de caractériser les fonctions transcendantes par les propriétés des expressions analytiques qui, pour *L. Euler,* leur servent de définitions.

Cela ressort déjà clairement de ce qu'il existe des expressions analytiques au sens d'Euler qui, suivant l'intervalle dans lequel on envisage la variable x, sont tour à tour algébriques ou transcendantes[25]) (cf. n° **3**).

Comme on constate en outre que certaines expressions obtenues en répétant un nombre *infini* de fois les quatre opérations de l'arithmétique élémentaire définissent cependant des fonctions *algébriques*[26]) explicites et même parfois des fonctions *rationnelles*[27]), il est d'autre part tout à fait indispensable de démontrer, dans chaque cas particulier, qu'une expression analytique qui n'est pas formée au moyen d'un nombre fini de ces opérations élémentaires effectuées sur une variable x, est effectivement une fonction transcendante[28]), c'est-à-dire non algébrique, de cette variable x.

On ne possède qu'un petit nombre de critères généraux permettant de reconnaître immédiatement si une expression analytique donnée est algébrique ou transcendante. Nous citerons ici les deux suivants:

1°) Dans les éléments de la théorie des fonctions analytiques[29])

---

25) *Exemple:* Si l'on pose

$$f(x) = \lim_{n=+\infty} \frac{x^{2(n+1)} + \log(x^2) + 1}{x^{2n} + 1}$$

on a

$$f(x) = \log(x^2) + 1 \quad \text{pour } |x| < 1$$
$$f(x) = 1 \quad \text{pour } x = \pm 1$$
$$f(x) = x^2 \quad \text{pour } |x| > 1.$$

26) *Exemple:*

$$y = 1 + \frac{x^2}{2} - \frac{1}{2}\frac{x^4}{4} + \frac{1\cdot 3}{2\cdot 4}\frac{x^6}{6} - \cdots = |\sqrt{1+x^2}|$$

pour $-1 \leqq x \leqq 1$.

27) *Exemple:*

$$y = (1+x)(1+x^2)(1+x^4)\cdots(1+x^{2^\nu})\cdots = 1 + x + x^2 + \cdots + x^\nu + \cdots = \frac{1}{1-x}$$

pour $|x| < 1$.

28) Il faut, par exemple, *démontrer* que l'expression

$$y = x^{\sqrt{2}}$$

n'est pas algébrique.

29) Cf. n° **3**, et voir aussi l'article de l'Encyclopédie sur la théorie des fonctions d'une variable complexe.

on démontre que chaque série entière partout convergente (pour x fini)

$$c_0 + c_1 x + c_2 x^2 + \cdots + c_\nu x^\nu + \cdots\cdots$$

a pour somme une fonction transcendante de x. Le même théorème a d'ailleurs lieu pour les produits infinis, uniformément convergents, de facteurs linéaires et, éventuellement, de facteurs exponentiels.

2°) *G. Eisenstein*[30]) a énoncé et *H. E. Heine*[31]) a, le premier, démontré que toute série entière à coefficients *rationnels*

$$c_0 + c_1 x + c_2 x^2 + \cdots + c_\nu x^\nu + \cdots\cdots$$

a pour somme une fonction *transcendante* de x quand il n'existe aucun entier k tel qu'en remplaçant x par kx tous les coefficients de x dans la série entière transformée soient des nombres entiers[32]).

D'autre part, quand on compare entre elles les différentes définitions que l'on peut donner d'une fonction à l'aide d'une expression analytique quelconque, on s'aperçoit aisément que ce sont seulement des fonctions rationnelles que l'on est en droit, a priori, de dire que la valeur qu'elles prennent pour une valeur déterminée de la variable peut toujours être obtenue au moyen d'un nombre fini d'additions, de soustractions, de multiplications ou de divisions[33]); pour les

---

30) Ber. Akad. Berlin 1852, p. 441.

31) J. reine angew. Math. 45 (1853), p. 285; 48 (1854), p. 267; voir aussi *H. E. Heine*, Handbuch der Kugelfunktionen, (2e éd.) 1, Berlin 1878, p. 50.

Ch. Hermite [Proc. London math. Soc. (1) 7 (1875/6), p. 173; Œuvres 3, en préparation; voir aussi: Cours autographié fac. sc. Paris, rédigé par *H. Andoyer*, (4e éd.) Paris 1891, p. 195] a donné une autre démonstration du même théorème.

F. G. Teixeira [Archiv Math. Phys. (2) 3 (1886), p. 315; Ann. Éc. Norm. (3) 3 (1886), p. 339] démontre un théorème un peu plus général.

L. Königsberger [J. reine angew. Math. 130 (1905), p. 259] et *R. Schwarz* [Der Eisensteinsche Satz, Diss. Tubingue 1908] démontrent le théorème en l'étendant aussi aux séries procédant suivant des puissances fractionnaires de la variable.

H. von Koch [Arch. mat. astron. och fys. (Stockholm) 1 (1904/5), p. 627, 647] cherche à préciser les conditions qui, d'après le théorème d'Eisenstein, sont *nécessaires* pour que la somme d'une série entière représente une fonction algébrique.

32) De cette proposition on conclut, entre autres, que l'expression

$$y = \frac{x^2}{1} - \frac{x^4}{2} + \frac{x^6}{3} - \frac{x^8}{4} + \cdots\cdots$$

envisagée pour $|x| \leqq 1$ et qui définit alors, pour ces valeurs de x, la fonction

$$y = \log(1 + x^2),$$

n'est pas algébrique.

33) On suppose ici évidemment que les règles concernant l'addition, la soustraction, la multiplication et la division des nombres rationnels soient étendues aux nombres irrationnels (cf. note 75).

fonctions qui ne sont pas rationnelles, on ne peut *en général*[34]), par ce même procédé, obtenir qu'*approximativement* la valeur que prend une fonction pour une valeur déterminée de la variable; pour obtenir exactement cette valeur il faut effectuer un *passage à la limite*[35]).

3. Notion générale de fonction. C'est en étudiant le problème des cordes vibrantes que les géomètres du 18ième siècle ont été amenés à généraliser la notion de fonction[36]). *(J. le Rond) d'Alembert*[37]) avait, le premier, abordé la solution de ce problème *qui se ramène à l'intégration de l'équation aux dérivées partielles

$$\frac{\partial^2 y}{\partial t^2} = \alpha^2 \frac{\partial^2 y}{\partial x^2}$$

(où α est une constante), et en avait donné une solution contenant déjà deux[38]) fonctions arbitraires soumises à certaines restrictions[39]);* *L. Euler*[40]) l'avait suivi de près et, en cherchant à obtenir toutes les solutions de l'équation aux dérivées partielles, avait été conduit, dans un exposé des recherches de *J. d'Alembert*, à introduire des fonctions qui dépendent de la variable comme l'ordonnée d'un point d'une ligne plane, tracée *graphiquement* d'une façon tout à fait arbitraire, dépend de l'abscisse de ce point.

Quelques années plus tard, *Daniel Bernoulli*[41]), reprenant à son

34) Pour certaines valeurs *particulières* de la variable indépendante, on peut parfois calculer exactement la valeur correspondante d'une fonction non rationnelle donnée. Il en est ainsi, par exemple, pour la fonction $y = \sqrt{x}$ et les valeurs de x égales au carré d'un nombre rationnel. Il en est de même pour la fonction $y = 2^x$ et x entier.

35) *On obtient ainsi des algorithmes illimités parmi lesquels les séries, les produits infinis, les fractions continues infinies et les déterminants infinis ont fait l'objet de nombreuses recherches qui sont exposés dans d'autres articles de l'Encyclopédie.*

36) Pour tout ce qui concerne cette question, voir *H. Burkhardt,* Jahresb. deutsch. Math.-Ver. 10² (1901/8), p. 10/47, 62/6, 70/1 [1901].

37) Recherches sur la courbe que forme une corde tendue mise en vibration [Hist. Acad. Berlin 3 (1747), éd. 1749, p. 214/49]. *Voir aussi Hist. Acad. Berlin 6 (1750), éd. 1752, p. 355.*

38) Cf. *H. Burkhardt,* Jahresb. deutsch. Math.-Ver. 10² (1901/8), p. 11, 12 [1901].

39) Pour plus de détails, consulter *B. Riemann,* Über die Darstellbarkeit einer Funktion durch eine trigonometrische Reihe (Habilitationsschrift, Göttingue 1854); Abh. Ges. Gött. 13 (1866/7), éd. 1868, math. p. 90; Werke, (2ᵉ éd.) publ. par *H. Weber,* Leipzig 1892, p. 229; trad. *L. Laugel,* Paris 1898, p. 228; *voir aussi *M. Cantor,* Vorles.¹) 3, p. 900/7.*

40) Nova Acta Erud. Lps. 1749, p. 512; Sur la vibration des cordes [Hist. Acad. Berlin 4 (1748), éd. 1750, p. 69/85].

41) Réflexions et éclaircissements sur les nouvelles vibrations des cordes exposées dans les mémoires de l'académie de 1747 et 1748 [Hist. Acad. Berlin

tour le même problème, prétendit qu'on peut, dans tous les cas, satisfaire à l'équation différentielle et aux conditions à la limite au moyen d'une série trigonométrique convenablement choisie.

En comparant la solution de *Daniel Bernoulli* à celle qu'avait donnée *L. Euler*, on était naturellement amené à conclure que toute fonction définie graphiquement (cf. n° 5) au moyen d'une ligne tracée dans un plan d'une façon tout à fait arbitraire peut être représentée par une série trigonométrique; il devait donc, en particulier, en être ainsi pour une ligne formée d'arcs de courbes élémentaires distincts[42]) simplement juxtaposés. Or cette conclusion répugnait aux géomètres du $18^{\text{ième}}$ siècle[43]). On préféra donc admettre que la solution de *Daniel Bernoulli* n'avait sans doute pas le même caractère de généralité que celle de *L. Euler*[44]).

Pendant près d'un demi-siècle on n'admit même pas que la proposition, de portée bien plus restreinte cependant, d'après laquelle toute expression analytique (formée à l'aide d'un algorithme connu) peut être représentée par une série trigonométrique, fût vraisemblable. Seul *J. L. Lagrange*[45]) essaya, sans y parvenir d'ailleurs, de démontrer cette proposition.

Quant aux fonctions qui ne sont déterminées que graphiquement, *J. L. Lagrange* lui-même ne cherche à les représenter analytiquement que d'une façon approchée[46]).

---

9 (1753), éd. 1755, p. 147/72]. Sur le mélange de plusieurs espèces de vibrations qui peuvent exister dans un même système de corps [id. p. 173/95]. *Mémoire sur les vibrations des cordes d'une épaisseur inégale [Hist. Acad. Berlin 21 (1765), éd. 1767, p. 281/306].*

42) Ces courbes qui, dans des intervalles distincts, sont définies par des expressions algébriques ou transcendantes élémentaires distinctes, sont désignées par *L. Euler* [Introd.[21]) 2, p. 6; trad. *J. B. Labey* 2, p. 4] sous le nom de courbes discontinues, ou mixtes, ou irrégulières. On peut d'ailleurs représenter ces courbes mixtes par des expressions bien plus simples que ne le sont les séries de Fourier [cf. notes 25, 53 et I 4, **20** note 158].

43) *Voir par ex. *J. d'Alembert,* Opusc. math. 1, Paris 1761, p. 32, 64; 4, Paris 1768, p. 175; Hist. Acad. Berlin 19 (1763), éd. 1770, p. 235/77 (extraits de différentes lettres de *J. d'Alembert* à *J. L. Lagrange,* datées de juin 1769).*

44) Cf. *L. Euler*, Remarques sur les mémoires précédents[41]) de *D. Bernoulli* [Hist. Acad. Berlin 9 (1753), éd. 1755, p. 196/222]; *Sur le mouvement d'une corde qui au commencement n'a été ébranlée que dans une partie [Hist. Acad. Berlin 21 (1765), éd. 1767, p. 307/34].* Pour plus de détails, voir *H. Burkhardt,* Jahresb. deutsch. Math.-Ver. 10^2 (1901/8), p. 20/4 [1901].

45) Misc. Taurinensia (Mélanges de philos. et de math.) 3 (1762/5), éd. 1766, math. p. 221; Œuvres 1, Paris 1867, p. 514. Cf. *H. Burkhardt,* Jahresb. deutsch. Math.-Ver. 10^2 (1901/8), p. 50, en partic. la note 228 [1901].

46) Misc. Taurinensia (Mélanges de philos. et de math.) 3 (1762/5), éd. 1766.

J-B. J. Fourier[47]) s'engagea dans une voie nouvelle en déterminant les coefficients de la série trigonométrique au moyen d'intégrales définies[48]) portant sur la fonction donnée et en observant que, dans tous les cas alors envisagés, ces intégrales ont un sens déterminé. *J-B. J. Fourier* en conclut et osa le premier affirmer que *toute* fonction d'une variable peut être représentée, dans un intervalle fini, par une série trigonométrique.

*Cette conclusion, quoique n'étant pas rigoureuse, fut cependant admise par la plupart de ses contemporains comme exprimant un fait exact, sans doute parce qu'elle était, dans chaque cas particulier, susceptible d'une vérification numérique; on donna même, sans hésiter, le nom de *série de Fourier* à la série trigonométrique ainsi formée[49]).*

Quelques années plus tard, *G. Lejeune Dirichlet*[50]), dans un mémoire célèbre resté un modèle de rigueur, démontra la proposition énoncée par *J-B. J. Fourier* en précisant les conditions, auxquelles on a donné le nom de *conditions de Dirichlet*[51]), sous lesquelles on est certain qu'une série trigonométrique, ayant pour coefficients ceux

---

math. p. 260; Œuvres 1, Paris 1867, p. 552. Voir aussi à ce sujet une remarque[39]) de *B. Riemann*, Habilitationsschrift[39]); Abh. Ges. Gött. 13 (1866/7), éd. 1868, math. p. 93; Werke, (2e éd.) p. 232; trad. p. 231.

47) *Les premières recherches de *J-B. J. Fourier* dans cet ordre d'idées remontent à la fin du 18ième siècle;* elles ont été communiquées à l'Académie des sciences le 21 décembre 1807, dans un mémoire sur la théorie de la chaleur que l'on croyait perdu, mais qui a été retrouvé [cf. Œuvres 2, Paris 1890, préface, p. VII] par *G. Darboux* en 1889; un extrait de quatre pages seulement de ce mémoire avait été publié par *S. D. Poisson* [Bull. Soc. philom. Paris (2) 1 (1807/8), p. 112; *J-B. J. Fourier,* Œuvres 2, Paris 1890, p. 215]. Ces recherches sont exposées d'une façon plus détaillée dans un mémoire couronné par l'Académie des sciences le 6 janvier 1812 [Mém. Acad. sc. Institut France (2) 4 (1819/20), éd. 1842; voir en partic. p. 281, 326]. qu'il a ensuite reproduit avec de légères modifications [Théorie analytique de la chaleur, Paris 1822; voir en partic. chap. 3 section 6; Œuvres 1, Paris 1888, p. 187, 209, 230/1].

48) Dans le cas où la fonction envisagée est définie par une expression analytique, la détermination par des intégrales définies des coefficients de son développement en série trigonométrique se trouve déjà dans un mémoire de *L. Euler* [Nova Acta Acad. Petrop. 11 (1793), éd. 1798, math. p. 114] daté du 26 mai 1777.

49) *Voir *G. Darboux*, Note publiée dans *J-B. J. Fourier,* Œuvres 1, Paris 1888, p. 208.*

50) J. reine angew. Math. 4 (1829), p. 157; Repertorium der Physik 1, Berlin 1837, p. 152; Werke 1, Berlin 1889, p. 119, 135.

51) *Ces conditions seront énoncées dans l'article du tome II de l'Encyclopédie consacré aux séries trigonométriques.*

de *J-B. J. Fourier*, converge et représente, dans un intervalle donné, une fonction arbitrairement fixée.

L'ensemble de ces recherches devait exercer une influence profonde sur le développement de la notion de fonction.

La nécessité d'étendre cette notion telle que l'avait conçue *L. Euler* s'imposait, en effet, à la suite des résultats obtenus par *J-B. J. Fourier* et *G. Lejeune Dirichlet*.

G. Lejeune Dirichlet[52]) a, le premier, proposé de dire qu'une quantité y est une *fonction* (univoque) d'une quantité x, dans un intervalle donné

$$a \leqq x \leqq b$$

quand à chaque valeur attribuée à x dans cet intervalle correspond une valeur unique et déterminée de y, sans *rien* spécifier sur la façon dont les diverses valeurs de y s'enchaînent les unes aux autres.

C'est là bien certainement la notion la plus générale que l'on puisse donner d'une fonction (univoque) d'une variable indépendante[53]); mais, en raison même de cette généralité, on ne saurait obtenir de

---

52) Repert. der Physik[50]) 1, p. 152; Werke 1, p. 135.

S. F. Lacroix [Calc. diff.[8]), (2e éd.) 1, p. 1] avait déjà donné une définition toute semblable; mais, sur les exemples mêmes qu'il cite, on voit bien nettement que sa définition est loin d'avoir le caractère général de celle de *G. Lejeune Dirichlet*.

53) Les développements soit en séries de Fourier, soit en séries analogues qui seront étudiées dans d'autres articles de l'Encyclopédie, sont loin d'être les seuls à l'aide desquels on puisse représenter analytiquement les fonctions au sens de *G. Lejeune Dirichlet*; ces développements ne fournissent d'ailleurs pas toujours le moyen le plus simple pour effectuer cette représentation analytique et il existe même des catégories très étendues de fonctions représentables analytiquement auxquelles ces développements ne s'appliquent pas. Des passages à la limite fournissent, par contre, des expressions assez simples qui conviennent admirablement pour représenter des fonctions de nature extrêmement compliquée. Pour ne citer qu'un seul exemple, rappelons que *G. Lejeune Dirichlet* [J. reine angew. Math. 4 (1829), p. 169; Werke 1, Berlin 1889, p. 132] avait mentionné une fonction y supposée égale à une constante donnée c pour toutes les valeurs rationnelles de la variable x et à une autre constante donnée γ pour toutes les valeurs irrationnelles de x. Comme l'a montré *A. Pringsheim* (dans l'article de l'édition allemande de l'Encyclopédie que nous exposons ici), cette fonction peut être représentée par l'expression

$$y = \gamma + (c - \gamma) \lim_{n=+\infty} \lim_{\nu=+\infty} [\cos(n!\,\pi x)]^{2\nu}.$$

H. Hankel[262]) et *E. Pascal* [Esercizi e note critiche di calcolo infinitesimale, Milan 1895, p. 2] ont donné des modes de représentation de la même fonction qui sont moins simples et moins caractéristiques (cf. n° **19**).

Pour la représentation de certaines classes de fonctions d'un caractère très général, voir nos **9**, **18**, **19** et **20**.

… de quelque étendue, concernant la théorie des fonctions, qu'en …stinguant, parmi toutes les fonctions possibles, certains types déterminés caractérisés par un nombre suffisant de *propriétés données.* Les problèmes posés dans les applications des mathématiques à l'étude des phénomènes naturels et le désir de systématiser les résultats déjà obtenus concernant les fonctions connues, en les coordonnant et en les généralisant, ont presque toujours déterminé le choix des propriétés caractérisant les types de fonctions que l'on a étudiés.*

Dès que l'on eût reconnu que c'est, bien plutôt que la *forme* de leurs expressions analytiques, le fait d'avoir des propriétés déterminées qui caractérise les types de fonctions dont on fait pratiquement usage, on s'est bien vite aperçu que la définition due à *L. Euler* d'une fonction par une expression analytique demandait, à certains égards, à être non pas élargie mais plutôt *restreinte.*

Cela résulte du fait (mentionné au n° 2 et observé d'abord dans le cas des séries trigonométriques) qu'*une même expression* analytique peut représenter dans divers intervalles des fonctions algébriques ou transcendantes distinctes tout en étant, au sens de *L. Euler,* une seule et même fonction; une seule et même fonction au sens de *L. Euler* pourrait donc, en passant d'un intervalle à un autre, changer complètement de caractère.

D'autre part, la définition des fonctions, au sens restreint du mot, doit évidemment être donnée de façon à permettre de distinguer sous quelles conditions *deux* expressions analytiques distinctes, n'ayant de sens que dans deux intervalles *distincts,* représentent, ou non, la même fonction. Or si l'on admettait comme évident que deux séries convergentes, définies l'une dans un intervalle $a \leqq x \leqq b$, l'autre dans un intervalle $c \leqq x \leqq d$ (où $c \geqq b$), et ayant pour somme la même expression algébrique[54]), représentent une seule et même fonction de x, tout critère permettant de reconnaître si deux expressions analytiques distinctes, définies dans deux intervalles adjacents ou dans deux intervalles n'ayant aucun point commun, représentent, ou non, la même fonction faisait complètement défaut.

---

54) Ainsi la série

$$1 + \frac{x^4}{2} - \frac{1}{2}\frac{x^8}{4} + \frac{1 \cdot 3}{2 \cdot 4}\frac{x^{12}}{6} - \cdots\cdots,$$

qui converge pour $|x| \leqq 1$ et admet alors pour somme l'expression algébrique $|\sqrt{1+x^4}|$, et la série

$$x^2\left[1 + \frac{1}{2x^4} - \frac{1}{2}\frac{1}{4x^8} + \frac{1 \cdot 3}{2 \cdot 4}\frac{1}{6x^{12}} - \cdots\cdots\right],$$

Il semblait donc absolument impossible d'introduir[illegible] analogue à celle du *prolongement analytique* (ou *continuation analytique*) d'une fonction définie seulement, dans un intervalle déterminé, par une expression analytique n'ayant un sens que dans cet intervalle. Dans cet ordre d'idées on s'est heurté à des difficultés insurmontables tant que, sans quitter le domaine des variables réelles, on essayait de „continuer" une fonction au delà des bornes de l'intervalle dans lequel elle était d'abord définie.

On n'a pu constituer un groupe étendu de fonctions ayant des propriétés déterminées suffisamment distinctes les unes des autres qu'après avoir introduit systématiquement en analyse les variables complexes. La restriction apportée à la notion de fonction, au sens de *G. Lejeune Dirichlet*, consiste alors à n'envisager, avec *A. L. Cauchy* et *B. Riemann*, que des fonctions *monogènes*[55]) d'une variable complexe, ou bien encore à étendre, avec *Ch. Méray* et *K. Weierstrass*, la notion de fonction analytique[56]) d'une variable réelle, due à *J. L. Lagrange*[57]), aux fonctions d'une variable complexe. Ces deux points de vue, quelque distincts qu'ils semblent à première vue, sont d'ailleurs, au fond, entièrement équivalents[58]).

---

qui converge pour $|x| \geqq 1$, et admet alors aussi pour somme l'expression algébrique $|\sqrt{1+x^4}|$, peuvent être envisagées comme représentant la *même* fonction dans les intervalles

$$-\infty < x \leqq -1, \quad -1 \leqq x \leqq 1, \quad 1 \leqq x < +\infty$$

où elles sont l'une ou l'autre convergentes.

55) *A. L. Cauchy*, Exercices d'analyse et de phys. math. 4, Paris 1847, p. 346; Œuvres (2) 14, en préparation. Cf. II 8.

B. Riemann [Grundlagen für eine allgemeine Theorie der Functionen einer veränderlichen complexen Grösse, Diss. Göttingue 1851, p. 2, 16; Werke[39]), (2e éd.), p. 5, 23; trad. p. 3, 27] réserve à ces fonctions le nom de „fonctions d'une variable complexe."

56) *Les fonctions, dites „analytiques" d'après *Ch. Méray* et *K. Weierstrass*, peuvent toujours être représentées par une ou plusieurs séries entières s'enchaînant en quelque sorte les unes aux autres, en sorte que chacune est une continuation des autres. Ces fonctions constituent le type le plus parfait des fonctions organiques dans l'ensemble des fonctions que l'on peut concevoir.*

57) *J. L. Lagrange* [Théorie des fonctions analytiques, Paris an V, p. 28; Œuvres 9, Paris 1881, p. 65/6] appelait fonctions analytiques simples d'une variable réelle x les fonctions x^m, a^x, $\sin x$, $\cos x$ qui peuvent être développées en séries entières en $x - a$ aux environs de chacun des points a d'un intervalle donné (ainsi que la fonction $\log_a x$ envisagée comme fonction inverse de a^x) et a essayé de démontrer que chaque fonction peut être développée en une telle série entière, sauf éventuellement en un nombre fini de points de l'intervalle envisagé.

58) Certaines obscurités concernant la notion de continuation des fonctions

On appelle souvent improprement, surtout dans les pays de langue allemande, „théorie des fonctions" l'étude des fonctions monogènes d'une variable complexe[59]); on réserve alors le nom „d'étude générale des fonctions" à l'étude des divers types de fonctions d'une variable réelle (au sens de *G. Lejeune Dirichlet*) que l'on peut concevoir.

C'est cette étude générale des fonctions qui fera l'objet de cet article. L'étude des théories concernant certaines classes particulières de fonctions sera faite dans d'autres articles de l'Encyclopédie.

II. Fonctions d'une variable réelle.

4. Variables réelles[60]). Une *variable réelle* est un symbole qui représente les divers éléments d'un ensemble de nombres réels. On dit de chacun de ces éléments qu'il est une des *valeurs* que peut prendre la variable; l'ensemble lui-même constitue le *domaine* de la variable: il peut comprendre un nombre fini ou infini d'éléments et, dans ce dernier cas, il peut être dénombrable ou non.

---

monogènes n'ont toutefois pu être éclaircies tant qu'on s'est placé exclusivement au point de vue de *A. L. Cauchy* et de *B. Riemann* [cf. *H. Hankel*, Math. Ann. 20 (1882), p. 105, 109]; elles ont été complètement éclaircies par *K. Weierstrass* [Monatsb. Akad. Berlin 1880, p. 728/9; Funktionenlehre, Berlin 1886, p. 78/9; Werke 2, Berlin 1895, p. 210]. Voir aussi *Ph. L. Seidel*, J. reine angew. Math. 73 (1871), p. 300. Cf. l'article de l'Encyclopédie sur les fonctions de variables complexes.

59) Puisqu'une série entière de la variable complexe

$$z = r(\cos x + i \sin x),$$

qui converge pour $r \leqq 1$, se transforme pour $r = 1$ en une série trigonométrique de la variable réelle x, toutes les fonctions non analytiques d'une variable réelle x pouvant être représentées par des séries trigonométriques (fonctions qui offrent un caractère remarquable de généralité) peuvent être aussi envisagées comme des *limites* de fonctions analytiques d'une variable complexe [Cf. *S. Pincherle* (d'après un cours professé par *K. Weierstrass* en 1872/3 à l'Université de Berlin), Giorn. mat. (1) 18 (1880), p. 254; et voir les articles de l'Encyclopédie consacrés au problème de Dirichlet (Randwertaufgaben)]. Il en est d'ailleurs de même de certaines fonctions de caractère fort compliqué qui ne peuvent être représentées par des séries trigonométriques [voir par ex. *H. Hankel*, Math. Ann. 20 (1882), p. 254].

60) Il serait bien difficile de fixer l'origine de chacune des définitions et propositions que l'on a groupées dans ce numéro. *K. Weierstrass* en a fait usage dans ses cours professés à l'Université de Berlin de 1861 à 1885; *les traités de *J. Tannery* ont beaucoup contribué à les répandre en France.*

On ne perdra pas de vue que ces définitions concernent aussi bien le cas où la variable que l'on envisage est *indépendante* que celui où elle dépend d'une ou de plusieurs autres variables.

Pour désigner une variable on fait généralement usage d'une des dernières lettres de l'alphabet (I 1, **14** note 143); on désignera le domaine de la variable par la même lettre mise entre parenthèses.

D'après le postulat de *Cantor-Dedekind* (I 3, **5** note 48) on peut établir une correspondance parfaite (I 1, **1**) entre l'ensemble des nombres réels et l'ensemble des points d'une droite. A chaque domaine d'une variable on peut donc faire correspondre, d'une façon parfaite, un ensemble ponctuel linéaire, l'*image* de ce domaine; on ne manquera pas de le faire chaque fois que cela semblera commode et l'on se permettra, dans ce cas, d'employer l'un pour l'autre les synonymes „valeur que prend une variable réelle“ et „point“ qui correspond parfaitement à cette valeur; l'un et l'autre seront alors désignés par une même lettre. Pour caractériser les divers domaines possibles d'une variable réelle, on fera de même généralement usage (voir en particulier n^{os} **11**, **15**, **16**) de la terminologie introduite par *G. Cantor* (voir à ce sujet l'article I 7).

On dit qu'un domaine (x) est *borné*[61]) lorsque tous les nombres de ce domaine sont plus petits, en valeur absolue, qu'un nombre positif déterminé.

Les points x d'un domaine borné quelconque (x) admettent nécessairement une *borne*[62]) *supérieure* B et une *borne inférieure* b toutes deux finies et déterminées[63]): les domaines bornés quelconques se comportent donc à cet égard exactement comme les points des ensembles dénombrables bornés que l'on a rencontrés en Arithmétique (I 3, **19**) sous le nom de suites infinies de nombres compris entre deux nombres finis. En d'autres termes, à chaque domaine borné (x) corres-

61) *Cf. *C. Jordan,* Cours d'Analyse, (2e éd.) 1, Paris 1893, p. 22.*

62) Le mot borne est pris ici dans le sens qu'on lui avait déjà donné [I 3, 20] dans un cas particulier. Les remarques des notes 227 et 228 de l'article I 3 s'appliquent aussi dans le cas plus général que l'on envisage ici.

*Dans la seconde édition de son Introduction à la théorie des fonctions d'une variable 1, Paris 1904, p. 221, *J. Tannery* a adopté le mot „borne“.*

63) Ce théorème a été établi par *B. Bolzano,* Rein analytischer Beweis ... [Abh. böhm. Ges. Wiss. 5 (1814/7), éd. Prague 1818, phys.-math., mém. n° 6, § 12 et 13; réimpr. dans la collection intitulée: Klassiker, wissenschaftliche, in Facsimile-Drucken 8, Berlin 1894, p. 41/8, 48/50 et aussi dans la collection intitulée: Ostwalds Klassiker der exakten Wiss. n° 153 (1905), p. 25/9, 29/30].

L. Kronecker considérait la démonstration de ce théorème comme illusoire parce qu'elle ne fournit aucun moyen d'obtenir effectivement les nombres B et b correspondant à un domaine borné donné (cf. I 3, **10**).* On ne connaît même aucun procédé permettant de discerner si les bornes d'un domaine sont finies ou non [cf. *O. Stolz,* Vorles. über allgemeine Arith. 1, Leipzig 1885, p. 151].

pondent deux nombres finis et déterminés B et b tels que chaque élément x de ce domaine vérifie les inégalités

$$b \leqq x \leqq B$$

et que, quelque petit que l'on fixe un nombre positif ε, on puisse toujours trouver un élément x du domaine (x) vérifiant les inégalités

$$b \leqq x < b + \varepsilon$$

et un élément x vérifiant les inégalités

$$B - \varepsilon < x \leqq B.$$

Les nombres B et b ne font d'ailleurs pas nécessairement partie du domaine (x).

Lorsque le nombre d'éléments d'un domaine borné (x) est infini, les points x admettent au moins un *point d'accumulation* (ou *point-limite*) a [les valeurs de la variable x admettent une *limite* a] qui peut aussi ne pas faire partie du domaine (x)[64]).

Si la borne supérieure B fait partie du domaine (x) on dit que B est le *maximé*[65]) des valeurs de la variable x; dans ce cas B peut être ou ne pas être un point d'accumulation des points x.

Si, au contraire, B ne fait pas partie du domaine (x), B est nécessairement un point d'accumulation des points x.

Ce qu'on vient de dire de la borne supérieure B s'applique aussi à la borne inférieure b à condition de remplacer dans les énoncés le mot „maximé" par le mot „minimé".

Lorsqu'un domaine (x) contient des nombres plus grands que chaque nombre positif P fixé arbitrairement, on *dit* que les points x de ce domaine admettent comme borne supérieure $+\infty$ et comme dans ce cas il y a, quel que soit P, un nombre infini de points x du domaine envisagé (x) pour lesquels on a

$$x > P,$$

---

64) *S. Pincherle* [d'après *K. Weierstrass*[59])], Giorn. mat. (1) 18 (1880), p. 237. La locution „point d'accumulation (Häufungspunkt)" est prise ici dans le sens qu'on lui avait déjà donné (I 3, 20) dans un cas particulier.

65) On pourrait, avec *A. Pringsheim*, dire *maximé réel* au lieu de „maximé" et désigner sous le nom de *maximé idéal* chaque „borne supérieure" qui n'est pas un maximé (cf. I 3, 20 note 230).

Ces locutions „maximé réel" ou „maximé idéal" dont il est, à certains égards, avantageux de faire usage dans l'étude générale des fonctions seraient peut-être moins indiquées dans l'étude particulière des maximés et minimés ordinaires du calcul infinitésimal, où l'on distingue déjà entre maximés absolus et maximés relatifs, etc.

on dit aussi que $+\infty$ est un point d'accumulation des points de ce domaine (x)[66].

De même, lorsqu'un domaine (x) contient des nombres plus petits que tout nombre négatif donné, on *dit* que les points x de ce domaine admettent $-\infty$ comme borne inférieure et comme point d'accumulation[67].

On dit qu'une variable x converge vers a (I 3, **15**, **16**) et l'on écrit

$$\lim x = a$$

lorsque, a étant un point d'accumulation des points du domaine (x), on suppose x remplacée successivement, suivant une loi quelconque, par des nombres du domaine (x), *le nombre a lui-même excepté*, tels que, à partir de l'un d'entre eux, la valeur absolue de la différence $a - x$ devienne plus petite que tout nombre assignable[68].

Lorsque x converge vers a en ne prenant que des valeurs plus grandes que a, on écrit, avec *G. Lejeune Dirichlet*,

$$\lim x = a + 0;$$

lorsque x converge vers a en ne prenant que des valeurs plus petites que a, on écrit de même

$$\lim x = a - 0.$$

On appelle *intervalle* (x_0, X) l'ensemble des nombres x vérifiant es inégalités

$$x_0 \leqq x \leqq X,$$

ou encore l'ensemble des points x situés sur le segment de droite dont l'origine est x_0 et l'extrémité X. On dit de chacun de ces nombres qu'il est compris (de chacun de ces points x qu'il est situé) *dans l'intervalle* (x_0, X). On dit de chacun des nombres x (des points x) pour lesquels on a

$$x_0 < x < X$$

qu'il est compris (qu'il est situé) *à l'intérieur*[69] *de l'intervalle* (x_0, X)[70].

On entend par *environs* d'un point x situé *à l'intérieur* de l'inter-

---

66) *S. Pincherle*, Giorn. mat. (1) 18 (1880), p. 241.

67) Le symbole ∞, quand il n'est pas précédé d'un signe, a un sens tout différent (cf. n° 8 et I 3, 17).

68) On dit, de même, que x diverge vers $+\infty$ (ou vers $-\infty$) et l'on écrit

$$\lim x = +\infty \quad (\text{ou } \lim x = -\infty)$$

quand, $+\infty$ (ou $-\infty$) étant un point d'accumulation des points du domaine (x), on suppose x remplacé successivement par des nombres positifs de plus en plus grands dépassant tout nombre fini quelque grand qu'il soit (ou par des nombres négatifs dont la valeur absolue diverge vers $+\infty$).

69) On dit aussi que l'ensemble des nombres x situés à l'intérieur de l'in-

valle (x_0, X), l'ensemble des points situés dans un intervalle[70a])

$$(x - \delta, \quad x + \delta)$$

où δ est fixé arbitrairement, aussi petit que l'on veut, parmi les nombres δ' vérifiant les inégalités

$$x_0 < x - \delta' < x + \delta' < X.$$

Les *environs à droite* du point x sont alors formés par l'ensemble des points de l'intervalle $(x, x + \delta)$; les *environs à gauche* du point x sont de même formés par l'ensemble des points de l'intervalle $(x - \delta, x)$. Le point x_0 n'a naturellement que des environs à droite; le point X n'a que des environs à gauche.

5. Fonction univoque (réelle) d'une variable (réelle). Pour mettre en évidence la dépendance arithmétique d'une variable (réelle) x et d'une *fonction* y de cette variable x dans un domaine (x), au sens général donné au mot „fonction" par *G. Lejeune Dirichlet*, il faudrait dresser une sorte de „tableau idéal" dans lequel chaque valeur de y serait mise en regard de la valeur correspondante de x. Mais comme [sauf dans le cas très particulier, dont l'étude n'offre d'ailleurs aucun intérêt, où le domaine (x) est formé d'un nombre fini d'éléments] ce tableau idéal devrait comprendre une *infinité* d'éléments [constitués par les valeurs de y écrites en regard des valeurs de x], on ne voit pas comment il pourrait être effectivement réalisé. Il n'a d'ailleurs nul besoin de l'être, car pour étudier d'une façon précise la dépendance arithmétique de y et de x, il n'est pas nécessaire de l'avoir tout entier devant les yeux; il suffit de pouvoir obtenir à tout instant, en toute rigueur, ceux de ses éléments dont on a besoin.

Il en est ainsi lorsque tout le tableau idéal est en quelque sorte condensé dans un *procédé de calcul* permettant d'obtenir effectivement la valeur de y correspondant à chaque valeur de x du domaine (x) envisagé. Ce procédé de calcul peut d'ailleurs être imaginé aussi compliqué que l'on veut; on peut par exemple le supposer différent pour diverses classes de nombres entre lesquels on répartit, suivant

---

tervalle (x_0, X) constitue l'intervalle $(x_0 + 0, X - 0)$. Les notations $(x_0 + 0, X)$ et $(x_0, X - 0)$ s'entendent alors d'elles-mêmes.

70) Lorsqu'une variable x varie à l'intérieur d'un intervalle (x_0, X) tel que

$$\lim x_0 = -\infty \quad \text{et que} \quad \lim X = +\infty,$$

on dit, avec *K. Weierstrass*, que x est une *variable non-bornée* („unbeschränkte Veränderliche").

70a) *On pourrait tout aussi bien envisager l'intervalle $(x - \delta_1, x + \delta_2)$, où δ_1 et δ_2 sont fixés comme δ dans le texte (Note de *G. Vivanti*).*

une loi arbitrairement fixée, les nombres du domaine (x); ces classes de nombres peuvent même être en nombre infini, mais on supposera dans ce cas qu'elles forment un ensemble dénombrable[71]).

Au lieu de „condenser" ainsi le „tableau idéal" dans un procédé de calcul on pourrait avoir l'idée de le „condenser" dans un tracé géométrique. Mais alors, ou bien ce tracé serait effectué conformément à une loi déterminée et, dans ce cas, un procédé de calcul pourrait toujours lui être substitué, ou bien ce tracé serait représenté par un simple graphique dessiné d'une façon tout à fait arbitraire et alors, en *mesurant* simultanément une abscisse quelconque x et l'ordonnée correspondante y, on ne saurait obtenir[72]) qu'une paire de nombres

71) On définit par ex. une fonction univoque y de x dans l'intervalle $(0, 1)$ en envisageant cet intervalle comme formé par le point 0 et par l'ensemble dénombrable d'intervalles

$$\left(1, \frac{1}{2}\right), \left(\frac{1}{2}, \frac{1}{3}\right), \ldots, \left(\frac{1}{n}, \frac{1}{n+1}\right), \ldots\ldots$$

et en convenant de prendre

$$\begin{array}{lll} y = 0 & \text{pour} & x = 0 \\ y = x & \text{pour} & 1 \geqq x > \frac{1}{2} \\ y = \frac{x}{2} & \text{pour} & \frac{1}{2} \geqq x > \frac{1}{3} \\ \ldots & \ldots & \ldots \\ y = \frac{x}{n} & \text{pour} & \frac{1}{n} \geqq x > \frac{1}{n+1} \\ \ldots & \ldots & \ldots \end{array}$$

T. Brodén [Lunds universitets årsskrift (Acta univ. Lundensis) 33 II (1897), mém. n° 3, p. 1/7] a étudié d'une façon détaillée les divers modes de définitions possibles de y.

72) L'ordonnée y d'une courbe plane tracée arbitrairement peut, il est vrai, (au moins quand cette courbe appartient à la catégorie très générale des courbes désignées au n° 11 de cet article sous le nom de *courbes ordinaires*) être représentée, dans un intervalle donné, par une série de Fourier; mais cette série n'est qu'en apparence une fonction de l'abscisse x dans le sens que l'on vient de fixer.

Si l'on envisage par exemple l'intervalle $(-\pi, +\pi)$, les intégrales

$$A_n = \int_{-\pi}^{+\pi} y \cos(nx)\, dx\,,$$

$$B_n = \int_{-\pi}^{+\pi} y \sin(nx)\, dx,$$

qui figurent comme coefficients dans la série de Fourier, représentent des *aires* que l'on ne peut évaluer qu'*approximativement*; les ordonnées des courbes limi-

entre lesquels devrait être comprise x et une paire de nombres entre lesquels devrait être comprise y, au lieu des valeurs correspondantes de x et de y elles-mêmes[73]).

De tout ce qui précède il résulte que quand on dit, avec *G. Lejeune Dirichlet*, qu'une variable (réelle) y est une *fonction univoque* (réelle) d'une variable (réelle) x, dans un domaine (x), lorsqu'à chaque valeur de x, faisant partie du domaine (x), correspond une valeur *déterminée* de y, on ne peut pas se dispenser[73a]) de supposer que cette valeur déterminée de y est, que ce soit directement ou indirectement, *définie* à l'aide de la valeur correspondante de x par quelque *procédé de calcul*[74]); rien ne limite d'ailleurs la façon dont on peut s'imaginer que la valeur de y se calcule au moyen de celle de x[75]).

On indique la dépendance de la variable x et de la fonction y en écrivant

$$y = f(x).$$

On dit souvent que x est l'*argument* de la fonction y.

Lorsqu'on n'envisage pas la variable x comme fonction d'une autre variable on dit que x est une *variable indépendante*.

---

tant ces aires ne peuvent elles-mêmes (pour chaque indice n) être évaluées qu'approximativement. Ce n'est qu'en supposant l'ordonnée y déterminée par un procédé de calcul pour chaque point x situé à l'intérieur de l'intervalle $(-\pi, +\pi)$ que l'on est en droit de parler de nombres déterminés A_n, B_n (cf. I 3, 15).

73) Cf. *F. Klein*, Sitzgsb. phys.-medic. Soc. Erlangen 6 (1873/4), p. 52/64; réimprimé: Math. Ann. 22 (1883), p. 249/59.

73a) L'opinion contraire est énoncée par *Ph. E. P. Jourdain*, J. reine angew. Math. 128 (1905), p. 185 en note.

74) Cette définition s'étend immédiatement aux fonctions de plusieurs variables. Dans ce qui suit, quand on parlera de fonctions (sans épithète) il s'agira toujours de fonctions univoques au sens que l'on vient de fixer.

75) Elle doit toutefois être telle que la valeur de y correspondant à une valeur irrationnelle a de x ne dépende pas de celle des suites de nombres rationnels

$$a_1, a_2, \ldots, a_n, \ldots\ldots$$

que l'on choisit pour définir le nombre irrationnel a [cf. *H. E. Heine*, J. reine angew. Math. 74 (1872), p. 180; voir aussi p. 181 en note].

E. B. Christoffel [Math. Ann. 53 (1900), p. 465/92] a cherché à établir les conditions générales sous lesquelles une expression analytique quelconque donnée $f(x_1, x_2, \ldots, x_n)$ a une valeur déterminée quand on y remplace les n variables $x_1, x_2, \ldots, x_n$ par n nombres réels déterminés. Dans ses recherches il ne suppose pas connues les règles de calcul concernant les nombres irrationnels; il cherche au contraire à lier étroitement ces règles à la définition même des fonctions d'une et de plusieurs variables. Cette façon de procéder, qui est contraire à celle qu'on adopte généralement depuis *K. Weierstrass* et *Ch. Méray*, présente de sérieux inconvénients et conduit même, comme l'a montré *A. Pringsheim* [Jahresb. deutsch. Math.-Ver. 12 (1903), p. 591], à certaines contradictions.

6. Borne supérieure, borne inférieure, écart des bornes d'une fonction. On dit qu'une fonction y de la variable x est *bornée*, ou a une *valeur finie* dans un intervalle (x_0, X), lorsqu'en chacun des points x situés dans cet intervalle la valeur absolue de y est inférieure à un *même* nombre fini. Une fonction peut donc avoir une valeur finie en chacun des points d'un intervalle sans être bornée (ou avoir une valeur finie) dans cet intervalle[76]).

Lorsqu'une fonction y est bornée dans un intervalle (x_0, X), l'ensemble formé par les valeurs de y correspondant aux points x de cet intervalle admet une borne supérieure B et une borne inférieure b. On appelle *variation*[77]) de y dans l'intervalle (x_0, X) la différence (positive ou nulle)

$$B - b.$$

*Si, x parcourant tout l'intervalle (x_0, X) par valeurs croissantes, $y = f(x)$ ne décroît jamais, et si l'on a $f(X) > f(x_0)$, on dit que $y = f(x)$ est une *fonction monotone*[78]) *croissante* de x; la variation d'une fonction finie monotone croissante dans l'intervalle (x_0, X) est la différence

$$f(X) - f(x_0).$$

Si y ne croît jamais on dit que y est une *fonction monotone* décroissante; la variation d'une fonction finie monotone décroissante dans l'intervalle (x_0, X) est la différence

$$f(x_0) - f(X).$$

Quand dans une partie de l'intervalle (x_0, X) la fonction $y = f(x)$ a une

---

76) C'est le cas par ex. pour la fonction y définie par la limite

$$y = \lim_{n=+\infty} \frac{nx}{nx^2+1},$$

envisagée dans un intervalle quelconque comprenant le point $x = 0$.

77) *On traduit généralement le mot allemand „Schwankung" dont *B. Riemann* a fait usage [Habilitationsschrift[39]); Abh. Ges. Gött. 13 (1866/7), éd. 1868, math. p. 103; Werke, (2e éd.) p. 240/1] par „oscillation" [voir par ex. trad. *L. Laugel*, Paris 1898, p. 241/2] mais il n'est pas possible de se conformer ici à cet usage puisque le mot *oscillation* est le seul qui convienne pour rendre le mot „Oscillation" employé en allemand dans un sens entièrement différent de celui de „Schwankung" (cf. n° 14).*

La *variation intérieure* d'une fonction y dans l'intervalle (x_0, X) est la variation de cette fonction dans l'intervalle

$$(x_0 + 0, \quad X - 0);$$

cf. *M. Pasch*, Math. Ann. 30 (1887), p. 139.

78) *C. Neumann*, Über die nach Kreis-, Kugel- und Cylinderfunktionen fortschreitenden Entwickelungen, Leipzig 1881, p. 26.

même valeur constante, on dit, avec *U. Dini*[79]), que cette partie de l'intervalle est une *section d'invariabilité* (tratto d'invariabilità); dans une telle section d'invariabilité la variation de la fonction est nulle.*

Lorsque y, sans être finie dans l'intervalle (x_0, X), a cependant une valeur finie en chacun des points de cet intervalle, on dit que dans cet intervalle y admet (selon le cas) la borne supérieure $+\infty$ ou la borne inférieure $-\infty$ et que la variation est infiniment grande, ou encore est égale à $+\infty$.

Soit β la borne supérieure de l'ensemble formé par les valeurs de y supposées finies en chacun des points d'un intervalle (x_0, X). Suivant les cas β est un nombre fini B, ou $+\infty$. *K. Weierstrass* a démontré[80]) qu'il y a toujours dans l'intervalle (x_0, X) au moins un point $x = a$ (un *premier* point s'il y en a plusieurs) tel que la borne supérieure de l'ensemble des valeurs que prend y aux environs du point a soit précisément β, quelque petits que l'on fixe ces environs de a. Le théorème analogue concernant la borne inférieure des valeurs de y dans le même intervalle s'entend ensuite de lui-même.

On peut étendre ce théorème au cas où y n'est définie que pour les éléments x d'un ensemble ponctuel, d'ailleurs quelconque[81]), situé dans l'intervalle (x_0, X). On remarquera que, même quand on sait que β est fini, on n'est pas en droit de conclure[82]) que y prend effectivement la valeur β pour une valeur déterminée de x situé dans l'intervalle (x_0, X).

7. Limites et limites d'indétermination. Envisageons un domaine quelconque (x) et un point a de ce domaine qui soit aussi point d'accumulation de points $x > a$ de ce domaine. Soit $y = f(x)$ une

79) Fondamenti per la teorica delle funzioni di variabili reali, Pise 1878, p. 54; trad. allemande par *J. Lüroth* et *A. Schepp,* Grundlagen für eine Theorie der Functionen einer reellen veränderlichen Grösse, Leipzig 1892, p. 72 (n° 54).

80) *S. Pincherle,* Giorn. mat. (1) 18 (1880), p. 249.

81) Cf. *M. Pasch,* Math. Ann. 30 (1887), p. 133.

M. Pasch [Einleitung in die Differential- und Integralrechnung, Leipzig 1882, p. 46] généralise d'une autre façon l'idée de *K. Weierstrass.*

82) *C. F. Gauss* [Demonstratio nova . . ., Diss. Helmstedt 1799, § 6; Werke 3, Göttingue 1876, p. 10] avait déjà fait cette remarque.

Si l'on envisage, par exemple, dans l'intervalle $(-1, +1)$ la fonction

$$y = (1 - x^2) \lim_{n=+\infty} \frac{(1+x)^n - 1}{(1+x)^n + 1},$$

on a

$$B = +1, \quad b = -1;$$

la fonction y diffère de ses bornes $+1$, -1 d'aussi peu que l'on veut aux environs de $x = 0$ et cependant, pour $x = 0$, on a $y = 0$.

fonction de x définie dans le domaine (x), sans qu'il soit nécessaire que $f(a)$ soit définie.

I) S'il existe un nombre déterminé b tel que à tout nombre positif ε, choisi aussi petit que l'on veut, corresponde un nombre positif δ tel que l'on ait

$$|b - f(x)| < \varepsilon$$

pour tout x faisant partie du domaine (x) et vérifiant l'inégalité

$$0 < x - a < \delta,$$

on dit que la fonction $f(x)$ admet b comme *limite*[83]) pour

$$\lim x = a + 0$$

(cf. n° **4**), ou encore que $f(x)$ admet, pour $x = a$, b comme *limite à droite*[84]), et l'on écrit[85])

$$\lim_{x=a+0} f(x) = b$$

ou simplement[86])

$$f(a + 0) = b.$$

---

83) Il semble bien que c'est *K. Weierstrass* qui a, le premier, donné à la notion de *limite d'une fonction* toute la précision dont elle est susceptible (cf. *O. Stolz*, Allg. Arith.[63]) 1, p. 339, IX remarque 4). On doit à *G. Peano* une notion plus générale [Rivista mat. 2 (1892), p. 77/9; Lezioni di analisi infinitesimale 1, Turin 1893, p. 259] qui comprend à la fois celle de *limite d'indétermination* et celle de *réserve des valeurs* due à *C. Neumann* (cf. note 90).

84) C'est avec intention que l'on évite ici, et dans ce qui suit, l'emploi des mots *antérieur* et *postérieur* dont plusieurs auteurs ont fait usage dans des sens tout à fait opposés. Pour *C. Jordan* par ex. [Cours d'Analyse[61]) 1, p. 59] le mot antérieur a le sens de „à gauche", tandis que pour *P. du Bois-Reymond* [Math. Ann. 16 (1880), p. 120/1] il a le sens de „à droite".

85) On peut aussi envisager cette relation comme exprimant le fait que pour *chacune* des suites monotones décroissantes

$$x_1,\ x_2,\ \ldots,\ x_\nu,\ \ldots\ldots$$

[de nombres x_ν faisant partie de l'ensemble envisagé (x)] pour lesquelles

$$\lim_{\nu=+\infty} x_\nu = a,$$

on a

$$\lim_{\nu=+\infty} f(x_\nu) = b.$$

La notion de limite d'une fonction est ainsi ramenée à celle de limite d'une suite monotone de nombres (I 3, **15**, **16**).

86) Les notations $f(a + 0)$, $f(a - 0)$ sont dues à *G. Lejeune Dirichlet* [Repertorium der Physik 1, Berlin 1837, p. 170/1; Werke 1, Berlin 1889, p. 156]. Lorsque $a = 0$ on écrit

$$f(+0),\quad f(-0)$$

au lieu de $f(0 + 0)$, $f(0 - 0)$.

Pour qu'on se trouve dans ce cas I), il faut et il suffit[87]) que, x_1 et x_2 étant deux points quelconques du domaine (x), à tout ε positif corresponde un δ positif tel que la double inégalité[88])

$$0 < x_2 - a < x_1 - a < \delta$$

entraîne l'inégalité

$$|f(x_2) - f(x_1)| < \varepsilon.$$

II) Si à tout nombre positif P fixé aussi grand qu'on veut on peut faire correspondre un nombre positif δ, tel qu'on ait

$$f(x) > P$$

pour tout x faisant partie du domaine (x) et vérifiant l'inégalité

$$0 < x - a < \delta,$$

on dit que $f(x)$ admet $+\infty$ comme limite pour $\lim x = a + 0$ et l'on écrit

$$\lim_{x=a+0} f(x) = +\infty$$

ou simplement

$$f(a+0) = +\infty.$$

De même, si l'on a

$$f(x) < -P$$

dès que

$$0 < x - a < \delta,$$

on dit que $f(x)$ admet $-\infty$ comme limite pour $\lim x = a + 0$ et l'on écrit

$$\lim_{x=a+0} f(x) = -\infty$$

ou simplement

$$f(a+0) = -\infty.$$

Pour qu'on se trouve dans l'un des deux cas I) ou II) il *suffit* que, quand x décroît, $f(x)$ varie d'une façon *monotone* (n° **6**). Si l'on sait, en outre, que $|f(x)|$ reste inférieure à un nombre (fini) on peut en conclure que l'on se trouve dans le cas I).

III) Envisageons, dans le cas général, les nombres x du domaine (x) situés dans un intervalle déterminé

$$(a+0, \quad a+h)$$

où $h > 0$. A ces nombres x correspondent des nombres y dont l'ensemble admet une borne supérieure Y_h et une borne inférieure y_h (finies ou infinies) qui dépendent, en général, de h. Quand h décroît,

87) Ce théorème, auquel *P. du Bois Reymond* a donné le nom de *principe général de convergence*, est fondamental (cf. I 3, **16**).

88) Les cas limites où l'on aurait soit $x_2 = a$, soit $x_1 = a$ sont donc ici expressément *exclus*.

en restant positif, y_h ne peut diminuer, Y_h ne peut augmenter; l'ensemble des y_h obtenu en faisant diminuer jusqu'à zéro (zéro même exclu) le nombre positif h, admet donc nécessairement une limite $\underline{B}$ (finie ou $\pm\infty$) et l'ensemble des Y_h admet une limite $\overline{B}$ (finie ou $\pm\infty$), en sorte que l'on a[89])

$$\lim_{h=+0} y_h = \underline{B}, \quad \lim_{h=+0} Y_h = \overline{B}.$$

On appelle ces limites „*limites d'indétermination*[90]) *à droite*" de $f(x)$ pour $x = a$; la première est dite *inférieure*, la seconde *supérieure*, et l'on peut écrire, avec *A. Pringsheim*[91]),

$$\underline{\lim}_{x=a+0} f(x) = \underline{B}, \quad \overline{\lim}_{x=a+0} f(x) = \overline{B}, \quad \text{ou} \quad \underline{f(a+0)} = \underline{B}, \quad \overline{f(a+0)} = \overline{B}.$$

89) *M. Pasch* [Math. Ann. 30 (1887), p. 134] définit $\underline{B}$ comme la borne supérieure de l'ensemble des y_h et $\overline{B}$ comme la borne inférieure de l'ensemble des Y_h, obtenues toutes deux en faisant décroître indéfiniment h jusqu'à $+0$ (zéro exclu).

Cette façon de procéder permet de traiter le cas général III) sans étudier d'abord les cas particuliers I) et II). La marche indiquée dans le texte a, par contre, l'avantage [cf. *O. Stolz,* Allg. Arith.[68]) 1, p. 162] de faire ressortir davantage l'origine de la notion des limites d'indétermination.

90) Cette généralisation de la notion de limite qui est fondamentale est due à *A. L. Cauchy* et à *N. H. Abel* qui disaient „la plus grande des limites" et „la plus petite des limites". On dit plutôt aujourd'hui, avec *P. du Bois-Reymond* „limites (supérieure et inférieure) d'indétermination".

A. L. Cauchy et *N. H. Abel* n'ont d'ailleurs envisagé que des suites de nombres; *P. du Bois-Reymond* a parfois envisagé des fonctions dont l'argument croît indéfiniment; mais c'est *U. Dini* qui, le premier, a fait usage de la notion de limite d'indétermination pour étudier la façon dont une fonction $f(x)$ se comporte aux environs d'un point x [cf. Fondamenti[79]), p. 182, trad. p. 249 (n° 140), la définition donnée par *U. Dini* des quatre dérivées d'une fonction en un point x (voir l'article II 3)].

P. du Bois-Reymond a ensuite, en passant, tiré parti de cette même notion [Die allgemeine Functionentheorie 1, Tubingue 1882, p. 230; trad. *G. Milhaud* et *A. Girod*, Nice 1887, p. 97]; il avait auparavant cherché à utiliser la notion moins simple due à *C. Neumann* de „réserve de valeurs" (Wertvorrat) de $f(x)$ pour $x = a$ [cf. par ex. *P. du Bois-Reymond,* Abh. Akad. München 12, Abt. I (1875), p. 124; Math. Ann. 16 (1880), p. 120]; on entend par là l'ensemble de toutes les limites

$$\lim_{\nu=+\infty} f(x_\nu)$$

que l'on obtient en faisant tendre la suite

$$x_1, x_2, \ldots, x_\nu, \ldots\ldots$$

vers a de toutes les manières possibles, en adjoignant à cet ensemble le nombre $f(a)$ quand ce nombre existe.

91) Sitzgsb. Akad. München 28 (1898), p. 62; *M. Pasch* [Math. Ann. 30 (1887), p. 134] écrit „lim inf." au lieu de $\underline{\lim}$ et „lim sup." au lieu de $\overline{\lim}$.

Les deux limites d'indétermination $\underline{B}$, $\overline{B}$ d'une fonction $f(x)$ pour $x = a + 0$, dans un domaine (x), sont aussi caractérisées par le fait de pouvoir fixer, dans le domaine (x), deux suites monotones décroissantes

$$x_1', \; x_2', \; \ldots, \; x_\nu', \; \ldots\ldots,$$
$$x_1'', \; x_2'', \; \ldots, \; x_\nu'', \; \ldots\ldots$$

admettant chacune a pour limite et telles que l'on ait

$$\lim_{\nu=+\infty} f(x_\nu') = \underline{B}, \quad \lim_{\nu=+\infty} f(x_\nu'') = \overline{B},$$

tandis que l'on ne peut fixer dans le même domaine (x) aucune suite monotone décroissante

$$x_1, \; x_2, \; \ldots, \; x_\nu, \; \ldots\ldots$$

admettant a pour limite et telle que

$$\lim_{\nu=+\infty} f(x_\nu)$$

soit ou plus petite que $\underline{B}$ ou plus grande que $\overline{B}$[92]).

A tout nombre positif ε (quelque petit qu'il soit) on peut donc faire correspondre un nombre positif suffisamment petit h tel que pour *tout* point x du domaine (x) appartenant à l'intervalle

$$(a + 0, \quad a + h)$$

et pour *certains* points x', x'' de cet intervalle on ait[93])

$$\underline{B} - \varepsilon < f(x) \; < \overline{B} + \varepsilon,$$
$$\underline{B} - \varepsilon < f(x') \; < \underline{B} + \varepsilon,$$
$$\overline{B} - \varepsilon < f(x'') < \overline{B} + \varepsilon \text{ [93a]}).$$

On déduit de là que pour être dans un des cas I) ou II) il faut et il suffit que l'on ait

$$\underline{B} = \overline{B};$$

$f(a + 0)$ est alors la valeur commune de $\underline{f(a+0)}$ et de $\overline{f(a+0)}$.

92) On remarquera l'analogie parfaite entre ces définitions et celles données en arithmétique (I 3, **19**) pour les suites de nombres.

93) Quand x converge vers a, les limites d'indétermination $\underline{B}$, $\overline{B}$ peuvent être atteintes un nombre infini de fois [*exemple*: $\sin \frac{1}{x}$, pour $\lim x = \pm 0$] ou dépassées un nombre infini de fois [*exemple*: $(1 + x^2) \sin \frac{1}{x}$, pour $\lim x = \pm 0$]; il peut aussi arriver qu'elles ne soient jamais atteintes [*exemple*: $(1 - x^2) \sin \frac{1}{x}$, pour $\lim x = \pm 0$].

93a) On voit immédiatement comment il faut modifier ces inégalités quand $\underline{B}$ ou $\overline{B}$ sont infinis.

Les définitions des *limites d'indétermination*, *inférieure* et *supérieure*, *à gauche*, et le sens des symboles correspondants

$$\lim_{x=a-0} f(x) = f(a-0),$$

$$\underline{\lim}_{x=a-0} f(x) = \underline{f(a-0)},$$

$$\overline{\lim}_{x=a-0} f(x) = \overline{f(a-0)}$$

sont entièrement analogues.

Lorsque $f(a+0)$ et $f(a-0)$ ont une valeur commune b, ou sont tous deux $+\infty$, ou tous deux $-\infty$, on écrit simplement[94])

$$\lim_{x=a} f(x) = b$$

ou

$$\lim_{x=a} f(x) = +\infty$$

ou

$$\lim_{x=a} f(x) = -\infty.$$

Il importe de remarquer que l'existence d'une de ces relations n'implique aucunement que $f(x)$ soit définie[95]) pour $x = a$, ou que, si $f(x)$ est définie pour $x = a$, sa valeur coïncide[96]) avec celle de $f(a \pm 0)$; si elle ne coïncide pas, on distinguera expressément[97]) entre la valeur

94) Les calculs effectués au moyen de ces limites sont soumis aux mêmes règles que ceux effectués au moyen des limites de nombres (I 3, **21**). Le théorème fondamental est le suivant:

Si R désigne une fonction rationnelle d'un nombre quelconque de variables $y_1, y_2, \dots, y_n$ et si, en posant $y_1 = f_1(x), y_2 = f_2(x), \dots, y_n = f_n(x)$, on a

$$\lim_{x=a} f_1(x) = b_1, \quad \lim_{x=a} f_2(x) = b_2, \quad \dots, \quad \lim_{x=a} f_n(x) = b_n,$$

on a aussi

$$\lim_{x=a} R[f_1(x), f_2(x), \cdots, f_n(x)] = R[b_1, b_2, \cdots, b_n]$$

pourvu que le dénominateur de $R[b_1, b_2, \dots, b_n]$ ne s'annule pas. [Cf. *O. Stolz*, Allg. Arith.[68]) 1, p. 168].

95) *Exemples*:

$$x \sin \frac{1}{x}, \quad e^{-\frac{1}{x^2}}$$

pour $x = 0$ (cf. n° **18**).

96) *Exemples*:

$$\lim_{n=+\infty} \left(\frac{1}{1+x^2}\right)^n, \quad \lim_{n=+\infty} \left(\frac{nx}{nx+1}\right)$$

pour $x = 0$.

97) Lorsque $f(a+0)$ et $f(a-0)$ sont distincts, quatre cas peuvent se présenter:

I) $f(a)$ n'est pas définie;

II) $f(a)$ est définie mais est distincte de $f(a+0)$ et de $f(a-0)$;

$f(a)$ de $f(x)$ pour $x=a$ et, suivant les cas, la limite ou les limites d'indétermination de $f(x)$ pour $x=a$[98]).

8. Infinis d'une fonction et de son argument. On dit qu'une fonction $f(x)$ est *infinie* au point $x=a$, ou pour $x=a$, et l'on écrit

$$f(a)=\infty$$

III) $f(a)$ est définie et $f(a+0)=f(a)$;
IV) $f(a)$ est définie et $f(a-0)=f(a)$.

Exemples:

I) $f(x)=\lim\limits_{n=+\infty}\dfrac{(x^n-x)^2}{x^{2n}-1}$, pour $x=1$;

II) $f(x)=\lim\limits_{n=+\infty}\left(\dfrac{x^n-1}{x^n+1}\right)$, pour $x=1$;

III) $f(x)=\lim\limits_{n=+\infty}\left(\dfrac{nx^n-1}{nx^n+1}\right)$, pour $x=1$;

IV) $f(x)=\lim\limits_{n=+\infty}\left(\dfrac{x^n-n}{x^n+n}\right)$, pour $x=1$.

98) Au lieu de faire ainsi correspondre à chaque fonction $f(x)$, univoque et finie, dans un intervalle $(a-h,\ a+h)$, les *quatre* nombres $\overline{f(a\pm 0)}$, $\underline{f(a\pm 0)}$, *R. Baire* [Ann. mat. pura appl. (3) 3 (1899), p. 4; Leçons sur les fonctions discontinues, Paris 1905, p. 70] lui fait correspondre deux nombres qu'il appelle le „maximum" et le „minimum" de $f(x)$ au point a. Les recherches de *R. Baire* seront exposées en détail dans l'article II 2 de l'Encyclopédie; nous nous bornerons ici à montrer comment on peut très simplement rattacher à ce qui précède la définition du maximum et du minimum de $f(x)$ au point a en mettant en évidence la façon dont ce maximum et ce minimum sont liés aux limites supérieures et inférieures $\overline{f(a\pm 0)}$, $\underline{f(a\pm 0)}$.

Soient $h_1 \leqq h$ et $h_1, h_2, \ldots, h_\nu, \ldots\ldots$ une suite monotone décroissante de nombres positifs tels que $\lim\limits_{\nu=+\infty} h_\nu = 0$. Si l'on désigne par $\overline{f_\nu(a)}$ la borne supérieure et par $\underline{f_\nu(a)}$ la borne inférieure de $f(x)$ dans l'intervalle $(a-h_\nu,\ a+h_\nu)$, on a manifestement

$$\overline{f_1(a)}\geqq\overline{f_2(a)}\geqq\cdots\geqq\overline{f_\nu(a)}\geqq\cdots\cdots,\qquad \underline{f_1(a)}\leqq\underline{f_2(a)}\leqq\cdots\leqq\underline{f_\nu(a)}\leqq\cdots\cdots;$$

chacune des deux suites monotones ainsi formée admet une limite; les deux limites

$$\overline{f(a)}=\lim_{\nu=+\infty}\overline{f_\nu(a)},\qquad \underline{f(a)}=\lim_{\nu=+\infty}\underline{f_\nu(a)}$$

sont ce qu'on appelle, d'après *R. Baire*, le maximum et le minimum de $f(x)$ au point a. Or on reconnaît aisément que $\overline{f(a)}$ est le plus grand et que $\underline{f(a)}$ est le plus petit des cinq nombres $\overline{f(a\pm 0)}$, $\underline{f(a\pm 0)}$, $f(a)$. Quand deux, trois, quatre ou même tous ces cinq nombres sont égaux, le théorème subsiste, en sorte que si, par exemple, $\overline{f(a+0)}=\underline{f(a+0)}=f(a+0)$ est plus grand que $\underline{f(a-0)}$, $\overline{f(a-0)}$, $f(a)$ on a $\overline{f(a)}=f(a+0)$, tandis que si les cinq nombres envisagés sont égaux ils sont aussi égaux à la valeur commune $f(a)$ de $\overline{f(a)}$ et $\underline{f(a)}$.

[sans faire précéder[99]) le symbole ∞ soit du signe + soit du signe −], lorsque[100])

$$\frac{1}{f(a)} = 0.$$

Les relations

$$f(a) = \infty \quad \text{et} \quad f(a \pm 0) = \pm \infty$$

sont loin de concorder dans tous les cas[101]).

En écrivant

$$f(\infty) = b$$

on entendra de même que l'on a

$$\left[f\left(\frac{1}{y}\right)\right]_{y=0} = b$$

et en écrivant

$$f(\infty) = \infty$$

on entendra que l'on a

$$\frac{1}{\left[f\left(\frac{1}{y}\right)\right]_{y=0}} = 0,$$

tandis que le sens des relations

$$\lim_{x=+\infty} f(x) = b; \quad \lim_{x=+\infty} f(x) = +\infty; \quad \lim_{x=+\infty} f(x) = -\infty;$$

$$\underline{\lim}_{x=+\infty} f(x) = \underline{B}; \quad \underline{\lim}_{x=+\infty} f(x) = -\infty;$$

$$\overline{\lim}_{x=+\infty} f(x) = \overline{B}; \quad \overline{\lim}_{x=+\infty} f(x) = +\infty,$$

---

99) Le symbole ∞ représente donc un *infini actuel* au sens donné à ce mot I 3, 17.

100) Cette définition revient au fond à celle donnée par *K. Weierstrass* pour les fonctions analytiques seulement [Abh. Akad. Berlin 1876, math. p. 12; Funktionenlehre[58]), p. 2; Werke 2, p. 78; trad. par *E. Picard*, Ann. Ec. Norm. (2) 8 (1879), p. 112].

101) Ainsi pour

$$f(x) = \lim_{n=+\infty} \frac{1}{nx}$$

on a

$$f(0) = \infty, \quad f(+0) = 0, \quad f(-0) = 0,$$

et pour

$$f(x) = \lim_{n=+\infty} \frac{nx}{nx^2+1}$$

on a

$$f(0) = 0, \quad f(+0) = +\infty, \quad f(-0) = -\infty.$$

On néglige trop souvent de distinguer nettement les notations $f(a) = \infty$, $f(a \pm 0) = \pm\infty$, et les symboles $f(\infty)$, $\lim_{x=\pm\infty} f(x)$. Cette distinction est cependant bien nécessaire, en particulier dans l'étude des séries de Fourier et d'autres modes de représentation analogues des fonctions $f(x)$.

et de celles qui n'en diffèrent que par le changement, sous le signe lim, de $+\infty$ en $-\infty$, doit être fixé conformément à ce qui a été dit au n° **7**. Ainsi les symboles $+\infty$, $-\infty$ y ont un sens *virtuel*; on a, par exemple,

$$\lim_{x=+\infty} f(x) = -\infty$$

lorsque (cas II du n° **7**), quelque grand que soit le nombre positif P que l'on fixe, on peut lui faire correspondre un nombre positif Q tel que l'on ait

$$f(x) < -P$$

dès que $x > Q$[102]).

La condition nécessaire et suffisante pour que la limite

$$\lim_{x=+\infty} f(x)$$

existe et soit *finie* est que, le nombre positif ε étant fixé aussi petit que l'on veut, on puisse lui faire correspondre un nombre Q tel que, pour tout x_1 et tout x_2 vérifiant les inégalités

$$x_2 > x_1 > Q,$$

on ait

$$|f(x_2) - f(x_1)| < \varepsilon.$$

La condition nécessaire et suffisante pour que l'on ait

$$\lim_{x=+\infty} f(x) = +\infty$$

est que, le nombre P étant fixé aussi grand que l'on veut, on puisse lui faire correspondre un nombre Q tel que, pour tout x_1 vérifiant l'inégalité

$$x_1 > Q,$$

on ait

$$f(x_1) > P$$

(cf. I 3, **16** et **17**).

Afin de caractériser la façon dont se comporte, pour des valeurs de x suffisamment grandes, une fonction $f(x)$ qui pour $\lim x = +\infty$,

---

102) Pour

$$f(x) = \lim_{n=+\infty} \frac{n}{n+x},$$

on a

$$f(\infty) = 0, \quad \lim_{x=+\infty} f(x) = 1, \quad \lim_{x=-\infty} f(x) = 1.$$

Pour

$$f(x) = \lim_{n=+\infty} \frac{x}{n},$$

on a

$$f(\infty) = \infty, \quad \lim_{x=+\infty} f(x) = 0, \quad \lim_{x=-\infty} f(x) = 0$$

ou pour $\lim x = -\infty$, admet des limites d'indétermination supérieure et inférieure distinctes, *P. du Bois Reymond* a défini deux fonctions monotones déterminées qui pour x suffisamment grand en valeur absolue, accompagnent, en quelque sorte en l'enserrant, la fonction $f(x)$. Il a appelé ces deux fonctions les *enveloppes d'indétermination*[103]) de la fonction $f(x)$.

De légères modifications permettent d'étendre les résultats concernant les limites

$$\underline{\lim}_{x=+\infty} f(x), \quad \overline{\lim}_{x=+\infty} f(x), \quad \lim_{x=+\infty} f(x)$$

au cas où la fonction $f(x)$, au lieu d'être définie dans tout le domaine continu (x), l'est seulement dans un ensemble quelconque donné (x) contenant des nombres x plus grands que tout nombre positif arbitrairement fixé. Une remarque analogue concerne le cas où $\lim x = -\infty$.

9. Fonctions continues. On dit qu'une variable x est *continue*[104]) *dans un intervalle* (x_0, X) lorsqu'elle peut prendre chacune des valeurs comprises dans cet intervalle (nº **4**); on dit qu'elle est *continue à l'intérieur de l'intervalle* (x_0, X), ou *dans l'intervalle* $(x_0 + 0, X - 0)$, lorsqu'elle peut prendre chacune des valeurs comprises à l'intérieur de l'intervalle (x_0, X).

On dit qu'une fonction $y = f(x)$ d'une variable x continue dans un intervalle (x_0, X) est *continue au point* a de cet intervalle, ou encore *pour* $x = a$, lorsque, $f(a)$ ayant une valeur déterminée, à chaque nombre positif ε, fixé aussi petit que l'on veut, correspond un nombre positif δ tel que l'on ait[105])

$$|f(x) - f(a)| < \varepsilon$$

---

103) *P. du Bois Reymond*, Functionenth.[90]) 1, p. 257, trad. p. 197/8.

104) *B. Bolzano* dit dans ce cas que x varie *librement* („x heißt frei veränderlich") dans l'intervalle envisagé [cf. *O. Stolz*, Math. Ann. 18 (1881), p. 257]; il dit que x est *continue* dans cet intervalle lorsque l'ensemble (x) jouit de certaines propriétés particulières que possèdent d'ailleurs non seulement, comme *O. Stolz* le suppose à tort, les ensembles *denses* dans l'intervalle envisagé mais aussi certains ensembles non parfaits qui sont denses en eux-mêmes.

105) Cette définition est, au fond, due à *B. Bolzano* [Rein analyt. Beweis[63]), p 11; réimpr. p. 7; cf. *O. Stolz*, Math. Ann. 18 (1881), p. 261; Allg. Arith. 1, p. 179] et à *A. L. Cauchy* [Cours d'Analyse de l'Ecole polytechnique 1, Analyse algébrique, Paris 1821, p. 34; Œuvres (2) 3, Paris 1897, p. 43]. Quand la condition énoncée dans cette définition est vérifiée non seulement pour $x = a$ mais aussi pour chacun des points d'un intervalle déterminé $(a - h, a + h)$ comprenant le point a, il en résulte tout d'abord seulement qu'à l'ensemble continu de valeurs x vérifiant les inégalités

$$a - h \leqq x \leqq a + h$$

pour tout x tel que[106])

$$|x-a|<\delta.$$

En adoptant les notations du n° 7 on peut remplacer[107]) cette condition par la relation[108])

$$f(a-0)=f(a)=f(a+0);$$

en appliquant le principe général de convergence[87]) on peut aussi la

---

correspond un ensemble de valeurs $y=f(x)$ dense dans l'intervalle

$$[f(a-h),\ f(a+h)];$$

mais cela suffit pour conclure [voir le théorème (β) du texte] que quand x parcourt l'intervalle $(a-h,\ a+h)$ par valeurs croissantes, $f(x)$ varie d'une façon continue dans le sens ordinaire du mot, c'est-à-dire que $f(x)$ passe d'une quelconque de ses valeurs $y_1=f(x_1)$ à une autre de ses valeurs $y_2=f(x_2)$ en prenant dans l'intervalle (x_1, x_2) toutes les valeurs intermédiaires. *B. Bolzano*[117]) avait déjà fait remarquer que, contrairement à ce qui semble généralement pouvoir être admis comme évident, la réciproque de ce théorème n'a pas lieu, en sorte que si, dans un intervalle (x_1, x_2), $y=f(x)$ passe de y_1 à y_2 en prenant toutes les valeurs intermédiaires, on ne saurait en conclure que la fonction $f(x)$ est continue en chacun des points de cet intervalle.

Envisageons, par exemple, la fonction

$$f(x)=\sin\frac{\pi}{x+E\left(\frac{1}{1+x^2}\right)},$$

où $E(a)$ désigne le plus grand entier contenu dans a, en sorte que

$$f(0)=\sin\pi=0$$

tandis que pour toute valeur de x différente de zéro, on ait

$$f(x)=\sin\frac{\pi}{x}.$$

Cette fonction n'est pas continue pour $x=0$, quoique cette fonction prenne (même un nombre infini de fois) toutes les valeurs de -1 à $+1$ dans tout intervalle $(-h,\ +h)$ sans faire aucun *saut* dans cet intervalle.

G. Darboux [Ann. Ec. Norm. (2) 4 (1875), p. 109] a donné un exemple analogue rentrant dans un type plus général.

106) Lorsque x ne varie que dans un ensemble donné quelconque (x), on dit de même que la fonction $y=f(x)$ est *continue* en un point a de l'ensemble (x) quand à tout nombre positif ε, fixé aussi petit que l'on veut, correspond un nombre positif δ tel que l'on ait

$$|f(x)-f(a)|<\varepsilon$$

pour tout x de l'ensemble envisagé (x) pour lequel

$$|x-a|<\delta$$

[voir par ex. *C. Jordan*, Cours d'Analyse[61]) 1, p. 46].

107) C'est la marche suivie par *U. Dini*, Fondamenti[79]), p. 37; trad. p. 50 (n° 30).

remplacer par la condition[109]) qu'à tout nombre positif ε corresponde un nombre positif δ tel qu'on ait

$$|f(x_2) - f(x_1)| < \varepsilon$$

pour tout x_1 et tout x_2 vérifiant les inégalités

$$0 \leqq |x_1 - a| < \delta, \quad 0 \leqq |x_2 - a| < \delta.$$

Les points a où une fonction est continue sont souvent désignés sous le nom de „points de continuité" de cette fonction[110]).

Lorsque, $f(a)$ ayant une valeur déterminée, on peut faire correspondre à tout entier positif ε un entier positif δ tel qu'on ait

$$|f(x) - f(a)| < \varepsilon$$

pour tout x vérifiant les inégalités

$$0 \leqq x - a < \delta,$$

on dit que la fonction $f(x)$ est *continue à droite* du point a, ou en-

---

108) Au lieu de cette double égalité on peut aussi écrire la relation

$$\lim_{x=a} f(x) = f(a).$$

L'énoncé que voici lui est d'ailleurs entièrement équivalent (cf. note 85): Pour toute suite monotone croissante ou décroissante

$$x_1, x_2, \ldots, x_\nu, \ldots\ldots$$

dont les éléments font partie d'un domaine (x) et qui tend vers une même limite a appartenant au domaine (x), en sorte que pour chacune de ces suites $\lim_{\nu=+\infty} x_\nu = a$, on a

$$\lim_{\nu=+\infty} f(x_\nu) = f(\lim_{\nu=+\infty} x_\nu)$$

(n° 30). Si l'on adopte cette dernière façon d'écrire [cf. *A. Schoenflies,* Die Entwickelung der Lehre von den Punktmannigfaltigkeiten, Jahresb. deutsch. Math.-Ver. 8² (1899), éd. 1900, p. 116] cette définition de la continuité d'une fonction de x conserve toujours le sens fixé dans la note 106 quand même le domaine (x), dans lequel varie x, n'est pas continu.

109) *P. du Bois-Reymond,* Functionenth.[90]) 1, p. 232; trad. p. 181.

110) *P. du Bois-Reymond*, Functionenth.[90]) 1, p. 231; trad. p. 180.

Le cas n'est pas exclu où un point de continuité a d'une fonction donnée serait un point *isolé* c'est-à-dire tel qu'aucun des points situés dans un intervalle $(a-\delta,\ a+\delta)$ convenablement choisi, sauf le point a lui-même, ne soit un point de continuité de la fonction donnée. Envisageons par ex. une fonction $f(x)$ définie par la condition d'être égale à x pour x rationnel et à $-x$ pour x irrationnel. Une telle fonction peut (comme on l'a vu note 58) être représentée par l'expression

$$f(x) = 2x \lim_{n=+\infty} \lim_{\nu=+\infty} [\cos(n!\,\pi x)]^\nu - x;$$

le seul point de continuité de cette fonction est le point $x = 0$.

core qu'elle est continue à droite pour $x = a$. Dans ce cas on a seulement[111])

$$f(a) = f(a + 0).$$

Une fonction $f(x)$ peut aussi être *continue à gauche* du point a; on a alors seulement

$$f(a) = f(a - 0).$$

Une fonction continue à droite et à gauche du point a est continue au point a[112]).

On doit à *H. E. Heine*[113]) le théorème fondamental que voici:

---

111) Voir les exemples III et IV donnés dans la note 97.

K. Weierstrass a envisagé une fonction de x partout continue à droite et dérivable à droite (n° **10**), mais discontinue à gauche pour tout entier x. C'est la fonction

$$y = x - E(x),$$

où $E(x)$ désigne le plus grand entier contenu dans x.

112) *R. Baire* [Ann. mat. pura appl. (3) 3 (1899), p. 6; Fonct. discont.[95]), p. 71] dit qu'une fonction $f(x)$ est *semi-continue supérieurement* au point a quand, $\overline{f(a)}$ étant défini comme dans la note 98, on a $f(a) = \overline{f(a)}$, ou, ce qui est la même chose, en faisant usage des notations adoptées dans le texte du n° 7, quand on a à la fois

$$f(a) \geqq \overline{f(a+0)}$$

et

$$f(a) \geqq \overline{f(a-0)}$$

(voir la fin de la note 98). La définition d'une fonction *semi-continue inférieurement* en un point a est toute semblable; il suffit, dans ce qui précède, de remplacer les bornes supérieures par des bornes inférieures et le signe $\geqq$ par le signe $\leqq$.

Une fonction semi-continue à la fois supérieurement et inférieurement est continue dans le sens ordinaire du mot.

113) C'est sur ce théorème qu'on s'appuie généralement pour établir la notion d'intégrale. Il a d'abord été énoncé par *H. E. Heine* [J. reine angew. Math. 71 (1870), p. 361] pour des fonctions de deux variables seulement. D'après *O. Stolz* et *J. A. Gmeiner* [Einleitung in die Funktionentheorie, Leipzig 1905, p. 52 en note], *K. Weierstrass* aurait énoncé et démontré ce théorème dans un cours professé en 1870 à l'Université de Berlin. Il a été démontré par *H. E. Heine* [J. reine angew. Math. 74 (1872), p. 188]; l'affirmation plus ou moins nette du contraire par *J. Lüroth*, dans sa traduction des „Fondamenti" de *U. Dini* [Grundlagen[79]), p. 63 (n° 40)] semble erronée.

G. Darboux [Ann. Ec. Norm. (2) 4 (1875), p. 73 (1874)] et *U. Dini* [Fondamenti[79]), p. 48; trad. p. 63/5 (n° 41)] ont donné d'autres démonstrations du même théorème.

Les démonstrations de *H. E. Heine*, de *G. Darboux* et de *U. Dini* s'appuient sur la notion de continuité en un point et sont, au fond, toutes les trois des démonstrations indirectes. Une démonstration directe a été donnée par *J. Lüroth* [Math. Ann. 6 (1873), p. 319]; quoique concernant seulement des fonctions de

Si $f(x)$ est continue en chacun des points d'un intervalle (x_0, X), on peut faire correspondre à tout nombre positif ε un nombre positif δ tel que l'on ait $|f(x_2) - f(x_1)| < \varepsilon$ pour tout point x_1 et tout point x_2 situés dans l'intervalle, pour lesquels $|x_2 - x_1| < \delta$. On exprime ce fait en disant qu'une fonction $f(x)$ continue en chacun des points d'un intervalle est *continue dans cet intervalle*[114]) ou, si l'on veut être plus explicite, est *uniformément*[115]) *continue dans cet inter-*

---

deux variables, il est aisé de la modifier de façon qu'elle s'applique aux fonctions d'un nombre quelconque de variables; elle a été adaptée aux fonctions d'une variable par *M. Pasch* [Differentialrechnung[81]), p. 58] et par *O. Stolz* [Allg. Arith.[68]) 1, p. 191]; elle s'appuie sur l'existence d'un minimé résultant du théorème (α) du texte.

Comme l'a montré *C. Jordan* [Cours d'Analyse[61]) 1, p. 48] ce même théorème a encore lieu quand, au lieu de l'intervalle continu (x), on envisage un ensemble parfait borné quelconque (x).

Dans tous les cas on peut envisager ce théorème comme cas particulier d'un théorème plus général de *E. Borel* [Ann. Ec. Norm. (3) 12 (1895), p. 51] concernant la théorie des ensembles, au sujet duquel nous renvoyons à l'article II 2; voir aussi *A. Schoenflies*, Jahresb. deutsch. Math.-Ver. 8² (1899), éd. 1900, p. 51/2, 119]. **C. A. dell' Agnola* [Reale Ist. Lombardo *Rendic.* (2) 40 (1907), p. 369] a montré que le théorème de *E. Borel* est lui-même compris comme cas particulier dans un théorème plus général dont il sera question dans l'article II 2 (Note de *G. Vivanti*).*

Une autre généralisation du théorème de *H. E. Heine*, due à *R. Baire* [Ann. mat. pura appl. (3) 3 (1899), p. 13; cf. *E. Borel*, Leçons sur les fonctions de variables réelles, Paris 1905, p. 27], est contenue elle-même comme cas particulier dans une proposition plus générale encore, qui a été démontrée par *E. R. Hedrick* [Bull. Amer. math. Soc. 13 (1906/7), p. 378].

114) Plusieurs auteurs disent déjà qu'une fonction est continue dans un intervalle quand elle est continue en *chaque* point de cet intervalle et qu'elle est *uniformément continue* dans cet intervalle quand elle est continue dans cet intervalle au sens donné à ce mot dans le texte.

Les définitions données dans le texte semblent préférables, ne serait-ce que pour conserver l'analogie avec les expressions semblables „finie dans un intervalle" et „finie en chacun des points d'un intervalle" qui, elles, correspondent à des notions essentiellement distinctes (cf. n° 6, note 82).

P. du Bois-Reymond entend par *continuité linéaire* la continuité (uniforme) dans un intervalle; les locutions „continuité uniforme" ou „continuité au même degré" ont pour lui un sens tout différent [cf. Functionenth.[90]) 1, p. 240/1; trad. p. 186/7; J. reine angew. Math. 100 (1887), p. 336, 340].

115) La continuité non uniforme dans le voisinage immédiat d'un point déterminé x_0, c'est-à-dire le fait d'être obligé de diminuer δ indéfiniment pour que pour tout point x_1 et tout point x_2 situés aux environs de x_0, on ait

$$|f(x_2) - f(x_1)| < \varepsilon$$

quand

$$|x - x_1| < \delta,$$

valle. Le nombre δ dépend, en général, de ε, mais, pour une valeur donnée de ε, il est *le même* dans tout l'intervalle.

Voici quelques autres propriétés caractéristiques des fonctions continues:

α) Si $f(x)$ est continue dans un intervalle (x_0, X), les bornes supérieure et inférieure de l'ensemble formé par les valeurs de $f(x)$ correspondant aux points x de cet intervalle, sont toujours des nombres déterminés B et b; de plus l'équation

$$f(A) = B$$

est vérifiée pour une valeur au moins comprise dans cet intervalle (pour une première valeur quand il y en a plusieurs) et l'équation

$$f(a) = b$$

est vérifiée[116]) pour une valeur au moins comprise dans cet intervalle (pour une première valeur quand il y en a plusieurs). Aussi dit-on souvent que B est le *maximé* et b le *minimé* de $f(x)$ dans l'intervalle envisagé; *on peut dire aussi que A est un *maximant* de $f(x)$ et que a est un *minimant* de $f(x)$ dans l'intervalle envisagé.*

β) Si $f(x)$ est continue dans un intervalle (x_0, X) et si $y_1 = f(x_1)$, $y_2 = f(x_2)$ sont les valeurs que prend $y = f(x)$ en deux points x_1, x_2 de cet intervalle, à chaque valeur η de y comprise entre y_1 et y_2 correspond au moins une valeur ξ de x comprise entre x_1 et x_2 et telle que l'on ait

$$\eta = f(\xi).$$

---

ne peut donc se présenter que quand x_0 est un point de discontinuité de $f(x)$. Par ex. la fonction, mentionnée dans la note 105,

$$f(x) = \sin \frac{\pi}{x + E\left(\frac{1}{1+x^2}\right)}$$

est continue pour $x > 0$ et pour $x < 0$, mais elle n'est pas uniformément continue dans le voisinage immédiat du point $x = 0$.

116) Ce théorème est dû à *K. Weierstrass* qui, dans ses cours, insistait sur son caractère fondamental. *S. Pincherle* [Giorn. mat. (1) 18 (1880), p. 249] ne donne que le théorème plus général du n° 6. Pour la démonstration du théorème voir *U. Dini* [Fondamenti[79]), p. 51; trad. p. 68/9 (n° 47)], *O. Stolz* [Allg. Arith.[63]) 1, p. 188], **J. Tannery* [Introd. à la théorie des fonctions d'une variable (1re éd.) Paris 1886, p. 126; (2e éd.) 1, Paris 1904, p. 244].*

En s'appuyant sur ce théorème on peut caractériser la continuité uniforme de $f(x)$ dans un intervalle par la condition qu'à tout nombre positif ε on puisse faire correspondre un nombre positif δ tel que, si x_1 et x_2 sont deux points quelconques de l'intervalle envisagé pour lesquels $|x_1 - x_2| < \delta$, la variation (n° 6) de $f(x)$ dans l'intervalle (x_1, x_2) soit plus petite que ε.

La fonction $f(x)$ prend donc dans l'intervalle (x_0, X) toutes les valeurs de y comprises dans l'intervalle (b, B)[117]).

γ) Une fonction continue est entièrement déterminée dans un intervalle lorsqu'elle est définie pour un ensemble ponctuel dense dans cet intervalle[118]).

δ) Si $y = f(x)$ est continue pour $x = a$ et si $F(y)$ est continue pour $y = f(a)$, la fonction

$$\varphi(x) = F[f(x)]$$

de la variable x est continue pour $x = a$[119]).

117) Cf. *B. Bolzano,* Rein analyt. Beweis[63]), p. 12, 51; réimpr. p. 9, 31; *O. Stolz,* Math. Ann. 18 (1881), p. 262; Allg. Arith. 1, p. 185. Une autre démonstration est due à *A. L. Cauchy,* Analyse alg.[105]), p. 460, 463; Œuvres (2) 3, p. 378, 381.

Les démonstrations de *B. Bolzano* et de *A. L. Cauchy* sont incomplètes et ne peuvent être, l'une et l'autre, envisagées comme rigoureuses que si l'on postule le principe général de convergence (I 3, **16**); *B. Bolzano* cherche à démontrer ce principe, mais sa démonstration contient un cercle vicieux [Rein analyt. Beweis[63]), p. 21]; *A. L. Cauchy* sous-entend le même principe sans chercher à le démontrer. Cf. I 3, **16**.

118) C'est sans doute *H. E. Heine* qui, le premier, a énoncé et démontré ce théorème dans le cas où l'ensemble ponctuel envisagé est l'ensemble des nombres *rationnels* [J. reine angew. Math. 74 (1872), p. 183]. Le théorème a d'ailleurs encore lieu quand l'ensemble ponctuel envisagé est constitué par un ensemble quelconque de nombres rationnels dense dans tout intervalle, par ex. par l'ensemble des fractions

$$\frac{1}{2};\ \frac{1}{4},\ \frac{3}{4};\ \frac{1}{8},\ \frac{3}{8},\ \frac{5}{8},\ \frac{7}{8};\ \ldots,\ \frac{1}{2^k},\ \frac{3}{2^k},\ \ldots,\ \frac{2^k-1}{2^k};\ \ldots\ldots;$$

voir à ce sujet la démonstration qu'a donnée *J. Thomae* [Elementare Theorie der analytischen Functionen, (2e éd.) Halle 1898, p. 93] de l'identité de la fonction analytique $\sin x$ et de la fonction de même nom définie géométriquement dans les éléments.

C'est à *U. Dini* que l'on doit la démonstration du théorème du texte dans le cas général [Fondamenti[79]), p. 49, 50; trad. p. 66, 67 (n°s 43, 44)].

T. Brodén [J. reine angew. Math. 118 (1897), p. 2; Lunds universitets årsskrift (Acta univ. Lundensis) 33 II (1897), mém. n° 3, p. 7/30] a étudié, d'une façon plus complète, les fonctions *limitaires* y, définies, d'une part aux points x_ν d'un certain ensemble dense dans l'intervalle (0, 1) par ex., par des valeurs finies et déterminées $y_\nu = f(x_\nu)$ obtenues en remplaçant x par x_ν dans une même expression analytique $y = f(x)$ et, d'autre part, aux points x de ce même intervalle (0,1) qui ne font pas partie de cet ensemble dense, par la condition que quand la variable converge vers x par une suite de valeurs $x_{\varrho_1}, x_{\varrho_2}, \ldots, x_{\varrho_n}, \ldots\ldots$ faisant toutes partie de l'ensemble dense envisagé, en sorte que $x = \lim_{n=+\infty} x_{\varrho_n}$, on ait

$$y = \lim_{n=+\infty} y_{\varrho_n} = \lim_{n=+\infty} f(x_{\varrho_n}),$$

le cas où la valeur de y diffère suivant la façon dont la variable x_{ϱ_n} converge vers x n'étant pas exclu.

119) *A. L. Cauchy,* Analyse alg.[105]), p. 41/3; Œuvres (2) 3, p. 48/50.

ε) Si $f_1(x), f_2(x), \ldots, f_n(x)$ sont continues pour $x = a$ et si $R[y_1, y_2, \ldots, y_n]$ désigne une fonction rationnelle de $y_1, y_2, \ldots, y_n$ dont le dénominateur ne s'annule pas pour $y_1 = f_1(a)$, $y_2 = f_2(a), \ldots,$ $y_n = f_n(a)$, la fonction

$$\Phi(x) = R[f_1(x),\ f_2(x), \ldots,\ f_n(x)]$$

de la variable x est continue pour $x = a$[120]).

Dans un très grand nombre de cas, la série de Fourier permet de représenter par une expression analytique une fonction continue déterminée dans un intervalle donné. Certaines fonctions finies et continues ne peuvent toutefois pas être représentées[121]) de cette façon non seulement en des points isolés de l'intervalle envisagé, mais même pour tout, un ensemble de points dense dans cet intervalle.

On peut, au contraire, comme l'a montré *K. Weierstrass*[122]), représenter chaque fonction continue de x, arbitrairement donnée dans un intervalle quelconque donné (fini ou non) et restant finie dans

120) Voir par ex. *O. Stolz*, Allg. Arith.[63]) 1, p. 180.

121) Voir *P. du Bois-Reymond* [Abh. Akad. München 12, Abt. II (1876), p. 100; Math. Ann. 10 (1876), p. 442].

122) Sitzgsb. Akad. Berlin 1885, p. 633 et suiv.; id. p. 789 et suiv.; en partic. p. 638 et p. 797; Werke 3, Berlin 1903, p. 1/37 en partic. p. 6 et p. 18; trad. par *L. Laugel*, J. math. pures appl. (4) 2 (1886), p. 105 et suiv.; id. p. 115 et suiv. La démonstration de *K. Weierstrass* repose sur l'emploi de la relation

$$\lim_{\varkappa=0} \frac{1}{\varkappa\sqrt{\pi}} \int_{-\infty}^{+\infty} f(u) e^{-\left(\frac{u-x}{\varkappa}\right)^2} du = f(x).$$

E. Picard [C. R. Acad. sc. Paris 112 (1891), p. 183; Traité d'Analyse 1, Paris 1891, p. 258 et suiv.] a donné une démonstration un peu plus simple de ce théorème dans laquelle il fait usage de „l'intégrale de Poisson" et de la représentation approchée d'une fonction continue par une série de Fourier formée d'un nombre fini de termes. Il a aussi étendu sa démonstration aux fonctions de plusieurs variables. La possibilité de cette extension est d'ailleurs déjà indiquée par *K. Weierstrass* [Sitzgsb. Akad. Berlin 1885, p. 797]; il en a publié plus tard la démonstration [Werke 3, Berlin 1903, p. 27 et suiv.].

Les démonstrations de *V. Volterra* [Rend. Circ. mat. Palermo 11 (1897), p. 83], de *L. Fejér* [C. R. Acad. sc. Paris 131 (1900), p. 986] et de *M. Lerch* [Acta math. 27 (1903), p. 341, d'après une première démonstration moins simple du même auteur publiée en tchèque: Rozpravy české Akad. 1 (1892) II, mém. n° 33, p. 679/85] reposent également sur la représentation approchée d'une fonction continue par une série de Fourier formée d'un nombre fini de termes. On doit enfin à *E. Landau* une démonstration du même théorème pour les fonctions d'une et de plusieurs variables [Rend. Circ. mat. Palermo 25 (1908), p. 337] qui se rapproche davantage de celle de *K. Weierstrass*; dans cette démonstration, *E. Landau* s'appuie sur la formule

cet intervalle, par une série dont les termes sont des fonctions (rationnelles) entières de x; cette série peut toujours être choisie de façon à être absolument convergente dans l'intervalle envisagé et uniformément convergente dans tout intervalle fini compris dans cet intervalle.

De ce qui précède on peut donc conclure que les fonctions continues les plus générales rentrent dans le type des fonctions définies par *Jean Bernoulli*[17]) et *L. Euler*[18]). Ces géomètres étaient toutefois loin de se douter des nombreuses variétés de types de fonctions que peuvent présenter les fonctions continues (cf. n^{os} **10**, **11**, **12** et **20**).

$$\lim_{n=+\infty} \frac{\int_0^1 f(u)\,[1-(u-x)^2]^n\,du}{2\int_0^1 (1-u^2)^n\,du} = f(x).$$

Tandis que toutes les démonstrations précédentes reposent sur l'emploi de formules assez compliquées du calcul intégral et ont ainsi un caractère transcendant, *C. Runge* [Acta math. 6 (1885), p. 229; 7 (1885/6), p. 387/92] a donné une méthode tout à fait élémentaire qui est fondée sur l'emploi d'un facteur de discontinuité de la forme

$$\lim_{n=+\infty} \frac{1}{1+x^{2n}}.$$

Il parvient ainsi tout d'abord à développer chaque fonction finie continue d'une variable x en une série de fonctions rationnelles fractionnaires de x qui finalement peuvent être remplacées par des polynomes en x [cf. *C. Runge,* Acta math. 6 (1885), p. 236].

Voir aussi à ce sujet une note de *E. Phragmén* communiquée par *G. Mittag-Leffler* [Rend. Circ. mat. Palermo 14 (1900), p. 219] dans laquelle ce dernier modifie aussi la démonstration de *C. Runge* en prenant pour facteur de discontinuité la fonction

$$\lim_{n=+\infty} \left[1-2^{1-(1+x)^m}\right].$$

Cette démonstration est étendue aux fonctions de plusieurs variables.

Une démonstration particulièrement simple, due à *H. Lebesgue* [Bull. sc. math. (2) 22 (1898), p. 278], repose sur l'application de la formule du binome au développement en série de l'expression $x+[1+(x^2-1)]^{1/2}$.

E. Borel [Leçons[113]), Paris 1905, p. 50/6] expose et compare entre elles la plupart de ces démonstrations. Il indique aussi [id. p. 80 et suiv.] une méthode d'interpolation fournissant une démonstration du théorème de *K. Weierstrass.*

H. Lebesgue [Rend. Circ. mat. Palermo 26 (1908), p. 325] a montré que toutes les méthodes de représentation citées découlent comme cas particuliers d'un théorème général dont il donne la démonstration.

L. Maurer [Math. Ann. 47 (1896), p. 278] a étudié la représentation des fonctions continues par des séries de fonctions transcendantes entières; ces séries comprennent entre autres celles qui représentent les fonctions continues partout non dérivables (cf. n° **10** note 132[a]) données par *K. Weierstrass.*

Sur l'extension, due à *R. Baire,* des développements en séries de polynomes aux fonctions ponctuellement discontinues, voir n° **19** et plus particulièrement l'article II 2.

10. Fonctions dérivables. Pour des valeurs positives suffisamment petites de h, la différence $f(a \pm h) - f(a)$ peut toujours, quelle que soit la fonction continue envisagée $f(x)$ et quelle que soit la valeur envisagée $x = a$, être mise sous la forme

$$f(a \pm h) - f(a) = \varrho(\pm h)\varphi(a, \pm h),$$

où ϱ ne dépend pas de a, tandis que φ est une fonction de a et de $\pm h$ convenablement choisie. La condition nécessaire et suffisante pour que $f(x)$ soit continue au point a se présente alors sous la forme

$$\varrho(\pm 0)\,\varphi(a, \pm 0) = 0.$$

Supposons, en particulier, que l'on puisse déterminer une fonction ϱ de $\pm h$ qui tende, avec son argument $\pm h$, vers zéro d'une façon monotone, et qui soit telle que le quotient $\varphi\,(a, \pm h)$ de la différence $f(a \pm h) - f(a)$ par cette fonction $\varrho(\pm h)$, envisagé comme une fonction de $\pm h$, reste fini et différent de zéro dans un intervalle déterminé $(0, \delta)$. Il est alors assez naturel de dire que la continuité de la fonction $f(x)$ au point a est d'autant plus *grande* que $\varrho\,(\pm h)$ s'évanouit *plus rapidement* (I 3, 22) avec h, ce qui revient à prendre la fonction $\varrho\,(\pm h)$ pour *mesure* de la continuité[123]) de la fonction $f(x)$ au point a. On a donné à $\varrho\,(\pm h)$ le nom de *degré de continuité* de $f(x)$ en a.

D'autre part, le caractère de continuité en un point a d'une fonction $f(x)$ univoque dans un intervalle $(a - h,\ a + h)$ résulte aussi de la façon dont se comporte, quand h tend vers zéro, le quotient $\varphi(a, \pm h)$ de la différence $f(a \pm h) - f(a)$ par l'une quelconque des fonctions $\varrho\,(\pm h)$ fixée arbitrairement parmi celles qui tendent, avec l'argument $\pm h$, vers zéro d'une façon monotone. L'expérience montre que le choix pour $\varrho\,(\pm h)$ de l'argument $\pm h$ lui-même se trouve être particulièrement avantageux; choisir ainsi $\varrho\,(\pm h)$ revient à prendre pour fonction auxiliaire la fonction

$$\varphi\,(a, \pm h) = \frac{f(a \pm h) - f(a)}{\pm h}.$$

U. Dini[124]) a désigné sous le nom de *dérivées* de la fonction $f(x)$

---

123) *J. Thomae*, Abriss einer Theorie der complexen Funktionen, (1re éd.) Halle 1870, p. 40, 50; (2e éd.) Halle 1873, p. 9. *P. du Bois-Reymond*, Zur Geschichte der trigonometrischen Reihen, Tübingue (s. d.) [1880], p. 41; Functionenth.[90]) 1, p. 239; trad. p. 186; C. R. Acad. sc. Paris 92 (1881), p. 963. *G. Faber* [Math. Ann. 66 (1908), p. 89] a proposé une mesure de la continuité qui est plus précise et a montré qu'à toute fonction continue de degré de continuité donné on peut faire correspondre une fonction continue ayant un degré de continuité moindre.

124) Fondamenti[79]), p. 192; trad. p. 259/62 (n° 145). Voir aussi *L. Scheeffer*, Acta math. 5 (1884/5), p. 52.

pour $x = a$, ou *au point* a, les quatre limites d'indétermination (n° 7)

$$\underline{\varphi}(a, -0), \quad \overline{\varphi(a, -0)}, \quad \underline{\varphi}(a, +0), \quad \overline{\varphi(a, +0)}$$

qui correspondent à ce choix de la fonction $\varphi(a, \pm h)$. Il les a nommées

$\underline{\varphi(a, -0)}$ dérivée *inférieure à gauche*,

$\overline{\varphi(a, -0)}$ dérivée *supérieure à gauche*,

$\underline{\varphi(a, +0)}$ dérivée *inférieure à droite*,

$\overline{\varphi(a, +0)}$ dérivée *supérieure à droite*

de la fonction $f(x)$ au point a[125]).

Toute fonction univoque $f(x)$ dans un intervalle $(a-h, a+h)$ admet au point a les quatre dérivées de Dini; on les désigne souvent sous le nom de *„nombres dérivés de Dini"*; chacun de ces nombres est ou bien fini ou $+\infty$ ou $-\infty$.

Lorsque les dérivées supérieure et inférieure à gauche sont égales en un point a, leur valeur commune est la limite à gauche $\varphi(a, -0)$ de la fonction $\varphi(a, \pm h)$ pour $h = 0$; on l'appelle la *dérivée à gauche* de la fonction $f(x)$ au point a.

De même quand on a

$$\underline{\varphi(a, +0)} = \overline{\varphi(a, +0)} = \varphi(a, +0),$$

on appelle cette valeur commune la *dérivée à droite* de la fonction $f(x)$ au point a.

Enfin quand $f(x)$ admet en un point a une dérivée à gauche et une dérivée à droite et que ces deux dérivées sont égales, on dit que leur valeur commune est *la dérivée* (unique) de $f(x)$ au point a et on la désigne par $f'(a)$. On a alors par définition, h étant toujours supposé positif,

$$f'(a) = \lim_{h=+0} \frac{f(a-h) - f(a)}{-h} = \lim_{h=+0} \frac{f(a+h) - f(a)}{h}.$$

On dit qu'une fonction $f(x)$ est *dérivable*[126]) dans un intervalle (x_0, X) lorsqu'elle admet, en chacun des points de cet intervalle, une dérivée unique (qui peut d'ailleurs être finie ou $+\infty$ ou $-\infty$).

---

125) Voir à ce sujet l'article II 3. Plusieurs auteurs n'entendent sous le nom de dérivées que les dérivées des fonctions analytiques et font usage dans le cas de fonctions quelconques de la locution *„quotient différentiel"*.

126) *P. du Bois-Reymond* dit „fonction orthoïde" pour „fonction dérivable". [Functionenth.[90]) 1, p. 132; trad. p. 113].

En x_0 il suffit qu'elle admette une dérivée à droite, en X une dérivée à gauche.

On dit qu'une fonction $f(x)$ est *dérivable par sections* dans un intervalle (x_0, X) lorsqu'elle admet une dérivée unique en chaque point de cet intervalle, sauf en un nombre fini de points[127]).

Une fonction dont les quatre dérivées (à droite, à gauche, supérieure, inférieure) sont *finies* en un point a, est nécessairement continue en a.

En particulier, une fonction qui admet une dérivée unique *finie* en un point a est nécessairement continue en a. Mais une fonction $f(x)$ peut fort bien admettre en un point a une dérivée unique $f'(a) = +\infty$, ou $f'(a) = -\infty$, et n'être pas continue au point a. Ce n'est donc pas un pléonasme que de parler de fonctions continues dérivables[128]).

Lorsqu'une fonction $f(x)$ est dérivable dans un intervalle (x_0, X), on désigne par $f'(x)$ la fonction de x qui, quel que soit le point a que l'on fixe dans cet intervalle, prenne en ce point a la valeur $f'(a)$. On étend ensuite cette notation au cas où $f(x)$ est dérivable par sections dans un intervalle donné.

On admettait autrefois comme évident que toute fonction continue est dérivable, au moins par sections. Plus tard, à l'exemple d'*Ampère*[129]), on a cru pouvoir démontrer qu'il en est ainsi. Les recherches de *B. Riemann* sur les conditions d'intégrabilité des fonctions[130]) et celles de *H. Hankel* sur la condensation des singularités[131]) ont montré qu'il

---

127) *C. Neumann* [Kreis-, Kugel- und Cylinderfunct.[76]), p. 27] disait qu'une fonction jouit d'une propriété „par sections" (abteilungsweise) dans un intervalle „lorsque cet intervalle peut être divisé en un nombre fini d'intervalles partiels jouissant de la propriété envisagée". Cette façon de parler offrant parfois quelques inconvénients (lorsqu'on définit la continuité par sections par exemple), il vaut mieux dire „lorsque la fonction jouit de la propriété envisagée en tous les points de l'intervalle sauf en un nombre fini d'entre eux".

128) Ce ne serait un pléonasme que si l'on donnait, comme le fait *O. Stolz* par ex. [Grundzüge der Differential- und Integralrechung 1, Leipzig 1893, p. 32], une définition de la dérivée d'une fonction impliquant la continuité de cette fonction.

129) *A. M. Ampère,* J. Ec. polyt. (1) cah. 13 (1806), p. 154.

130) Habilitationsschrift[39]); Abh. Ges. Gött. 13 (1866/7), éd. 1868, math. p. 105; Werke (2e éd.) p. 242; trad. p. 243.

131) Cf. n° **18**, en partic. la note 224. *H. A. Schwarz* a donné en 1873 un exemple fort simple de fonction n'ayant de dérivée pour aucune valeur rationnelle de la variable [Verh. Schweiz. Naturf. Ges. 56 (1873), éd. 1874, p. 252; Archives sc. phys. et naturelles Genève (3) 48 (1873), p. 33; Math. Abh. 2, Berlin 1890, p. 269]. Voir aussi *E. Pascal,* Esercizi[53]), p. 107.

y a des fonctions qui pour toutes les valeurs rationnelles de x n'ont pas de dérivée. On connaît même aujourd'hui de nombreux exemples de fonctions continues qui ne sont dérivables pour aucune valeur de x; le premier de ces exemples est dû à *K. Weierstrass*[132]); il est fourni par la fonction définie par l'expression

$$f(x)=\sum_{n=0}^{n=+\infty} b^n \cos(a^n x\pi),$$

où a désigne un nombre entier impair et b un nombre positif inférieur à 1, tel que l'on ait $ab>\frac{3\pi}{2}+1$.

11. Fonctions monotones par sections et fonctions ordinaires. Les fonctions algébriques et les quelques fonctions transcendantes élémentaires que l'on envisageait autrefois peuvent être représentées dans chaque intervalle fini par un nombre fini d'arcs de courbes

---

132) *K. Weierstrass* a donné cet exemple, dès 1861, dans un cours professé à Berlin [cf. *H. A. Schwarz*, Math. Abh.[131]) 2, p. 269]; il a été publié par *P. du Bois Reymond* [J. reine angew. Math. 79 (1875), p. 29]; cf. *K. Weierstrass*, Werke 2, Berlin 1895, p. 71, 223, 228. *A. Tauber* [Monatsh. Math. Phys. 8 (1897), p. 339] remarque que, pour a pair, la fonction de Weierstrass n'est pas dérivable quand $ab^2>5$. *G. Darboux* [Ann. Ec. Norm. (2) 4 (1875), p. 107] a donné un exemple de fonction qui n'est dérivable pour aucune valeur de la variable; cet exemple, dont la publication coïncide avec celle de la fonction de Weierstrass a été ensuite généralisé par *G. Darboux* lui-même [Ann. Ec. Norm. (2) 8 (1879), p. 195]. *U. Dini* [Ann. mat. pura appl. (2) 8 (1877), p. 121/37; voir aussi Fondamenti[79]), p. 158/66; trad. p. 218/29 (n°s 124/9)] a, le premier, donné des types généraux de fonctions continues qui ne sont dérivables pour aucune valeur de la variable. Des exemples du même genre sont dus à *M. Lerch* [J. reine angew. Math. 103 (1888), p. 126].

H. von Koch [Arch. math. astron. och fys. (Stockholm) 1 (1904/5), p. 681] a donné un exemple de „courbe continue sans tangente" qui, sous une forme géométrique, fournit également un exemple de fonction continue sans dérivée; *E. Cesàro* [Atti Accad. sc. fis. mat. (Naples) (2) 12 (1902/5), éd. 1905, mém. n° 15; Archiv Math. Phys. (3) 10 (1906), p. 57] et *A. Broglio* [Giorn. mat. (2) 13 (1906), p. 168/80] ont étudié ce même exemple en se plaçant au point de vue purement analytique et l'ont généralisé de diverses manières.

G. Faber [Jahresb. deutsch. Math.-Ver. 16 (1907), p. 538] et *G. Landsberg* [id. 17 (1908), p. 46] ont donné des exemples de fonctions continues sans dérivées, particulièrement simples se présentant sous une forme analytique et ayant cependant un caractère géométrique.

E. Steinitz [Math. Ann. 52 (1899), p. 58] et *G. Faber* [id. 66 (1908), p. 81] ont étudié d'une façon tout à fait générale les conséquences que l'on peut déduire du fait pour une fonction continue de n'être pas dérivable.

Au sujet de la fonction de Weierstrass, voir aussi les notes 166 et 219.

Les recherches récentes sur l'existence des dérivées seront exposées dans l'article II 2.

qu'on ne saurait couper en plus de deux points par une droite et dont aucun point n'est un point singulier (cf. n° **15**) sauf parfois les deux points extrêmes où l'arc se raccorde à un segment ou à un autre arc. Il faut toutefois se garder de croire que l'on peut de même associer à toute fonction continue d'une variable une image analogue[133]). Même parmi les fonctions dérivables il y en a qui ne peuvent être représentées de cette manière; c'est le cas, par exemple, pour toutes celles des fonctions non-monotones par sections[134]) qui sont cependant dérivables. Il est d'ailleurs aisé de former de telles fonctions, soit qu'on ait en vue des fonctions continues, dérivables en un point, et admettant aux environs de ce point une infinité de maximés et de minimés, en sorte qu'elles ne sont pas monotones aux environs de ce point[135]), soit qu'on envisage des fonctions continues dérivables dans un intervalle qui admettent dans toute partie de cet intervalle, quelque petite qu'on la fixe, une infinité de maximés et de minimés[136]), en sorte qu'elles ne sont monotones en aucun point de cet intervalle.

Des exemples très simples mettent aussi en évidence que la

---

133) Cf. *O. Stolz*, Allg. Arith.[63]) 1, p. 194; Grundzüge[128]) 1, p. 135.

Ce n'est pas ici qu'il convient d'examiner dans quelle mesure la notion géométrique la plus générale de courbe plane, à laquelle puisse prétendre parvenir un philosophe idéaliste à l'aide de l'intuition spatiale, se confond avec celle de courbe formée de segments de droites et d'arcs de courbes juxtaposés d'un type convenablement choisi. Si l'on se place au point de vue empirique la question ne saurait être posée car à toute courbe conçue à l'aide de notre intuition spatiale correspond, à ce point de vue, non une fonction mais, suivant la terminologie de *F. Klein*, tout un *trait fonctionnel* [cf. n° 5, note 74], en sorte qu'une courbe géométrique conçue dans l'espace ne peut fournir qu'une image *approchée* d'une fonction continue et que, pour cet objet, les courbes conçues dans l'espace comme formées de segments de droite et d'arcs de courbes juxtaposés suffisent évidemment.

134) *P. du Bois-Reymond* [J. reine angew. Math. 79 (1875), p. 33] dit des fonctions monotones par sections qu'elles satisfont à la *condition de Dirichlet* [J. reine angew. Math. 4 (1829), p. 168; *G. Lejeune Dirichlet*, Werke 1, Berlin 1889, p. 131].

135) Par exemple, la fonction $f(x)$ définie par la condition que $f(0)=0$ et que pour x différent de zéro, on ait

$$f(x)=x^n \sin\frac{1}{x},$$

où n est fixé arbitrairement parmi les nombres qui ne sont pas plus petits que 2. Cette fonction est continue et dérivable au point $x=0$ et admet cependant une infinité de maximés et de minimés aux environs du point $x=0$.

136) *A. Koepcke* [Math. Ann. 35 (1890), p. 104; ce mémoire avait été pré-

continuité et la monotonie d'une fonction aux environs de points déterminés n'entraînent aucunement la dérivabilité de la fonction en ces points[137]). Il résulte même de recherches de *K. Weierstrass*, de *H. A. Schwarz* et de *U. Dini* que certaines fonctions continues monotones ne sont dérivables dans aucun intervalle fini quelque petit qu'il soit[138]).

En énumérant les conditions nécessaires pour qu'une fonction d'une variable, univoque dans un intervalle fini, puisse être représentée,

---

cédé de deux autres (Math. Ann. 29 (1887), p. 123; 34 (1889), p. 161) qui présentent encore quelques lacunes] a donné un procédé permettant de s'approcher indéfiniment par des constructions géométriques des fonctions rentrant dans ce type, procédé défini par un passage à la limite. Il a donné ensuite une expression analytique de ces fonctions [Mitt. math. Ges. Hamburg 2, Festschrift 1890, éd. Leipzig 1891, p. 128/53] au moyen d'une série trigonométrique à double entrée. *I. Pereno* [Giorn. mat. (2) 4 (1897), p. 132] a simplifié, en le modifiant quelque peu, l'exemple donné par *A. Koepcke.*

T. Brodén [Öfversigt Vetensk. Akad. förhandl. (Stockholm) 57 (1900), p. 423, 728] et *A. Schoenflies* [Jahresb. deutsch. Math.-Ver. 8^2 (1899), éd. 1900, p. 164; Math. Ann. 54 (1901), p. 553] donnent des procédés simples, ayant tous deux un caractère général, pour construire des fonctions dérivables à maximés et minimés formant un ensemble dense dans un intervalle donné. *D. Pompeiu* [Math. Ann. 63 (1907), p. 326] a construit une fonction particulièrement simple rentrant dans le même type, en s'appuyant sur ce que, dans tout intervalle fini, quelque petit qu'il soit fixé, la dérivée d'une telle fonction s'annule au moins une fois.

Des considérations géométriques avaient amené *P. du Bois-Reymond* à douter qu'il y eût de telles fonctions [J. reine angew. Math. 79 (1875), p. 32]; *U. Dini,* au contraire, admettait leur existence comme fort probable [Fondamenti[79]), p. 283; trad. p. 383 (n° 200)]. *H. Hankel* [Math. Ann. 20 (1882), p. 83] avait cru en donner un premier exemple, mais il se trouve que les oscillations de la fonction qu'il envisage se compensent (n° **20**, note 270) en sorte que son exemple est illusoire.

137) Envisageons par exemple la fonction $f(x)$ définie par la condition que $f(0) = 0$ et que, pour x différent de zéro, on ait

$$f(x) = x\,[1 \pm \tfrac{1}{3}\sin(\log x^2)].$$

Cette fonction est partout continue et monotone, mais elle n'est pas dérivable au point $x = 0$.

138) *K. Weierstrass* a donné le premier exemple d'une fonction continue monotone non dérivable dans un ensemble dense, dans ses Cours professés à l'Université de Berlin. Cet exemple est formé par un procédé analogue à celui de la condensation des singularités (n° 18); il n'a été publié qu'en 1882 par *G. Cantor* [Math. Ann. 19 (1882), p. 591]. Voir aussi *J. Lüroth* dans *U. Dini,* Grundlagen[79]), p. 200.

Dès 1873, *H. A. Schwarz* avait donné [Math. Abh.[131]) 2, Berlin 1890, p. 269] un second exemple d'une fonction continue monotone non dérivable dans un ensemble dense, et en 1878 *U. Dini* [Fondamenti[79]), p. 168; trad. p. 231 (n° 131)] avait envisagé un type plus général de fonctions jouissant de cette même propriété

dans cet intervalle, par un nombre fini de segments de droite et d'arcs de courbe du type envisagé, on ne saurait donc laisser de côté ni la condition de continuité (n° **10**), ni celle de dérivabilité, ni celle de monotonie par sections. Et comme, par une simple transformation de coordonnées[139]), on peut parfois faire apparaître ou disparaître, dans un intervalle fini, une infinité de maximés et de minimés de la fonction que l'on envisage, il importe de préciser encore la dernière des trois conditions précédentes en disant que la fonction doit être monotone par sections *quelle que soit la direction que l'on choisisse pour axe des abscisses.*

P. du Bois-Reymond a désigné sous le nom de fonctions *„ordinaires"* les fonctions satisfaisant aux trois conditions que l'on vient d'énoncer[140]).

12. Fonctions indéfiniment dérivables. Fonctions analytiques. On dit qu'une fonction univoque finie et continue d'une variable x est indéfiniment dérivable dans un intervalle (x_0, X) lorsqu'elle admet, dans cet intervalle, des dérivées de tous les ordres (en x_0 des dérivées à droite, en X des dérivées à gauche).

De ce qu'une fonction est indéfiniment dérivable, même dans tout intervalle, il ne s'ensuit pas qu'elle a nécessairement partout le caractère d'une *fonction ordinaire*[141]). Les points aux environs desquels elle n'a pas ce caractère peuvent d'ailleurs être en nombre infini, même dans un intervalle fini; mais il semble définitivement acquis, à l'aide de considérations empruntées à l'étude générale des dérivées d'une fonction[142]), que ces points ne peuvent former un ensemble dense dans un intervalle fini.

On dit qu'une fonction $f(x)$ est *analytique* aux environs d'un point

---

139) On peut aussi atteindre le même but en ajoutant à la fonction envisagée $f(x)$ une fonction linéaire de x, convenablement choisie (cf. n° **20**).

140) *C. G. J. Jacobi* appelait parfois *„raisonnables"* (vernünftig) les fonctions continues n'admettant, dans un intervalle fini, qu'un nombre fini de maximés et de minimés, et ayant en chacun des points de cet intervalle des dérivées premières et secondes.

141) La fonction, indéfiniment dérivable dans tout intervalle, définie, pour $x = 0$, par la condition $f(0) = 0$ et, pour x différent de zéro, par la relation

$$f(x) = e^{-\frac{1}{x^2}} \sin \frac{1}{x}$$

par exemple, n'est pas une *fonction ordinaire* aux environs du point $x = 0$.

142) Voir *U. Dini*, Fondamenti[79]), p. 168; trad. p. 230 (n° 130).

Si donc on cherchait à former par condensation (n° **18**) au moyen de fonctions comme celle définie dans la note 141, une fonction $f(x)$ ayant, aux environs de chaque point d'un ensemble dense dans un intervalle fini, la singularité

a lorsqu'elle peut être représentée, aux environs de ce point a, par une série entière en $x - a$. On admettait autrefois comme évident que toute fonction de x indéfiniment dérivable en un point a et aux environs de ce point a est une fonction analytique de x aux environs du point a[143]). On sait aujourd'hui qu'il n'en est pas ainsi. On sait même qu'une fonction peut être indéfiniment dérivable en chacun des points d'un intervalle sans être pour cela fonction analytique aux environs d'aucun de ces points[144]) [voir l'article II 3].

On a d'ailleurs réussi à préciser l'ensemble des restrictions auxquelles il faut soumettre une fonction indéfiniment dérivable $f(x)$ pour qu'elle soit fonction analytique de x aux environs d'un point a; la façon dont la dérivée d'ordre n de $f(x)$ devient infinie *aux environs* du point a quand n augmente indéfiniment, joue ici un rôle important, même quand à partir d'un certain indice n, les expressions $\frac{1}{n!}|f^{(n)}(a)|$ tendent toutes vers zéro aussi rapidement que possible[145]), de façon que la série de Taylor ayant pour terme général $\frac{1}{n!}f^{(n)}(a)(x-a)^n$ converge sans cependant représenter la fonction $f(x)$.

Une fonction $f(x)$ a tous les caractères d'une fonction „ordinaire"

---

dont il est question ici, il faudrait nécessairement que les oscillations, en nombre infini, de cette fonction *se compensent* de telle façon que, dans chaque intervalle, choisi aussi petit que l'on veut, se trouvent des points où la fonction $f(x)$ soit monotone (cf. n° 20).

143) L'exemple du contraire donné par *A. L. Cauchy* n'est pas entièrement probant. Voir *A. Pringsheim*, Mathematical papers of the Chicago Congress 1893, éd. New-York 1896, p. 288 (remarques historiques) et voir aussi l'article II 3.

144) Une fonction $f(x)$, indéfiniment dérivable, peut être, aux environs de certains points a, une fonction analytique *unilatérale* [*A. Pringsheim*, Math. Ann. 44 (1894), p. 54] en sorte que $f(x) = f(a+h)$ n'est représentée par la somme de la série de Taylor $f(a) + \frac{h}{1}f'(a) + \cdots + \frac{1}{\nu!}f^{(\nu)}(a) + \cdots\cdots$ que d'un côté du point a; de l'autre côté du point a il n'en est pas ainsi quoique cette même série soit convergente.

145) *A. Pringsheim*, Math. papers Chicago [143]), p. 294; Math. Ann. 44 (1894), p. 79. *Exemples* [Math. Ann. 42 (1893), p. 159, 161]: Les fonctions

$$f_1(x) = \sum_{\nu=0}^{\nu=+\infty} \frac{1}{\nu!}\,\frac{1}{1+\alpha^\nu x}; \quad f_2(x) = \sum_{\nu=0}^{\nu=+\infty} \frac{(-1)^\nu}{\nu!}\,\frac{1}{1+\alpha^\nu x} \qquad (\text{où } \alpha > 1)$$

ne peuvent, ni l'une ni l'autre, être développées en séries entières en x. Il est vrai que $a_n = \frac{1}{n!}f_1^{(n)}(0) = (-1)^n e^{\alpha^n}$ tend vers l'infini si rapidement que la série de Maclaurin ayant pour terme général $a_n x^n$ est partout divergente; mais, par contre, $b_n = \frac{1}{n!}f_2^{(n)}(0) = (-1)^n\left(\frac{1}{e}\right)^{\alpha^n}$ tend vers zéro si rapidement que la série de Maclaurin ayant pour terme général $b_n x^n$ est partout convergente.

partout où elle est analytique. Ce qui précède montre que la question analogue concernant la mesure dans laquelle une fonction indéfiniment dérivable, mais *non analytique*, a les caractères d'une fonction ordinaire, ne saurait être considérée comme entièrement élucidée[146]).

13. Valeurs impropres d'une fonction. Formes indéterminées $\frac{0}{0}$, $\frac{+\infty}{+\infty}$, $0\,(\pm\infty)$, et autres analogues. Dans ce qui précède, on a commencé par envisager l'ensemble des fonctions univoques et continues d'une variable; parmi ces fonctions on a distingué celles qui sont indéfiniment dérivables et, parmi ces dernières, les fonctions analytiques dont on peut dire qu'elles sont les plus parfaites de toutes au point de vue de la continuité.

En conservant le même point de départ, mais en suivant une marche inverse, on va maintenant rencontrer des fonctions dont on peut dire qu'elles sont de moins en moins parfaites au point de vue de la continuité et l'on aboutira enfin aux „fonctions entièrement discontinues" qui sont, par rapport aux fonctions continues, les plus dégénérées que l'on puisse concevoir. A cet effet, il convient de mettre tout d'abord en évidence les diverses solutions de continuité que peut présenter une fonction supposée continue en général.

Puisque, pour définir la *continuité* d'une fonction $f(x)$ en un point a, on a supposé essentiellement que le nombre $f(a)$ était défini, toute fonction $f(x)$ qui n'est pas définie en un point a doit être rangée parmi les fonctions *non-continues* en ce point a, même lorsque cette fonction est définie et continue pour tous les points aux environs du point a.

Supposons que $f(a)$ ne soit pas définie au point a. Il peut alors arriver que les limites de gauche et de droite

$$f(a-0), \qquad f(a+0)$$

146) *L. Maurer* [Math. Ann. 41 (1893), p. 377] a donné des conditions *suffisantes* pour qu'une fonction monotone par sections soit indéfiniment dérivable (voir en particulier à la p. 388 de son mémoire la quatrième condition imposée à la classe des fonctions envisagées).

E. Borel [C. R. Acad. sc. Paris 118 (1894), p. 342; Thèse, Paris 1894; Ann. Ec. Norm. (3) 12 (1895), p. 42; Leçons[113]), Paris 1905, p. 68] a montré que l'on peut représenter les fonctions non analytiques, indéfiniment dérivables, par une expression de la forme

$$\sum_{(\varkappa)} A_\varkappa x^\varkappa + \sum_{(\varkappa)} [B_\varkappa \cos \varkappa x + C_\varkappa \sin \varkappa x]$$

à convergence uniforme assez rapide, donc par la somme d'une fonction analytique et d'une série de Fourier indéfiniment dérivable. *E. Borel* [C. R. Acad. sc. Paris 121 (1895), p. 811, 933; Ann. Ec. Norm. (3) 13 (1896), p. 79] a ensuite étendu ses résultats aux fonctions de deux variables.

aient une même valeur finie et déterminée b [exemples note 95]. Dans ce cas on attribue souvent cette valeur b à la fonction $f(x)$ au point a et, quoique $f(a)$ ne soit pas définie, on convient alors de *dire* que $f(x) = b$ pour $x = a$; b est ce qu'on appelle la *valeur impropre*[147]) de la fonction $f(x)$ au point a. On dit alors aussi que la fonction $f(x)$ est *improprement définie*[148]) au point a. Cette façon de parler est souvent commode; au fond elle met en évidence le fait que, dans l'étude des fonctions $f(x)$ qui ne sont pas définies en un point a, on peut, quand

$$f(a+0) = f(a-0),$$

écarter la non-continuité.

Envisageons, par exemple, une fonction

$$f(x) = \frac{\varphi(x)}{\psi(x)}$$

qui, pour $x = a$, se présente sous la forme $\frac{0}{0}$ ou sous la forme $\frac{\pm\infty}{\pm\infty}$, soit parce que, pour $x = a$, les deux fonctions $\varphi(x)$ et $\psi(x)$, ou les deux fonctions $\frac{1}{\varphi(x)}$, $\frac{1}{\psi(x)}$, s'annulent, soit encore parce que les nombres $\varphi(a)$, $\psi(a)$ ne sont pas définis et qu'on a à la fois

$$\lim_{x=a\pm 0} \varphi(x) = \pm\infty, \qquad \lim_{x=a\pm 0} \psi(x) = \pm\infty.$$

Il peut alors arriver que les deux limites

$$\lim_{x=a+0} \frac{\varphi(x)}{\psi(x)} \quad \text{et} \quad \lim_{x=a-0} \frac{\varphi(x)}{\psi(x)}$$

existent et aient une valeur commune b. S'il en est ainsi, on se trouve dans le cas envisagé où, $f(a)$ n'étant pas définie, $f(x)$ est improprement définie[149]) au point a. Il s'agit alors de déterminer la valeur impropre b de la fonction $f(x)$ au point a.

La règle que l'on applique généralement à cet effet sous le nom de *règle de l'Hospital*[150]) n'est que la traduction de l'égalité

$$\lim_{x=a} \frac{\varphi(x)}{\psi(x)} = \lim_{x=a} \frac{\varphi'(x)}{\psi'(x)},$$

---

147) *A. L. Cauchy* [Analyse alg.[105]), p. 45; Œuvres (2) 3, p. 51] dit „valeur singulière" de la fonction; *P. du Bois-Reymond* [Functionenth.[90]) 1, p. 234; trad. p. 177/8] dit „valeur indirecte" de la fonction.

148) Cette expression a été employée au n° 8 dans un sens un peu différent mais aucune ambiguïté n'est à craindre de ce fait.

149) On dit souvent, dans ce cas, que b est la *vraie valeur* de l'expression *indéterminée* envisagée; mais cette façon de parler laisse beaucoup à désirer.

150) On devrait dire *règle de Jean Bernoulli* plutôt que *règle de l'Hospital* car quoique cette règle ait été publiée d'abord par *G. F. A. de L'Hospital* [Analyse des infiniments petits pour l'intelligence des lignes courbes, Paris 1696, § 163;

où $\varphi'(x)$, $\psi'(x)$ désignent les dérivées des fonctions $\varphi(x)$, $\psi(x)$, prises par rapport à x.

Cette égalité a effectivement lieu, au moins sous certaines restrictions, mais avant *A. L. Cauchy* les démonstrations que l'on en donnait étaient tout à fait insuffisantes[151]). La démonstration de *A. L. Cauchy*[152]) repose sur le théorème des accroissements finis (voir l'article II 3), d'où l'on déduit immédiatement l'égalité[153])

$$\frac{\varphi(a+h)-\varphi(a)}{\psi(a+h)-\psi(a)}=\frac{\varphi'(a+\theta h)}{\psi'(a+\theta h)},$$

(2e éd.) Paris 1715, p. 145/6] sous une forme géométrique, „*Jean Bernoulli* l'avait communiquée à *G. F. A. de L'Hospital* dans une lettre datée du 22 juillet 1694 [cf. *G. Eneström*, Öfversigt Vetensk. Akad. förhandl. (Stockholm) 51 (1894), p. 297/305].* Après la mort de *G. F. A. de L'Hospital, Jean Bernoulli* avait d'ailleurs énergiquement réclamé cette règle pour sienne [Acta Erud. Lps. 1704, p. 375; Opera 1, Lausanne et Genève 1742, p. 401]; il l'a, en outre, complétée en envisageant le cas où l'on a à la fois $\varphi'(a)=0$ et $\psi'(a)=0$.

„Il convient d'ajouter que *G. F. A. de L'Hospital*, dans la préface de son ouvrage (p. XIV), dit expressément qu'il s'est servi sans façon des découvertes des *Bernoulli*, surtout de celles de *Jean Bernoulli*, et de celles de *G. W. Leibniz* et qu'il consent qu'ils en revendiquent tout ce qui leur plaira.*

151) La démonstration qui consiste, quand $\varphi(a)=\psi(a)=0$, à partir de l'identité

$$\frac{\varphi(a+h)}{\psi(a+h)}=\frac{\varphi(a+h)-\varphi(a)}{h}:\frac{\psi(a+h)-\psi(a)}{h},$$

et à passer à la limite pour $h=0$, ne permet d'établir l'égalité en question que sous l'hypothèse que les dérivées $\varphi'(a)$ et $\psi'(a)$ existent et ne sont ni toutes deux nulles, ni toutes deux infinies. Quand $\varphi'(a)=\psi'(a)=0$, on peut, il est vrai, déterminer par le même procédé la „vraie valeur" $\frac{\varphi''(a)}{\psi''(a)}$ de $\frac{\varphi'(a)}{\psi'(a)}$, mais la conclusion que cette vraie valeur est aussi celle de $\frac{\varphi(a)}{\psi(a)}$ repose sur une interversion de deux passages à la limite que rien ne légitime [cf. *W. F. Osgood*, Annals of math. (1) 12 (1898/9), p. 68].

152) Leçons sur le calcul différentiel, Paris 1829, p. 34, 39; Œuvres (2) 4, Paris 1899, p. 310, 316.

153) On peut aussi [voir par ex. *C. Jordan*, Cours d'Analyse[61]) 1, p. 270] démontrer rigoureusement l'égalité

$$\lim_{x=a}\frac{\varphi(x)}{\psi(x)}=\lim_{x=a}\frac{\varphi^{(p)}(x)}{\psi^{(p)}(x)}$$

dans le cas où l'on a $\varphi(a)=\psi(a)=0$, $\varphi'(a)=\psi'(a)=0, \dots, \varphi^{(p-1)}=\psi^{(p-1)}=0$, mais où l'une au moins des deux dérivées $\varphi^{(p)}(a)$, $\psi^{(p)}(a)$ n'est pas nulle, en s'appuyant sur la formule de Taylor qui n'est d'ailleurs elle même [voir l'article II 3] qu'une extension de la formule des accroissements finis; mais les hypothèses que l'on est alors obligé de faire ont un caractère plus restrictif que quand on fait usage de la méthode indiquée par *A. L. Cauchy*[152]).

θ étant un nombre déterminé compris entre 0 et 1; elle est rigoureuse dans le cas où, pour $x = a$, on a

$$\varphi(x) = 0\,,\ \psi(x) = 0\,;$$

mais dans le cas, déjà envisagé par *L. Euler*[154]), où, pour $x = a$, on a

$$\varphi(x) = +\infty\,,\ \psi(x) = +\infty\,,$$

la démonstration de *A. L. Cauchy*[155]) elle-même laisse encore à désirer et il en est de même de la plupart des démonstrations[156]) données après lui[157]).

La première démonstration ne donnant aucune prise à la critique est celle de *O. Stolz*[158]); elle s'appuie sur un lemme que l'on trouvera plus loin[165]) énoncé immédiatement après un théorème de *A. L. Cauchy*[164]) dont il est la généralisation.

O. Stolz a d'ailleurs aussi donné une seconde démonstration rigoureuse de la même égalité[159]) qui s'appuie sur un lemme dû à *P. du Bois-Reymond*[160]) et à *V. Rouquet*[161]), lemme d'après lequel, si

$$\lim_{x=+\infty} f'(x) = \varkappa$$

(où $\varkappa$ peut être fini ou $+\infty$ ou $-\infty$), on a aussi

$$\lim_{x=+\infty} \left[\frac{1}{x} f(x)\right] = \varkappa\,.$$

V. Rouquet ne s'est pas borné à établir ce lemme; il a cherché à en déduire l'étude complète du cas envisagé où, pour $x = a$, $f(x)$ se présente sous la forme

$$\frac{+\infty}{+\infty},$$

mais cette dernière étude n'est pas entièrement à l'abri de toute critique.

---

154) Institutiones calculi differentialis, S^t. Pétersbourg 1755, p. 756.

155) Calcul diff.[118]), p. 41; Œuvres (2) 4, p. 319.

156) Voir par ex. *F. N. M. Moigno*, Leçons de calcul différentiel et de calcul intégral 1, Paris 1840, p. 41; *J. A. Serret*, Cours de calcul différentiel et intégral (1re éd.) 1, Paris 1868, p. 185; (5e éd.) 1, Paris 1900, p. 182; *Ch. Hermite*, Cours d'Analyse de l'Ec. polyt. 1, Paris 1873, p. 200.

157) Voir *O. Stolz*, Math. Ann. 14 (1879), p. 231.

158) *O. Stolz*, Math. Ann. 14 (1879), p. 238/9.

159) *O. Stolz*, Math. Ann. 15 (1879), p. 556.

160) Ann. mat. pura appl. (2) 4 (1870/1), p. 346; Math. Ann. 16 (1880), p. 550.

161) Nouv. Ann. math. (2) 16 (1877), p. 113/6.

En utilisant l'idée fondamentale qui avait présidé à la démonstration que *P. du Bois-Reymond* a donnée de son lemme, on est parvenu à une démonstration à la fois *rigoureuse* et *directe* de la règle qu'il convient de substituer à la règle de l'Hospital pour déterminer, quand une fonction est improprement définie en un point a, sa valeur impropre b.

Cette démonstration, qui diffère des précédentes, se trouve pour la première fois dans le traité de calcul différentiel de *A. Genocchi* publié par *G. Peano*. La démonstration de *J. Tannery* rentre dans le même ordre d'idées; *O. Stolz* se place à un point de vue un peu plus général[162]).

Voici la règle en question: on a

$$\lim_{x=a+0} \frac{\varphi(x)}{\psi(x)} = \lim_{x=a+0} \frac{\varphi'(x)}{\psi'(x)}$$

lorsque, d'une part, la limite qui figure dans le second membre existe et que, d'autre part, on se trouve dans l'un ou l'autre des deux cas suivants:

1°) $$\lim_{x=a+0} \varphi(x) = \lim_{x=a+0} \psi(x) = 0;$$

$\varphi(x)$, $\psi(x)$ continues dans un intervalle fini $(a, a+h)$;

$\varphi(x)$, $\psi(x)$ dérivables et $\psi'(x)$ différent de zéro dans l'intervalle $(a+0, a+h)$;

2°) $$\lim_{x=a+0} \psi(x) = \pm\infty$$

$\varphi(x)$, $\psi(x)$ continues, dérivables et $\psi'(x)$ non seulement différent de zéro dans un intervalle fini $(a+0, a+h)$ mais encore de même signe dans tout cet intervalle.

Cette règle fournit d'ailleurs aussi les éléments nécessaires pour déterminer, dans certains cas, la valeur impropre d'une fonction $\frac{\varphi(x)}{\psi(x)}$ en un point $x=a$ où les deux limites

$$\lim_{x=a+0} \varphi'(x), \qquad \lim_{x=a+0} \psi'(x)$$

162) *A. Genocchi*, Calcolo differenziale, publ. par *G. Peano*, Turin 1884, p. 178 (n° 126); *J. Tannery*, Introduction à la théorie des fonctions d'une variable, (1re éd.) Paris 1886, p. 263; (2e éd.) 1, Paris 1904, p. 405; *O. Stolz*, Grundzüge[126]) 1, p. 77. On trouvera [id. p. 81, 82] et aussi dans *E. Bortolotti* [Ann. mat. pura appl. (3) 8 (1903), p. 246] des conditions plus générales encore sous lesquelles on peut appliquer la même règle.

La démonstration qu'a donnée *W. F. Osgood* [Annals of math. (1) 12 (1898/9), p. 76] est un peu plus simple encore, mais les hypothèses qu'il fait ont un caractère plus restrictif.

sont toutes deux nulles, ou toutes deux infinies. Il suffit alors, en effet, d'appliquer à $\varphi'(x)$ et $\psi'(x)$ la règle que l'on vient d'énoncer pour $\varphi(x)$ et $\psi(x)$. On peut de même l'appliquer successivement, s'il y a lieu, aux dérivées de tous les ordres de $\varphi(x)$ et $\psi(x)$[163]).

La même règle peut aussi être aisément étendue aux cas où, au lieu du passage à la limite, $\lim x = a + 0$, on envisage l'un des passages à la limite, $\lim x = a - 0$, $\lim x = +\infty$, $\lim x = -\infty$; il suffit pour cela d'effectuer des substitutions évidentes de caractère élémentaire.

On peut aussi déterminer la valeur impropre d'une fonction se présentant sous une forme indéterminée, en s'appuyant sur un théorème

163) Il ne faudrait pas croire qu'il suffit toujours d'appliquer un nombre fini de fois cette règle aux quotients des dérivées successives de $\varphi(x)$ et de $\psi(x)$ pour obtenir la „vraie valeur" b. En prenant par exemple

$$\varphi(x) = e^{-\frac{1}{x^2}}, \quad \psi(x) = x^n,$$

où $n > 0$, on appliquerait en vain cette règle pour $\lim x = 0$; c'est par une autre voie que l'on trouve ici $\lim\limits_{x=0} \dfrac{\varphi(x)}{\psi(x)} = 0$.

La règle est même en défaut un nombre infini de fois quand on prend

$$\varphi(x) = x e^{-\left(\frac{1}{x}\right)^2} - e^{-\left(\frac{1}{x}\right)^4}, \quad \psi(x) = x e^{-\left(\frac{1}{x}\right)^2} + e^{-\left(\frac{1}{x}\right)^4};$$

on le voit aisément en utilisant le résultat précédent. C'est par une méthode directe que l'on trouve ici

$$\lim_{x=0} \frac{\varphi(x)}{\psi(x)} = \frac{1 - \dfrac{1}{x} e^{-\left(\frac{1}{x}\right)^2\left[1+\left(\frac{1}{x}\right)^4\right]}}{1 + \dfrac{1}{x} e^{-\left(\frac{1}{x}\right)^2\left[1+\left(\frac{1}{x}\right)^4\right]}} = 1.$$

Il peut aussi arriver que l'expression

$$\lim_{x=a} \frac{\varphi(x)}{\psi(x)}$$

ait une valeur déterminée alors même que, pour $\lim x = a$, le quotient $\dfrac{\varphi'(x)}{\psi'(x)}$ n'aurait pas de limite (ni finie, ni $\pm\infty$). Ainsi pour

$$\varphi(x) = x^2 \sin\frac{1}{x}, \quad \psi(x) = \sin x$$

on trouve immédiatement

$$\lim_{x=0} \frac{\varphi(x)}{\psi(x)} = \lim_{x=0} \left(\frac{x}{\sin x}\right) x \sin\frac{1}{x} = 0,$$

tandis que

$$\frac{\varphi'(x)}{\psi'(x)} = \frac{2x \sin\frac{1}{x} - \cos\frac{1}{x}}{\cos x}$$

n'a pas de limite (finie, ou $\pm\infty$) pour $\lim x = 0$.

Voir *H. Laurent*, Traité d'Analyse 1, Paris 1885, p. 372 et suiv.; *O. Stolz*, Grundzüge[126]) 1, p. 76; *E. Pascal*, Esercizi[65]), p. 240/8.

de *A. L. Cauchy*[164]) d'après lequel „si pour des valeurs croissantes de x, la fonction $\varphi(x+1)-\varphi(x)$ admet une certaine limite, la fonction $\frac{\varphi(x)}{x}$ admettra la même limite" en sorte que l'on aura

$$\lim_{x=+\infty} \frac{\varphi(x)}{x} = \lim_{x=+\infty} [\varphi(x+1)-\varphi(x)];$$

ou encore, en s'appuyant sur la généralisation de ce théorème due à *O. Stolz*[165]) et à laquelle on a fait allusion plus haut:

Désignons par $\varphi(x)$ une fonction finie dans tout intervalle fini (x_0, X) et par $\psi(x)$ une fonction monotone de x pour $x \geqq x_0$. Si l'on a, soit

$$\lim_{x=+\infty} \varphi(x) = 0 \qquad \text{et} \qquad \lim_{x=+\infty} \psi(x) = 0,$$

soit l'une ou l'autre des deux relations

$$\lim_{x=+\infty} \psi(x) = +\infty, \qquad \lim_{x=+\infty} \psi(x) = -\infty,$$

et si alors, h désignant une constante (positive ou négative), la fonction

$$\frac{\varphi(x+h)-\varphi(x)}{\psi(x+h)-\psi(x)}$$

admet une limite pour $\lim x = +\infty$, la fonction

$$\frac{\varphi(x)}{\psi(x)}$$

admettra nécessairement la même limite pour $\lim x = +\infty$, en sorte que l'on aura

$$\lim_{x=+\infty} \frac{\varphi(x)}{\psi(x)} = \lim_{x=+\infty} \frac{\varphi(x+h)-\varphi(x)}{\psi(x+h)-\psi(x)}.$$

L. Euler[166]) a encore envisagé d'autres formes indéterminées telles

---

164) Analyse alg.[105]), p. 48; Œuvres (2) 3, p. 54 (voir aussi I 3, 22).

165) Allg. Arith.[65]) 1, p. 176. *O. Stolz* et *J. A. Gmeiner*, Funktionenth.[118]), p. 33. *O. Stolz* avait d'ailleurs déjà démontré quelques années auparavant le même théorème [Math. Ann. 14 (1879), p. 232, 234] mais sous des hypothèses un peu plus restreintes. Une proposition démontrée par *E. Cesáro* [Atti R. Accad. Lincei Rendic. (4) 4 I (1888), p. 116/8] est comprise comme cas particulier dans le théorème dû à *O. Stolz*. A la suite de la démonstration par *J. L. W. Jensen* [C. R. Acad. sc. Paris 106 (1888), p. 833] d'un théorème plus général que celui de *O. Stolz*, ce dernier a établi [Math. Ann. 33 (1889), p. 239/45] plusieurs propositions qui permettent de généraliser encore de diverses manières les résultats obtenus.

166) Calc. diff.[154]), p. 757.

La façon dont *L. Euler* avait dans cet ouvrage envisagé les divers symboles d'indétermination ne prêtait pas à ambiguïté et était, au fond, exacte. Malgré cela, dans son traité d'Algèbre [Vollständige Anleitung zur Algebra 1 (section I

que

$$0\,(\pm\infty),\quad \pm\infty\mp\infty$$

et a montré comment on peut ramener aux cas précédents la détermination de la valeur impropre des fonctions qui, pour une valeur particulière de la variable, se présentent sous l'une de ces formes.

A. L. Cauchy a montré que l'on peut déterminer la valeur impropre d'une fonction qui, pour une valeur particulière de la variable, se présente sous l'une des formes indéterminées

$$\pm\infty^0,\quad 0^0,\quad 1^{+\infty},\quad 1^{-\infty},$$

en s'appuyant sur l'une[167]) ou l'autre[168]) des relations

chap. 16, n° 175), St Pétersbourg 1770, p. 104; trad. par *Jean III Bernoulli*, avec additions par *J. L. Lagrange* 1, Lyon 1774, p. 127], de ce que l'égalité $x^0=1$ a lieu quelque petit que soit x en valeur absolue, *L. Euler* conclut que l'on a toujours $0^0=1$; dans les additions à la seconde édition des „Institutiones calculi differentialis" de *L. Euler*, 2, Pavie 1787, p. 813, on rencontre d'ailleurs aussi une soi-disant *démonstration* de l'égalité $0^0=1$. *G. B. I. T. Libri* [J. reine angew. Math. 10 (1833), p. 305] semble attribuer cette addition à *L. Mascheroni*. *D'après *G. Eneström*, elle est probablement due à l'éditeur *F. Speroni* [cf. Bibl. math. (3) 9 (1908), p. 176].*

Même après que *A. L. Cauchy* [dans ses publications citées notes 133, 134 et 135] eut entièrement élucidé cette question, *G. B. I. T. Libri* [J. reine angew. Math. 10 (1833), p. 305 (mémoire sur les fonctions discontinues lu le 21 mai 1832 à l'académie des sciences de Paris)] a encore essayé de démontrer à nouveau l'égalité $0^0=1$; il prétend, en outre, démontrer que l'expression 0^x ne peut prendre que l'une des valeurs 0, 1 ou $+\infty$ quel que soit x. Malgré les objections formulées à cet égard par un „Anonyme" [J. reine angew. Math. 11 (1834), p. 272/3] (qui renvoie aux publications de *A. L. Cauchy*), *A. F. Möbius* [id. 12 (1834), p. 134/6] cherche à *démontrer* que l'on a toujours $0^0=1$; il s'appuie à cet effet sur une démonstration donnée par *J. F. Pfaff* de l'égalité (d'ailleurs exacte) $\lim\limits_{x=0} x^x=1$. Malgré les nouvelles réserves formulées immédiatement après cette publication [id. 12 (1834), p. 292/4], il ne semble pas que ni *G. B. I. T. Libri* ni *A. F. Möbius* aient jamais reconnu nettement leur erreur. *Et en 1856 encore, *F. Unferdinger* [Archiv Math. Phys. 26 (1856), p. 226] croit pouvoir démontrer que $0^0=1$; il est d'ailleurs aussitôt réfuté par *M. Cantor* [Z. Math. Phys. 1 (1856), p. 244/5].*

167) Analyse alg.[105]), p. 53, 68; Œuvres (2) 3, p. 58, 70.

168) Résumé des leçons données à l'Ec. polyt. sur le calcul infinitésimal, Paris 1823, p. 4; Œuvres (2) 4, Paris 1899, p. 15/6.

La marche suivie par *A. L. Cauchy* consiste à montrer que l'on a, en désignant par ν un nombre naturel quelconque,

$$\lim_{x=\pm\infty}\left(1+\frac{1}{x}\right)^x=\lim_{\nu=+\infty}\left(1\pm\frac{1}{\nu}\right)^{\pm\nu};$$

elle fournit un exemple de la façon dont on peut définir la limite d'une fonction, en se conformant au procédé indiqué dans la note 85 de cet article.

$$\lim_{x=+\infty}\left[\varphi(x)^{\frac{1}{x}}\right]=\lim_{x=+\infty}\frac{\varphi(x+1)}{\varphi(x)},$$

$$\lim_{x=\pm\infty}\left(1+\frac{1}{x}\right)^x=e,$$

(où e est la base des logarithmes naturels) dont la première suppose d'une part que $\varphi(x)$ admet une limite *positive* déterminée pour $\lim x=+\infty$, d'autre part que la fonction $\frac{\varphi(x+1)}{\varphi(x)}$ qui figure dans son second membre admet pour $\lim x=+\infty$ une limite (qui peut d'ailleurs être finie ou $+\infty$).

A. L. Cauchy[169]) a aussi donné des règles générales permettant de ramener l'évaluation des „vraies valeurs" des expressions se présentant sous l'une ou l'autre des formes indéterminées

$$+\infty\cdot 0,\quad 0^0,\quad +\infty^0,\quad 1^{+\infty},\quad 1^{-\infty}$$

à l'évaluation des „vraies valeurs" d'expressions se présentant soit sous la forme $\frac{0}{0}$, soit sous la forme $\frac{+\infty}{+\infty}$. Ces règles reposent sur l'emploi des égalités

$$\varphi(x)\psi(x)=\frac{\varphi(x)}{[\psi(x)]^{-1}}=\frac{\psi(x)}{[\varphi(x)]^{-1}},$$

$$[\varphi(x)]^{\psi(x)}=e^{\psi(x)\log_e\varphi(x)},$$

où $\log_e\varphi(x)$ désigne le logarithme naturel de $\varphi(x)$. Elles sont reproduites dans presque tous les traités de calcul différentiel.

En utilisant quelqu'une des relations

$$\varphi(x)-\psi(x)=\frac{[\psi(x)]^{-1}-[\varphi(x)]^{-1}}{[\varphi(x)]^{-1}\cdot[\psi(x)]^{-1}}=\log_e\frac{e^{-\psi(x)}}{e^{-\varphi(x)}}=\log_e\frac{e^{\varphi(x)}}{e^{\psi(x)}}$$

on peut aussi ramener aisément l'évaluation de la „vraie valeur" d'une expression se présentant sous la forme

$$+\infty-\infty$$

à celle de la „vraie valeur" d'une expression se présentant sous l'une ou l'autre des formes[170])

$$\frac{0}{0},\quad \log\frac{0}{0},\quad \log\frac{+\infty}{+\infty}.$$

---

169) Calcul diff.[152]), p. 43; Œuvres (2) 4, p. 321.

Des règles se rapportant aux expressions $(+\infty)\cdot 0$, $+\infty-\infty$ figurent déjà dans plusieurs publications antérieures, par exemple dans celle déjà citée de *L. Euler*[166]), dans *Simon L'Huilier* [Principiorum calculi differentialis et integralis expositio elementaris, Tubingue 1795, p. 227] et dans *S. F. Lacroix* [Calc. diff.[6]), (2e éd.) 1, p. 352].

170) Voir par ex. *O. Stolz*, Grundzüge[128]) 1, p. 83/4; *E. Pascal*, Calcolo infinitesimale 1, Milan 1895, p. 211.

14. Classification des discontinuités. On dit qu'une fonction $f(x)$, définie en un point a et aux environs de ce point a en une infinité de points x, est *discontinue* au point a lorsqu'on ne peut pas faire correspondre à chaque nombre ε, fixé aussi petit que l'on veut, un nombre positif δ tel que l'inégalité

$$|f(x) - f(a)| < \varepsilon$$

soit vérifiée pour chacun des points x pour lesquels $f(x)$ est définie et pour lesquels on a $|x - a| < \delta$. Les points de *non continuité* sont alors, par définition, des points de *discontinuité*.

Le cas que l'on envisage le plus souvent est celui où $f(x)$ est définie (il importe peu que ce soit *a priori* ou bien *improprement*, comme au n° **13**, au moyen de conventions non contradictoires) en *chacun* des points d'un intervalle fini et déterminé contenant un *point de discontinuité* a, sauf éventuellement au point a lui-même.

On distingue alors deux types de discontinuités: les discontinuités finies et les discontinuités infinies.

A. Discontinuités finies. Si a est un point de discontinuité de $f(x)$, on dit que la discontinuité est *finie* quand les quatre limites d'indétermination[171])

$$\underline{f(a-0)},\quad \overline{f(a-0)},\quad \underline{f(a+0)},\quad \overline{f(a+0)}$$

sont finies et que $f(a)$ est ou bien fini ou bien non défini.

On distingue, d'après *U. Dini*[172]), deux espèces de discontinuités finies, les discontinuités finies ordinaires (ou de première espèce) et les discontinuités finies à oscillations (ou de seconde espèce).

I) *Discontinuités finies ordinaires.* Une discontinuité finie est dite *ordinaire* lorsque les limites $f(a-0)$ et $f(a+0)$ sont toutes deux déterminées. Ces discontinuités comprennent:

1°) les discontinuités finies pour lesquelles les limites $f(a-0)$ et $f(a+0)$ sont *égales*; la valeur de $f(a)$, si elle est définie[173]) est alors nécessairement différente de la valeur commune de $f(a-0)$ et $f(a+0)$. On dira de ces discontinuités qu'elles peuvent être *écartées* ou qu'elles sont *évitables*[174]), parce que, en modifiant seulement la valeur de $f(a)$

---

171) *A. Pringsheim* a proposé d'écrire simplement $\underline{\overline{f(a \pm 0)}}$ au lieu d'écrire à la suite l'une de l'autre les quatre limites d'indétermination comme nous l'avons fait dans le texte. Cf. I 3, **19** note 224.

172) Fondamenti[79]), p. 38; trad. p. 51 (n° 31).

173) Dans le cas (n° **13**) où $f(a+0) = f(a-0) = b$ (où b est un nombre fini), tandis que $f(a)$ n'est pas défini, la discontinuité de la fonction $f(x)$ au point a est, à proprement parler, elle aussi, une discontinuité *évitable*.

174) *B. Riemann* [Diss.[55]), p. 14 (§ 10); Werke (2° éd.), p. 11] dit „*hebbar*"

en un point isolé a, ou en donnant au symbole $f(a)$ un sens convenable si ce symbole n'en a pas encore, on peut s'arranger de façon à faire du point a un point de continuité de $f(x)$[175].

2°) les discontinuités finies pour lesquelles les limites $f(a-0)$ et $f(a+0)$ sont *distinctes*. Quand x traverse a, la fonction $f(x)$ varie alors brusquement; elle fait un *saut* en a. Pour *mesure de ce saut* on convient de prendre la valeur absolue de la différence

$$f(a+0)-f(a-0);$$

cette *mesure* ne dépend aucunement de $f(a)$.

Lorsque $f(a)$ est définie et que l'on a $f(a+0)=f(a)$, la fonction $f(x)$ est continue à droite en $x=a$; elle est continue à gauche lorque $f(a-0)=f(a)$. Lorsque $f(a)$ n'est pas définie ou que, étant définie, $f(a)$ n'est égale ni à $f(a+0)$ ni à $f(a-0)$[176], on peut rendre la fonction $f(x)$ continue soit à droite, soit à gauche, en définissant convenablement $f(a)$ ou en modifiant convenablement la définition de $f(a)$[177].

II) *Discontinuités finies à oscillations.* Une discontinuité finie est dite *à oscillations* à gauche de a lorsque $\underline{f(a-0)}$ n'est pas égale à $\overline{f(a-0)}$, à droite de a lorsque $\underline{f(a+0)}$ n'est pas égale à $\overline{f(a+0)}$, des deux côtés de a lorsque l'on n'a ni $\underline{f(a-0)}=\overline{f(a-0)}$, ni $\underline{f(a+0)}=\overline{f(a+0)}$.

---

*Dans la traduction française des Œuvres de *B. Riemann*, *L. Laugel* se sert d'une périphrase pour exprimer l'idée correspondant à ce mot. Il nous a semblé que le mot „évitable" tout en n'étant pas la traduction littérale du mot allemand „hebbar" rendait bien ici la pensée de *B. Riemann*.*

On voit immédiatement qu'une fonction admettant pour $x=a$ une discontinuité évitable est semi-continue en $x=a$, au sens de *R. Baire* (cf. note 112).

175) Dans la note 96 on trouve mentionnées des fonctions qui admettent des discontinuités évitables. Un autre exemple est fourni par la fonction

$$f(x)=\sum_{n=0}^{n=+\infty}\sin^2\pi x\cos^{2n}\pi x$$

qui s'annule pour tout entier x (y compris $x=0$) et est égale à 1 pour toute autre valeur (réelle) de x [cf. *A. Pringsheim*, Math. Ann. 26 (1886), p. 195]; dans un autre mémoire, *A. Pringsheim* [Math. Ann. 26 (1886), p. 167 et suiv.] a indiqué des méthodes générales permettant de construire une infinité de fonctions à discontinuités évitables].

176) Le cas où

$$f(a)=\tfrac{1}{2}[f(a-0)+f(a+0)]$$

se présente fréquemment. Il se présente en particulier dans les développements en séries trigonométriques.

177) Les exemples donnés dans la note 97 se rapportent aux divers cas qui peuvent ici se présenter.

Ce genre de discontinuité n'est manifestement possible[178]) que si, aux environs à gauche de a, ou à droite de a, ou des deux côtés de a, la fonction $f(x)$ a une infinité de maximés et de minimés. On dit alors aussi que $f(x)$ a une infinité d'*oscillations*[77]) à gauche, ou à droite, ou des deux côtés de a.

Quand la fonction $f(x)$ a une discontinuité avec oscillations d'un côté du point a (à droite par exemple), il peut arriver que cette fonction soit continue[179]) de l'autre côté de a (à gauche dans l'exemple envisagé), mais il peut aussi arriver qu'elle ait de l'autre côté de a une singularité quelconque[179a]). Ici encore, quand x traverse a, on dit que la fonction $f(x)$ fait un *saut* en a.

U. Dini avait proposé de prendre pour *mesure* de ce saut le plus grand des quatre nombres

$$|\underline{f(a-0)}-f(a)|,\quad |\overline{f(a-0)}-f(a)|,$$
$$|\underline{f(a+0)}-f(a)|,\quad |\overline{f(a+0)}-f(a)|;$$

le plus grand des deux nombres

$$|\underline{f(a-0)}-f(a)|,\quad |\overline{f(a-0)}-f(a)|$$

mesure alors le saut à gauche, tandis que le plus grand des deux nombres

$$|\underline{f(a+0)}-f(a)|,\quad |\overline{f(a+0)}-f(a)|$$

mesure le saut à droite[180]).

Il semble toutefois plus naturel de prendre avec *P. du Bois-Reymond* et *M. Pasch*[181]) pour variation de $f(x)$ en a, ou mesure du

178) *U. Dini*, Fondamenti[70]), p. 39; trad. p. 53 (n° 32). Cf. n° 7: cas I et II.

179) *Exemple*: $f(x) = \cos \dfrac{\pi}{x + E\left(\dfrac{1}{1+x^2}\right)} \lim\limits_{n=+\infty} \dfrac{(1+x)^n}{(1+x)^n + n}$.

Cette fonction $f(x)$ est continue à gauche du point $x=0$ et discontinue avec oscillations à droite du point $x=0$.

179a) *Exemple*: $f(x) = \cos \dfrac{\pi}{x + E\left(\dfrac{1}{1+x^2}\right)} \lim\limits_{n=+\infty} \dfrac{(1+x)^n}{(1+x)^n + 1}$.

On a $f(0) = -\frac{1}{2}$ et $f(x) = 0$ pour $x < 0$ (discontinuité ordinaire à gauche, discontinuité avec oscillations à droite).

180) Lorsqu'on se trouve dans le cas I des discontinuités finies ordinaires on doit naturellement remplacer $\overline{f(a+0)}$ par $f(a+0)$ et $\overline{f(a-0)}$ par $f(a-0)$.

181) *P. du Bois-Reymond* [Functionenth.[90]) 1, p. 229 (n° 60, Über den Sprungwert der Funktionen); trad. p. 178].

M. Pasch [Math. Ann. 30 (1887), p. 139] appelle *mesure du saut* ou *variation brusque* („Sprung") de la fonction $f(x)$ au point a la borne inférieure des différences des bornes correspondant à l'ensemble des intervalles $(a-h,\ a+h)$ que l'on obtient en faisant converger h vers zéro, ce qui revient au fond à la définition

saut que fait $f(x)$ en a, la différence[182])

$$f_1(a) - f_2(a)$$

entre le plus grand $f_1(a)$ et le plus petit $f_2(a)$ des cinq nombres

$$\overline{f(a+0)},\quad \overline{f(a-0)},\quad \underline{f(a+0)},\quad \underline{f(a-0)},\quad f(a);$$

la variation à droite de $f(x)$ en a, qui mesure le saut à droite que fait $f(x)$ en a est alors la différence entre le plus grand et le plus petit des trois nombres

$$\overline{f(a+0)},\quad \underline{f(a+0)},\quad f(a).$$

De même pour la variation à gauche de $f(x)$ en a, en changeant simplement dans ce qu'on vient de dire $+0$ en -0.

On appellera *vibration*[183]) de $f(x)$ au point a la différence

$$\varphi_1(a) - \varphi_2(a)$$

entre le plus grand $\varphi_1(a)$ et le plus petit $\varphi_2(a)$ des quatre nombres $\overline{f(a+0)}$, $\underline{f(a+0)}$, $\overline{f(a-0)}$, $\underline{f(a-0)}$. La vibration à droite de $f(x)$ au point a sera[184]) la différence

$$\overline{f(a+0)} - \underline{f(a+0)}.$$

La vibration à gauche de $f(x)$ au point a sera la différence

$$\overline{f(a-0)} - \underline{f(a-0)}.$$

---

de la „mesure du saut" donnée dans le texte. Lorsqu'on évalue ces différences en laissant le point a de côté on obtient l'écart des limites d'indétermination de la fonction au point a. *M. Pasch* appelle cet écart „die Schwingung bei a". Il définit de même la variation brusque à droite ou à gauche et les écarts des limites d'indétermination à droite ou à gauche du point a et les appelle „vorderer Sprung, hinterer Sprung; rechte Schwingung, linke Schwingung". Les définitions de *P. du Bois-Reymond* sont analogues.

182) *R. Baire* [Fonctions discont.[98]), p. 71] appelle cette même différence l'*oscillation* de $f(x)$ au point a. Si l'on adopte les notations de la note 98, cette „oscillation" de $f(x)$ au point a est la différence

$$\overline{f(a)} - \underline{f(a)}.$$

183) En allemand: *Schwingung*[181]). Pour ce qui concerne les relations entre les variations brusques et les vibrations d'une fonction dans un même intervalle, voir *M. Pasch*, Math. Ann. 30 (1887), p. 139/40, 149.

184) *U. Dini* [Fondamenti[79]), p. 57, trad. p. 75 (n° 56)] avait donné à ces „écarts des limites d'indétermination" ou „vibrations" le nom de „ampiezza della oscillazione".

G. Ascoli [Atti R. Accad. Lincei *Memorie* mat. (2) 2 (1874/5), p. 869] dit „oscillazione" (a destra, a sinistra) pour „écarts des limites d'indétermination" ou „vibration" (à droite, à gauche) et il appelle „oscillazione della $f(x)$ nel punto a" ce qu'on désigne dans le texte par „variation brusque de $f(x)$ en a" ou „saut de $f(x)$ en a".

B. Discontinuités infinies. Quand (nº 8)

$$f(a) = \infty$$

ou que l'une au moins des quatre limites d'indétermination

$$\underline{f(a-0)},\quad \overline{f(a-0)},\quad \underline{f(a+0)},\quad \overline{f(a+0)}$$

est soit $+\infty$, soit $-\infty$, on dit que la discontinuité de $f(x)$ est *infinie* au point a et que a est *un infini* de $f(x)$.

Quand $f(a) = \infty$ il peut arriver que les deux limites $f(a-0)$, $f(a+0)$ soient déterminées et aient une même valeur finie; dans ce cas la discontinuité infinie peut être écartée: en d'autres termes elle est *évitable*.

D'une façon générale, on distinguera les discontinuités infinies en discontinuités infinies sans oscillations (ou de première espèce), discontinuités infinies à oscillations (ou de seconde espèce) et discontinuités infinies indéterminées (ou de troisième espèce).

I) *Discontinuités infinies sans oscillations.* On dit qu'une fonction $f(x)$ admet pour $x = a$ une discontinuité infinie sans oscillations lorsque les deux conditions que voici sont vérifiées:

1°) $f(x)$ varie d'une façon monotone à gauche et à droite du point de discontinuité infinie a;

2°) $f(a+0)$ est $+\infty$, ou $-\infty$;

$f(a-0)$ est $+\infty$, ou $-\infty$.

Une discontinuité infinie sans oscillations est dite *ordinaire* lorsque aux deux conditions précédentes vient encore se joindre celle-ci:

3°) $f(a)$ est improprement défini en sorte que $\frac{1}{f(a)} = 0$ (nº 8) ou $f(a)$ n'est pas défini du tout[185]).

On peut essayer de classer les fonctions $f(x)$ ayant en $x = a$ une discontinuité infinie ordinaire, suivant la valeur limite de leurs quotients pour $x = a$. On obtient ainsi des suites continues de fonc-

185) Les fonctions $\frac{1}{\sqrt[3]{x}}$, $\frac{\sin x}{\sqrt[3]{x^4}}$ ont ainsi aux environs du point $x = 0$ une discontinuité infinie ordinaire, tandis qu'on peut seulement dire que chacune des fonctions $S(x)$, définie par la somme des séries de Fourier qui représentent aux environs de $x = 0$ les fonctions $\frac{1}{\sqrt[3]{x}}$, $\frac{\sin x}{\sqrt[3]{x^4}}$, a, pour $x = 0$, une *discontinuité infinie sans oscillations*; en effet la valeur $S(0)$ de $S(x)$ au point $x = 0$ est parfaitement définie: on a $S(0) = 0$, tandis que

$$S(+0) = +\infty,$$
$$S(-0) = -\infty.$$

tions dans lesquelles chaque élément peut être dit plus petit que le suivant et plus grand que le précédent[186]).

Il importe toutefois de remarquer que si deux fonctions $f_1(x)$ et $f_2(x)$ ont chacune en un point a une discontinuité infinie ordinaire, il n'en résulte nullement que leur quotient $\frac{f_1(x)}{f_2(x)}$ admet une limite quand x tend vers a, en sorte que les infinis $f_1(a)$ et $f_2(a)$ ne sont pas toujours comparables[187]).

II) *Discontinuités infinies à oscillations.* Une discontinuité infinie de $f(x)$ qui ne diffère d'une discontinuité infinie sans oscillations qu'en ce que, au moins d'un côté du point de discontinuité infinie a, la fonction $f(x)$ ne varie pas d'une façon monotone, est dite *„à oscillations“*. Les oscillations de $f(x)$ peuvent d'ailleurs être finies, infiniment grandes ou infiniment petites[188]).

186) Voir I 3, 23 et aussi *P. du Bois-Reymond*, Ann. mat. pura appl. (2) 4 (1870/1), p. 338; J. reine angew. Math. 74 (1872), p. 294 [1871]; Math. Ann. 8 (1875), p. 363, 574; 10 (1876), p. 576; 11 (1877), p. 149.

Au lieu de dire que $f_1(x)$ est infini d'un ordre plus grand, égal, ou plus petit que celui de $f_2(x)$, *P. du Bois-Reymond* dit que $f_1(x)$ *a un infini* plus grand, égal ou plus petit que celui de $f_2(x)$, ce qui peut prêter à confusion.

S. Pincherle [Memorie Ist. Bologna (4) 5 (1883 4), p. 739] a généralisé cette façon de comparer entre elles les fonctions infinies en un même point a.

187) *Exemple:*

$$f_1(x) = \frac{1}{x^2}\left[1 + \frac{1}{3}\sin(\log x^2)\right]; \quad f_2(x) = \frac{1}{x^2}$$

aux environs de $x = 0$.

Voir aussi *O. Stolz*, Math. Ann. 14 (1879), p. 232 [1878]; *A. Pringsheim*, Math. Ann. 37 (1890), p. 593.

188) *Exemples:*

$$\frac{1}{x^2} + \sin\frac{1}{x^3}, \qquad \frac{1}{\sqrt[3]{x}} + \sin\frac{1}{x}, \qquad \text{(oscillations finies)},$$

$$\frac{1}{x^2} + \frac{1}{x}\sin\frac{1}{x^3}, \qquad \frac{1}{\sqrt[3]{x}} + \frac{1}{\sqrt[5]{x}}\sin\frac{1}{x^2}, \qquad \text{(oscillations infinies)},$$

$$\frac{1}{x^2} + x\sin\frac{1}{x^3}, \qquad \frac{1}{\sqrt[3]{x}} + x^2\sin\frac{1}{x^2}, \qquad \text{(oscill. inf}^t\text{. petites)},$$

pour $x = 0$; et, aussi pour $x = 0$, les sommes des séries de Fourier, procédant suivant les sinus des multiples de x, qui représentent les fonctions impaires de la seconde colonne.

On remarquera qu'une discontinuité infinie à oscillations peut fort bien être *comparable*, au sens de *P. du Bois-Reymond*, à une discontinuité infinie ordinaire. Ainsi chacune des fonctions de la première colonne devient, pour $x = 0$, infinie comme $\frac{1}{x^2}$, tandis que chacune des fonctions de la seconde colonne devient, pour $x = 0$, infinie comme $\frac{1}{\sqrt[3]{x}}$.

III) *Discontinuités infinies indéterminées.* Une discontinuité infinie de $f(x)$ est dite *indéterminée* lorsque:

1°) $\underline{f(a-0)}$ et $\overline{f(a-0)}$ sont distinctes,

ou que $\underline{f(a+0)}$ et $\overline{f(a+0)}$ sont distinctes,

2°) une au moins des quatre limites d'indétermination $\overline{\underline{f(a\pm 0)}}$ est $+\infty$ ou $-\infty$[189]).

On peut encore adopter la même classification lorsque l'une des discontinuités envisagées n'affecte qu'un côté du point de discontinuité a, tandis que de l'autre côté de a la fonction $f(x)$ est continue, ou encore admet une autre discontinuité.

15. Points singuliers. On dit qu'un point a est un *point singulier* d'une fonction $f(x)$ ou que cette fonction $f(x)$ admet une *singularité* pour $x=a$, lorsque l'une ou l'autre des conditions qui, en général, sont remplies pour le type de fonctions que l'on a en vue n'est pas vérifiée au point a.

Dans une étude générale des fonctions, le caractère des points que l'on convient de regarder comme singuliers ne saurait donc être défini *a priori*[190]); il dépend des types de fonctions que l'on étudie. Toutefois, les fonctions que l'on envisage le plus souvent étant des fonctions *ordinaires*, l'usage s'est établi d'appliquer la locution de *point singulier* (sans épithète) aux points d'une fonction où cette fonction n'a pas le caractère d'une fonction ordinaire.

Ces points singuliers sont:

1°) tous les points de discontinuité;

2°) les points de continuité aux environs desquels la fonction admet un nombre infini d'oscillations pour une au moins des directions suivant lesquelles on peut fixer l'axe des abscisses;

---

189) *Exemples*:

$$\frac{1}{x}\sin\frac{1}{x},\qquad \frac{1}{x}\sin\frac{1}{x}\lim_{n=+\infty}\frac{(1+x)^n}{(1+x)^n+1},\qquad \text{pour } x=0;$$

$$\frac{1}{x}\sin^2\frac{1}{x},\qquad \frac{1}{x}\sin^2\frac{1}{x}\lim_{n=+\infty}\frac{(1+x)^n}{(1+x)^n+1},\qquad \text{pour } x=0;$$

$$\frac{1}{\sqrt[3]{x}}\cos\frac{1}{x},\qquad \text{pour } x=0;$$

et aussi, pour $x=0$, la somme de la série de Fourier qui représente cette dernière fonction.

190) Il en est tout autrement dans la théorie des fonctions d'une variable complexe, où l'on n'étudie que les fonctions analytiques de Méray-Weierstrass ou les fonctions monogènes de Cauchy-Riemann.

3°) les points où la dérivée de la fonction est infinie;

4°) les points où la dérivée à gauche et à droite sont distinctes;

5°) les points où l'une des deux dérivées (celle à droite ou celle à gauche) n'est pas déterminée.

16. Définition des fonctions au moyen de passages à la limite. Convergence uniforme. Les points singuliers des fonctions rationnelles et ceux des fonctions algébriques d'une variable sont en nombre *fini*. Pour les fonctions rationnelles chacun de ces points singuliers est un infini ordinaire de la fonction. Pour les fonctions algébriques chacun des points singuliers est un infini ordinaire soit de la fonction elle-même soit de l'une de ses dérivées d'ordre suffisamment élevé.

On ne peut donc, sans répéter *un nombre infini* de fois les quatre opérations de l'arithmétique, représenter analytiquement une fonction admettant un nombre illimité d'infinis ordinaires, ou dont une des dérivées d'ordre suffisamment élevé admet un nombre illimité d'infinis ordinaires, ou bien encore admettant d'autres singularités. Or répéter un nombre infini de fois les quatre opérations de l'arithmétique, suivant une loi déterminée, c'est effectuer un *passage à la limite*.

Les types de fonctions les plus simples que l'on puisse ainsi construire sont de la forme

$$f(x) = \lim_{n=+\infty} f_n(x),$$

où les fonctions $f_n(x)$ forment une suite infinie

$$f_1(x),\ f_2(x),\ \ldots,\ f_n(x),\ \ldots\ldots$$

de fonctions *rationnelles* de x. Elles peuvent plus généralement résulter de l'application de règles de calcul déterminées quelconques où de nouveaux passages à la limite ne sont pas nécessairement exclus. Chacune des fonctions rentrant dans l'un ou l'autre de ces types peut d'ailleurs être développée à volonté soit en série, soit en produit infini, soit en fraction continue, comme il résulte des transformations des limites de suites infinies en l'un ou l'autre des algorithmes illimités usuels indiqués I 4, **24**, **34** et **35**.

Soit a un nombre déterminé pour lequel la suite illimitée de fonctions rationnelles, au moins à partir d'un certain indice,

$$f_1(a),\ f_2(a),\ \ldots,\ f_n(a),\ \ldots\ldots$$

est convergente (I 3, **16** et **17**). On désignera alors par $f(a)$ la limite

$$f(a) = \lim_{n=+\infty} f_n(a)$$

ou encore, quand pour $x = a$ la fonction $f_n(x)$ est continue,

$$f(a) = \lim_{n=+\infty} [\lim_{x=a} f_n(x)].$$

L'ensemble des points a pour lesquels $f(a)$ ainsi défini est un nombre *fini* forme le *domaine de convergence* de l'expression $\lim_{n=+\infty} f_n(x)$. Dans ce domaine la fonction $f(x)$ est définie en chaque point d'une façon univoque[191]).

En général on convient d'adjoindre à ce domaine ceux de ses

191) Il est indispensable de se conformer toujours strictement à ces définitions fondamentales qui sont d'ailleurs celles données par *K. Weierstrass* [voir par ex. Monatsb. Akad. Berlin 1880, p. 719; Funktionenlehre[58]), p. 69; Werke 2, p. 201]. On évitera ainsi les confusions qui se sont produites à plusieurs reprises dans l'étude des fonctions définies au moyen d'algorithmes illimités. Voir *A. Pringsheim*, Jahresb. deutsch. Math.-Ver. 12 (1903), p. 588 où se trouve signalée une erreur commise par *E. Wölffing*, id. p. 504.

Ainsi la somme de la série de Fourier

$$F(x) = \lim_{n=+\infty} f_n(x) = \lim_{n=+\infty} \sum_{\nu=0}^{\nu=n} \varphi_\nu(x)$$

est univoquement déterminée pour chacune des valeurs pour lesquelles elle est finie. En un point de discontinuité finie a elle ne saurait donc, comme d'ailleurs en tout autre point, avoir qu'*une seule valeur*; cette valeur est

$$F(a) = \tfrac{1}{2}[f(a-0) + f(a+0)].$$

Il semblerait résulter d'une remarque de *P. du Bois-Reymond* [Math. Ann. 7 (1874), p. 254] que $F(x)$ prend en a toutes les valeurs comprises entre $f(a-0)$ et $f(a+0)$; mais cette remarque ne s'applique en réalité qu'au cas plus général où l'on envisage la limite simultanée $\lim\limits_{n=+\infty,\ x=a} \sum\limits_{\nu=0}^{\nu=n} \varphi_\nu(x)$ (nº 28). Voir à ce sujet *A. Sachse*, Versuch einer Geschichte der Darstellung willkürlicher Funktionen einer Variablen durch trigonometrische Reihen, Diss. Göttingue 1879; Abh. Gesch. Math. 3 (1880), p. 243; *trad. française: Bull. sc. math. (2) 4 (1880), p. 57*; *P. du Bois-Reymond*, Zur Geschichte der trigonometrischen Reihen Tubingue (s. d.) [1880], p. 18.

Les objections faites par *L. Schläfli* [J. reine angew. Math. 72 (1870), p. 284; Sollemnia anniversaria conditae universitatis . . ., programme universitaire Berne 1874, p. 15] à la détermination univoque des valeurs d'une fonction définie par une série de Fourier, reposent également sur un manque de précision dans la définition du symbole

$$\sum_{\nu=0}^{\nu=+\infty} \varphi_\nu(x),$$

c'est-à-dire dans la définition de la limite

$$\lim_{n=+\infty} \sum_{\nu=0}^{\nu=n} \varphi_\nu(x).$$

points-limites a' pour lesquels

$$\lim_{n=+\infty} f_n(a)$$

est simplement divergente[192]) (I 3, 17), en sorte qu'en chacun de ces points a' on a

$$f(a') = +\infty \quad \text{ou} \quad f(a') = -\infty.$$

Un point a du domaine de convergence de l'expression $\lim\limits_{n=+\infty} f_n(x)$, qui est un point de continuité pour chacune des fonctions $f_n(x)$ quelque grand que soit l'indice n, n'est pas nécessairement un point de continuité pour la fonction $f(x)$ elle-même; en d'autres termes l'égalité

$$\lim_{n=+\infty} [\lim_{x=a} f_n(x)] = \lim_{x=a} [\lim_{n=+\infty} f_n(x)]$$

peut fort bien ne pas avoir lieu[193]). Une condition *suffisante*, mais nullement *nécessaire*, pour que cette égalité ait lieu, est qu'à tout nombre positif ε corresponde un nombre déterminé n tel que les inégalités

$$(1) \qquad |f_{n+\varrho}(x) - f_n(x)| < \varepsilon, \qquad (\varrho = 1, 2, 3, \ldots\ldots)$$

ou les inégalités équivalentes

$$(2) \qquad |f(x) - f_\nu(x)| < \varepsilon, \qquad (\nu \geqq n)$$

soient vérifiées pour *tous les points* x d'un intervalle

$$(a - \delta, \quad a + \delta)$$

fini et déterminé (où δ dépend en général de ε). Quand il en est ainsi, on dit que l'expression

$$\lim_{n=+\infty} f_n(x)$$

converge uniformément[194]) *aux environs du point* a[195]).

Les définitions analogues que l'on donne de la convergence uniforme à droite, ou à gauche, du point a s'entendent d'elles-mêmes.

---

192) *Exemple:* Soit

$$f_n(x) = \sum_{\nu=0}^{\nu=n} \frac{1}{(1+x^2)^\nu};$$

on a alors, pour $|x| > 0$,

$$f(x) = \lim_{n=+\infty} f_n(x) = \frac{1+x^2}{x^2}$$

et

$$f(0) = +\infty.$$

193) Voir les exemples II, III et IV mentionnés note 72.

194) En allemand: *gleichförmig*; en italien: *in egual grado.* Cf. note 213.

195) On dit aussi parfois pour abréger que $f(x)$ converge uniformément en a, mais cette façon de parler n'est guère correcte.

Lorsque l'inégalité précédente (1) a lieu seulement pour

$$\lim \varrho = +\infty$$

et non pour $\varrho = 1, 2, 3, \ldots\ldots$, ou, ce qui revient au même, lorsque l'inégalité précédente (2) n'a lieu, pour chaque ε positif, que pour certaines valeurs de ν, on peut dire, par analogie avec la terminologie dont *U. Dini* a fait usage[196]) pour les séries uniformément convergentes, que la convergence est *uniforme simple.* On voit que cette convergence uniforme simple est déjà une condition *suffisante* (elle non plus n'est pas *nécessaire*) pour la continuité de $f(x)$, lorsque chacune des fonctions $f_n(x)$ est continue.

On dit que l'expression

$$f(x) = \lim_{n=+\infty} f_n(x)$$

converge d'une façon non uniforme aux environs d'un point a, lorsque dans l'inégalité (1) le nombre n, au lieu de dépendre de ε seulement comme dans le cas de la convergence uniforme, dépend aussi de x de façon à croître au delà de toute limite quand x converge vers a[197]).

Lorsque l'expression

$$f(x) = \lim_{n=+\infty} f_n(x)$$

converge uniformément aux environs de *chacun* des points a situés à l'intérieur d'un intervalle (x_0, X), et qu'elle converge uniformément à droite de x_0 et à gauche de X, on peut[198]) dans les inégalités (1) et (2) choisir le *même* nombre n pour chacun des points a de cet intervalle; ce nombre ne dépend alors que de ε dans tout l'intervalle; il est donc déterminé dans cet intervalle dès que ε est fixé. On ex-

196) Voir note 220.

197) *Exemples*: Si l'on pose soit

(1) $$f_n(x) = \frac{1}{1 + nx^2},$$

soit

(2) $$f_n(x) = \frac{nx}{1 + n^2x^2},$$

la limite

$$f(x) = \lim_{n=+\infty} f_n(x)$$

est convergente sans être uniformément convergente aux environs de $x = 0$. On remarquera que, dans le cas (1), on a, pour $|x| > 0$, $f(x) = 0$, tandis que $f(0) = 1$, en sorte que la fonction $f(x)$ est *discontinue* pour $x = 0$. Au contraire dans le cas (2) on a, pour $|x| \geqq 0$, $f(x) = 0$, en sorte que, même en $x = 0$, la fonction $f(x)$ est *continue*.

Pour d'autres exemples, voir la note 193.

198) Voir *K. Weierstrass*, Monatsb. Akad. Berlin 1880, p. 721; Funktionenlehre[58]), p. 71; Werke 2, p. 203; *A. Pringsheim*, Math. Ann. 44 (1894), p. 80.

prime ce fait en disant que la fonction

$$f(x) = \lim_{n=+\infty} f_n(x)$$

converge uniformément dans l'intervalle (x_0, X).

17. Convergence uniforme des séries. Si, en conservant les notations du n° **16**, on pose

$$\varphi_0(x) = f_0(x)$$

et, pour $n \geqq 1$,

$$\varphi_n(x) = f_n(x) - f_{n-1}(x),$$

la fonction $f(x)$ se présente sous la forme

$$f(x) = \lim_{n=+\infty} f_n(x) = \lim_{n=+\infty} \sum_{\nu=0}^{\nu=n} \varphi_\nu(x) = \sum_{\nu=0}^{\nu=+\infty} \varphi_\nu(x);$$

$f(x)$ est donc la somme de la série

$$(\alpha) \qquad \varphi_0(x) + \varphi_1(x) + \varphi_2(x) + \cdots + \varphi_\nu(x) + \cdots\cdots.$$

Lorsque pour un point a les inégalités (1) ou (2) du numéro **16** sont vérifiées[199]), en sorte que l'on ait pour $a - \delta \leqq x \leqq a + \delta$, ou bien

$$(1) \qquad \left| \sum_{\nu=n+1}^{\nu=n+\varrho} \varphi_\nu(x) \right| < \varepsilon \qquad \text{pour } \varrho = 1, 2, 3, \ldots\ldots$$

ou bien

$$(2) \qquad \left| \sum_{\nu=n+\varrho}^{\nu=+\infty} \varphi_\nu(x) \right| < \varepsilon \qquad \text{pour } \varrho = 1, 2, 3, \ldots\ldots,$$

on dit que la série (α) *converge uniformément* aux environs du point a[200]).

---

199) Les objections que *A. Cayley* a faites à cette définition [Proc. R. Soc. Edinb. 19 (1891/2), p. 203 [1892]; Papers 13, Cambridge 1897, p. 342] semblent résulter d'un malentendu.

200) Il importe de remarquer que la convergence uniforme d'une série n'implique pas davantage la convergence absolue de cette série qu'inversement sa convergence absolue n'implique sa convergence uniforme.

La série

$$\frac{1}{x^2+1} - \frac{1}{x^2+2} + \frac{1}{x^2+3} - \cdots + (-1)^{\nu-1} \frac{1}{x^2+\nu} + \cdots\cdots$$

converge, par exemple, uniformément dans tout intervalle réel sans jamais converger absolument, tandis que la série

$$\frac{x^2}{(1+x^2)^2} + \frac{x^2}{(1+x^2)^3} + \cdots + \frac{x^2}{(1+x^2)^{\nu+1}} + \cdots\cdots$$

converge absolument en chaque point réel x tout en étant non uniforme aux environs du point $x = 0$. *M. Bôcher* [Annals of math. (2) 4 (1902/3), p. 159/60] a montré qu'une série *absolument* et *uniformément* convergente peut fort bien cesser d'être uniformément convergente lorsqu'on change l'ordre de ses termes.

Si la série (α) converge uniformement aux environs de chaque point a situé à l'intérieur de l'intervalle (x_0, X), ainsi qu'à droite du point x_0 et à gauche du point X, on dit que la série (α) *converge uniformément dans l'intervalle* (x_0, X). On peut alors toujours fixer n de façon que les inégalités (1) ou (2) aient toutes lieu pour cette valeur fixée de n et pour tous les points de l'intervalle (x_0, X).

Pour que la série (α) converge uniformément dans l'intervalle (x_0, X) il *suffit*[201]) que l'on ait, pour chaque indice ν,

$$|\varphi_\nu(x)| \leqq g_\nu \quad \text{pour } x_0 \leqq x \leqq X$$

et que la série à termes positifs

$$g_0 + g_1 + g_2 + \cdots + g_\nu + \cdots\cdots$$

soit convergente.

Un théorème de *R. Dedekind*[202]) qui repose sur le procédé de sommation partielle de *N. H. Abel* (cf. I 4, **14**) permet d'obtenir une condition suffisante, bien distincte de la précédente, pour qu'une série de la forme

$$a_0\varphi_0(x) + a_1\varphi_1(x) + \cdots + a_\nu\varphi_\nu(x) + \cdots\cdots,$$

où $a_0, a_1, \ldots, a_\nu, \ldots\ldots$ sont des nombres réels quelconques, soit uniformément convergente dans un intervalle (x_0, X). Pour qu'il en soit ainsi, il suffit que la série

$$|\varphi_0(x) - \varphi_1(x)| + |\varphi_1(x) - \varphi_2(x)| + \cdots + |\varphi_\nu(x) - \varphi_{\nu+1}(x)| + \cdots\cdots$$

Ainsi la série

$$\frac{x^2}{1+x^2} - \frac{x^2}{1+x^2} + \frac{x^2}{(1+x^2)^2} - \frac{x^2}{(1+x^2)^2} + \cdots + \frac{x^2}{(1+x^2)^\nu} - \frac{x^2}{(1+x^2)^\nu} + \cdots\cdots$$

est absolument et uniformément convergente pour toutes les valeurs réelles de x, en particulier aux environs du point $x = 0$; mais si l'on fait suivre successivement à 1, 2, 3, ..., ν..... termes positifs tout au plus *un* terme négatif, la série que l'on obtient, quoique formée des mêmes termes que la précédente, n'est pas uniformément convergente aux environs du point $x = 0$.

201) *K. Weierstrass,* Monatsb. Akad. Berlin 1880, p. 720 en note; Funktionenlehre[58]), p. 70; Werke 2, p. 202. Les recherches de *R. Baire* concernant les séries qui vérifient cette condition de *K. Weierstrass* seront exposées dans l'article II 2.

202) *R. Dedekind,* dans *G. Lejeune Dirichlet,* Vorles. über Zahlentheorie (4ᵉ éd.) Brunswick 1894, p. 376 [Suppl. IX]. Quoique, dans sa démonstration, *R. Dedekind* ne parle que de „continuité" de la somme envisagée, la façon dont il établit cette continuité implique en réalité la démonstration de la *convergence uniforme* de la série [cf. note 207 et le texte correspondant, à propos d'un théorème analogue de *N. H. Abel*]. *E. Cahen* [Ann. Ec. Norm. (3) 11 (1894), p. 79] démontre le théorème sous la forme énoncée dans le texte, avec la restriction, qui peut être omise, que la condition $\lim_{n=+\infty} \varphi_n(x) = 0$ ait lieu *uniformément* pour $x_0 \leqq x \leqq X$.

soit uniformément convergente, que l'on ait $\lim_{n=+\infty} \varphi_n(x) = 0$ et que la somme $\left|\sum_{\nu=0}^{\nu=n} a_\nu\right|$ reste finie pour l'ensemble des valeurs de n. Si la somme $\sum_{\nu=0}^{\nu=+\infty} a_\nu$ a une valeur déterminée, en d'autres termes si la série

$$a_0 + a_1 + \cdots + a_\nu + \cdots\cdots$$

est convergente, la condition $\lim_{n=+\infty} \varphi_n(x) = 0$ n'a pas besoin d'être vérifiée quand, à partir d'un indice déterminé, chacune des fonctions $\varphi_\nu(x)$ est bornée dans tout l'intervalle (x_0, X)[203]).

C'est en étudiant les séries dont les différents termes sont des fonctions d'une même variable qu'on a été amené à introduire en analyse la notion de convergence uniforme. On s'est d'ailleurs bien vite aperçu que cette notion joue un rôle fondamental non seulement dans l'étude de ces séries et des séries analogues dont chacun des termes dépend de plusieurs variables, mais aussi dans la plupart des recherches concernant la théorie générale des fonctions d'une et de plusieurs variables (cf. n° **24**).

Au début de ses recherches dans cet ordre d'idées, *A. L. Cauchy*[204]) avait énoncé un théorème d'après lequel la continuité de chacune des fonctions $\varphi_\nu(x)$ suffit pour assurer la continuité de la fonction $f(x)$. Cette façon de voir reposait sur l'idée erronée que chaque série qui converge aux environs d'un point converge toujours uniformément aux environs de ce point[205]).

N. H. Abel[206]) a, le premier, signalé l'inexactitude de ce théorème

---

203) Si elle n'est pas vérifiée, il peut arriver que $\lim_{n=+\infty} \varphi_n(x)$ soit une fonction *finie, différente de zéro.* Mais cette alternative est la seule qui puisse se présenter, parce que l'hypothèse faite ici entraîne la convergence de la série

$$[\varphi_0(x) - \varphi_1(x)] + [\varphi_1(x) - \varphi_2(x)] + \cdots\cdots$$

et par conséquent l'existence d'une limite non infinie $\lim_{n=+\infty} \varphi_n(x)$.

204) Analyse alg.[105]), p. 131; Œuvres (2) 3, p. 120.

205) *P. du Bois-Reymond* [Math. Ann. 4 (1871), p. 135] a montré que l'on peut toutefois démontrer rigoureusement ce théorème en faisant certaines restrictions qui reviennent au fond à ce que la condition donnée par *K. Weierstrass* (note 201) comme suffisante pour la convergence uniforme de la série est vérifiée.

206) Recherches sur la série $1 + \frac{m}{1}x + \frac{m(m-1)}{1\cdot 2}x^2 + \cdots\cdots$, trad. en allemand par *A. L. Crelle,* J. reine angew. Math. 1 (1826), p. 316 en note; Œuvres, éd. *L. Sylow* et *S. Lie* 1, Christiania 1881, p. 224/5 en note.

en montrant que la fonction

$$f(x) = \sum_{\nu=1}^{\nu=+\infty} (-1)^{\nu-1} \frac{\sin \nu x}{\nu}$$

est discontinue aux environs du point $x = \pi$, alors que chacun des termes de la série

$$\sin x - \tfrac{1}{2} \sin 2x + \tfrac{1}{3} \sin 3x - \cdots\cdots,$$

dont la somme définit cette fonction, est continue aux environs du même point $x = \pi$. De plus *N. H. Abel*[207]) a démontré que les séries entières

$$a_0 + a_1 x + a_2 x^2 + \cdots + a_\nu x^\nu + \cdots\cdots,$$

convergentes dans un intervalle déterminé, définissent des fonctions *continues* dans cet intervalle et sa démonstration consiste précisément à montrer que les séries entières jouissent de la propriété que l'on désigne aujourd'hui sous le nom de convergence uniforme.

Il restait toutefois à s'élever au-dessus du cas particulier des fonctions définies par des séries entières et à dégager des autres propriétés des fonctions la notion nouvelle de convergence uniforme en lui donnant toute sa généralité.

G. G. Stokes[208]) et *Ph. L. Seidel*[209]) démontrèrent tout d'abord que dans le cas où, chacune des fonctions

$$\varphi_0(x),\ \varphi_1(x),\ \varphi_2(x),\ \ldots,\ \varphi_\nu(x),\ \cdots\cdots$$

---

207) J. reine angew. Math. 1 (1826), p. 314; Œuvres [206]) 1, p. 223. Pendant bien longtemps cette démonstration de *N. H. Abel* n'a pas été comprise [cf. *A. Pringsheim*, Sitzgsb. Akad. München 27 (1897), p. 344 et suiv.]; en 1853, *F. Arndt* déclarait encore [Archiv Math. Phys. (1) 20 (1853), p. 45] qu'elle était erronée. Comme *J. Liouville* lui-même estimait [J. math. pures appl. (2) 7 (1862), p. 253] que la démonstration de *N. H. Abel* est „assez difficile à exposer et même à comprendre“, *G. Lejeune Dirichlet* [J. math. pures appl. (2) 7 (1862), p. 253; Werke 2, Berlin 1897, p. 305] proposa une autre démonstration du même théorème; au fond, cette démonstration est moins simple et moins lumineuse que celle de *N. H. Abel*. Le théorème de *R. Dedekind* mentionné dans la note 202 est une généralisation immédiate de ce théorème de *N. H. Abel*.

Les hypothèses sous lesquelles *N. H. Abel* a démontré un théorème plus général [J. reine angew. Math. 1 (1826), p. 315 (théorème V); Œuvres [206]) 1, p. 224], concernant la continuité de fonctions définies par la somme d'une série dont les termes dépendent de deux variables, sont incomplètes [cf. *A. Pringsheim*, Sitzgsb. Akad. München 27 (1897), p. 351/6].

208) Trans. Cambr. philos. Soc. 8 (1842/9), p. 533 et suiv. [1847]; Papers 1, Cambridge 1880, p. 236/313; voir en partic. (n° 39), p. 281.

209) Abh. Akad. München 5, Abt. II (1848), p. 383. Voir aussi *F. Arndt*, Archiv Math. Phys. (1) 20 (1853), p. 46.

étant supposée continue au point a, la somme

$$f(x) = \sum_{\nu=0}^{\nu=+\infty} \varphi_\nu(x)$$

est discontinue en ce point, la série

$$\varphi_0(x) + \varphi_1(x) + \varphi_2(x) + \cdots + \varphi_\nu(x) + \cdots\cdots$$

converge nécessairement, quand x tend vers a, *infiniment lentement* comme dit *G. G. Stokes*[210]) ou *aussi lentement que l'on veut* comme dit *Ph. L. Seidel.*

Peu après *A. L. Cauchy*[211]), de son côté, redressa l'erreur qu'il avait d'abord commise et, à cette occasion, caractérisa d'une façon nette et précise la nouvelle notion. *L'énoncé qu'il donne du théorème précédent est (en faisant usage de la terminologie actuelle) identique au suivant: *lorsqu'une série, dont les termes sont dans un intervalle* (x_0, X) *des fonctions continues d'une variable* x, *est uniformément convergente dans cet intervalle, la somme de cette série est une fonction continue de* x *dans l'intervalle* (x_0, X).*

La locution[212]) „convergence uniforme" est due sans doute à

---

210) *R. Reiff* [Geschichte der unendlichen Reihen, Tubingue 1889, p. 209] a critiqué la démonstration de *G. G. Stokes*. Cette critique ne semble pas fondée. La démonstration de *G. G. Stokes* est exacte; l'erreur qu'il a commise ne porte que sur ce qu'il a cru pouvoir déduire de son théorème que la continuité de la fonction représentée par la somme de la série entraîne l'uniformité de la convergence de cette série. *Ph. L. Seidel,* au contraire, a envisagé comme non résolue la question de savoir si cette proposition réciproque a lieu, ou non.

Si l'on veut comparer l'importance relative des recherches de *G. G. Stokes* et de *Ph. L. Seidel*, il convient d'observer que *G. G. Stokes* a, par contre, donné le premier des exemples très simples, devenus classiques, de séries de fonctions rationnelles dont il a démontré directement la convergence infiniment retardée. C'est le cas par exemple quand on prend pour la fonction $\varphi_\nu(x)$ du texte l'expression

$$\varphi_\nu(x) = \frac{1}{1+\nu x} - \frac{1}{1+(\nu+1)x}$$

et que l'on suppose $x \geqq 0$. *F. Arndt*[191]) donne l'exemple, bien souvent cité, où

$$\varphi_\nu(x) = (1-x)x^\nu,$$

x vérifiant l'inégalité

$$0 \leqq x \leqq 1.$$

211) C. R. Acad. sc. Paris 36 (1853), p. 454/9; Œuvres (1) 12, Paris 1900, p. 30/6.

212) Plusieurs auteurs, en particulier *H. E. Heine* [J. reine angew. Math. 71 (1870), p. 353] et *H. A. Schwarz* [Verh. Schweiz. Naturf. Ges. 56 (1873), éd. 1874, p. 256; Archives sc. phys. naturelles Genève (3) 48 (1873), p. 36; Math. Abh.[151]) 2, p. 272], écrivent plutôt „convergence au même degré". *On dit aussi, en italien *„equiconvergenza"* (Note de *G. Vivanti*).*

K. Weierstrass[213]) dont les cours ont d'ailleurs contribué, dans une large mesure, à répandre cette notion et à mettre en pleine lumière le rôle capital qu'elle joue dans l'étude générale des fonctions[214]).

Ph. L. Seidel[209]) et, après lui, *H. E. Heine* se sont demandé si, inversement, la continuité d'une fonction

$$f(x) = \sum_{\nu=0}^{\nu=+\infty} \varphi_\nu(x)$$

n'entraînerait pas la convergence uniforme de la série

$$\varphi_0(x) + \varphi_1(x) + \varphi_2(x) + \cdots + \varphi_\nu(x) + \cdots\cdots$$

dont elle est la somme. Elle ne l'entraîne pas, comme l'ont montré successivement *G. Darboux*[215]), *P. du Bois-Reymond*[216]) et *G. Cantor*[217]) sur des exemples convenablement choisis[218]).

Par contre la convergence de la série des valeurs absolues

$$|\varphi_0(x)| + |\varphi_1(x)| + |\varphi_2(x)| + \cdots + |\varphi_\nu(x)| + \cdots\cdots$$

jointe à la continuité de la fonction représentée par la somme

$$\sum_{\nu=0}^{\nu=+\infty} |\varphi_\nu(x)|,$$

entraîne[219]) l'uniformité de la convergence de la série

$$\varphi_0(x) + \varphi_1(x) + \varphi_2(x) + \cdots + \varphi_\nu(x) + \cdots\cdots$$

On reconnaît d'autre part immédiatement que la *continuité* de la

---

213) Dans deux mémoires datés de 1841/2 mais publiés seulement en 1894, après les mémoires de *G. G. Stokes* et de *Ph. L. Seidel*, *K. Weierstrass* [Werke 1, Berlin 1894] s'est servi d'abord (p. 67, 70) du mot „gleichmässig", puis (p. 73, 81) du mot „gleichförmig" auquel correspond à peu près le mot français „uniforme".

214) *P. du Bois-Reymond* [Sitzgsb. Akad. Berlin 1886, p. 360] appelle *convergence continue* (stetige Konvergenz) ce que nous avons désigné dans le texte par „convergence uniforme aux environs d'un point déterminé quelconque" et il appelle *convergence continue dans un intervalle* ce que nous avons désigné dans le texte par „convergence uniforme dans un intervalle".

215) Ann. Ec. Norm. (2) 4 (1875), p. 79.

216) Abh. Akad. München 12, Abt. I (1875), p. 119/20 en note.

217) Math. Ann. 16 (1880), p. 268.

218) L'exemple le plus simple semble être celui où $\varphi_0(x) = 0$,

$$\varphi_\nu(x) = \frac{\nu x}{1 + \nu^2 x^2} - \frac{(\nu - 1)x}{1 + (\nu - 1)^2 x^2} \qquad (\nu = 1, 2, 3, \ldots\ldots)$$

et où l'on envisage les environs du point $x = 0$. Il a été formé d'après *G. Cantor*[217]). Voir aussi l'exemple (2) donné note 197.

219) *U. Dini*, Fondamenti[76]), p. 112, trad. p. 148 (n° 99). Voir aussi *A. Pringsheim*, Math. Ann. 44 (1894), p. 82; *E. Pascal*, Esercizi[53]), p. 197.

fonction définie par la limite

$$f(x) = \lim_{n=+\infty} f_n(x),$$

où

$$f_n(x) = \varphi_0(x) + \varphi_1(x) + \cdots + \varphi_n(x)$$

et où chacune des fonctions

$$\varphi_0(x),\ \varphi_1(x),\ \varphi_2(x),\ \ldots,\ \varphi_n(x),\ \ldots\ldots$$

est supposée continue, est déjà assurée lorsque la limite

$$\lim_{n=+\infty} f_n(x)$$

converge d'une façon uniforme simple (n° **16**); on dit alors aussi que la série

$$\varphi_0(x) + \varphi_1(x) + \varphi_2(x) + \cdots + \varphi_n(x) + \cdots\cdots$$

converge d'une façon simplement uniforme[220]).

La notion de convergence *uniforme par sections* („per tratti") aux environs d'un point a est due à *C. Arzelà*. Elle fournit une condition *nécessaire et suffisante*[221]) pour qu'une fonction définie par une expression

---

220) *U. Dini* [Fondamenti[79]), p. 103 (n° 91)] à qui est due cette locution dit „in ugual grado semplicemente".

Dans son mémoire déjà cité [Ann. Ec. Norm. (2) 4 (1875), p. 77], *G. Darboux* dit d'une série qu'elle est *également* ou *uniformément* convergente lorsque sa convergence est uniforme simple.

On trouve des exemples de séries dont la convergence est simplement uniforme dans *V. Volterra* [Giorn. mat. (1) 19 (1881), p. 79] et dans *J. Tannery* [Introd. à la théorie des fonctions d'une variable réelle, (1re éd.) Paris 1886, p. 134 en note]. Dans cette note de *J. Tannery* il faut effacer les mots „et par M^r^. Dini".

I. Bendixson [Öfversigt Vetensk. Akad. förhandl. (Stockholm) 54 (1897), p. 606/7] donne aussi une méthode générale pour construire des séries à convergence uniforme simple et il montre qu'il n'est pas nécessaire qu'une série converge d'une façon uniforme simple pour que la fonction définie par la somme de cette série soit continue. Voir aussi *E. Borel*, Leçons sur les fonctions de variables réelles, Paris 1905, p. 40.

221) Au sujet de cette proposition, voir *C. Arzelà*, Rendic. Accad. Bologna (1) 19 (1883/4), p. 83/4. La terminologie proposée par *C. Arzelà* repose sur une image dans laquelle x et $\frac{1}{n}$ sont envisagées comme les deux coordonnées rectangulaires d'un point dans un plan auxiliaire. On la rencontre pour la première fois dans *C. Arzelà*, Atti R. Accad. Lincei *Rendic.* (4) 1 (1884/5), p. 326. *E. Borel* [Leçons[113]), Paris 1905, p. 41] au lieu de convergence uniforme par sections dit „*convergence quasi-uniforme*".

C. Arzelà [Memorie Ist. Bologna (5) 8 (1899/1900), p. 131/86, 701/44; traduit en allemand par *J. T. Pohl* et *B. Rauchegger*, Monatsh. Math. Phys. 16 (1905), p. 54, 250] a exposé et développé l'ensemble de ses recherches sur les séries de fonctions. On trouve, en particulier, dans ce mémoire (p. 151, n° 5) une

de la forme

$$f(x) = \lim_{n=+\infty} f_n(x) = \sum_{\nu=0}^{\nu=+\infty} \varphi_\nu(x)$$

soit continue en un point a.

On dit qu'une série

$$\varphi_0(x) + \varphi_1(x) + \varphi_2(x) + \cdots + \varphi_n(x) + \cdots\cdots$$

converge uniformément par sections aux environs d'un point a lorsqu'à chaque nombre positif ε, fixé aussi petit que l'on veut, et à chaque entier positif n fixé aussi grand que l'on veut, correspond un nombre positif δ et un entier $n' \geqq n$ tels que, à chaque point de l'intervalle $(a - \delta,\ a + \delta)$, corresponde au moins un entier ν compris dans l'intervalle $(n,\ n')$ pour lequel, en posant

$$f_\nu(x) = \varphi_0(x) + \varphi_1(x) + \cdots + \varphi_\nu(x),$$

et

$$f(x) = \lim_{\nu=+\infty} f_\nu(x),$$

on ait

$$|f(x) - f_\nu(x)| < \varepsilon;$$

cet entier ν peut d'ailleurs varier avec x.

Dans la théorie de la dérivation et de l'intégration des séries, l'uniformité de la convergence joue un rôle essentiel.

Les notions de convergence uniforme ou non uniforme d'une suite de fonctions d'une variable

$$f_0(x),\ f_1(x),\ \ldots,\ f_\nu(x),\ \ldots\ldots,$$

et celles de convergence uniforme ou non uniforme d'une série

$$\varphi_0(x) + \varphi_1(x) + \cdots + \varphi_\nu(x) + \cdots\cdots$$

dont les termes sont des fonctions d'une variable, peuvent être envi-

---

nouvelle démonstration du théorème en question qui est à l'abri de la critique faite par *A. Schoenflies* [Jahresb. deutsch. Math.-Ver. 8[2] (1899), éd. 1900, p. 225] à la démonstration mentionnée plus haut. *C. Arzelà* [Rendic. Accad. Bologna (2) 7 (1902/3), p. 28/32] a donné encore une troisième démonstration de son théorème, et cette démonstration est, elle aussi, à l'abri de toute critique.

Une représentation géométrique, à l'aide de courbes dessinées effectivement, de diverses possibilités résultant d'une convergence non uniforme a été publiée par *W. Osgood* [Bull. Amer. math. Soc. 3 (1896/7), p. 59/72] qui donne en particulier (p. 69) un exemple d'une série dont la somme représente une fonction continue de la variable et qui cependant ne converge uniformément dans aucun intervalle quelque petit qu'il soit. Voir aussi *E. J. Townsend*, Über den Begriff und die Anwendung des Doppellimes, Diss. Göttingue 1900, p. 56 et suiv.

sagées comme comprises dans des notions plus générales concernant les fonctions de deux variables[222]).

18. Condensation des singularités. Lorsqu'une fonction $f(x)$ est représentée par la somme d'une série

$$(1)\qquad \varphi_0(x) + \varphi_1(x) + \varphi_2(x) + \cdots + \varphi_\nu(x) + \cdots\cdot\cdot$$

uniformément convergente dans un intervalle donné, on peut, après avoir fixé à volonté le degré d'approximation avec lequel on opère, déterminer un nombre naturel n tel que $f(x)$ puisse, en chacun des points de l'intervalle envisagé, être remplacé, au degré d'approximation fixé, par la somme des n premiers termes de la série (1). Le nombre n dépend, il est vrai, du degré d'approximation fixé, mais il est le même en chacun des points x de l'intervalle envisagé.

C'est sur cette propriété fondamentale des séries uniformément convergentes[223]) que repose la possibilité de construire des fonctions $f(x)$ admettant *l'ensemble des discontinuités* qui figurent soit dans l'une, soit dans l'autre des fonctions d'une suite de fonctions données

$$\varphi_0(x),\ \varphi_1(x),\ \varphi_2(x),\ \ldots,\ \varphi_\nu(x), \ldots\ldots$$

Par un choix convenable des fonctions $\varphi_0(x)$, $\varphi_1(x)$, $\varphi_2(x)$, ..., $\varphi_\nu(x)$, ... on parvient ainsi à construire des fonctions $f(x)$ qui admettent une infinité de singularités formant un ensemble dense dans un intervalle donné (ou, comme disait *P. du Bois-Reymond*, des fonctions *pantachiquement discontinues* dans cet intervalle). C'est ce qu'on appelle, d'après *H. Hankel*[224]), construire des fonctions en appliquant le „*principe de la condensation des singularités*".

Le premier exemple rentrant dans ce type est dû à *B. Riemann*[225]).

---

222) Sur une des façons plus générales dont on peut envisager ainsi la notion de convergence uniforme d'une suite de fonctions, voir la note 340.

223) On peut d'ailleurs appliquer le même principe en remplaçant la „série" envisagée par tout autre algorithme illimité (produit infini, fraction continue, déterminant infini). Voir *U. Dini*, Fondamenti[79]), p. 147, trad. p. 204 (n° 118).

224) *H. Hankel*, Untersuchungen über die unendlich oft oscillierenden und unstetigen Functionen (Tübinger Universitätsschriften aus dem Jahre 1870, n° 3), Tubingue 1870, p. 6; réimprimé: Math. Ann. 20 (1882), p. 69.

225) Habilitationsschrift[39]); Abh. Ges. Gött. 13 (1866/7), éd. 1868, math. p. 105; Werke (2° éd.) p. 242, trad. p. 243.

Le symbole (u) a ici un sens différent suivant que u est ou n'est pas égal à la moitié d'un nombre entier impair. Dans le second cas, si $E(u)$ désigne le plus grand entier contenu dans u, le symbole (u) doit être remplacé par u diminué de celui des deux entiers $E(u)$, $E(u+1)$ qui est le plus voisin de u. Dans le premier cas où

$$u - E[u] = E[u+1] - u = \tfrac{1}{2}$$

le symbole (u) doit être remplacé par zéro.

C'est la fonction

$$f(x)=\sum_{\nu=1}^{\nu=+\infty}\frac{(\nu x)}{\nu^2}$$

qui fait un „saut" dans chaque intervalle quelque petit qu'il soit et est cependant intégrable [cf. n° **19** et voir l'article II 2].

L'étude de cet exemple a amené *H. Hankel* à essayer de construire des fonctions de la forme

$$f(x)=\sum_{\nu=1}^{\nu=+\infty}c_\nu F(\sin\nu\pi x),$$

où $c_1, c_2, \ldots, c_\nu, \ldots\ldots$ sont des nombres positifs choisis de façon à assurer la convergence de la série

$$c_1 F(\sin\pi x)+c_2 F(\sin 2\pi x)+\cdots+c_\nu F(\sin\nu\pi x)+\cdots\cdots;$$

$F(y)$ désigne une fonction analytique de y dans tout l'intervalle $(-1, +1)$, sauf au point $y=0$ où $F(y)$ admet une singularité que l'on fixe arbitrairement.

Comme pour toute valeur réelle de x, $y=\sin\nu\pi x$ fait partie de l'intervalle $(-1, +1)$ et que, dans tous les termes de la série pour lesquels l'indice ν est un multiple d'un entier n arbitrairement fixé, $y=\sin\nu\pi x$ s'annule pour tous les x égaux à des multiples de $\frac{1}{n}$, on voit que, pour chaque valeur rationnelle $\frac{m}{n}$ donnée à x, une infinité de termes $c_\nu F(\sin\nu\pi x)$ de la série envisagée admettent la singularité que doit avoir $F(y)$ au point $y=0$. Sous certaines restrictions cette singularité affecte aussi la fonction $f(x)$ elle-même et l'on se trouve ainsi avoir construit une fonction $f(x)$ admettant pour chaque valeur rationnelle donnée à la variable x une même singularité fixée à volonté.

Il faut toutefois observer que, précisément parce que la singularité en un point rationnel déterminé quelconque x affecte simultanément un nombre infini de termes de la série dont la somme représente $f(x)$, une *compensation* qui aurait pour effet de supprimer cette singularité pour la fonction $f(x)$ n'est pas impossible *a priori*.

Dans chaque cas où l'on envisage d'autres singularités que les

---

On peut d'ailleurs pour chaque entier ν, représenter (νx) par une série de Fourier [cf. *P. du Bois-Reymond*, J. reine angew. Math. 79 (1875), p. 26].

J. Frischauf [Z. Math. Phys. 34 (1889), p. 193] étudie la fonction un peu plus générale $\sum_{\nu=1}^{\nu=+\infty}\frac{(\nu x)}{\nu^p}$, où $p>1$.

discontinuités finies ordinaires, l'analyse de *H. Hankel* ne suffit pas pour discerner si cette compensation a lieu ou non[226]). Plusieurs des résultats qu'il avait obtenus en appliquant son principe ont été critiqués à juste titre par *Ph. Gilbert*[227]) qui est même allé jusqu'à affirmer que „le principe de la condensation des singularités (de Hankel) lui-même ne repose sur aucun fondement".

C'est à *U. Dini*[228]) que l'on doit d'avoir montré quelle est la véritable portée de la méthode de *H. Hankel*; il y est parvenu en distinguant avec soin les différentes singularités qui peuvent se présenter.

La méthode de *H. Hankel* présente toutefois deux inconvénients: l'un d'eux résulte de la forme particulière $\sin \nu\pi x$ de l'argument de la fonction F que l'on envisage; cette forme entraîne, en effet, une complication inutile provenant de ce que la densité des oscillations de l'argument augmente indéfiniment avec ν. Le second inconvénient consiste en ce que la condensation des singularités commence toujours par avoir lieu en des points *rationnels*, alors que rien, dans la définition des singularités, ne légitime le rôle particulier que jouent ainsi ces points[229]).

Il était donc naturel de chercher à remplacer la méthode de condensation des singularités de *H. Hankel* par une autre moins artificielle. On y est parvenu après que *G. Cantor* eut mis en évidence que certains ensembles partout denses sont dénombrables (I 7, 2) et que ces ensembles dénombrables comprennent, outre les ensembles de nombres rationnels, d'autres ensembles ayant un caractère plus général comme les ensembles de nombres algébriques par exemple.

La nouvelle méthode de condensation des singularités, due au fond à *K. Weierstrass*, a été exposée par *G. Cantor*[230]). Elle consiste à construire des fonctions de la forme

$$f(x) = \sum_{\nu=0}^{\nu=+\infty} c_\nu F(x - a_\nu),$$

226) Cf. *G. Darboux,* Ann. Ec. Norm. (2) 4 (1875), p. 80.

227) Mém. couronnés et autres mém. Acad. Belgique in 8°, 23 (1873), mém. n° 3, p. 1/16. Voir aussi *G. Darboux,* Ann. Ec. Norm. (2) 4 (1875), p. 106.

228) *U. Dini,* Fondamenti[79]), p. 117/39; trad. p. 157/83 (n°s 107/15); voir aussi dans la trad. allemande les additions de *J. Lüroth*, Grundlagen[79]), p. 188 et suiv.

229) Cf. *G. Cantor,* Literarisches Centralblatt für Deutschland [herausgegeben von *F. Zarncke*] 1871, p. 150.

230) Math. Ann. 19 (1882), p. 588.

Voir aussi *J. Lüroth*, Grundlagen[79]), p. 188 et suiv.

ou les coefficients c_ν sont des nombres positifs choisis de façon à assurer la convergence uniforme de la série

$$c_0 F(x-a_0) + c_1 F(x-a_1) + \cdots + c_\nu F(x-a_\nu) + \cdots\cdots,$$

ou éventuellement celle de la série

$$c_0 F'(x-a_0) + c_1 F_1'(x-a_1) + \cdots + c_\nu F_\nu'(x-a_\nu) + \cdots\cdots$$

[dans laquelle $F'(x)$ désigne la dérivée de $F(x)$ prise par rapport à x], tandis que les nombres a_ν forment un ensemble dénombrable quelconque, qui en particulier peut être dense dans tout l'intervalle envisagé[231]), et que $F(y)$ désigne une fonction de y continue en tout point y différent de zéro mais admettant une singularité donnée au point $y = 0$. Les fonctions $f(x)$ ainsi construites admettent, en chacun des points de l'ensemble des points $x = a_\nu$, une singularité semblable à celle que $F(y)$ admet au point $y = 0$[232]).

231) Il en est ainsi, par exemple, lorsqu'on prend pour $a_1, a_2, \ldots, a_\nu, \ldots\ldots$ l'ensemble des nombres rationnels.

232) Si une série

$$F_0(y) + F_1(y) + F_2(y) + \cdots + F_\nu(y) + \cdots\cdots,$$

dont les termes $F_\nu(y)$ sont des fonctions continues de y, converge d'une façon non-uniforme aux environs du point $y = 0$ de façon que le point $y = 0$ soit un point de discontinuité de la fonction

$$F(y) = \sum_{\nu=0}^{\nu=+\infty} F_\nu(y),$$

on peut toujours choisir une suite de nombres $c_0, c_1, c_2, \ldots, c_\mu, \ldots\ldots$ et une suite de nombres $a_0, a_1, a_2, \ldots, a_\mu, \ldots\ldots$ tels que les points de discontinuité de la fonction

$$f(x) = \sum_{\mu=0}^{\mu=+\infty} c_\mu \sum_{\nu=0}^{\nu=+\infty} F_\nu(x-a_\mu)$$

(qui sont précisément les points $a_0, a_1, a_2, \ldots, a_\mu, \ldots\ldots$) forment un ensemble dense dans un intervalle fini. Cela résulte immédiatement de ce que l'on vient d'expliquer dans le texte.

En prenant certaines précautions on peut d'ailleurs intervertir l'ordre des limites et mettre $f(x)$ sous la forme

$$f(x) = \sum_{\nu=0}^{\nu=+\infty} \sum_{\mu=0}^{\mu=+\infty} c_\mu F_\nu(x-a_\mu) = \sum_{\nu=0}^{\nu=+\infty} \varphi_\nu(x),$$

où les fonctions $\varphi_0(x), \varphi_1(x), \varphi_2(x), \ldots, \varphi_\nu(x), \ldots\ldots$ sont continues comme sommes de fonctions uniformément convergentes. On se trouve alors avoir formé une série

$$\varphi_0(x) + \varphi_1(x) + \varphi_2(x) + \cdots + \varphi_\nu(x) + \cdots\cdots$$

dont les termes sont des fonctions continues de x et dont la somme représente une fonction dont les points de discontinuité forment un ensemble dense dans un intervalle fini, en sorte qu'il n'y a aucun intervalle, quelque petit qu'on le

La méthode dont *H. A. Schwarz*[233]) a fait usage pour construire une fonction monotone continue, non dérivable en chacun des points d'un ensemble dense dans un intervalle déterminé, semble calquée sur la méthode de condensation dont la fonction construite par *B. Riemann* (note 225) avait suggéré l'idée.

Dans le mémoire de *G. Darboux*[234]) on rencontre non seulement des fonctions analogues $f(x)$ dont le type caractéristique peut s'écrire

$$f(x) = \sum_{\nu=0}^{\nu=+\infty} c_\nu F(\nu x)$$

mais aussi des fonctions jouissant des mêmes propriétés tout en rentrant dans le type plus général

$$f(x) = \sum_{\nu=0}^{\nu=+\infty} c_\nu F(m_\nu x),$$

où $m_0, m_1, m_2, \ldots, m_\nu, \ldots$ sont des nombres naturels donnés.

Une remarque faite en passant par *B. Riemann*[235]) au sujet de la série

$$\sin \pi x + \sin 2\pi x + \sin 6\pi x + \cdots + \sin \nu! \pi x + \cdots\cdots$$

a servi de point de départ à une suite de recherches sur les séries de l'une ou l'autre des formes

$$c_1 \sin m_1 x + c_2 \sin m_2 x + c_3 \sin m_3 x + \cdots + c_\nu \sin m_\nu x + \cdots\cdots,$$

$$c_1 \cos m_1 x + c_2 \cos m_2 x + c_3 \cos m_3 x + \cdots + c_\nu \cos m_\nu x + \cdots\cdots,$$

où tous les nombres de la suite

$$m_1, \frac{m_2}{m_1}, \frac{m_3}{m_2}, \ldots, \frac{m_\nu}{m_{\nu-1}}, \cdots\cdots$$

sont des entiers positifs parmi lesquels il y en a une infinité plus grands que 1; on peut, par exemple, supposer que, pour chaque indice

---

suppose, dans lequel la convergence de cette série serait uniforme; dans cet intervalle la fonction est donc *pantachiquement discontinue*. Voir *M. Lerch* [Giorn. mat. (1) 26 (1888), p. 375] qui a développé cette idée à propos d'un exemple rentrant dans le type envisagé.

On peut d'ailleurs aussi construire des séries dont les sommes représentent des fonctions continues et qui cependant ne convergent uniformément dans aucun intervalle [cf. *W. Osgood*, Bull. Amer. math. Soc. 3 (1896/7), p. 70]; voir à ce sujet *R. Baire* (n° 19).

233) Verh. Schweiz. Naturf. Ges. 56 (1873), éd. 1874, p. 255; Archives sc. phys. naturelles Genève (3) 48 (1873), p. 35; Math. Abh.[131]) 2, p. 271. Cf. note 138.

234) Ann. Ec. Norm. (2) 4 (1875), p. 90.

235) Habilitationsschrift[39]); Abh. Ges. Gött. 13 (1866/7), éd. 1868, math. p. 131; Werke[39]) (2e éd.) p. 263; trad. p. 269.

ν, on ait

$$m_\nu = \nu!, \quad \text{ou} \quad m_{2\nu} = m_{2\nu+1} = \nu!$$

ou encore que, a étant un nombre naturel plus grand que un, on ait, pour chaque indice ν,

$$m_\nu = a^\nu, \quad \text{ou} \quad m_{2\nu} = m_{2\nu+1} = a^\nu.$$

Pour chacune de ces séries on peut choisir les coefficients

$$c_1, c_2, c_3, \ldots, c_\nu, \ldots\ldots$$

de façon que la somme de la série définisse une fonction finie non dérivable en une infinité de points, ou même en tout point réel x[236]). On peut d'ailleurs aussi choisir les coefficients $c_1, c_2, c_3, \ldots, c_\nu, \ldots\ldots$ de façon que la somme de la série définisse une fonction indéfiniment dérivable et ne représente cependant, dans aucun intervalle, une fonction analytique[237]).

On peut d'ailleurs aussi prendre pour $m_1, m_2, m_3, \ldots, m_\nu, \ldots\ldots$ des nombres soumis à des conditions moins restrictives que celles que l'on vient d'énoncer. On peut enfin, dans ce qui précède, remplacer les fonctions trigonométriques par des fonctions moins particulières[238]).

Afin d'obtenir des fonctions dont les zéros forment un ensemble dense dans un intervalle donné, *T. Brodén*[239]) a appliqué un procédé de condensation des singularités dans lequel les fonctions sont formées au moyen de produits infinis uniformément convergents au lieu d'être formés au moyen de séries uniformément convergentes.

19. Fonctions admettant un nombre infini de discontinuités dans un intervalle fini.

Les différents auteurs qui ont étudié les propriétés de ces fonc-

---

236) La fonction de *K. Weierstrass* mentionnée au n° **10** rentre dans ce type. Voir aussi *G. Darboux* [Ann. Ec. Norm. (2) 4 (1875), p. 107], *U. Dini* [Ann. mat. pura appl. (2) 8 (1877), p. 137; Fondamenti [79]), p. 166, trad. p. 229 (n° 129)], *M. Lerch* [Sitzgsb. böhm. Ges. Prag 1886, p. 571; 1887, p. 423/6; J. reine angew. Math. 103 (1888), p. 126], *Ch. Cellérier* [Bull. sc. math. (2) 14 (1890), p. 152; (mém. posth.) lire à la page 142 la note de la Rédaction du Bulletin].

237) *M. Lerch*, J. reine angew. Math. 103 (1888), p. 136; *Ch. Cellérier*, Bull. sc. math. (2) 14 (1890), p. 158; *A. Pringsheim*, Math. Ann. 42 (1893), p. 182; 44 (1894), p. 51; 50 (1898), p. 144.

238) *U. Dini*, Ann. mat. pura appl. (2) 8 (1877), p. 130; Fondamenti [79]), p. 168, trad. p. 218 (n° 124); *G. Darboux*, Ann. Ec. Norm. (2) 8 (1879), p. 195; *M. Lerch*, J. reine angew. Math. 103 (1888), p. 126. Voir aussi *J. Hadamard*, La série de Taylor, Paris 1901, p. 94.

239) Math. Ann. 51 (1899), p. 299 [1897].

tions sont loin d'avoir adopté la même terminologie. Il en résulte, dans l'énoncé de certains théorèmes fondamentaux, des divergences qui ont donné lieu à de nombreux malentendus.

H. Hankel[240]) appelle fonctions *linéairement discontinues* toutes les fonctions qui ont un nombre infini de discontinuités dans un intervalle fini. Il appelle[241]) *ponctuellement discontinues* dans un intervalle fini celles des fonctions linéairement discontinues dans cet intervalle pour lesquelles, quelque petit que soit le nombre positif σ que l'on fixe, les points où les sauts de la fonction sont plus grands que σ ne forment un ensemble *dense* dans aucun intervalle fini[242]) compris dans l'intervalle envisagé. La définition des fonctions ponctuellement discontinues donnée par *U. Dini*[243]), quoique formulée différemment, revient, au fond, à celle de *H. Hankel.*

H. Hankel[244]) appelle fonctions *totalement discontinues* celles des fonctions linéairement discontinues pour lesquelles les points, où le saut de la fonction est plus grand qu'un nombre déterminé, suffisamment petit σ, forment un ensemble dense dans *un* intervalle fini au moins,

---

240) Unters.[224]), p. 23; Math. Ann. 20 (1882), p. 89.

241) Unters.[224]), p. 30; Math. Ann. 20 (1882), p. 89.

242) On pourrait aussi dire, avec *H. Hankel*, „seulement dispersés (nur zerstreut) dans tout intervalle fini".

243) Fondamenti[79]), p. 62, trad. p. 81 (n° 62). *U. Dini* dit qu'une fonction est *ponctuellement discontinue* lorsque ses points de discontinuité sont distribués de façon que la fonction ait des points de continuité dans tout intervalle fini quelque petit qu'il soit. Les fonctions jouissant de cette propriété ne peuvent avoir de sauts plus grands que σ en des points formant un ensemble dense en quelque intervalle, et *réciproquement* [*H. Hankel*, Unters.[224]), p. 26; Math. Ann. 20 (1882), p. 90; *U. Dini*, Fondamenti[79]), p. 63/5, trad. p. 83/6].

Les objections faites à cette proposition réciproque par *H. J. S. Smith* [Proc. London math. Soc. (1) 6 (1874/5), p. 150 (n° 18); Papers 2, Oxford 1894, p. 97] tombent à faux. Elles ne seraient légitimes que si *H. Hankel* avait prétendu montrer qu'il existe toujours des *intervalles* dans lesquels la fonction est continue; mais *H. Hankel* n'a jamais rien affirmé de semblable.

A. Schoenflies [Nachr. Ges. Gött. 1899, p. 171 et suiv.] étudie de plus près la distribution des points de continuité des fonctions ponctuellement discontinues. Voir aussi *A. Schoenflies*, Jahresb. deutsch. Math.-Ver. 8^2 (1899), éd. 1900, p. 125 et suiv.

On observera que la définition des fonctions ponctuellement discontinues donnée par *A. Schoenflies* [Nachr. Ges. Gött. 1899, p. 173] coïncide exactement avec celle de *H. Hankel*; l'opinion contraire que l'on trouve énoncée (p. 174) repose sur un malentendu.

Un exposé d'ensemble de la théorie des fonctions ponctuellement discontinues se trouve dans *A. Schoenflies*, Jahresb. deutsch. Math.-Ver. 8^2 (1899), éd. 1900, p. 125/44.

244) Unters.[224]), p. 30; Math. Ann. 20 (1882), p. 91.

ou, comme s'exprime *U. Dini*[245]), pour lesquelles il existe au moins un intervalle fini dans lequel la fonction n'admet pas de point de continuité[245]).

A. Harnack[246]) entend par fonctions ponctuellement discontinues les fonctions discontinues pour lesquelles les points où le saut de la fonction est plus grand qu'un nombre positif déterminé σ forment un ensemble *sans étendue*[247]) quel que soit le choix que l'on ait fait de σ[248]). La fonction de *B. Riemann* envisagée au n° **18** rentre dans ce type.

A. Harnack[246]) ne comprend sous le nom de fonctions linéairement discontinues que celles des fonctions linéairement discontinues, au sens de *H. Hankel*, pour lesquelles les points où le saut de la fonction est plus grand qu'un nombre positif déterminé σ, forment un ensemble *étendu*[247]) pour un choix suffisamment petit de σ. Cette classe de fonctions envisagée par *A. Harnack* est plus générale[249]) que celle des fonctions totalement discontinues de *H. Hankel* et de *U. Dini*.

Une fonction monotone par sections, finie, discontinue en un nombre infini de points d'un intervalle fini, même quand ces points

245) *A. Schoenflies* [Jahresb. deutsch. Math.-Ver. 8^2 (1899), éd. 1900, p. 128] s'exprime comme *U. Dini*.

Les divers types de fonctions totalement discontinues, au sens de *H. Hankel*, qui peuvent se présenter ont été étudiés par *W. H. Young* [Sitzgsb. Akad. Wien 112 (1903) IIª, p. 1307] et par *A. Schoenflies* [id. 113 (1904) IIª, p. 1277]. Voir aussi, à ce sujet, *E. W. Hobson*, The theory of functions of a real variable. Cambridge 1907, p. 241. On trouve dans cet ouvrage (p. 240/59) un exposé d'ensemble de la théorie des fonctions (d'une variable réelle) admettant une infinité de discontinuités.

246) Math. Ann. 19 (1882), p. 242; 24 (1884), p. 218.

247) Il vaut mieux dire „*étendu*“ et „*sans étendue*“ que de dire, avec *A. Harnack*, „linéaire“ et „discret“.

248) Il en résulte que la proposition énoncée par *A. Harnack* [Math. Ann. 19 (1882), p. 242; 24 (1884), p. 218], d'après laquelle „chaque fonction *ponctuellement discontinue* est intégrable“ au sens de *B. Riemann*, est exacte tandis que cette même proposition énoncée par *H. Hankel* [Unters.[224]), p. 31; Math. Ann. 20 (1882), p. 92] est inexacte.

H. J. S. Smith [Proc. London math. Soc. (1) 6 (1874/5), p. 149; Papers 2, Oxford 1894, p. 95/6] avait déjà signalé l'erreur de *H. Hankel*. Elle a été aussi signalée par *U. Dini* [Fondamenti[79]), p. 250, trad. p. 340 (n° 188)] et par *V. Volterra* [Giorn. mat. (1) 19 (1881), p. 80]. Cette erreur consistait à supposer que chaque ensemble qui n'est dense dans aucun intervalle est nécessairement sans étendue [cf. *A. Harnack*, Math. Ann. 19 (1882), p. 239].

249) Elle comprend aussi, en effet, les fonctions pour lesquelles les points où les sauts de la fonction sont plus grands qu'un nombre positif suffisamment petit σ forment un *ensemble étendu* quoique n'étant dense dans aucun intervalle quelque petit que soit σ, fonctions qui, au point de vue de *H. Hankel* et de *U. Dini*, sont des fonctions *ponctuellement discontinues*.

forment un ensemble dense dans cet intervalle, ne peut être[250]) qu'une fonction ponctuellement discontinue, aussi bien au sens de *H. Hankel* et de *U. Dini* qu'au sens de *A. Harnack*; les points où le saut de la fonction est plus grand qu'un nombre déterminé σ ne peuvent, en effet, jamais former qu'un ensemble fini (c'est-à-dire formé par un nombre fini de points) quelque petit qu'on ait fixé σ.

Ces mêmes points ne peuvent également former qu'un ensemble fini pour une classe plus générale de fonctions envisagées par *C. Jordan* qui leur avait d'abord donné le nom de fonctions à oscillation limitée[251]) et les a ensuite désignées sous le nom de fonctions à variation bornée[252]). Soit $f(x)$ une fonction univoque et finie en chacun des points de l'intervalle (x_0, X); dans cet intervalle fixons $x_1, x_2, \ldots, x_{n-1}$ arbitrairement de façon que l'on ait

$$x_0 < x_1 < x_2 < \cdots < x_{n-1} < X.$$

Désignons par

$$\Delta_1, \Delta_2, \ldots, \Delta_n$$

les variations[77]) de $f(x)$ dans les intervalles

$$(x_0, x_1), (x_1, x_2), \ldots, (x_{n-1}, X).$$

Si, quel que soit le choix des points $x_1, x_2, \ldots x_{n-1}$, la somme

$$\Delta_1 + \Delta_2 + \cdots + \Delta_n$$

(dont aucun des termes ne peut être négatif) reste inférieure à un même nombre positif déterminé quand n croît indéfiniment, on dit que la fonction $f(x)$ est *à variation bornée* dans l'intervalle (x_0, X). Ces fonctions ont été étudiées ensuite par *E. Study*[253]) qui en a donné une définition, en apparence distincte de celle de *C. Jordan*, mais au fond équivalente.

Les fonctions $f(x)$ à variation bornée jouissent de la propriété caractéristique de pouvoir être représentées, d'une infinité de manières, par la somme de deux fonctions monotones finies de sens contraires ou par la différence de deux fonctions monotones finies de même sens.

---

250) Voir *U. Dini*, Fondamenti [79]), p. 66, trad. p. 86 (n° 66).

La correspondance univoque et monotone entre certains ensembles discontinus et le continu linéaire donne, elle aussi, naissance à des fonctions de cette classe. Voir à ce sujet *A. Harnack* [Math. Ann. 23 (1884), p. 286], *G. Peano* [Rivista mat. 2 (1892), p. 41] et *A. Schoenflies* [Nachr. Ges. Gött. 1896, p. 256]. *J. Lüroth* [Math. Ann. 21 (1883), p. 419] a envisagé des correspondances analogues mais non monotones.

251) C. R. Acad. sc. Paris 92 (1881), p. 229.

252) Cours d'Analyse [61]) 1, p. 54.

253) Math. Ann. 47 (1896), p. 298 et suiv.; voir en partic. p. 312.

Elles sont intégrables. Enfin quand $f(x)$ reste toujours comprise dans l'intervalle

$$(f(x-0),\ f(x+0))$$

elles sont aussi rectifiables[254]).

U. Dini[255]) a montré que toutes les fonctions finies dans un intervalle et n'admettant dans cet intervalle que des discontinuités ordinaires, ou encore des discontinuités à oscillations à droite seulement, ou à gauche seulement, formant un ensemble dense dans cet intervalle, appartiennent à la classe des fonctions ponctuellement discontinues intégrables dans l'intervalle envisagé.

Même lorsqu'elles forment un ensemble dense, les discontinuités d'une fonction ponctuellement discontinue peuvent être *évitables*[256]), si l'on convient d'étendre cette expression à un ensemble infini dénombrable de discontinuités chacune évitable au sens de *B. Riemann* (n° **14**).

En appliquant les méthodes exposées au n° **18** on peut construire de diverses manières des *expressions analytiques* représentant des fonctions ponctuellement discontinues, intégrables ou non[257]). La proposition énoncée par *H. Hankel*, d'après laquelle chaque fonction ponctuellement discontinue $f(x)$ qui, aux points de discontinuité a, vérifie la relation

$$f(a) = \tfrac{1}{2}[f(a-0) + f(a+0)]$$

peut être représentée par une série de Fourier est toutefois erronée[258]).

---

254) *L. Scheeffer*, Acta math. 5 (1884/5), p. 51; *E. Study*, Math. Ann. 47 (1896), p. 313. D'après *C. Jordan* [Cours d'Analyse[81]) 1, p. 100 et suiv.], la courbe $x = \varphi(t)$, $y = \psi(t)$ est rectifiable quand les deux fonctions $\varphi(t)$ et $\psi(t)$ sont à variation bornée et que, pour toute valeur de t, le point $[\varphi(t), \psi(t)]$ est situé sur le segment de droite qui joint les points $[\varphi(t-0), \psi(t-0)]$ et $[\varphi(t+0), \psi(t+0)]$.

255) *U. Dini*, Fondamenti[79]), p. 201, 246; trad. p. 275, 332 (n°s 151, 187).

256) On en trouvera des exemples dans *H. Hankel* [Unters.[224]), p. 36; Math. Ann. 20 (1882), p. 97], *U. Dini*, Fondamenti[79]), p. 143; trad. p. 183 (n° 116; 8); voir aussi *J. Lüroth*, Grundlagen[79]), p. 199.

257) Voir *H. Hankel* [Unters.[224]), p. 33; Math. Ann. 20 (1882), p. 94], *G. Darboux* [Ann. Ec. Norm. (2) 4 (1875), p. 89], *U. Dini* [Fondamenti[79]), p. 142; trad. p. 186 (n° 116; 6; 7; 8)]; voir aussi *J. Lüroth* [Grundlagen[79]), p. 199], *V. Volterra* [Giorn. mat. (1) 19 (1881), p. 82], *T. Brodén* [Math. Ann. 51 (1899), p. 310].

V. Volterra a démontré que deux fonctions ponctuellement discontinues ont nécessairement, dans tout intervalle quelque petit qu'il soit, des points de continuité communs. Il en résulte, pour les sommes, les produits, les séries uniformément convergentes dont les éléments sont des fonctions ponctuellement discontinues, des théorèmes analogues à ceux concernant les sommes, les produits, les séries uniformément convergentes dont les éléments sont des fonctions continues.

258) Une telle fonction peut même ne pas être représentable par une série de Fourier tout en étant intégrable. Le théorème de *B. Riemann* [Habilitations-

R. Baire[259]) a au contraire montré que l'on peut représenter chaque fonction qui n'est que ponctuellement discontinue au sens de *U. Dini* sur tout ensemble parfait, par la somme d'une série de polynomes; cette série ne peut naturellement pas être uniformément convergente comme celles dont les sommes représentent des fonctions continues (cf. n° 9, en partic. note 122). Une série quelconque de polynomes, lorsqu'elle est convergente, ne saurait inversement avoir pour somme qu'une fonction continue, discontinue en un nombre fini de points, ou ponctuellement discontinue. Si l'on désigne, avec *R. Baire,* sous le nom de fonction de *première classe* toute fonction pouvant être envisagée comme la limite d'une fonction *continue* (et par conséquent comme la limite d'un polynome d'après le théorème de *K. Weierstrass* du n° 9), on voit que toute fonction de première classe qui n'est pas continue est nécessairement discontinue en un nombre fini de points ou ponctuellement discontinue.

Le premier exemple d'une fonction totalement discontinue a été donné par *G. Lejeune Dirichlet*[260]) qui a envisagé une fonction $f(x)$ telle que, x_1 désignant un nombre *rationnel* quelconque et x_2 un nombre irrationnel quelconque, on ait $f(x_1) = c$, $f(x_2) = \gamma$, c et γ désignant des nombres différents fixés arbitrairement. Quoique cette fonction soit totalement discontinue (elle n'admet aucun point de continuité) ses sauts sont évitables au sens que l'on vient de donner à ce mot, car l'ensemble des points x_1 est dénombrable[261]). L'expression analytique de cette fonction $f(x)$, donnée par *H. Hankel*[262]) quand $c = 0$ et $\gamma = 1$, ne fournit qu'une valeur impropre de $f(x)$ pour toutes les

schrift[89]); Abh. Ges. Gött. 13 (1867/8), éd. 1868, math. p. 101; Werke[89]) (2e éd.), p. 238; trad. p. 239], sur lequel *H. Hankel* s'appuie à tort, dit seulement qu'une fonction $f(x)$ supposée intégrable est représentée par son développement en série de Fourier *partout où cette série est convergente;* mais cette série peut être pantachiquement divergente, c'est-à-dire divergente en une infinité de points formant un ensemble dense dans un certain intervalle et cela même quand $f(x)$ est continue (voir note 121).

259) C. R. Acad. sc. Paris 126 (1898), p. 885; Ann. mat. pura appl. (3) 3 1899), p. 63; Fonct. discont.[98]), p. 80, 90, 112. Cf. *E. Borel*, Leçons[115]), Paris 1905, p. 99, 149 et consulter l'article II 2.

260) Cf. n° 8, note 53.

261) *J. Thomae* [Z. Math. Phys. 24 (1879), p. 64] a défini une fonction analytique qui est analogue à celle de *G. Lejeune Dirichlet*, mais pour laquelle les ensembles (x_1) et (x_2) sont tous deux non dénombrables.

262) Unters.[224]), p. 37; Math. Ann. 20 (1882), p. 98.

263) Il en est de même d'une autre fonction envisagée par *H. Hankel*, Unters.[224]), p. 46; Math. Ann. 20 (1882), p. 107. Voir aussi *T. Brodén*, Öfversigt Vetensk. Akad. förhandl. (Stockholm) 53 (1896), p. 602.

valeurs rationnelles de x[263]). L'expression analytique donnée par *A. Pringsheim*[53]) est bien plus avantageuse. Si l'on transforme d'ailleurs cette expression en étendant le théorème de *K. Weierstrass* sur les fonctions continues (n° **9**) aux fonctions à discontinuités isolées[263a]), on voit immédiatement que l'on peut aussi représenter la fonction de *G. Lejeune Dirichlet* par une série infinie à double entrée de polynomes. *R. Baire*[264]) en a donné une autre démonstration résultant de considérations d'ordre plus général. Dans la terminologie de *R. Baire,* où une fonction est dite de $n^{\text{ième}}$ classe[265]) lorsqu'elle peut être représentée par une série infinie de polynomes à n entrées sans pouvoir l'être par une série infinie de polynomes à un nombre moindre d'entrées, la fonction de *G. Lejeune Dirichlet* est de *seconde classe.*

20. Fonctions continues admettant un nombre infini de singularités dans un intervalle fini. Parmi les fonctions continues $f(x)$ admettant, dans un intervalle fini, un nombre infini d'oscillations ou de sections d'invariabilité[266]), il convient, d'après *U. Dini,* de distinguer celles auxquelles il suffit d'ajouter (ou de soustraire) des fonctions monotones $F(x)$ convenablement choisies, admettant des dérivées *finies* suffisamment grandes (par ex. des fonctions linéaires $mx+n$), pour obtenir des fonctions $\varphi(x) = f(x) + F(x)$ n'ayant plus ni oscillations, ni sections d'invariabilité. On désignera ces fonctions $f(x)$ sous le nom de fonctions *réductibles*[267]) dans l'intervalle envisagé. Toute

---

263a) Voir *E. Borel,* Leçons[113]), Paris 1905, p. 94. Au lieu d'appliquer, dans ce cas, la méthode en question à l'expression[53]) $\lim_{\nu=+\infty} (\cos n!\,\pi x)^{2\nu}$, *F. Hartogs* observe (communication verbale) que l'on parvient directement au résultat cherché en remplaçant $(\cos n!\,\pi x)^2$ par le polynome

$$1 - \left(\frac{x}{n}\prod_{\mu=1}^{\mu=n!\,n}\frac{(n!\,x)^2-\mu^2}{(n!\,n)^2}\right)^2.$$

264) C. R. Acad. sc. Paris 126 (1898), p. 884; Ann. mat. pura appl. (3) 3 (1899), p. 69; *E. Borel,* Leçons[113]), Paris 1905, p. 99.

265) Sur l'existence de fonctions discontinues de $n^{\text{ième}}$ classe, pour n fini quelconque ou même transfini, voir *H. Lebesgue,* J. math. pures appl. (6) 1 (1905), p. 141 et suiv.; *E. Borel,* Leçons[113]), Paris 1905, p. 156; *R. Baire,* Acta math. 30 (1906), p. 30 et suiv.; en partic. (p. 47) l'exemple donné d'une fonction de troisième classe. Ces questions seront exposées en détail dans l'article II 2.

266) C'est-à-dire d'intervalles dans lesquels la fonction a une valeur constante. Cf. n° **6** note 79.

267) *U. Dini* [Fondamenti[79]), p. 176, trad. p. 241 (n° 134)], à qui est due cette distribution en deux classes distinctes des fonctions envisagées, appelle fonctions „de première espèce" (di prima specie) les fonctions *réductibles*; il appelle „irriducibili" ou „de seconde espèce" (di seconda specie) les fonctions *irréductibles.*

autre fonction continue $f(x)$ du type envisagé sera désignée sous le nom de fonction *irréductible* dans l'intervalle envisagé.

Toute fonction réductible $\varphi(x)$ dans un intervalle peut donc être décomposée d'une infinité de manières en une somme de deux fonctions $f(x) + F(x)$ et $- F(x)$, chacune finie monotone (n° **6**) et n'ayant dans l'intervalle envisagé aucune section d'invariabilité[268]).

Pour qu'une fonction $f(x)$ soit réductible dans un intervalle (x_0, X) il faut et il suffit[269]) qu'en chacun des points de cet intervalle les quatre dérivées soient plus grandes qu'un nombre négatif déterminé $- m$ [le *même* pour tous les points x de l'intervalle (x_0, X)] ou encore que ces quatre dérivées soient plus petites qu'un nombre positif m [le *même* pour tous les points x de l'intervalle (x_0, X)]: en effet, la fonction $f(x) + mx$ est, dans le premier cas, une fonction monotone croissante tandis que, dans le second cas, la fonction $f(x) - mx$ est une fonction monotone décroissante.

Parmi les fonctions réductibles dans un intervalle (x_0, X), il y en a qui admettent, en chacun des points de (x_0, X), une dérivée finie et déterminée, même quand les maximés et minimés forment un ensemble dense; mais dans ce dernier cas la dérivée admet toujours des maximés et minimés formant un ensemble dense dans (x_0, X); elle est nécessairement nulle aux points de continuité quand il y en a, et elle n'est intégrable dans aucun intervalle compris dans (x_0, X)[270]).

---

268) Ces fonctions font donc partie de la classe plus générale formée par les fonctions à variation bornée (n° **19**).

269) *U. Dini,* Fondamenti[79]), p. 173 et suiv. trad. p. 236 et suiv. (n^os **133, 134**).

P. du Bois-Reymond [J. reine angew. Math. 79 (1875), p. 54; Zur Geschichte der trigonometrischen Reihen, Leipzig s. d. [1880], p. 32] avait montré que la fonction $f(x)$ peut être décomposée en une somme de deux fonctions finies monotones, quand elle admet une dérivée intégrable; mais comme on l'observe dans le texte[270]) cette condition n'est *jamais* remplie lorsque la fonction $f(x)$ admet une infinité de maximés et minimés formant un ensemble dense, en d'autres termes lorsque la fonction $f(x)$ est pantachiquement oscillante.

270) *U. Dini,* Fondamenti[79]), p. 167, 281, 283; trad. p. 229, 381 (n°s 130 et 200).

Comme la fonction de Hankel, mentionnée dans la note 136, admet une dérivée intégrable dans tout intervalle [voir *G. Darboux,* Ann. Ec. Norm. (2) **4** (1875), p. 109], cette fonction ne peut, dans aucun intervalle, admettre une infinité de maximés et minimés formant un ensemble dense dans cet intervalle, en d'autres termes elle ne peut admettre dans aucun intervalle de „vibrations pantachiques“.

La fonction de Koepcke (n° **11** note 136) rentre par contre dans le type envisagé ici dans le texte [voir en particulier: Math. Ann. 29 (1887), p. 135].

La portée relative des notions d'intégrale définie et d'intégrale indéfinie qui intervient ici, ainsi que toutes les modifications qui ont lieu quand la notion

D'autres fonctions[271]), réductibles dans un intervalle, admettent 1°) une dérivée finie et déterminée aux points d'un certain ensemble dense dans cet intervalle; 2°) deux dérivées distinctes[272]) finies l'une à droite l'autre à gauche en d'autres points formant aussi un ensemble dense dans le même intervalle.

D'autres fonctions encore[273]), réductibles dans un intervalle, admettent une dérivée finie et déterminée aux points d'un certain ensemble dense dans l'intervalle envisagé et une dérivée infinie, positive ou négative[274]), en d'autres points formant aussi un ensemble dense dans le même intervalle[275]).

---

d'intégrale de *B. Riemann* fait place à la notion plus générale de *H. Lebesgue*, sera étudiée en détail dans l'article II 2 de l'Encyclopédie.

271) *U. Dini* [Fondamenti[79]), p. 140, trad. p. 183 (n° 116)] en a donné un exemple bien simple en envisageant la fonction

$$f(x) = \sum_{\nu=1}^{\nu=+\infty} \frac{|\sin \nu \pi x|}{\nu^s} \quad (s > 2);$$

J. Lüroth [Grundlagen[79]), p. 198] a ajouté l'exemple plus simple encore

$$f(x) = \sum_{\nu=1}^{\nu=+\infty} c_\nu |x - a_\nu|,$$

où la somme est étendue à l'ensemble (a_ν) de tous les nombres rationnels, et où chaque coefficient c_ν est fixé de façon à vérifier l'inégalité

$$c_\nu \leqq \frac{1}{\nu^s} \quad (s > 2).$$

T. Brodén [J. reine angew. Math. 118 (1897), p. 27] a donné un exemple du même genre obtenu à l'aide de considérations d'ordre géométrique.

272) Le type géométrique correspondant est celui des „points anguleux (saillants ou rentrants)"; le type mécanique correspondant est celui du „coin".

273) *K. Weierstrass* [voir *G. Cantor*, Math. Ann. 19 (1882), p. 591] a donné comme exemple d'une fonction de cette espèce la fonction

$$f(x) = \sum_{\nu=0}^{\nu=+\infty} c_\nu (x - a_\nu)^{\frac{1}{3}};$$

cette fonction réductible est d'ailleurs monotone. Voir aussi *J. Lüroth*, Grundlagen[79]), p. 199.

T. Brodén [Öfversigt Vetensk. Akad. förhandl. (Stockholm) 53 (1896), p. 585] a envisagé un type un peu plus général de fonctions $f(x)$ où $f'(x) = +\infty$ non seulement pour un ensemble dénombrable de points qu'il nomme „primaires" mais aussi pour un ensemble non dénombrable de points qu'il nomme „secondaires".

274) Le type géométrique correspondant est celui du „point d'inflexion à tangente verticale".

275) Cependant une fonction continue ne peut avoir, en *tous* les points d'un intervalle fini, une dérivée infinie, que cette dérivée infinie soit d'ailleurs déter-

Comme toute fonction *monotone*

$$\varphi(x) = f(x) + mx,$$

déduite d'une fonction réductible $f(x)$ par addition d'une fonction linéaire $F(x) = mx$, se comporte, en ce qui concerne les discontinuités ou les infinis ou la non existence des dérivées, exactement comme la fonction $f(x)$ elle-même, on peut, en envisageant toutes les fonctions

$$f(x) = \varphi(x) - mx$$

déduites d'une *même* fonction continue et monotone $\varphi(x)$ en faisant varier m de $-\infty$ à $+\infty$, obtenir des critères déterminés concernant l'existence et les propriétés des dérivées de ces fonctions $f(x)$[276].

Parmi les fonctions irréductibles[267] il faut citer tout particulièrement celles pour lesquelles soit les dérivées supérieure et inférieure[277], soit les dérivées à droite et à gauche[278], sont infinies de signes contraires[279] en une infinité de points formant un ensemble dense.

L'intégration des fonctions continues $f(x)$, ayant un nombre infini de maximés et minimés formant un ensemble dense, donne naissance, aussi bien quand ces fonctions $f(x)$ sont réductibles que quand elles sont irréductibles, à une classe remarquable de fonctions

---

minée ou non déterminée [Une dérivée infinie en un point est dite *non déterminée* lorsqu'en ce point les dérivées à droite et à gauche de la fonction sont l'une $+\infty$ l'autre $-\infty$]. Voir *U. Dini* [Fondamenti[79], p. 69, 177, trad. p. 91, 135 (n°s 71 et 135)] et *Gy. (J.) König* [Monatsh. Math. Phys. 1 (1890), p. 12]. Voir aussi *J. Lüroth,* Grundlagen[79], p. 303.

276) *U. Dini,* Fondamenti[79], p. 188, 214; trad. p. 257, 291 (n°s 143 et 162).

277) C'est le cas pour la fonction de *K. Weierstrass* qui n'est dérivable en aucun point (cf. II 3). Voir aussi *Gy. (J.) König,* Monatsh. Math. Phys. 1 (1890), p. 11.

278) *Exemples*:

1°) $$f(x) = \sum_{\nu=0}^{\nu=+\infty} c_\nu (x - a_\nu)^{\frac{2}{3}},$$

où a_ν désigne l'ensemble des nombres rationnels;

2°) $$f(x) = \sum_{\nu=1}^{\nu=+\infty} \frac{(\sin \nu \pi x)^{\frac{2}{3}}}{\nu^3};$$

ce second exemple est dû à *H. Hankel,* Unters.[224], p. 22; Math. Ann. 20 (1882), p. 83.

G. Darboux [Ann. Éc. Norm. (2) 4 (1875), p. 106] a remplacé par une démonstration rigoureuse l'analyse insuffisante de *H. Hankel.* Voir aussi *U. Dini,* Fondamenti[79], p. 241; trad. p. 183 (n° 116).

279) Le type géométrique correspondant est un point de rebroussement à tangente verticale.

continues $\Phi(x)$. Ces fonctions $\Phi(x)$ [qui sont d'ailleurs monotones lorsqu'on prend pour $f(x)$ des fonctions conservant partout leur signe] admettent en chaque point x une dérivée continue $\Phi'(x)$, égale à $f(x)$, sans qu'il soit cependant possible de se les représenter géométriquement[280]): il y a, en effet, dans chaque intervalle, quelque petit qu'il soit, au moins une valeur déterminée que $f(x)$ prend un nombre infini de fois[281]), en sorte que la courbe

$$y = \Phi(x)$$

devrait, sans être formée de segments de droites, avoir en une infinité de points de chaque intervalle, quelque petit qu'il soit, des tangentes ayant même direction.

III. Fonctions de plusieurs variables réelles.

21. Domaine de n variables. Un *système de n variables réelles* est un système particulier de n symboles, pris dans un ordre déterminé, représentant chacun une variable réelle (n° **4**). On appelle *domaine* du système des n variables l'ensemble des systèmes des n nombres réels que les n symboles représentent: un domaine peut comprendre un nombre fini ou infini de systèmes de nombres réels. On désignera par (x) le domaine du système des n variables $x_1, x_2, \ldots, x_n$.

On appelle *variété* d'ordre n[282]), ou *espace* (analytique) à n dimen-

---

280) *A. Koepcke,* Math. Ann. 29 (1887), p. 137.

281) Ce théorème est loin d'être évident. On en trouve une démonstration dans *Gy. (J.) König,* Monatsh. Math. Phys. 1 (1890), p. 8. Voir aussi *J. Lüroth,* Grundlagen[79]), p. 302 et *A. Koepcke*, Mitth. math. Ges. Hamburg 3 (1891/1900), p. 376/9 [1899].

282) Le mot *variété* (Mannigfaltigkeit) semble dû à *C. F. Gauss* [Göttingische gelehrte Anzeigen 1831, p. 638; Werke 2, Göttingen 1876, p. 178].

B. Riemann en fait usage: Über die Hypothesen, welche der Geometrie zu Grunde liegen [Habilitationsschrift, Göttingue 1854; Abh. Ges. Gött. 13 (1866/7), éd. 1868, math. p. 135; Werke[36]) (2ᵉ éd.), p. 273 et suiv.; trad. p. 282 et suiv.].

Voir aussi *S. Pincherle* (d'après *K. Weierstrass*), Giorn. mat. (1) 18 (1880), p. 234; *E. Jürgens,* Jahresb. deutsch. Math.-Ver. 7¹ (1898), éd. 1899, p. 50; trad. italienne: Giorn. mat. (2) 14 (1907), p. 1/6.

Parmi les mémoires se rapportant aux variétés d'ordre n, nous citerons ici: *W. von Dyck,* Math. Ann. 32 (1888), p. 457 (avec nombreux renseignements bibliographiques); id. 37 (1890), p. 273; *H. Poincaré,* J. Ec. polyt. (2) cah. 1 (1895), p. 1; *H. Minkowski*, Geometrie der Zahlen 1, Leipzig 1896, p. 1 et suiv.; *L. Schläfli,* Theorie der vielfachen Kontinuität, Zurich et Bâle 1901; *R. Baire,* Acta math. 30 (1906), p. 8 et suiv.; Fonct. discont.[98]), p. 99 et suiv.

Dans plusieurs articles de l'Encyclopédie on étudie les propriétés de ces variétés d'ordre quelconque.

sions[283]), ou *monde* n^{aire}[284]) l'ensemble des systèmes de n nombres que l'on obtient en combinant de toutes les manières possibles *tous* les nombres réels x_1, *tous* les nombres réels $x_2, \ldots,$ *tous* les nombres réels x_n. On dit de chacun des systèmes de nombres réels $(a_1, a_2, \ldots, a_n)$ ainsi formés qu'il définit un *point* (analytique) a de cet espace à n dimensions, ou encore un point (analytique) n^{aire}. On dit aussi que le nombre réel a_ν est la $\nu^{\text{ième}}$ coordonnée du point a.

L'expression

$$\left|\sqrt{(a_1-b_1)^2+(a_2-b_2)^2+\cdots+(a_n-b_n)^2}\right|$$

mesure la *distance* $|\overline{ab}|$ de deux points a et b de coordonnées

$$(a_1, a_2, \ldots, a_n) \text{ et } (b_1, b_2, \ldots, b_n).$$

L'expression

$$|a_1-b_1|+|a_2-b_2|+\cdots+|a_n-b_n|$$

mesure ce que *C. Jordan* appelle l'*écart*[285]) $|a, b|$ de ces deux points et

$$|a_\nu - b_\nu|$$

mesure l'écart de leurs $\nu^{\text{ièmes}}$ coordonnées.

Les *environs* d'un point a sont formés par l'ensemble des points x pour lesquels la distance $|\overline{ax}|$, ou l'écart $|a, x|$, ou encore les n écarts $|a_1 - x_1|, |a_2 - x_2|, \ldots, |a_n - x_n|$ des coordonnées de même indice sont inférieurs à un nombre positif déterminé ϱ[286]). Ces

283) *G. Cantor,* Math. Ann. 21 (1883), p. 574; Acta math. 2 (1883), p. 409; 7 (1885/6), p. 105.

284) *Ch. Méray,* Ann. Ec. Norm. (3) 16 (1899), p. 194.

285) *C. Jordan,* Cours d'Analyse[61]) 1, p. 18.

H. Minkowski [Math. papers Chicago[143]), p. 202; trad. *L. Laugel,* Nouv. Ann. math. (3) 15 (1896), p. 395; Geom. der Zahlen[282]) 1, p. 1] a introduit une notion plus générale qui comprend comme cas particuliers celles d'écart, de distance et de maximé des écarts des coordonnées; il lui a donné le nom de *distance radiale* (Strahldistanz): on pourrait peut-être dire „*éloignement*".

286) Aux „environs" d'un point, entendus dans l'un quelconque des trois sens donnés dans le texte à ce mot, correspondent toujours des „environs" du même point dans chacun des deux autres sens.

En langage géométrique on peut dire que, pour $n = 2$, les *frontières* des trois types d'environs $(a; \varrho)$ d'un point a sont:

1) une circonférence de cercle de centre a, de rayon ϱ;

2) un carré inscrit dans ce cercle et ayant ses diagonales parallèles aux axes coordonnés;

3) un carré circonscrit au même cercle et ayant ses côtés parallèles aux axes coordonnés.

Pour $n = 3$ on obtient de même la surface d'une *sphère* pour frontière du premier type d'environs $(a; \varrho)$ d'un point a, et les faces d'un *octaèdre* pour frontière du second type, celles d'un *cube* pour frontière du troisième type.

environs de a seront représentés par le symbole

$$(a; \varrho).$$

Cette façon de parler, à laquelle correspond une représentation spatiale quand $n = 2$ et quand $n = 3$, est commode quel que soit n.

Dans un espace à n dimensions on peut faire correspondre, d'une façon parfaite, à chaque domaine (x) un ensemble ponctuel au sens de *G. Cantor*. On peut donc appliquer à chaque domaine (x) les définitions et théorèmes fondamentaux de la théorie des ensembles comme on l'a déjà fait (n° **4**) dans le cas où $n = 1$.

En particulier tout domaine (x) qui contient un nombre infini de points admet nécessairement au moins un point d'accumulation[287]; ce point ne fait d'ailleurs pas nécessairement partie du domaine (x).

Lorsqu'un domaine (x) contient tous ses points d'accumulation on dit qu'il est *clos*[288].

Il est parfois commode de faire encore usage du même langage géométrique quand $n > 3$; on parle alors de la surface d'une sphère à n dimensions ou des faces d'un cube à n dimensions, constituant la frontière des environs $(a; \varrho)$ d'un point a dans un monde n^{aire}.

287) Ce théorème est dû à *K. Weierstrass* [cf. *S. Pincherle,* Giorn. mat. (1) 18 (1880), p. 241]. Voir aussi *C. Jordan,* Cours d'Analyse[61]) 1, p. 23.

On remarquera que si a est un point d'accumulation des points x d'un domaine (x), et si $a_1, a_2, \ldots, a_n$ sont les coordonnées de a, et $x_1, x_2, \ldots, x_n$ celles de x, les points $a_1, a_2, \ldots, a_n$ ne sont pas tous nécessairement des points d'accumulation respectifs des points $x_1, x_2, \ldots, x_n$. On peut seulement affirmer qu'un au moins de ces points a_ν est un point d'accumulation des points x_ν de même indice ν, tandis qu'il est possible que pour tous les autres indices ν, ou au moins pour un certain nombre de ces indices, on ait $x_\nu = a_\nu$. Ainsi, pour $n = 3$, les points envisagés x_1, x_2, x_3 peuvent être situés sur une même droite passant par le point a et parallèle à deux des plans de coordonnées, ou encore dans un même plan contenant le point a et parallèle à un des trois plans de coordonnées.

Un domaine qui n'est pas borné a toujours comme point d'accumulation le point ∞ et il peut arriver qu'il n'ait pas d'autre point d'accumulation [cf. n° **4** et *S. Pincherle,* Giorn. mat. (1) 18 (1880), p. 235]. On remarquera que dire que „le point ∞ est un point d'accumulation des points x" veut simplement dire que „au moins pour un indice ν, les nombres positifs $|x_\nu|$ admettent le point $+\infty$ comme point d'accumulation, les x_ν, pour toute autre valeur donnée à l'indice ν, n'étant d'ailleurs soumis à aucune condition particulière".

288) *C. Jordan* [Cours d'Analyse[61]) 1, p. 19] appelle *ensembles parfaits* les *domaines clos* du texte. *G. Cantor,* au contraire, dit qu'un ensemble est *parfait* lorsqu'il est, non seulement clos, mais dense en soi (in sich dicht), en sorte qu'un ensemble parfait au sens de *G. Cantor* est identique avec son ensemble dérivé (c'est-à-dire avec l'ensemble de ses points d'accumulation).

E. Borel [Leçons sur la théorie des fonctions, Paris 1898, p. 36] appelle „ensembles parfaits" ou „absolument parfaits" les ensembles parfaits de *G. Cantor*

Lorsque les valeurs absolues $|x_\nu|$ des coordonnées x_ν des points d'un domaine (x) sont toutes inférieures à un même nombre fini et déterminé on dit que le domaine (x) est *borné*[289]).

Un domaine (x) qui ne renferme pas tous les points x d'un monde n^{aire} est un domaine *restreint* dans ce monde n^{aire}. Le domaine (x') formé par tous les points du monde n^{aire} non contenus dans le domaine (x) s'appelle le domaine *complémentaire* de (x) dans le monde n^{aire}.

Si (x) et (x') sont deux domaines complémentaires, tous les points x dont les environs $(x; \varrho)$ contiennent, quel que soit ϱ, au moins *un* point de (x')[290]) et tous les points x' dont les environs $(x'; \varrho)$ contiennent, quel que soit ϱ, au moins *un* point de (x), forment la *frontière commune*[291]) des deux domaines (x) et (x'). Chacun de ces points est un *point frontière* de (x) et (x'). Tout domaine restreint a des *points frontières*[292]).

Si un domaine restreint (x) contient d'autres points que des points frontières[293]) de ce domaine, il contient des points x ayant, dans le monde n^{aire}, des environs $(x; \varrho)$ dont tous les points font partie du domaine (x); ces points x sont les *points intérieurs* du domaine (x).

Les points intérieurs du domaine (x') complémentaire d'un domaine (x) sont les *points extérieurs* du domaine (x).

Dans le monde n^{aire} imaginons un domaine (x). On dira que (x) est d'*un seul tenant*[294]) lorsque, quelque petit que soit fixé $\varepsilon > 0$, on peut intercaler entre deux points quelconques $x^{(0)}$, X de (x) un nombre

---

et „relativement parfaits" les ensembles parfaits de *C. Jordan*, c'est-à-dire les *domaines clos* du texte.

Au lieu de „domaine clos" *Ch. Riquier* [Ann. Ec. Norm. (3) 7 (1890), p. 266] dit „portion d'espace complète".

289) *C. Jordan* [Cours d'Analyse[61]) 1, p. 23] dit „ensemble borné"; *Ch. Riquier* [Ann. Ec. Norm. (3) 7 (1890), p. 266] dit „portion d'espace limitée" (à n dimensions).

290) Ces environs contiennent alors toujours une infinité de points x'.

291) Un point d'accumulation de (x) n'est point frontière que quand il n'est pas point intérieur de (x).

Tout point isolé de (x) est point frontière sans être point d'accumulation de (x).

292) Pour la démonstration, voir *C. Jordan*, Cours d'Analyse[61]) 1, p. 20.

293) Un domaine formé par l'ensemble de tous les points à coordonnées rationnelles, dans un espace à n dimensions, admet comme *points frontières* tous les points de cet espace, en sorte que ce domaine n'a ni point intérieur, ni point extérieur. *C. Jordan* [Cours d'Analyse[61]) 1, p. 22] réserve le nom de *domaine* aux ensembles qu'il appelle[288]) parfaits et qui admettent des points intérieurs.

294) *C. Jordan*, Cours d'Analyse[61]) 1, p. 25.

**P. Tannery* [Revue philos. 20 (1885), p. 402] l'avait appelé „bien enchaîné".*

fini de points $x^{(1)}, x^{(2)}, \ldots, x^{(m-1)}, x^{(m)} = X$, tel que pour $\mu = 0, 1, 2, \ldots, m-1$, les distances $|\overline{x^{(\mu)}x^{(\mu+1)}}|$, ou les écarts $|x^{(\mu)}, x^{(\mu+1)}|$, soient chacun plus petit que ε.

Un domaine (x) clos et d'un seul tenant est dit *continu*[295]). Lorsqu'un domaine (x) est continu on dit aussi que les variables $x_1, x_2, \ldots, x_n$ dont il dépend sont des *variables continues* dans ce domaine.

Les domaines continus d'un monde n^{aire} comprennent tous les domaines continus imaginables d'une, de deux, ..., de $n-1$ et de n dimensions, ainsi que toutes les juxtapositions possibles de ces domaines en nombre quelconque, la juxtaposition pouvant d'ailleurs n'avoir lieu qu'en un nombre limité de points du monde n^{aire}[296]).

Dans tout monde n^{aire} on peut, en particulier, rencontrer des domaines continus ne contenant aucun point intérieur[297]).

Dans la théorie des fonctions de n variables réelles[298]) ($n \geqq 2$), on n'envisage généralement sous le nom de „domaine continu" dans

---

295) *G. Cantor* [Math. Ann. 21 (1883), p. 576] appelle „*continuum*" un domaine „parfait et d'un seul tenant". Comme un domaine clos et d'un seul enant ne peut être que parfait au sens de *G. Cantor*[288]), le „continuum" de *G. Cantor* est identique au *domaine continu* du texte.

La définition du „continuum" donnée par *B. Bolzano* [Paradoxien des Unendlichen, publ. par *F. Přihonsky*, Leipzig 1851; réimpr. Berlin 1889, p. 72 (§ 38)] et adoptée par *S. Pincherle* [Giorn. mat. (1) 18 (1880), p. 236] convient aussi à certains domaines imparfaits d'un seul tenant. Elle convient même à des ensembles formés par une infinité de tels domaines séparés les uns des autres, par exemple à l'ensemble des domaines formés par les nombres rationnels x vérifiant pour un entier $\nu = 0, \pm 1, \pm 2, \ldots\ldots$ les deux inégalités

$$2\nu < x < 2\nu + 1.$$

296) Voici quelques exemples de domaines continus dans le monde binaire:

1) un arc de courbe; ou une courbe fermée quelconque;

2) l'ensemble d'un nombre quelconque de lignes ayant chacune au moins un point commun avec une au moins des autres lignes;

3) l'ensemble de deux surfaces circulaires tangentes extérieurement;

4) l'ensemble de deux surfaces circulaires extérieures l'une à l'autre et d'un segment de droite joignant un point de la circonférence du second cercle à un point de la circonférence du premier.

297) Un segment de droite, un arc de cercle, la circonférence d'un cercle sont des domaines continus sans point intérieur dans un monde binaire (ou n^{aire} pour $n > 2$); une figure plane quelconque de dimensions limitées est un domaine continu sans point intérieur dans un monde ternaire (ou n^{aire} pour $n > 3$).

298) Ceci s'applique aussi aux fonctions d'une variable complexe $z = x + iy$, à coefficients complexes, puisque ces fonctions peuvent être mises sous la forme $A + iB$, où A et B sont des fonctions à coefficients réels des deux variables réelles x et y.

un monde n^{aire} qu'une certaine classe H_n de ces domaines continus au sens de *G. Cantor*. Ces domaines continus $H_n (n \geq 2)$ qu'on pourrait, pour les distinguer des autres, désigner sous le nom de *domaines continus homogènes* du monde n^{aire} sont ceux des domaines continus au sens de *G. Cantor* qui ont, non seulement des points *intérieurs*[299]) (et dont les environs de chaque point-frontière contiennent des points intérieurs quelque petits que soient fixés ces environs), mais qui sont en outre tels que, si l'on fixe deux points quelconques x_0 et X à leur intérieur, on puisse intercaler entre ces deux points un nombre fini de points *intérieurs* $x_1, x_2, \ldots, x_m$ tels que pour $\mu = 1, 2, \ldots, m$ le point x_μ soit situé dans les environs de $x_{\mu-1}$ faisant partie de H_n et que le point X soit situé dans des environs de x_m faisant partie de H_n[300]). On exprime cette dernière propriété en disant que le domaine H_n est *connexe*[301]).

299) L'existence de chaque point *intérieur* d'un domaine continu entraîne celle d'environs de ce point qui tous sont points *intérieurs* de ce même domaine continu. Il en résulte (cf. note 286) que, dans un monde binaire, à chaque point intérieur d'un domaine continu correspond une surface plane circulaire ou carrée dont tous les points sont des points *intérieurs* de ce domaine continu; et que, dans un monde n^{aire} $(n \geq 3)$, à chaque point intérieur d'un domaine continu correspond une sphère à n dimensions, ou un cube à n dimensions, dont tous les points sont des points intérieurs de ce domaine continu. Ces surfaces planes circulaires ou carrées dans le monde binaire, ces sphères ou cubes à n dimensions dans le monde n^{aire} $(n \geq 3)$ constituent manifestement les types les plus simples de domaines continus homogènes H_2 ou H_n.

300) D'après ce qu'on vient de dire (note 299), on peut donc tendre vers tout domaine continu homogène H_2 par un système de carrés se juxtaposant les uns aux autres et dont tous les points sont points intérieurs de H_2. Et de même on peut tendre vers tout domaine continu homogène H_n $(n \geq 3)$ par un système de cubes à n dimensions.

Pour $n = 2$, *K. Weierstrass* [Monatsb. Akad. Berlin 1880, p. 721; Funktionenlehre[58]), p. 71; Werke 2, p. 203] appelle „*continuum*" une partie de surface d'un seul tenant limitée par des lignes ou des points; sa définition du „*continuum*" quel que soit n [Einige auf die Theorie der analytischen Funktionen mehrerer Veränderlichen sich beziehende Sätze, autographié (s. d.) [1879], p. 20; Funktionenlehre[58]), p. 129; Werke 2, p. 155] est analogue. Voir aussi *E. Phragmén*, Acta math. 7 (1885/6), p. 43.

Souvent aussi on ne comprend pas les points-frontières d'un domaine continu parmi ceux du *continuum* [*G. Mittag-Leffler*, Acta math. 4 (1884), p. 2; *A. Hurwitz*, Verh. des ersten intern. Math.-Kongr. Zürich 1897, publ. par *F. Rudio*, Leipzig 1898, p. 94]. Il vaudrait peut-être mieux dire ici „domaine semi-continu" (semicontinuum), d'après *G. Cantor*, Math. Ann. 21 (1883), p. 590.

La définition que *H. Burkhardt* [Einführung in die Theorie der analytischen Functionen einer complexen Veränderlichen, Leipzig 1897, p. 75, V et XI] a donnée d'un domaine continu homogène binaire est trop générale puisqu'elle

E. Phragmén[302]) a démontré que, si H_2 (domaine continu homogène binaire dans un monde binaire) a des points *extérieurs*, la frontière de H_2 contient nécessairement au moins un domaine clos d'un seul tenant C n'ayant aucun point intérieur.

Si H_2 est *borné*, on peut toujours construire un domaine binaire A de forme annulaire, composé de carrés aussi petits que l'on veut, tel que C soit tout entier compris dans A et qu'à l'intérieur de chacun des carrés envisagés se trouve une partie de C.

Réciproquement, dans un monde binaire, un domaine C, ainsi défini, partage le monde binaire en domaines continus dont l'un au moins est borné. Cette réciproque qui joue un rôle fondamental (en particulier dans la théorie des fonctions d'une variable complexe) a été démontrée, dans un sens plus général encore, par *C. Jordan*[303]).

C. Jordan suppose le théorème vrai lorsque le contour simple C est un polygone et cette hypothèse est conforme à notre intuition. Dans sa démonstration la notion de courbe est d'autre part extrêmement générale: le contour simple C est représenté[304]) par deux équations[305])

$$x_1 = \varphi_1(t), \quad x_2 = \varphi_2(t),$$

---

convient aussi à l'ensemble de plusieurs parties de surfaces qui ne seraient reliées que par des lignes ou n'auraient en commun que des points isolés. Dans la seconde édition de ce même ouvrage, Leipzig 1903, la définition de *H. Burkhardt* est d'ailleurs modifiée de façon à ne plus donner prise à aucune critique (cf. p. 79, 80, IX, XII, XIII); voir aussi (3e éd.) Leipzig 1908, p. 88, 89, IX, XIII.

301) Parmi les domaines d'un seul tenant, *B. Riemann* n'a jamais envisagé que les domaines connexes („zusammenhängend") [Werke (2e éd.), p. 9, 27; trad. *L. Laugel* p. 9, 32]. Un domaine qui n'est pas connexe est *„morcelé"*.

Les domaines „connexes" de *H. Burkhardt* [Analyt. Funct.[300]) (1re éd.), p. 75, IX] sont les domaines continus du texte: ils sont clos et d'un seul tenant.

302) Acta math. 7 (1885/6), p. 44. *E. Phragmén* a ensuite (p. 48) formulé un théorème analogue pour H_n quel que soit n.

303) *C. Jordan*, Cours d'Analyse[61]) 1, p. 90. Voir l'objection à cette démonstration faite par *A. Schoenflies* [Math. Ann. 62 (1906), p. 287].

On regardait autrefois cette proposition comme résultant immédiatement de notre intuition spatiale. Si au lieu de définir *analytiquement* le contour simple C on le définit *géométriquement*, comme l'a fait *E. Phragmén*, on se trouve supposer implicitement une partie essentielle de la proposition que l'on veut démontrer.

304) *A. Hurwitz* [Math.-Kongr. Zürich[300]), p. 102] a formulé la définition des contours simples, et plus généralement des courbes continues dans un monde binaire, sous une forme plus géométrique qui est indépendante de la représentation de x_1 et x_2 au moyen d'un même paramètre t.

305) Contrairement à ce qui a lieu pour les contours simples, les courbes continues quelconques, définies analytiquement, peuvent aussi comprendre des domaines homogènes continus binaires dont les points seraient rangés dans un

où, dans un intervalle (t_0, T), φ_1 et φ_2 désignent des fonctions continues de t telles que les deux équations

$$\varphi_1(t') = \varphi_1(t''), \quad \varphi_2(t') = \varphi_2(t'')$$

n'admettent, dans cet intervalle, que l'unique solution

$$t' = t_0, \quad t'' = T.$$

On doit à *A. Schoenflies*[306]) une démonstration élémentaire du théorème de *C. Jordan*, dans le cas particulier où $\varphi_1(t)$ et $\varphi_2(t)$ admettent des dérivées continues et monotones par sections. D'autres démonstrations de ce même théorème ont été données par *Ch. J. de la Vallée Poussin*[307]), *G. A. Bliss*[308]), *O. Veblen*[309]) et *L. D. Ames*[310]).

---

ordre déterminé. On sait, en effet [cf. *G. Peano*, Math. Ann. 36 (1890), p. 157; *D. Hilbert*, Math. Ann. 38 (1891), p. 459] que l'on peut faire correspondre parfaitement et d'une façon continue les points d'un segment de droite et ceux d'un carré.

La définition analytique d'une courbe continue due à *C. Jordan* est cependant à certains égards moins générale que celle qui consiste à définir une courbe continue comme un domaine continu (au sens de *G. Cantor*) sans point intérieur (cf. note 78) comme on l'a fait dans le texte et comme l'a fait de son côté *H. Burkhardt* [Analyt. Funct.[300]), (1re éd.) p. 75]. Dans la seconde édition de cet ouvrage (p. 80, XIV), *H. Burkhardt* désigne sous le nom de „*chemins*" (*Wege*) celles de ces courbes qui satisfont à la fois aux deux définitions (celle de *C. Jordan* et celle de *G. Cantor*). *A. Schoenflies* [Nachr. Ges. Gött. 1907, p. 28 et suiv.] cherche à caractériser la notion la plus générale que nous puissions concevoir d'une courbe continue plane.

306) Nachr. Ges. Gött. 1896, p. 79. *A. Schoenflies* [Nachr. Ges. Gött. 1902, p. 185] a montré que l'on peut aussi démontrer le théorème réciproque que voici: si un ensemble parfait de points P partage un plan en deux domaines continus séparés, l'ensemble des points P peut être représenté par deux relations de la forme

$$x = \varphi(t), \quad y = \psi(t).$$

307) Cours d'Analyse infinitésimale 1, Paris 1903, p. 307/11. La démonstration, qui n'est d'ailleurs qu'indiquée, a un caractère essentiellement géométrique.

308) Bull. Amer. math. Soc. 10 (1903/4), p. 398; cette démonstration à un caractère essentiellement arithmétique et la notion de courbe prend, dans cette démonstration, un caractère un peu plus général encore que dans celle de *A. Schoenflies.*

309) Trans. Amer. math. Soc. 6 (1905), p. 83. Cette démonstration, qui repose sur un certain nombre de postulats géométriques, a un caractère essentiellement géométrique et n'est pas probante. *H. Hahn* [Monatsh. Math. Phys. 19 1908), p. 289] l'a complétée.

310) Amer. J. math. 27 (1905), p. 343. Voir déjà un aperçu se rapportant au même object [Bull. Amer. math. Soc. 10 (1903/4), p. 301]. La démonstration a un caractère nettement arithmétique; aucun des postulats sur lesquels elle repose n'a rien à voir avec l'intuition spatiale. La notion de courbe dont on fait usage est un peu moins générale que celle adoptée par *C. Jordan, Ch. de la*

22. Fonctions univoques de n variables. Fonctions continues. On dit qu'une variable (réelle) z est une fonction *univoque* (réelle) de n variables (réelles) $x_1, x_2, \ldots, x_n$ dans un domaine (x), lorsqu'à chaque point x de ce domaine, de coordonnées $x_1, x_2, \ldots, x_n$, correspond une valeur de z pouvant être obtenue au moyen de $x_1, x_2, \ldots, x_n$ par un procédé de calcul, d'ailleurs quelconque[311]. On indique cette dépendance en écrivant

$$z = f(x_1, x_2, \ldots, x_n).$$

Comme on peut établir une correspondance parfaite [I 7, 2 note 3] entre tout monde n^{aire} et l'intervalle primaire (0, 1), on peut envisager chaque fonction z de n variables comme une fonction d'une seule variable y dans cet intervalle[312]; toutefois comme, dans cet intervalle, l'image du monde n^{aire} se présente d'une façon discontinue, il est indispensable de démontrer à nouveau quelques-unes des propositions fondamentales concernant les fonctions de plusieurs variables, entre autre le théorème de *K. Weierstrass*[313] sur les bornes supérieure et inférieure (p. 24); ce n'est qu'après avoir démontré à nouveau ces théorèmes qu'on peut étudier la façon dont se comporte la fonction z aux *environs* $(a;\, \varrho)$ d'un point donné a.

Une fonction

$$z = f(x_1, x_2, \ldots, x_n)$$

de n variables $x_1, x_2, \ldots, x_n$ qui varient d'une façon continue dans un domaine (x) est dite *continue*[314] au point a de coordonnées $a_1, a_2, \ldots, a_n$ de ce domaine, lorsqu'à chaque nombre positif ε, fixé arbitrairement, correspond un nombre positif ϱ tel que l'on ait

$$|f(x_1, x_2, \ldots, x_n) - f(a_1, a_2, \ldots, a_n)| < \varepsilon$$

pour tous les points x des environs $(a;\, \varrho)$ appartenant au domaine (x)[315].

Vallée Poussin ou *O. Veblen*; elle est toutefois plus générale que celle qui figure dans les démonstrations de *A. Schoenflies* ou de *G. A. Bliss*.

L. D. Ames [Amer. J. math. 27 (1905), p. 365] étend aussi sa démonstration à l'espace à trois dimensions.

W. Osgood [Funktionentheorie 1, Leipzig 1907, p. 130 et suiv.] a exposé en détail le mécanisme de la démonstration de *L. D. Ames*, dans le cas d'un monde binaire.

311) On peut, avec *L. Euler* [Introd.[21]) 1, p. 60/9; trad. *J. B. Labey* 1, p. 59/68], reprendre pour les fonctions de plusieurs variables les définitions données et la classification adoptée pour les fonctions d'une variable.

312) *O. Stolz*, Allg. Arith.[63]) 1, p. 197; *E. Borel*, Leçons[288]), Paris 1898, p. 123.

313) *A. Genocchi*, Calcolo diff.[162]), p. 130 (n° 100, théorème 5).

314) *S. Pincherle*, Giorn. mat. (1) 18 (1880), p. 246/7; *H. A. Schwarz*, J. reine angew. Math. 74 (1872), p. 220/1; Math. Abh.[131]) 2, p. 177/8.

315) Cette définition embrasse le cas où a serait point frontière de (x).

On remarquera qu'il ne suffit pas que chacune des n fonctions

$$f(x_1, a_2, \ldots, a_n),\ f(a_1, x_2, \ldots, a_n),\ \ldots,\ f(a_1, a_2, \ldots, x_n)$$

soit une fonction continue de celle des n variables $x_1, x_2, \ldots, x_n$ dont elle dépend[316]); il ne suffit même pas, comme le croyait *A. L. Cauchy*[317]) que la fonction $f(x_1, x_2, \ldots, x_n)$ soit, au point $x_1 = a_1$, une fonction continue[318]) de x_1 pour *tous* les $x_2, x_3, \ldots, x_n$ situés respec-

316) Pour $n = 2$ cette condition reviendrait à admettre que la fonction $f(x_1, x_2)$ est continue au point a de coordonnées a_1, a_2 suivant les deux directions parallèles aux axes coordonnées. C'est le cas, par exemple, pour la fonction $f(x_1, x_2)$ définie par la condition $f(0, 0) = 0$ et en tout autre point distinct de l'origine par la relation

$$f(x_1, x_2) = \frac{x_1 x_2}{x_1^2 + x_2^2};$$

chacune des deux expressions $f(x_1, 0)$ et $f(0, x_2)$ est une fonction continue d'une variable, puisque chacune de ces deux expressions est nulle quelle que soit la valeur donnée à la variable qui y figure, et cependant la fonction $f(x_1, x_2)$ des deux variables x_1, x_2 est discontinue à l'origine des coordonnées.

J. Thomae [Abriss[123]), (2e éd.) p. 15] est peut-être le premier qui ait remarqué qu'une fonction de deux variables $f(x_1, x_2)$ peut être discontinue en un point a même quand elle est continue lorsqu'on l'envisage comme fonction d'une quelconque des variables correspondant aux diverses directions passant par ce point dans le plan des x_1, x_2. La fonction $f(x_1, x_2)$ par ex. définie par la condition $f(0, 0) = 0$ et, pour tout point (x_1, x_2) autre que l'origine $x_1 = x_2 = 0$, par la formule

$$f(x_1, x_2) = \frac{x_1 x_2^2}{x_1^2 + x_2^4}$$

citée par *A. Genocchi* [Calcolo diff.[162]), p. 174], est discontinue à l'origine $x_1 = x_2 = 0$ quoique les fonctions $f(x_1, cx_1)$ et $f(cx_2, x_2)$ soient continues, la première en $x_1 = 0$, la seconde en $x_2 = 0$ *quel que soit c*. *R. Baire* [Ann. mat. pura appl. (3) 3 (1899), p. 88, 95] a étudié de plus près (voir l'article II 2) les discontinuités que peut présenter une fonction de deux ou de trois variables continues par rapport à chacune de ces variables. Voir aussi *E. J. Townsend* Diss.[221]), p. 17/56.

Par contre la *continuité uniforme* pour toutes les directions passant par a est une condition suffisante pour la continuité de $f(x_1, x_2)$ en a, comme l'a montré *C. Arzelà* [Rendic. Accad. Bologna (1) 18 (1882/3), p. 142]. Voir aussi la note 318.

317) *A. L. Cauchy*, Analyse alg.[105]), p. 37; Œuvres (2) 3, p. 46.

C'est *H. E. Heine* [J. reine angew. Math. 71 (1870), p. 361] qui a, le premier, mis ce fait en évidence. Voir à ce sujet les exemples donnés note 316.

318) Il *faut* encore que cette continuité soit *uniforme*. Il faut donc que $f(x_1, x_2, \ldots, x_n)$ soit, au point $x_1 = a_1$, une fonction *uniformément continue* de x_1 pour *tous* les $x_2, x_3, \ldots, x_n$ situés respectivement aux environs des points $a_2, a_3, \ldots, a_n$ et que les choses se passent d'une façon analogue pour $x_2 = a_2$, pour $x_3 = a_3$, ..., enfin pour $x_n = a_n$.

Dans certains cas, il peut être avantageux [cf. *A. Harnack*, Die Elemente der Differential- und Integral-Rechnung, Leipzig 1881, p. 19; *C. Arzelà*, Rendic.

tivement aux environs des points $a_2, a_3, \ldots, a_n$ et que les choses se passent d'une façon analogue pour $x_2 = a_2$, pour $x_3 = a_3, \ldots$, enfin pour $x_n = a_n$.

Lorsqu'une fonction

$$z = f(x_1, x_2, \ldots, x_n)$$

est continue en chaque point a situé soit à l'intérieur soit à la frontière d'un domaine (x), on démontre que à tout ε positif, fixé aussi petit que l'on veut, on peut faire correspondre un nombre positif δ, le *même* dans tout le domaine (x), tel que si a et b sont deux points quelconques de (x) dont la distance, ou l'écart, est inférieure à δ, on ait

$$|f(a_1, a_2, \ldots, a_n) - f(b_1, b_2, \ldots, b_n)| < \varepsilon.$$

C'est ce que l'on exprime en disant qu'on démontre que z est uniformément continue dans le domaine (x). C'est le même théorème que celui déjà énoncé (n° **9**) dans le cas où $n = 1$; on l'énonce souvent en disant que, dans tout monde n^{aire}, la *continuité ponctuelle* entraîne la *continuité* (uniforme) *en étendue*[319]).

Lorsqu'une fonction $z = f(x_1, x_2, \ldots, x_n)$ est uniformément continue dans un domaine (x), elle admet dans ce domaine un maximé fini et un minimé fini[320]). De plus, si a et b sont deux points quelconques de ce domaine et si z_1 et z_2 sont les valeurs de la fonction z en ces deux points, z prend chaque valeur comprise entre z_1 et z_2 sur chacune[321]) des courbes continues

$$x_1 = \varphi_1(t),\ x_2 = \varphi_2(t),\ \ldots,\ x_n = \varphi_n(t)$$

joignant dans le domaine (x) les deux points a et b.

Accad. Bologna (1) 18 (1882/3), p. 142] de prendre pour définition de la continuité d'une fonction de plusieurs variables, au lieu de celle donnée dans le texte, celle de *A. L. Cauchy,* en y remplaçant le mot „continue" par l'expression „uniformément continue", ce qui suffit pour la rendre exacte. La continuité d'une fonction $f(x_1, x_2, \ldots, x_n)$ dans l'expression de laquelle figurent seulement des fonctions $\varphi_1(x_1), \varphi_2(x_2), \ldots, \varphi_n(x_n)$ dépendant chacune d'une seule variable, résulte alors immédiatement de la notion de continuité uniforme de ces n fonctions, chacune continue par rapport à la variable dont elle dépend.

319) Cf. p. 37; voir aussi la note 113. Pour la démonstration, voir *C. Jordan* [Cours d'Analyse[61]) 1, p. 49], *Ch. Riquier* [Ann. Ec. Norm. (3) 7 (1890), p. 272], et *G. Peano* dans *A. Genocchi,* Calcolo diff.[162]), p. 131 (théorème 7).

320) Le théorème analogue pour $n = 1$ est le théorème (α) de la p. 38. La démonstration pour $n = 2$ est due à *G. Darboux* [Bull. sc. math. (1) 3 (1872), p. 307]. Pour n quelconque, voir *Ch. Riquier* [Ann. Ec. Norm. (3) 7 (1890), p. 282] et *G. Peano,* dans *A. Genocchi,* Calcolo diff.[162]), p. 131 (théorème 6).

321) *G. Darboux,* Bull. sc. math. (1) 3 (1872), p. 309. Généralisation par *C. Jordan,* Cours d'Analyse[61]) 1, p. 51/3.

Cf. n° 9 théorème β. Les théorèmes γ et δ s'étendent immédiatement à un nombre quelconque de variables.

Des considérations d'ordre géométrique ont permis à *G. Ascoli*[322]) d'indiquer nettement la façon dont sont distribués les maximés et les minimés, et celle dont varient en général les fonctions

$$z = f(x_1, x_2)$$

de deux variables (réelles) x_1, x_2 qui, quand on suppose $x_2 = 0$, croissent ou décroissent d'une façon monotone avec x_1 et qui, quand on suppose $x_1 = 0$, croissent ou décroissent d'une façon monotone avec x_2.

On n'a encore que peu étudié les fonctions discontinues de n variables. *R. Baire*[323]) a toutefois étendu à un nombre quelconque de variables ses recherches (n° **19**) concernant les propriétés et les modes de représentation des fonctions ponctuellement discontinues. *E. B. van Vleck*[324]) a simplifié quelques unes de ses démonstrations.

C. Arzelà[325]) a étendu aux fonctions de deux variables la notion de fonctions à variation bornée (cf. n° **19**).

23. Passages à la limite simultanés et passages à la limite successifs. Supposons que, dans un domaine (x) d'un monde n^{aire}, les variables $x_1, x_2, \ldots, x_n$ admettent respectivement les points d'accumulation $a_1, a_2, \ldots, a_n$. Supposons, en outre, que à chaque nombre positif ε, fixé aussi petit que l'on veut, on puisse faire correspondre un nombre positif ϱ tel que, en chacun des points x du domaine (x) situé aux environs $(a; \varrho)$ du point a de coordonnées $a_1, a_2, \ldots, a_n$, (le point a lui-même étant exclu) l'inégalité

$$(1) \qquad |f(x_1, x_2, \ldots, x_n) - c| < \varepsilon,$$

dans laquelle $x_1, x_2, \ldots, x_n$ sont les coordonnées du point x et c un nombre fini déterminé, soit vérifiée. Ce fait s'exprime en disant que la fonction

$$z = f(x_1, x_2, \ldots, x_n)$$

admet c comme limite, quand les variables $x_1, x_2, \ldots, x_n$ tendent simultanément, mais indépendamment l'une de l'autre, vers leurs points d'accumulation respectifs $a_1, a_2, \ldots, a_n$. Quand il en est ainsi on écrit[326])

$$\lim_{x_1 = a_1,\, x_2 = a_2,\, \ldots,\, x_n = a_n} f(x_1, x_2, \ldots, x_n) = c.$$

---

322) Reale Ist. Lomb. *Rendic.* (2) 22 (1889), p. 317/35, 438/48, 686/726; réimprimé: Ann. mat. pura appl. (2) 19 (1891/2), p. 289; (2) 20 (1892/3), p. 41.

323) Ann. mat. pura appl. (3) 3 (1899), p. 49 et suiv. et p. 108.

324) Trans. Amer. math. Soc. 8 (1907), p. 189.

325) Rendic. Accad. Bologna (2) 9 (1904/5), p. 100; (2) 11 (1906/7), p. 28.

326) Il résulte de là que quand $f(a_1, a_2, \ldots, a_n)$ est un nombre fini déter-

La condition nécessaire et suffisante pour qu'une fonction $f(x_1, x_2, \ldots, x_n)$ admette une limite c peut être formulée de la façon suivante[327]): à chaque nombre $\varepsilon > 0$ correspond un nombre $\delta > 0$ tel que l'on ait

$$|f(x_1', x_2', \ldots, x_n') - f(x_1'', x_2'', \ldots, x_n'')| < \varepsilon$$

pour tout système de nombres $x_1', x_2', \ldots, x_n'$ et tout système de nombres $x_1'', x_2'', \ldots, x_n''$ choisis de façon que les inégalités

$$0 \leqq |x_\nu' - a_\nu| < \delta \qquad (\nu = 1, 2, \ldots, n),$$
$$0 \leqq |x_\nu'' - a_\nu| < \delta \qquad (\nu = 1, 2, \ldots, n)$$

soient vérifiées et qu'en outre *un au moins* des n nombres $|x_\nu' - a_\nu|$ et *un au moins* des n nombres $|x_\nu'' - a_\nu|$ soit différent de zéro, en sorte que le point analytique

$$(a_1, a_2, \ldots, a_n)$$

soit exclu.

De même, quand à chaque nombre positif A, fixé aussi grand que l'on veut, on peut faire correspondre un nombre positif ϱ tel qu'aux environs $(a; \varrho)$ du point a, il se trouve des points x du domaine (x) pour lesquels la fonction $f(x_1, x_2, \ldots, x_n)$ a une valeur bien définie et que, pour chacun de ces points, l'inégalité

$$f(x_1, x_2, \ldots, x_n) > A \tag{2}$$

ou l'inégalité

$$f(x_1, x_2, \ldots, x_n) < -A \tag{3}$$

soit vérifiée, on dit que la fonction

$$z = f(x_1, x_2, \ldots, x_n)$$

admet, au point a, *comme limite* $+\infty$ dans le cas de l'inégalité (2),

---

miné et que l'on a

$$\lim_{x_1 = a_1,\, x_2 = a_2,\, \ldots,\, x_n = a_n} f(x_1, x_2, \ldots, x_n) = f(a_1, a_2, \ldots, a_n),$$

la fonction $f(x_1, x_2, \ldots, x_n)$ est nécessairement *continue* au point a de coordonnées $a_1, a_2, \ldots, a_n$.

Cette propriété peut d'ailleurs, si l'on veut, fort bien servir de *définition de la continuité* d'une fonction de n variables. On ne voit donc pas bien ce à quoi *G. Darboux* fait allusion [Bull. sc. math. (1) 3 (1872), p. 309] quand il dit que cette définition de la continuité est *comprise* dans celle donnée dans le texte au n° **22** sans lui être entièrement équivalente.

327) C'est l'application au cas actuel du „principe général de convergence" [voir la note 87 et l'article I 3, **16**].

Pour la démonstration du théorème énoncé dans le texte, voir par ex. *G. Peano*, dans *A. Genocchi*, Calcolo diff.[162]), p. 130 (théorème 2); *O. Stolz* et *J. A. Gmeiner*, Funktionenth.[113]), p. 89.

$-\infty$ dans le cas de l'inégalité (3), et l'on écrit suivant les cas

$$\lim_{x_1=a_1,\, x_2=a_2,\, \ldots,\, x_n=a_n} f(x_1, x_2, \ldots, x_n) = +\infty$$

ou

$$\lim_{x_1=a_1,\, x_2=a_2,\, \ldots,\, x_n=a_n} f(x_1, x_2, \ldots, x_n) = -\infty.$$

Lorsque le domaine envisagé (x) est continu et que le point a est situé à l'intérieur ou sur la frontière de ce domaine, on dit que *le passage à la limite est continu.*

Envisageons plus généralement l'ensemble des valeurs que prend une fonction *quelconque*

$$z = f(x_1, x_2, \ldots, x_n)$$

de n variables, aux divers points x d'un domaine (x) qui sont situés aux environs $(a; \varrho)$ d'un point déterminé a (la valeur que prend z en a étant *exclue*). Cet ensemble admet une borne inférieure z_ϱ et une borne supérieure Z_ϱ (chacune de ces bornes pouvant d'ailleurs être *finie* ou $+\infty$ ou $-\infty$). Les deux bornes z_ϱ et Z_ϱ dépendent en général de ϱ; quand on fait diminuer ϱ, le nombre z_ϱ ne peut diminuer, le nombre Z_ϱ ne peut augmenter, en sorte que, quand ϱ tend vers zéro, on a nécessairement, en désignant par chacun des symboles $\underline{C}$ et $\overline{C}$ soit un nombre fini, soit $+\infty$, soit $-\infty$,

$$\lim_{\varrho=0} z_\varrho = \underline{C}, \qquad \lim_{\varrho=0} Z_\varrho = \overline{C}.$$

On appelle $\underline{C}$ la *limite d'indétermination inférieure* et $\overline{C}$ la *limite d'indétermination supérieure*[328]) de la fonction z au point a et l'on écrit

$$\underline{\lim}_{x_1=a_1,\, x_2=a_2,\, \ldots,\, x_n=a_n} f(x_1, x_2, \ldots, x_n) = \underline{C},$$

$$\overline{\lim}_{x_1=a_1,\, x_2=a_2,\, \ldots,\, x_n=a_n} f(x_1, x_2, \ldots, x_n) = \overline{C}.$$

Le cas particulier où z *admet en a une limite* (finie ou $+\infty$ ou $-\infty$) est caractérisé par l'égalité

$$\underline{C} = \overline{C}$$

des deux limites d'indétermination de z en a[329]). Tout ce qui a été

328) Dans la théorie des intégrales multiples cette extension de la notion de *limite d'indétermination* aux fonctions de plusieurs variables joue un rôle capital [voir l'article II 2].

On peut aussi définir $\underline{C}$ et $\overline{C}$ comme les bornes supérieure et inférieure des ensembles z_ϱ, Z_ϱ obtenus en faisant décroître ϱ jusqu'à zéro exclusivement (cf. n° 7, note 88).

329) On définit d'une façon toute semblable les limites et les limites d'indétermination pour

$$\lim x_\nu = a_\nu + 0$$

dit à ce sujet au n° 7 pour les fonctions d'une variable s'étend immédiatement aux fonctions d'un nombre quelconque de variables.

Il y a parfois lieu d'envisager, outre ces passages à la limite simultanés qui ont un caractère tout à fait général, des passages à la limite simultanés de caractère moins général dans lesquels certaines des variables $x_1, x_2, \ldots, x_n$ sont fonctions des autres, ou encore dans lesquels les n variables sont fonctions d'un nombre moindre de paramètres.

Souvent aussi on envisage des passages à la limite *successifs*; comme on va le voir en les comparant aux passages à la limite *simultanés*, ils ont un caractère essentiellement distinct des précédents.

Pour comparer entre eux les divers modes de passage à la limite, on peut, sans restriction aucune, supposer que le point a est à l'origine des coordonnées; une substitution linéaire convenablement choisie permet, en effet, de ramener toujours à ce cas le cas général.

Pour $n = 2$ tout passage à la limite rentre alors dans l'un des types

(A) $$\lim_{x_1=0,\ x_2=0} f(x_1, x_2);$$

(B) $$\begin{cases} \lim\limits_{x_1=0} f[x_1, \varphi(x_1)], & \text{où } \lim\limits_{x_1=0} \varphi(x_1) = 0, \\ \lim\limits_{x_2=0} f[\varphi(x_2), x_2], & \text{où } \lim\limits_{x_2=0} \varphi(x_2) = 0, \\ \lim\limits_{t=0} f[\varphi_1(t), \varphi_2(t)], & \text{où } \lim\limits_{t=0} \varphi_1(t) = \lim\limits_{t=0} \varphi_2(t) = 0; \end{cases}$$

(C) $$\begin{cases} \lim\limits_{x_2=0} [\lim\limits_{x_1=0} f(x_1, x_2)], \\ \lim\limits_{x_1=0} [\lim\limits_{x_2=0} f(x_1, x_2)]; \end{cases}$$

les deux premiers cas du type (B) rentrent d'ailleurs dans le troisième comme cas particuliers.

On démontre les théorèmes suivants:

I. Si une fonction $f(x_1, x_2)$ admet une limite (finie, $+\infty$ ou $-\infty$) du type (A) elle admet aussi chacune des limites du type (B) et chacune de ces limites est égale à la limite du type (A)[330]. On a

---

ou pour
$$\lim x_\nu = +\infty,$$
que ν soit d'ailleurs pris successivement égal à chacun des nombres $1, 2, \ldots, n$, ou seulement à quelques-uns de ces nombres.

330) Quand $z = f(x_1, x_2)$ admet à l'origine des coordonnées une limite déterminée [finie, ou $+\infty$, ou $-\infty$] du type (A), z admet donc aussi cette même limite déterminée lorsqu'on fait tendre, suivant une courbe quelconque, le point x, de coordonnées x_1, x_2, vers l'origine des coordonnées.

alors aussi les quatre relations pour les limites du type (C)[331])

$$\left.\begin{array}{l}\lim\limits_{x_2=0}\,[\overline{\underline{\lim}}_{x_1=0} f(x_1, x_2)]\\ \lim\limits_{x_1=0}\,[\overline{\underline{\lim}}_{x_2=0} f(x_1, x_2)]\end{array}\right\} = \lim_{x_1=0,\ x_2=0} f(x_1, x_2),$$

où, comme on l'a expliqué (I 3, **19** note 224), le symbole $\overline{\underline{\lim}}$ indique que l'égalité a lieu aussi bien pour la limite supérieure que pour la limite inférieure d'indétermination. Les limites supérieure et inférieure d'indétermination

$$\underline{\lim}_{x_1=0} f(x_1, x_2),\quad \overline{\lim}_{x_1=0} f(x_1, x_2)$$

d'une part, et

$$\underline{\lim}_{x_2=0} f(x_1, x_2),\quad \overline{\lim}_{x_2=0} f(x_1, x_2)$$

d'autre part, qui figurent dans ces relations, peuvent d'ailleurs être essentiellement distinctes, car il peut fort bien arriver que, de quelque façon que l'on fixe x_2 différent de zéro, la fonction $f(x_1, x_2)$ n'admette pas de limite pour $x_1 = 0$, et que, de quelque façon que l'on fixe x_1 différent de zéro, la fonction $f(x_1, x_2)$ n'admette pas de limite pour $x_2 = 0$; cependant chacune des quatre limites

$$\lim_{x_2=0}\,[\underline{\lim}_{x_1=0} f(x_1, x_2)],\quad \lim_{x_2=0}\,[\overline{\lim}_{x_1=0} (fx_1, x_2)],$$

$$\lim_{x_1=0}\,[\underline{\lim}_{x_2=0} f(x_1, x_2)],\quad \lim_{x_1=0}\,[\overline{\lim}_{x_2=0} f(x_1, x_2)]$$

fournit alors la même valeur que la limite[332])

$$\lim_{x_1=0\ x_2=0} f(x_1, x_2)$$

quand cette dernière limite existe.

II. Une fonction $f(x_1, x_2)$ qui n'admet pas de limite (finie ou $+\infty$ ou $-\infty$) du type (A) peut fort bien admettre une limite du type (B) pour un nombre aussi grand que l'on veut de fonctions distinctes $\varphi(x)$ [ou $\varphi_1(t)$, $\varphi_2(t)$][333]).

---

331) *A. Pringsheim*, Sitzgsb. Akad. München 27 (1897), p. 105; 28 (1898), p. 63; Math. Ann. 53 (1900), p. 313.

Dans ces mémoires, le théorème n'est, il est vrai, démontré que pour des suites dénombrables de nombres admettant la limite $+\infty$, mais il est aisé d'étendre la même démonstration au cas actuel.

332) Soit, par exemple,

$$f(x_1, x_2) = (x_1 + x_2)\psi(x_1)\psi(x_2),$$

où $\psi(0) = 0$, tandis que $\psi(x)$ est définie pour x différent de zéro par la relation

$$\psi(x) = \sin\frac{1}{x}\cdot$$

333) Voir, entre autres, le second exemple cité dans la note 316.

De ce que pour une seule fonction $\varphi(x)$ [ou $\varphi_1(t)$, $\varphi_2(t)$] la fonction $f(x_1, x_2)$ n'admet pas l'une des limites du type (B) on peut conclure de I qu'elle n'admet pas la limite (A). De ce que pour deux fonctions distinctes $\varphi(x)$ la fonction $f(x_1, x_2)$ admet deux limites distinctes du type (B) on peut aussi conclure de I qu'elle n'admet pas la limite (A). Lorsqu'on se trouve dans ce dernier cas et que le domaine (x) est continu, on dit que l'origine des coordonnées est un *point de continuité plurivoque* de $f(x_1, x_2)$. On doit à *P. du Bois-Reymond* une étude détaillée de ce cas intéressant; sa méthode repose essentiellement sur l'intuition géométrique[334]); après avoir obtenu, par cette méthode, des relations entre les limites des types (B) et (C), il les a formulées, puis établies directement, d'une façon purement analytique[335]).

III. De ce qu'une fonction $f(x_1, x_2)$ n'admet pas l'une des deux limites du type (C), ou de ce que ces deux limites sont inégales[336]), on peut conclure de I que $f(x_1, x_2)$ n'admet pas la limite (A).

De ce que $f(x_1, x_2)$ admet les deux limites du type (C), et de ce que ces deux limites sont égales, on ne peut pas conclure que $f(x_1, x_2)$ admet nécessairement la limite (A) [voir les exemples de la note 316].

C'est en généralisant d'une façon convenable (n° **24**), pour les fonctions de n variables, la notion de convergence *uniforme*, dans un intervalle déterminé, d'une suite de fonctions d'une variable (n° **16**), que l'on est parvenu à caractériser un cas important où l'on est en droit de conclure à l'existence d'une limite du type (A) pour une fonction $f(x_1, x_2)$ chaque fois que cette fonction admet une des deux limites du type (C); dans ce cas, quand $f(x_1, x_2)$ admet l'une des

334) Désignons par C_ε la courbe d'intersection de la surface $z = f(x_1, x_2)$ et d'un cylindre droit indéfini à base circulaire dont l'axe coïncide avec l'axe des z et dont le rayon de base est égal à un nombre positif ε fixé aussi petit que l'on veut et par C'_ε la courbe d'intersection de la surface $z = f(x_1, x_2)$ et du plan $x_1 + x_2 = \varepsilon$. La méthode de *P. du Bois-Reymond* [J. reine angew. Math. 70 (1869), p. 10] consiste à envisager, quand ε tend vers zéro, soit l'image de la courbe C_ε sur un cylindre droit indéfini à base circulaire, ayant pour axe l'axe des z et pour rayon de base l'unité, soit l'image de la courbe C'_ε sur le plan $x_1 + x_2 = 1$. Les limites vers lesquelles tendent ces images de C_ε et de C'_ε *quand ε tend vers zéro* sont dites les *„limitales"* de la fonction $f(x_1, x_2)$ à l'origine des coordonnées.

335) Math. Ann. 11 (1877), p. 145/8; voir aussi J. reine angew. Math. 94 (1883), p. 278.

336) *Exemple:*

$$f(x_1, x_2) = \frac{x_1}{x_1 + x_2}.$$

deux limites du type (C) elle admet aussi l'autre limite du type (C) et ces deux limites sont nécessairement égales entre elles.

24. Convergence uniforme vers une fonction-limite. Si l'on envisage la fonction $F(x)$ de la variable x_1 définie dans l'intervalle $(-X_1, +X_1)$ par l'expression

$$\lim_{x_2=0} f(x_1, x_2) = F(x_1),$$

et si à tout nombre positif ε correspond un nombre positif δ (ne dépendant que de ε) tel que l'on ait

$$|F(x_1) - f(x_1, x_2)| < \varepsilon$$

pour *chaque* x_2 situé à l'intérieur de l'intervalle $(-\delta, +\delta)$, et cela quel que soit le point x_1 que l'on fixe dans l'intervalle $(-X_1, +X_1)$, on peut dire[337]) que, pour chacun des points x_1 de cet intervalle, la fonction

$$F(x_1) - f(x_1, x_2)$$

de la variable x_1 *converge uniformément* vers zéro pour $\lim x_2 = 0$.

On dit alors aussi[338]) que la fonction $f(x_1, x_2)$ des deux variables x_1, x_2, converge uniformément[339]) pour $\lim x_2 = 0$ vers la fonction-limite[340]) $F(x_1)$[341]).

---

337) Cette définition de la convergence *uniforme* d'une fonction d'*une* variable est analogue à celle qui a été donnée au n° **16**. Elle s'en déduit en remplaçant (voir la seconde inégalité du n° **16**) l'indice entier positif ν, qui admet $+\infty$ comme limite, par la variable continue x_2 qui admet 0 comme limite.

338) *U. Dini*, Fondamenti[79]), p. 397; trad. p. 532 (n° 286); *O. Stolz*, Math. Ann. 26 (1886), p. 83; Allg. Arith.[63]) 1, p. 199; *O. Stolz* et *J. A. Gmeiner*, Funktionenth.[113]), p. 77.

339) Il n'y a aucune difficulté à étendre ces définitions au cas où les passages à la limite sont unilatéraux.

340) On peut donc dire d'une série convergente

$$\varphi_0(x) + \varphi_1(x) + \varphi_2(x) + \cdots + \varphi_\nu(x) + \cdots\cdot\cdot$$

ayant pour somme

$$f(x) = \sum_{\nu=0}^{\nu=+\infty} \varphi_\nu(x)$$

qu'elle est *uniformément* convergente, lorsque la suite des fonctions

$$f_0(x),\ f_1(x),\ f_2(x), \ldots\ldots$$

définies par les relations

$$f_n(x) = \sum_{\nu=0}^{\nu=n} \varphi_\nu(x) \qquad (n = 0, 1, 2, \ldots\ldots)$$

converge uniformément vers la fonction-limite $f(x)$ pour $\lim n = +\infty$; ou encore,

Supposons qu'il en soit ainsi et que, de plus, la fonction $F(x_1)$ admette une limite pour $\lim x_1 = 0$. Dans ce cas, la limite (A) du n° **23** existe, en sorte que l'on a, d'après le théorème I du n° **23**,

$$\lim_{x_1=0,\, x_2=0} f(x_1, x_2) = \lim_{x_1=0} [\lim_{x_2=0} f(x_1, x_2)]$$

et, par suite,

$$\lim_{x_2=0} [\overline{\lim_{x_1=0}} f(x_1, x_2)] = \lim_{x_1=0} [\lim_{x_2=0} f(x_1, x_2)].$$

Si la fonction $f(x_1, x_2)$ de deux variables x_1, x_2 converge uniformément pour $\lim x_2 = 0$ vers la fonction-limite $F(x_1)$ définie dans l'intervalle $(-X_1, +X_1)$ et si $f(x_1, x_2)$ envisagée comme une fonction de l'unique variable x_1 dans l'intervalle $(-X_1, +X_1)$ est une fonction continue de x_1 quelle que soit la valeur de x_2 autre que 0 que l'on fixe parmi celles qui sont plus petites en valeur absolue qu'un nombre positif déterminé δ, la fonction $F(x_1)$ est une fonction *continue* de x_1 dans l'intervalle $(-X_1, +X_1)$. Toutefois cette condition suffisante pour la continuité de $F(x_1)$ dans l'intervalle $(-X_1, +X_1)$ *n'est pas nécessaire*[342]).

---

comme on le voit en faisant la substitution $n = \frac{1}{\varepsilon}$ et en posant $f_n(x) = f(x, \varepsilon)$, lorsque la fonction $f(x, \varepsilon)$ *converge uniformément vers la fonction-limite* $f(x)$ pour $\lim \varepsilon = 0$; ou enfin, comme on le voit en remplaçant la variable discontinue $\varepsilon = \frac{1}{n}$ par une variable continue ε et en interpolant des valeurs convenables de $f(x, \varepsilon)$ pour $\frac{1}{n} > \varepsilon > \frac{1}{n+1}$, lorsque la fonction $f(x, \varepsilon)$ des deux variables x, ε *converge uniformément vers la fonction-limite*

$$f(x) = \lim_{\varepsilon=+0} f(x, \varepsilon).$$

La formule

$$f(x, \varepsilon) = f_n(x) + \left(\frac{1}{\varepsilon} - n\right)[f_{n+1}(x) - f_n(x)]$$

fournit un exemple d'interpolation convenable de $f(x, \varepsilon)$ pour $\frac{1}{n} \geqq \varepsilon > \frac{1}{n+1}$; cf. *P. du Bois-Reymond*, Monatsb. Akad. Berlin 1886, p. 359; J. reine angew. Math. 100 (1887), p. 331.

Aux points de continuité, points de discontinuité, degré de continuité de $f(x, \varepsilon)$ correspondent alors, d'après la terminologie *P. du Bois-Reymond*, les „points de continuité de la convergence" (= convergence uniforme), „points de discontinuité de la convergence" (= convergence non uniforme), „degré de convergence" de la série

$$\varphi_0(x) + \varphi_1(x) + \varphi_2(x) + \cdots + \varphi_\nu(x) + \cdots\cdots$$

341) Il n'y a aucune difficulté à étendre ces définitions au cas où les passages à la limite sont unilatéraux.

342) Ces propositions sont entièrement analogues à celles du n° **16** (p. 68). Voir aussi n° **17**, en partic. note 172 et les exemples de la note 316.

Une condition nécessaire et suffisante pour la continuité de $F(x_1)$ dans l'intervalle $(-X_1, +X_1)$ est que la fonction $f(x_1, x_2)$ des deux variables x_1, x_2 converge *uniformément par sections*[343]), pour $\lim x_2 = 0$, vers $F(x_1)$, et qu'en outre $f(x_1, x_2)$, envisagée comme une fonction de l'unique variable x_1, soit une fonction *continue* de x_1 pour chaque valeur x_2 d'un ensemble dénombrable ayant zéro pour point d'accumulation.

La notion de convergence uniforme vers une fonction-limite s'étend au cas des fonctions d'un nombre quelconque de variables[344]).

Dans le cas de trois variables, *C. Arzelà*[345]) a introduit la notion de *convergence uniforme stratifiée* qui est analogue à celle de convergence uniforme par sections dans le cas de deux variables. Cette notion permet d'établir des conditions nécessaires et suffisantes pour qu'une fonction de la forme

$$\Phi(x_1, x_2) = \sum_{\nu\ 0}^{\nu=+\infty} \varphi_\nu(x_1, x_2)$$

soit *continue*. On peut, en particulier, énoncer des conditions nécessaires et suffisantes pour la continuité des fonctions de la forme

$$\Phi(x_1 + ix_2) = \sum_{\nu=0}^{\nu=+\infty} \varphi_\nu(x_1 + ix_2),$$

ce qui est utile lorsqu'on cherche à fixer celles de ces fonctions qui ont, en tout ou partie, les caractères de fonctions analytiques[346]).

343) *C. Arzelà,* Rendic. Accad. Bologna (1) 19 (1883/4), p. 79 et suiv. Voir la fin du nº 17 et la note 221. Voir aussi l'article II 2.

344) *C. Jordan,* Cours d'Analyse[61]) 1, p. 48.

345) *C. Arzelà,* Rendic. Accad. Bologna (1) 23 (1887/8), p. 30.

346) Voir l'article II 8 sur la théorie des fonctions d'une variable complexe.

Tome II, volume 1. Fascicule 2.

ENCYCLOPÉDIE
DES
SCIENCES MATHÉMATIQUES
PURES ET APPLIQUÉES

PUBLIÉE SOUS LES AUSPICES DES ACADÉMIES DES SCIENCES
DE GÖTTINGUE, DE LEIPZIG, DE MUNICH ET DE VIENNE
AVEC LA COLLABORATION DE NOMBREUX SAVANTS.

ÉDITION FRANÇAISE

RÉDIGÉE ET PUBLIÉE D'APRÈS L'ÉDITION ALLEMANDE SOUS LA DIRECTION DE

JULES MOLK,
PROFESSEUR À L'UNIVERSITÉ DE NANCY.

TOME II (PREMIER VOLUME),

FONCTIONS DES VARIABLES RÉELLES.

RÉDIGÉ DANS L'ÉDITION ALLEMANDE SOUS LA DIRECTION DE

H. BURKHARDT ET **W. WIRTINGER**
(MUNICH) (VIENNE).

PARIS,
GAUTHIER-VILLARS

LEIPZIG,
B. G. TEUBNER

1912
(30 JUIN)

Tome II; premier volume; deuxième fascicule.

Sommaire.

Pages

Avis.

Dans l'édition française, on a cherché à reproduire dans leurs traits essentiels les articles de l'édition allemande; dans le mode d'exposition adopté, on a cependant largement tenu compte des traditions et des habitudes françaises.

Cette édition française offrira un caractère tout particulier par la collaboration de mathématiciens allemands et français. L'auteur de chaque article de l'édition allemande a, en effet, indiqué les modifications qu'il jugeait convenable d'introduire dans son article et, d'autre part, la rédaction française de chaque article a donné lieu à un échange de vues auquel ont pris part tous les intéressés; les additions dues plus particulièrement aux collaborateurs français sont mises entre deux astérisques. L'importance d'une telle collaboration, dont l'édition française de l'Encyclopédie offrira le premier exemple n'échappera à personne.

Fascicules sous presse:

Tome I, vol. 1: **Groupes finis discontinus**, fin (H. Burkhardt — H. Vogt). — **Additions et modifications.** — **Renseignements bibliographiques.** — **Index.**
Tome I, vol. 2: **Invariants,** fin (F. Meyer — J. Drach).
Tome I, vol. 3: **Applications de l'Analyse à la Théorie des nombres,** fin (P. Bachmann — J. Hadamard — E. Maillet). — **Corps algébriques** (D. Hilbert — H. Vogt).
Tome I, vol. 4: **Économie politique mathématique,** fin (V. Pareto).
Tome II, vol. 2: **Fonctions analytiques** (W. F. Osgood — P. Boutroux — J. Chazy).
Tome II, vol. 3: **Fonctions sphériques,** fin (A. Wangerin — A. Lambert — P. Appell).
Tome II, vol. 4: **Équations aux dérivées partielles** (E. von Weber — G. Floquet — E. Goursat). — **Groupes continus de transformations** (H. Burkhardt — L. Maurer — E. Vessiot).
Tome II, vol. 6: **Calcul des variations** (A. Kneser — E. Zermelo — H. Hahn — M. Lecat).
Tome III, vol. 1: **Notions de courbe et surface** fin (H. von Mangoldt — L. Zoretti). — **Méthodes analytiques et synthétiques** (G. Fano — S. Carrus).
Tome III, vol. 2: **Géométrie projective** (A. Schoenflies — A. Tresse). — **Configurations** (E. Steinitz — E. Merlin).
Tome III, vol. 3: **Coniques** (fin). **Faisceaux de coniques** (F. Dingeldey — E. Fabry).
Tome III, vol. 4: **Quadriques** (O. Staude — A. Grévy).
Tome IV, vol. 1: **Principes de la mécanique rationnelle** (A. Voss — E. Cosserat — F. Cosserat).
Tome IV, vol. 2: **Cinématique,** fin (A. Schoenflies — G. Koenigs). — **Statique graphique** (L. Henneberg — H. Vergne).
Tome IV, vol. 3: **Appareils physiques les plus simples** (Ph. Furtwängler — A. Guillet).
Tome IV, vol. 5: **Analyse vectorielle** (M. Abraham — P. Langevin). — **Principes physiques de l'hydrodynamique** (A. E. H. Love — P. Appell — H. Beghin).
Tome IV, vol. 6: **Balistique extérieure** (C. Cranz — E. Vallier).
Tome IV, vol. 7: **Équations fondamentales de l'élasticité** (C. H. Müller — A. Timpe — L. Lecornu).
Tome V, vol. 1: **Mesure** (C. Runge — Ch. Ed. Guillaume).
Tome V, vol. 2: **Atomistique** (F. W. Hinrichsen — M. Joly — J. Roux).
Tome V, vol. 3: **Principes physiques de l'électricité; action à distance** (R. Reiff — A. Sommerfeld — E. Rothé).
Tome V, vol. 4: **Principes physiques de l'optique; anciennes théories** (A. Wangerin — C. Raveau.)
Tome VI, vol. 1: **Triangulation géodésique.** — **Mesure des bases et nivellement.** (P. Pizzetti — L. Noirel).
Tome VII, vol. 1: **Coordonnées absolues et relatives** (E. Anding — H. Bourget). — **Réfraction** (A. Bemporad — P. Puiseux).

II 2. RECHERCHES CONTEMPORAINES SUR LA THÉORIE DES FONCTIONS.

Rédigé sous la direction de **E. BOREL** (Paris).

Les ensembles de points.

Exposé par **L. ZORETTI** (Caen).

Généralités.

1. *Origines. La suite de propositions qu'on désigne généralement sous le nom de *théorie générale des ensembles* se subdivise en deux théories d'objets bien différents: l'étude des ensembles *abstraits*, où l'on n'a pas égard à la nature des éléments qui constituent l'ensemble; et celle des ensembles *concrets*, où la nature des objets considérés entraîne l'existence de propriétés particulières. Les ensembles abstraits ont été étudiés dans l'article I 7.

Parmi les ensembles concrets, les ensembles dont les éléments sont des *nombres* jouent un rôle très important dans les applications. Chaque élément peut être soit formé d'un seul nombre, soit de plusieurs placés dans un ordre déterminé, soit encore d'une fonction d'un ou de plusieurs nombres.

Si l'on convient de représenter un nombre relatif[1]) par un point situé sur un axe et dont l'abscisse est égale au nombre, un nombre complexe, ou un système de deux nombres par un point dans un plan dont les deux coordonnées sont égales à ces nombres, des ensembles de tels nombres deviennent des ensembles de points. Pour avoir un *langage* géométrique absolument général et commode, on conviendra de dire qu'un système de n nombres réels

$$x_1, x_2, \ldots, x_n$$

représente un *point* dans l'espace à n dimensions G_n: c'est là le fon-

---

1) *Voir, au sujet de cette dénomination, *J. Tannery*, Leçons d'Algèbre et d'Analyse 1, Paris 1906, p. 1.*

dement de la conception de l'espace *arithmétique* à n dimensions[2]). C'est à ce point de vue que l'on peut dire que les ensembles dont il va être question ici sont des ensembles de points. En d'autres termes, l'étude qui fait l'objet de cet article est purement arithmétique; le langage seul est géométrique. La notion de nombre entier y est prépondérante.

Ce qui caractérise les ensembles, c'est la considération *simultanée* d'une infinité d'éléments. Du temps de *A. L. Cauchy*, on n'en considérait guère que la *succession*. Au contraire *K. Weierstrass* et *H. A. Schwarz*[3]) s'occupent de l'*ensemble* des valeurs d'une fonction dans un intervalle; *R. Dedekind*[4]) définit les nombres irrationnels en considérant l'*ensemble* de tous les nombres rationnels. Mais jusqu'aux travaux de *P. du Bois-Reymond*[5]) et de *G. Cantor*[6]) aucune recherche systématique n'avait été entreprise.

P. du Bois-Reymond n'a en vue que les applications à la théorie générale des fonctions. Au contraire, quoique guidé au début de ses recherches par les mêmes préoccupations, *G. Cantor* ne tarde pas à s'affranchir de tout souci d'applications et se propose d'élaborer une théorie complète. Répandue il y a trente ans, cette théorie ne tarde pas à prendre un très grand développement, à recevoir des applications nombreuses. Comme dans ce qui suit on ne s'attachera pas à l'ordre historique, il semble nécessaire de jeter au moins dans cette introduction, un coup d'œil sur le développement des idées.

E. Borel[7]) distingue trois stades: dans la première période, la théorie *se crée*; dans la seconde elle se développe d'une façon autonome; dans la troisième elle n'est plus qu'une branche de la théorie des fonctions, un auxiliaire, revenant ainsi à ses origines, à ce qui au début avait été sa raison d'être.

E. Borel reconnaît que cette classification est un peu artificielle et il est manifeste d'une part qu'il y a eu de tout temps des auteurs qui n'ont jamais étudié les ensembles „pour eux-mêmes" mais simple-

---

2) **G. Cantor*, Math. Ann. 21 (1883), p. 574; Acta math. 2 (1883), p. 404.*

3) *J. reine angew. Math. 72 (1870), p. 141; Math. Abh. 2, Berlin 1890, p. 341.*

4) *Stetigkeit und irrationale Zahlen, Brunswick 1872; (3e éd.) Brunswick 1905, p. 12.*

5) *Die allgemeine Functionentheorie 1, Tubingue 1882; trad. par *G. Milhaud* et *A. Girod*, Nice 1887.*

6) *Acta math. 2 (1883), p. 305/408; c'est une traduction française des mémoires parus: J. reine angew. Math. 77 (1874), p. 258; 84 (1878), p. 242; Math. Ann. 4 (1871), p. 139; 5 (1872), p. 123; 15 (1879), p. 1; 17 (1880), p. 355; 20 (1882), p. 113; 21 (1883), p. 51, 545.*

7) *Revue gén. sc. 20 (1909), p. 315.*

ment en vue des applications, et, d'autre part, il y a encore aujourd'hui des auteurs que ne guide pas le souci des applications: on peut dire d'une façon générale et sans donner à ceci un sens trop absolu, que les auteurs français sont dans le premier cas, les allemands et les anglais dans le second.*

2. *Les applications. Les applications de la théorie des ensembles deviennent chaque jour plus nombreuses et se rapportent à des branches très variées de la Science. Les applications les plus importantes se trouvent dans la théorie des fonctions: théorie de l'intégration, étude des fonctions de variables réelles ou de fonctions de variables complexes, développements en séries trigonométriques. Ces différentes applications sont étudiées dans d'autres articles de l'Encyclopédie et, ici, nous n'en parlerons presque pas.

Dans un ordre d'idées différent, un rapprochement a pu être tenté entre le continu arithmétique et le continu géométrique. On a pu donner ainsi une base arithmétique à l'étude des propriétés du continu ou encore à la branche de la géométrie qu'on appelle l'*Analysis situs.*

Les singularités d'allure paradoxale qu'a révélées la théorie des ensembles nous ont rendu plus circonspects et nous ont appris à nous méfier de notre intuition de l'espace; aussi est-ce de la notion de nombre que l'on prétend actuellement tout déduire.

Nous aborderons ici quelques-unes des applications de la théorie des ensembles. Elles seront développées dans d'autres parties de l'Encyclopédie.

Signalons encore que les créateurs de la théorie des ensembles, *P. du Bois-Reymond* et *G. Cantor* se sont rencontrés pour prévoir des applications en physique mathématique. *G. Cantor*[8]) développe longuement cette idée; *P. du Bois-Reymond*[9]) en parle également[10]). Ces prévisions n'ont guère été justifiées, du moins jusqu'à présent.

P. du Bois-Reymond et *G. Cantor* ont signalé également l'intérêt métaphysique de ces questions. Les discussions ultérieures ont quelque peu justifié l'opinion de *Voltaire* à cet égard[11]).

D'ailleurs, quoiqu'on n'estime pas devoir ici parler beaucoup des applications, elles ne seront jamais perdues de vue en ce sens que ce sont les résultats qui ont déjà eu ou paraissent susceptibles

8) *Voir par ex. Acta math. 2 (1883), p. 364, 367, 371.*

9) *Functionenth.[5]) 1, p. 211; trad. p. 167.*

10) *Voir aussi *E. Borel*, Thèse, Paris 1894, p. 40/2; Ann. Ec. Norm. (3) 12 (1895), p. 48/50.*

11) *Cf. I 7, **16**.*

d'avoir le plus grand nombre d'applications qui seront surtout mis en évidence, tandis qu'on laissera un peu plus dans l'ombre certaines branches de la théorie des ensembles considérée en elle-même, non sans importance, mais qui sont restées jusqu'ici sans applications.*

Propriétés fondamentales des ensembles de points.

3. ***Les ensembles linéaires. Définitions.** Les premiers ensembles dont on s'est occupé sont les ensembles de nombres réels ou de points situés sur une droite, ou encore *linéaires*.

Soit un tel ensemble. On dit qu'il est *borné*[12]) quand on peut trouver un nombre tel que tous les nombres de l'ensemble lui soient inférieurs en valeur absolue. Alors, il existe une infinité de nombres qui dépassent tous ceux de l'ensemble ou sont égaux à l'un d'eux sans être inférieurs aux autres, et aussi une infinité qui sont inférieurs à tous les nombres de l'ensemble ou égaux à l'un d'eux. Parmi les premiers, il y en a un qui est plus petit que les autres, et parmi les derniers, un qui est plus grand que les autres.

En langage géométrique, on pourra trouver une infinité de points à droite des points de l'ensemble et une infinité à gauche. Parmi les premiers, il y en a un qui est le plus à gauche; parmi les derniers, il y en a un qui est le plus à droite.

Ces deux valeurs ou les deux points dont l'existence est ainsi établie s'appellent la *borne supérieure*[13]) et la *borne inférieure* de l'ensemble. Ces valeurs jouissent des propriétés suivantes: aucun nombre de l'ensemble ne dépasse la borne supérieure ou n'est inférieur à la borne inférieure; de plus, ou bien la borne appartient à l'ensemble, ou bien elle ne lui appartient pas, mais alors il y a des nombres de l'ensemble qui en sont aussi voisins qu'on veut. Dire qu'elle appartient à l'ensemble, c'est dire que, dans l'ensemble, il y a un nombre qui dépasse tous les autres.

Ainsi l'ensemble des nombres $\frac{1}{n}$, où n désigne un entier positif arbitraire, est borné. Sa borne supérieure, $+1$, est un nombre de l'ensemble; sa borne inférieure, 0, au contraire n'en est pas un.

On appelle *intervalle* l'ensemble de toutes les nombres situés entre deux nombres donnés. L'un quelconque de ces nombres est dit intérieur à l'intervalle; on dit aussi que l'intervalle entoure le nombre.

---

12) **C. Jordan*, Cours d'Analyse (2e éd.) 1, Paris 1893, p. 22; (3e éd.) 1, Paris 1909, p. 22.*

13) **J. Tannery*, Introduction à la théorie des fonctions d'une variable, (2e éd.) 1, Paris 1904, p. 66; *R. Baire*, Leçons sur les théories générales de l'analyse 1, Paris 1907, p. 7; *E. Goursat*, Cours d'Analyse math. (2e éd.) 1, Paris 1910, p. 5.*

Si le nombre appartient à l'intervalle sans pouvoir coïncider avec une des extrémités il sera dit *intérieur au sens étroit*[14]); s'il peut coïncider avec une extrémité il est dit *intérieur au sens large.*

Cela posé si un point x_0 jouit de la propriété que tout intervalle entourant x_0 contient au moins un point d'un ensemble donné (sans compter le point x_0 lui-même), le point x_0 est dit *point limite, point d'accumulation* (Häufungspunkt), *point de condensation*[15]) (Verdichtungspunkt) de l'ensemble. Les zéros de la fonction $\sin \frac{1}{x}$ forment par exemple un ensemble dont le point $x = 0$ est point limite.

Un ensemble peut avoir plusieurs points limites, une infinité même; ces points limites forment donc un nouvel ensemble que *G. Cantor*[16]) appelle *l'ensemble dérivé* (*Ableitung*) du premier.

La borne supérieure de l'ensemble dérivé s'appelle la *limite supérieure d'indétermination* ou la *plus grande limite*[17]).*

4. *Les ensembles dérivés. Les définitions précédentes ont été étendues par *G. Cantor* à un ensemble de points dans un espace à n dimensions G_n.

Si l'on peut dans cet espace déterminer une sphère contenant à son intérieur les points de l'ensemble, celui-ci est dit *borné.*

Un *point limite* est un point tel que dans toute sphère ayant ce point pour centre, il y a au moins un point de l'ensemble autre que lui-même. L'ensemble de tous les points limites est *le dérivé* du premier. Si l'ensemble proposé est représenté par E, on représentera son dérivé par E_1.

Il est évident qu'au voisinage d'un point limite, il n'y a pas seulement un point de l'ensemble mais une infinité. Un ensemble formé d'un nombre fini de points n'a donc pas de points limites. Au contraire, comme nous allons le voir, les points limites existent dès que l'ensemble est infini. Cela résulte du théorème suivant connu sous le nom de principe de Bolzano-Weierstrass: *Tout ensemble borné formé d'une infinité de points admet au moins un point limite.*

---

14) **J. Hadamard* dit plutôt *intérieur* au sens *strict.* Au lieu de dire: point à l'intérieur au sens étroit, on dit aussi point *situé à l'intérieur,* et au lieu de: point à l'intérieur au sens large on dit alors point situé *dans* l'intervalle [cf. II 1, 4].*

15) **G. Milhaud* et *A. Girod*[5]) traduisent *Verdichtungspunkte* par *points de convergence.**

16) *Math. Ann. 5 (1872), p. 128; Acta math. 2 (1883), p. 343. Cf. I 7, 3.*

17) *Cf. I 3, 19 notes 225, 226. Voir aussi *P. du Bois-Reymond,* Functionenth.[5]) 1, p. 266; trad. p. 204; *E. Goursat,* Cours d'Analyse[13]) 1, p. 7; *E. Borel,* Leçons sur les fonctions méromorphes, Paris 1903, p. 18.*

La restriction que l'ensemble est borné disparaît si l'on convient de dire qu'un ensemble non borné admet comme point limite le point à l'infini. Cette restriction est pourtant essentielle dans les applications. Elle est très difficile à faire disparaître quand on passe à des ensembles plus généraux (ensembles de courbes, ensembles de fonctions, etc.).

On peut encore donner à l'énoncé une forme plus précise: *Si dans une portion finie de l'espace G_n un ensemble a une infinité de points, il admet au moins un point limite dans cette portion.*

Ces théorèmes se démontrent par une méthode très générale consistant à découper la portion donnée en un nombre fini de portions dans l'une desquelles il doit y avoir une infinité de points; on rendra cette portion de plus en plus petite, et il sera facile de conclure[18]).

Quand l'ensemble dérivé d'un ensemble comprend lui-même une infinité de points, il admet un dérivé que *G. Cantor*[19]) appelle *dérivé d'ordre deux* et représente par E_2.

Le dérivé de E_2 sera le troisième dérivé de E; on le représente par E_3. Et ainsi de suite. On définit ainsi le $n^{\text{ième}}$ dérivé d'un ensemble, quelque grand que soit n.

Mais il importe de montrer par des exemples que tous ces ensembles peuvent exister.

L'ensemble E des points

$$x = \frac{1}{n},$$

où n est un entier positif, admet un dérivé réduit à $x = 0$. Sur chaque segment

$$\left(\frac{1}{n}, \frac{1}{n+1}\right)$$

construisons un ensemble semblable à E. L'ensemble des ensembles obtenus admet E pour dérivé et $x = 0$ pour deuxième dérivé.

De la même façon on formera, par la répétition du même procédé, un ensemble dont le $p^{\text{ième}}$ dérivé est réduit à $x = 0$, le $(p-1)^{\text{ième}}$ étant E[20]).

18) *Il faut remarquer que le procédé dont il est question dans le texte ne fait appel qu'en apparence à l'intuition géométrique.*

19) *Math. Ann. 5 (1872), p. 128; Acta math. 2 (1883), p. 343. Cf. I 7, **14**.*

20) *On trouvera d'autres exemples dans *P. du Bois Reymond*, Functionenth.[5]) 1, p. 186; trad. p. 150. Il considère l'ensemble des zéros de fonctions telles que

$$\sin\frac{1}{\sin ax}, \qquad \sin\frac{1}{\sin\frac{1}{\sin ax}}.$$

Il parvient déjà [Math. Ann. 16 (1880), p. 128] à la notion de point-limite d'ordre infini. Il appelle les points du $n^{\text{ième}}$ dérivé points de condensation du $n^{\text{ième}}$ ordre (Verdichtungspunkte n^{ter} Ordnung).*

Soit encore l'ensemble des nombres rationnels inférieurs à l'unité. L'ensemble dérivé comprend tous les points du segment (0, 1); les dérivés suivants sont identiques au premier. Le $n^{\text{ième}}$ dérivé existe quel que soit n.

Jusqu'ici on ne s'est pas inquiété de savoir si un point limite appartenait ou non à l'ensemble. L'étude des différents cas possibles conduit aux définitions suivantes.

Si tous les points limites d'un ensemble font partie de l'ensemble, celui-ci est dit *fermé*[21]). Il contient son dérivé. En général il contient aussi d'autres points que ceux de son dérivé: ces points sont des points *isolés* de l'ensemble. S'il ne renferme pas de points isolés, il est identique à son dérivé. *G. Cantor*[22]) appelle un tel ensemble *ensemble parfait.*

Un ensemble dont tous les points sont points limites est dit *dense en lui-même*[23]) (in sich dicht). Il est une portion de son dérivé. Un ensemble fermé dense en lui-même est parfait.

Par exemple l'ensemble des points singuliers d'une fonction analytique uniforme est un ensemble fermé [cf. II 8 et II 9].

L'ensemble de tous les points intérieurs à un cercle est parfait si on entend le mot intérieur au sens large.

L'ensemble de tous les points d'un segment de droite qui ont des abscisses rationnelles est dense en lui-même, mais non fermé.

Une autre notion importante est celle d'un ensemble *dense* dans une portion continue de G_n (sur un segment de droite, dans une aire, dans un volume...). *G. Cantor*[24]) appelle ainsi un ensemble tel que dans une portion quelconque de la portion continue donnée de G_n cet ensemble renferme des points. Tout point de cette portion

---

21) *On dit aussi *clos* au lieu de fermé. Cf. II 1, **21**.*

22) *Math. Ann. 21 (1883), p. 54; Acta math. 2 (1883), p. 405.*

**C. Jordan* [Cours d'Analyse[12]) 1, p. 18] appelle ensembles parfaits ceux que *G. Cantor* appelle fermés; *E. Borel* [Leçons sur la théorie des fonctions, Paris 1898, p. 36] dit *relativement* et *absolument* parfaits là où nous disons fermés et parfaits. Depuis, la terminologie de *G. Cantor* a prévalu.*

23) *Cf. I 7, **14**. On dit aussi parfois *dense en soi* [cf. II 1, **21** note 288].*

24) *Math. Ann. 15 (1879), p. 2; Acta math. 2 (1883), p. 351. Dans ce dernier mémoire *G. Cantor* traduit le mot *dicht* par *condensé*. L'expression *dense*, introduite pour la première fois par *E. Borel* [Leçons sur la théorie des fonctions, Paris 1898, p. 38] a prévalu. C'est *P. du Bois-Reymond* [Functionenth.[5]), p. 182/3; trad. p. 148] qui paraît avoir le premier considéré des ensembles denses qu'il appelle des *pantachies*.

La terminologie de *G. Cantor* [cf. *E. Borel*, Leçons sur les fonctions de variables réelles, Paris 1905, p. 3] est de plus en plus répandue en France.*

est donc point limite de l'ensemble. Donc son dérivé comprend toute la portion[25]). Un ensemble fermé dense dans une portion de G_n comprend cette portion.

Certains auteurs disent *partout dense*[26]) (überall dicht) au lieu de *dense*. De même un ensemble qui n'est dense dans aucune portion, si petite soit elle, de G_n est parfois dit n'être *dense dans aucun intervalle* (nirgends dicht) au lieu de *non-dense*[27]).

L'ensemble complémentaire d'un ensemble E donné est l'ensemble de tous les points qui n'appartiennent pas à E. On peut définir aussi le complémentaire de E relativement à une portion de G_n qui renferme E, ou même relativement à un autre ensemble F qui contient tous les points de E: c'est l'ensemble des points de F qui ne sont pas points de E.

Revenons à la suite des ensembles dérivés. Elle jouit des deux propriétés suivantes:

Tout ensemble dérivé est un ensemble fermé.

Chacun des ensembles dérivés contient tous les suivants.

La première dérivation peut donc augmenter un ensemble mais les dérivations suivantes ne peuvent avoir d'autre effet que de supprimer des points.*

5. *Le théorème de Cantor-Bendixson. Quand on forme la suite des dérivés d'un ensemble donné, il peut se présenter deux cas.

1°) Ou bien il existera un nombre n tel que le $n^{\text{ième}}$ dérivé E_n se compose d'un nombre fini de points. Les dérivés suivants n'existent pas et on peut convenir d'écrire

$$E_{n+1} = 0, \quad E_{n+2} = 0, \quad \ldots$$

2°) Quel que soit n, le $n^{\text{ième}}$ dérivé se compose toujours d'une infinité de points. Dans ce dernier cas *G. Cantor*[28]) démontre qu'il *existe un ensemble de points communs à tous les dérivés* et aussi que *cet ensemble commun est fermé*[29]).

G. Cantor désigne par la notation

$$D(P, Q)$$

25) **R. Baire* [Ann. mat. pura appl. (3) 3 (1899), p. 29] prend cette propriété pour définition.*

26) *Cf. I 7, **15**; II 1, **19**.*

27) *Cf. I 7, **15**.*

28) *Math. Ann. 17 (1880), p. 357; Acta math. 2 (1883), p. 359.*

29) *D'ailleurs, si une infinité dénombrable d'ensembles fermés E_1, E_2, ..., E_n, ... sont tels que chacun comprenne le suivant, l'ensemble commun existe et il est fermé.*

l'ensemble des points communs à P et Q, et par

$$D(P, Q, R)$$

l'ensemble des points communs à P, Q et R. En désignant par E_ω l'ensemble commun à tous les dérivés, on posera donc

$$E_\omega = D(E_1, E_2, \ldots, E_n, \ldots\ldots).$$

Rien n'empêche alors de continuer la dérivation *au delà de l'infini* en formant le dérivé $E_{\omega+1}$ de E_ω, le dérivé $E_{\omega+2}$ de $E_{\omega+1}$ et ainsi de suite.

Le dérivé d'ordre ω de E_ω sera $E_{2\omega}$, l'ensemble commun à

$$E_\omega, E_{2\omega}, E_{3\omega}, \ldots\ldots$$

sera E_{ω^2} et l'on définira ainsi tout dérivé dont l'ordre est un polynome en ω à coefficients entiers.

E_{ω^ω} sera l'ensemble commun à

$$E_\omega, E_{\omega^2}, E_{\omega^3}, \ldots\ldots$$

Cette première introduction des nombres transfinis n'est signalée ici qu'au point de vue historique. C'est en effet en partant de là que *G. Cantor* se proposait d'arriver au calcul de la puissance d'un ensemble quelconque [sur la notion de puissance, voir I 7, 2]. C'est de là aussi que *I. Bendixson*[30]) a déduit la première démonstration de l'important théorème dit théorème de Cantor-Bendixson. Il démontre la suite de propositions que voici:

1°) *Si le dérivé P' d'un ensemble quelconque n'est pas dénombrable, il existe un ensemble P_Ω de points communs à tous les dérivés d'ordre fini ou transfini.*

2°) *Cet ensemble P_Ω est parfait.*

3°) *Enfin l'ensemble $P' - P_\Omega$ est dénombrable.*

En d'autres termes, et en remarquant que P' est un ensemble fermé *quelconque*, on peut déduire de l'énoncé précédent le suivant qui lui est équivalent lorsqu'on ne se préoccupe pas de caractériser l'ensemble parfait.

Tout ensemble fermé est la somme d'un ensemble parfait et d'un ensemble dénombrable.

On verra un peu plus loin comment ce dernier énoncé peut être obtenu sans le secours des nombres transfinis.*

30) *Acta math. 2 (1883), p. 415. *A. Schoenflies* [Jahresb. deutsch. Math.-Ver., Ergänzungsband 2, Leipzig 1908, p. 73 (Die Entwickelung der Lehre von den Punktmannigfaltigkeiten, 2ième partie)] appelle le théorème de Cantor-Bendixson, le *théorème principal* (das *Haupttheorem*).*

6. *Les ensembles non fermés. Le développement de la théorie a montré la grande importance des ensembles fermés dans les applications. Aussi compte-t-on peu d'études générales sur les ensembles non fermés. Et il faut ajouter que, jusqu'à présent, on n'a trouvé aux propriétés établies pour les ensembles non fermés aucune application. Nous résumerons donc très rapidement ces recherches.

G. Cantor[31]) se propose de généraliser pour un ensemble quelconque la décomposition qui résulte pour les ensembles fermés du théorème précédent. Il suppose essentiellement que les puissances forment un ensemble bien ordonné [cf. I 7, nos **8** et **11**]. Il définit la puissance d'un ensemble *au voisinage* d'un de ses points: c'est la puissance de l'ensemble partiel, portion de l'ensemble total située dans une sphère de rayon infiniment petit ayant le point pour centre.

L'ensemble est *homogène* si la puissance est la même au voisinage de tous ses points. Si cette puissance est la $n^{\text{ième}}$, l'ensemble est dit homogène d'ordre n, et il a alors exactement la puissance n. Ainsi l'ensemble des nombres à abscisses rationnelles est homogène d'ordre un.

Cela posé, on distingue dans un ensemble non homogène E deux sortes de points: les points isolés et les points limites. Si E_a est l'ensemble des points isolés de E et si E_c est l'ensemble des points limites de E, on a

$$E = E_a + E_c$$

Les deux ensembles E_a et E_c n'ont aucun point commun; E_c est une portion du dérivé E'; E_c coïncide avec E' si E est fermé; E_a est un ensemble *isolé*, c'est-à-dire un ensemble qui ne contient aucun de ses points limites. E_c contient toute portion dense en elle-même de E.

G. Cantor appelle E_a la première *adhérence*, E_c la première *cohérence* de E.

On peut de même décomposer E_c en son adhérence et sa cohérence et l'on écrira

$$E_c = E_{ca} + E_{c^2},$$

d'où

$$E = E_a + E_{ca} + E_{c^2}$$

et ainsi de suite.

En général, on arrivera à la décomposition que le symbole suivant exprime suffisamment

$$E = E_a + E_{ca} + E_{c^2 a} + \cdots + E_{c^{n-1} a} + E_{c^n};$$

E_{c^n} est la $n^{\text{ième}}$ cohérence; n peut être fini ou transfini: par exemple

31) *Acta math. 7 (1885/6,) p. 110.*

on définira E_{c^ω} en posant

$$E_{c^\omega} = D(\ldots E_{c^n}, \ldots) \qquad n < \omega$$

et en remarquant que chaque E_{c^n} contient les suivants.

Voici les conclusions que *G. Cantor* tire de cette étude. Appelons *ensemble séparé* (separierte Menge) un ensemble dont aucune portion n'est *dense en elle-même* (*in sich dicht*).

On a les deux énoncés suivants.

Théorème. Soit E un ensemble séparé, il existe un nombre α de la première ou de la deuxième classe[32]) *tel que* $E_{c^\alpha} = 0$.

Si E est un ensemble non séparé, on peut de même trouver un nombre α, tel que E_{c^α} soit dense en soi.

Par suite, tout ensemble de puissance supérieure à la première renferme une portion dense en elle-même et telle que toute sphère entourant un de ses points contient une portion de E de puissance supérieure à la première.

Donc encore, tout ensemble séparé a la puissance du dénombrable.

Cette étude a été reprise par *W. H. Young*[33]). La suite des idées n'est pas essentiellement différente de celle de *G. Cantor.* Certains théorèmes, que l'on retrouvera plus loin, sont indépendants de la théorie des nombres transfinis, mais ne sont pas nouveaux.

Indiquons ici simplement la terminologie de *W. H. Young.* Il appelle *déduction* le procédé qui consiste à prendre l'ensemble commun à une infinité dénombrable d'ensembles. Et il montre que par une infinité dénombrable de dérivations et déductions on peut réduire à rien un ensemble dénombrable fermé, et à son *nucléus* un ensemble non dénombrable; le *nucléus* est l'ensemble des points de l'ensemble au voisinage desquels celui-ci est non dénombrable (ou de degré non dénombrable, comme dit *W. H. Young*). Il appelle *ultime cohérence* l'ensemble commun à toutes les cohérences. Pour un ensemble fermé, nucléus et ultime cohérence se confondent. Ceci peut être rapproché de la notion de point de *condensation* introduite par *E. Lindelöf* [cf. nº 9].*

7. *La puissance des ensembles de points. Les études générales précédentes ont été entreprises par *G. Cantor* dans le but d'arriver à une proposition générale concernant la puissance des ensembles de points.

Tandis que pour les ensembles *abstraits* on pouvait concevoir

32) *Au sujet de cette dénomination, voir *G. Cantor*, Acta math. 2 (1883), p. 381; cf. I 7, nº 12.*

33) *Quart. J. pure appl. math. 35 (1904), p. 102.*

l'existence de puissances de plus en plus grandes[34]), les choses se passent d'une façon bien différente pour les ensembles de points. Un ensemble de points conçu dans un espace à n dimensions, ou même dans un espace à un nombre infini dénombrable de dimensions, ne peut pas en effet avoir une puissance supérieure [I 7, **4** et suiv.] à celle du *continu linéaire* [I 7, **2**]. D'autre part, en nous bornant à des ensembles composés d'une infinité de points, leur puissance est au moins celle que *G. Cantor* appelle la *première*, celle du dénombrable [I 7, **6**].

Dès lors une question se pose. Tout ensemble de points a-t-il nécessairement l'une des deux puissances ci-dessus ou y a-t-il au contraire des ensembles de puissances *intermédiaires* entre celle du dénombrable et celle du continu? A cette question on ne peut apporter aujourd'hui encore une réponse définitive[35]). Quelques personnes mettent même en doute que la question posée ait un sens. Nous n'entrerons pas dans les détails de cette question[36]) et nous nous bornerons ici au cas le plus important, celui des ensembles *fermés* pour lequel la question est résolue. On ne peut rien en conclure pour le cas général, étant donné que le dérivé d'un ensemble ne nous renseigne en rien sur la puissance de celui-ci (par exemple l'ensemble des nombres rationnels et celui des nombres irrationnels, qui ont même dérivé, n'ont pas même puissance).

G. Cantor[37]) a déduit la puissance d'un ensemble fermé des théorèmes suivants:

Tout ensemble isolé est dénombrable. Tout ensemble dont le dérivé est dénombrable l'est aussi, et par suite, tout ensemble dont l'un des dérivés d'ordre fini est nul est dénombrable. Il en est de même si le dérivé d'ordre ω ou l'un des suivants est dénombrable, ou réduit à zéro. Réciproquement tout ensemble *dont le dérivé* est

34) *Voir *G. Cantor*, raisonnement reproduit par *E. Borel*, Leçons sur la théorie des fonctions, Paris 1898, p. 102.*

35) **P. du Bois-Reymond* [Functionenth.[5]) 1, p. 194; trad. p. 156] croyait à l'existence possible de telles puissances au moins pour les ensembles à deux dimensions et à un nombre de dimensions $n > 2$.*

36) *Voir notamment, outre les mémoires de *G. Cantor* [Math. Ann. 21 (1883), p. 545; Acta math. 2 (1883), p. 381], *A. Schoenflies* [Jahresb. deutsch. Math.-Ver. 8[2] (1899), éd. 1900, p. 65] et *F. Bernstein* [Diss. Göttingue 1901, éd. Halle 1901]. Voir aussi sur cette question *E. Zermelo*, Math. Ann. 59 (1904), p. 514; 65 (1908), p. 107, 514; *G. (J.) König*, Math. Ann. 60 (1905), p. 177; Acta math. 30 (1906), p. 329; *F. Hausdorff*, Math. Ann. 65 (1908), p. 435/505; Abh. Ges. Lpz. (math.) 31 (1909), p. 297/334; *H. Lebesgue* [J. math. pures appl. (6) 1 (1905), p. 213] a démontré que la puissance du continu est au moins égale à celle de l'ensemble des nombres transfinis de la seconde classe [I 7, **3**, **4**, **12**].*

37) *Math. Ann. 21 (1883), p. 51; Acta math. 2 (1883), p. 372.*

dénombrable est tel qu'il existe un nombre α de la première ou de la seconde classe de nombres tel que le dérivé d'ordre α s'évanouit; et même il y a un de ces nombres α qui est le premier de tous.

Comme tout ensemble fermé est la somme d'un ensemble dénombrable et d'un ensemble parfait, savoir, l'ensemble commun à ses dérivés d'ordre fini ou transfini, on en déduit que l'ensemble dérivé de l'ensemble donné sera dénombrable dans le seul cas où cet ensemble parfait est nul; en particulier un ensemble parfait n'est pas dénombrable. On comprend de plus que l'étude de la puissance d'un ensemble fermé se ramène à celle d'un ensemble parfait.

Or *G. Cantor*[38]) a démontré que tout ensemble parfait à une dimension a la puissance du continu linéaire. D'autre part il avait démontré précédemment[39]) que le continu à n dimensions et le continu linéaire sont équivalents au point de vue de la puissance. Il n'y a aucune difficulté à en déduire que tous les ensembles parfaits ou tous les ensembles fermés situés dans un espace à n dimensions ont la puissance du continu *linéaire*.

Revenons maintenant sur la correspondance d'un ensemble parfait à une dimension et du continu linéaire. Si l'ensemble parfait est dense, il se confond avec un segment de droite, et le théorème n'a besoin d'être établi que pour un ensemble parfait *non dense* (*nirgends dicht*) ou pour les portions non denses d'un ensemble parfait. C'est ce que fait *G. Cantor*. Sans donner sa démonstration, il semble utile de montrer par un exemple qu'il existe effectivement des ensembles parfaits non denses.

Divisons un segment de droite, soit (0, 1) par exemple, en trois parties égales et excluons du segment les points intérieurs (au sens étroit) au segment médian. Traitons de la même façon les deux segments conservés, puis les quatre segments nouveaux, et ainsi de suite; l'ensemble des points enlevés sera le *complémentaire* de l'ensemble E que nous voulons considérer. Cet ensemble E est formé des points qui sont les extrémités, droite ou gauche, des segments exclus et des points limites de ces points-là; il est donc fermé; il est facile de voir qu'il est parfait. Il n'est certainement *dense* dans aucune portion du segment initial.

Nous allons sur cet exemple faire comprendre comment on peut réaliser la correspondance un par un entre les points de E et les points d'un segment (0, 1). Il suffit de remarquer que si l'on convient d'écrire l'abscisse d'un point dans le système de base trois [cf. I 1, 8]

38) *Math. Ann. 21 (1883), p. 545; Acta math. 4 (1884), p. 381.*

39) *J. reine angew. Math. 84 (1878), p. 242; Acta math. 2 (1883), p. 315.*

la condition nécessaire et suffisante pour qu'un point appartienne à E est qu'on *puisse* écrire son abscisse au moyen des seuls caractères 0 et 2 à l'exclusion de 1[40]).

Faisons correspondre à un point de E un point dont l'abscisse dans le système de base deux s'obtient en remplaçant les 2 par des 1 (en laissant les zéros en place). Soit F l'ensemble obtenu, il comprend *tous* les points du segment $(0, 1)$; à un point de E correspond un point de F; à un point de F correspondent un ou deux points de E, mais E et F ont même puissance.*

8. *Les ensembles fermés. De tout ce qui précède, les applications n'ont utilisé jusqu'ici que les définitions fondamentales et le théorème de Cantor-Bendixson. Au contraire, l'étude systématique des ensembles fermés a rendu d'immenses services à l'Analyse et, on le verra plus loin, à la Géométrie. Cette théorie *moderne* des ensembles remonte à 1892[41]).

C. Jordan appelle *écart* de deux points (x, y), (x', y') l'expression

$$|x - x'| + |y - y'|.$$

La locution s'étend à deux points d'un espace G_n à n dimensions. Dans toutes les questions d'où les coordonnées complexes sont exclues, il n'y a aucun inconvénient à remplacer l'*écart* par la *distance*

$$\sqrt{(x - x')^2 + (y - y')^2}.$$

Dans la suite, on conserve le mot *écart*; toutes les propriétés énoncées restent vraies si on lui substitue la distance ou même une fonction continue positive des deux points qui s'annule seulement quand les points sont confondus.

L'*écart* d'un point à un ensemble est la borne inférieure des écarts du point aux différents points de l'ensemble. Cette borne est positive ou nulle. Supposons qu'il s'agisse d'un ensemble fermé ou que l'on exclue expressément le point lui-même; pour que cette borne soit nulle il faut alors et il suffit que le point donné soit limite des points de l'ensemble, ou encore appartienne à son dérivé.

Quand l'ensemble est fermé, il renferme au moins un point dont l'écart au point donné est égal à l'écart de ce point à l'ensemble. Si

40) *Il faut dire „puisse écrire" car il y a des points dont on peut écrire l'abscisse de deux façons (par exemple $\frac{1}{3}$ peut s'écrire 0,1 ou 0,0222...) et il suffit qu'*une* de ces façons ne comporte pas le chiffre 1 pour que le point soit point de E.*

41) **C. Jordan*, J. math. pures appl. (4) 8 (1892), p. 71/81; Cours d'Analyse[12]) 1, p. 18/31.*

l'écart est nul, le point appartient à l'ensemble; cette condition est nécessaire et suffisante.

L'écart de deux ensembles est la borne inférieure des écarts de deux points quelconques, pris un dans chaque ensemble. Quand les deux ensembles sont fermés, ils renferment au moins un couple de points dont l'écart est égal à celui des ensembles. La condition nécessaire et suffisante pour que deux ensembles fermés aient un point commun est que leur écart soit nul.

G. Cantor[42]) a indiqué un procédé permettant de construire tous les ensembles fermés à une dimension. Son procédé consiste à éliminer successivement du segment de droite donné les points intérieurs (sens étroit) à un segment, puis à un second n'empiétant pas sur le premier et ainsi de suite en employant une infinité dénombrable d'intervalles: c'est le procédé employé plus haut [n° 7]. L'ensemble des points restants est un ensemble fermé.

Inversement tout ensemble fermé borné à une dimension peut être obtenu ainsi: son ensemble complémentaire est nécessairement formé des points intérieurs à une suite d'intervalles[43]). L'ensemble de ces intervalles est dénombrable, car, d'après un théorème de *G. Cantor*[42]), on ne saurait concevoir sur un segment de droite un ensemble de segments sans points communs de puissance supérieure au dénombrable.

C'est justement là-dessus que *G. Cantor* base sa démonstration relative à la puissance des ensembles parfaits. Tout ensemble parfait à une dimension comprend une infinité dénombrable de points extrémités des intervalles contigus et, en outre, leurs points limites.

G. Cantor fait correspondre aux premiers points d'une façon convenable un ensemble dénombrable (ce qui est possible) de points, dense sur un segment de droite, et il montre que les points de ce segment correspondent un par un à ceux de l'ensemble parfait.

Le mode de génération précédent s'étend sans difficulté au cas de deux (ou de n) dimensions[44]). Il suffit de substituer aux intervalles contigus à l'ensemble une sphère ayant pour centre un point extérieur à l'ensemble et pour rayon l'écart de ce point à l'ensemble,

---

42) *Math. Ann. 17 (1880), p. 355; Acta math. 2 (1883), p. 367. Voir aussi *E. Borel*, Leçons sur la théorie des fonctions, Paris 1898, p. 39.*

43) **R. Baire*, appelle ces intervalles les intervalles *contigus* à l'ensemble. Ann. mat. pura appl. (3) 3 (1899), p. 1; *P. du Bois-Reymond* [Functionenth.[5]), 1, p. 187; trad. p. 151] considère aussi des ensembles d'intervalles.*

44) **L. Zoretti*, C. R. Acad. sc. Paris 138 (1904), p. 674; J. math. pures appl. (6) 1 (1905), p. 1.*

et d'exclure les points intérieurs à de telles sphères. On montre qu'une infinité dénombrable d'entre elles suffit, d'où l'énoncé général suivant:

On obtient l'ensemble fermé le plus général de l'espace à n dimensions en enlevant de cet espace les points qui sont intérieurs à une au moins des sphères d'une infinité dénombrable de sphères[45]).*

9. *Le théorème de Borel et ses généralisations. *E. Borel*[46]) a énoncé en 1894 un théorème qui depuis une dizaine d'années a pris dans la théorie des ensembles une importance capitale. Le premier énoncé de ce théorème est le suivant:

Si l'on a sur un segment de droite une infinité dénombrable d'intervalles et si chaque point du segment est intérieur (au sens étroit) à l'un au moins de ces intervalles, on peut trouver, parmi cette infinité d'intervalles, un nombre *limité* d'intervalles jouissant de la même propriété (tout point du segment est intérieur à l'un d'entre eux au moins).

La démonstration initiale donne dans une certaine mesure le moyen de construire les intervalles en nombre fini dont il est question. Elle a été reprise par *E. Borel*[47]) sous une forme plus rapide qui n'a pas cet avantage.

On a pu se débarrasser de certaines des hypothèses de l'énoncé précédent. Par exemple *H. Lebesgue*[48]) a établi qu'il est inutile de supposer qu'il y a une infinité dénombrable d'intervalles.

---

45) *L'étude des ensembles fermés peut donc être ramenée à celle des ensembles d'intervalles. On pourra consulter à ce sujet *W. H. Young*, Proc. London math Soc. (1) 35 (1902/3), p. 245; (2) 1 (1904), p. 230; Theory of sets of points, Cambridge 1906; *P. du Bois-Reymond* [Functionenth.[5]) 1, p. 177; trad. p. 144] et *A. Harnack* [Math. Ann. 25 (1885), p. 241] avaient déjà considéré de tels ensembles.*

46) *Thèse, Paris 1894, p. 43; Ann. Ec. Norm. (3) 12 (1895), p. 51.*

**A. Schoenflies* dit que les deux théorèmes essentiels de la théorie des ensembles de points sont: le théorème de Cantor et le théorème de Borel. Il donne à ce dernier théorème le nom de théorème de Heine-Borel à cause du lien étroit qui existe entre sa démonstration et celle de *E. Heine* [J. reine angew. Math. 71 (1870), p. 361] relative à l'uniformité de la continuité [cf. II 1, 9 note 113]. Il reconnaît cependant que *E. Heine* n'avait en vue que cette propriété même. Voir au sujet de cette dénomination *H. Lebesgue*, Bull. sc. math. (2) 31 (1907), p. 129. *P. Montel* a proposé de donner au théorème en question le nom de théorème de „Borel-Lebesgue" [cf. *P. Montel*, Leçons sur les séries de polynomes à une variable complexe, Paris 1910, p. 6].*

47) *Leçons sur la théorie des fonctions, Paris 1898, p. 42.*

48) *Leçons sur l'intégration et la recherche des fonctions primitives, Paris 1904, p. 105. Voir aussi *E. Borel*, Leçons sur les fonctions de variables réelles, Paris 1905, p. 9.*

Les généralisations de ce théorème sont nombreuses. On pouvait en chercher dans deux directions: d'abord substituer au segment de droite un autre ensemble linéaire; en second lieu, voir ce que devient l'énoncé dans un domaine à deux ou à n dimensions.

En se plaçant au premier point de vue, on a étendu sans peine la deuxième démonstration de *E. Borel* au cas où au lieu d'un segment on considère un *ensemble fermé* quelconque[49]). *E. Borel* a obtenu dans cette voie le résultat *le plus général* en donnant l'énoncé suivant:

La condition nécessaire et suffisante pour qu'un ensemble E soit tel que, si tous ses points sont intérieurs à un ensemble au moins pris parmi une infinité d'ensembles tous fermés, un nombre fini de ces derniers suffise à renfermer tous les points de E, est que E soit fermé et borné[50]).

Le théorème de Borel est donc *caractéristique* des ensembles fermés et bornés.

Considérons, par exemple, autour de chaque point d'abscisse $\frac{p}{q}$ compris dans l'intervalle $0 \leqq \frac{p}{q} \leqq 1$, le segment déterminé par les inégalités

$$\frac{p}{q} - \frac{1}{q^n} \leqq x \leqq \frac{p}{q} + \frac{1}{q^n}.$$

On peut prendre n assez grand pour que la somme des longueurs de tous ces intervalles soit aussi petite qu'on veut. Si l'on prend un nombre limité de ces intervalles, quelque grand qu'il soit, il y aura sur le segment (0, 1) des *intervalles* qui seront extérieurs à ceux-là, et par suite tous les points dont l'abscisse est un nombre rationnel ne seront pas recouverts.

D'ailleurs si au moyen d'un nombre fini d'intervalles on recouvre un ensemble, on recouvre en même temps son dérivé. Or des points peuvent, par exemple, être intérieurs chacun à un intervalle sans qu'un de leurs points limites soit intérieur à aucun. Par exemple 0 est point limite des points $\frac{1}{n}$ (où n est entier) et pourtant 0 est extérieur aux intervalles

$$\frac{1}{n} - \frac{1}{2n} \leqq x \leqq \frac{1}{n} + \frac{1}{2n};$$

on comprend donc que le théorème *ne puisse* être vrai pour un ensemble non fermé.

Dans le second ordre d'idées on a pu étendre également le théorème initial, et celui qui vient d'être énoncé, à un espace à un nombre

49) *F. Riesz*, C. R. Acad. sc. Paris 140 (1905), p. 224.*

50) *E. Borel*, C. R. Acad. sc. Paris 140 (1905), p. 298.*

quelconque de dimensions[51]). Le premier énoncé de *E. Borel*[52]) est le suivant:

Soit dans un espace à n dimensions un ensemble quelconque E fermé, et une infinité dénombrable d'ensembles fermés, E_p, tels que tout point de E soit intérieur à un au moins des E_p; on peut choisir un nombre limité d'ensembles parmi les E_p tels que tout point de E soit intérieur à l'un d'eux.

Enfin une dernière et importante généralisation est due à *E. Lindelöf*[53]). Il appelle *point de condensation* d'un ensemble tout point au voisinage duquel il y a une infinité non dénombrable de points de l'ensemble[54]). Il donne pour les ensembles *non fermés* le théorème général suivant:

Soit, dans un espace à n dimensions G_n, un ensemble P non fermé, et supposons que chaque point p de P soit centre d'une sphère S_p de rayon ϱ_p; on peut choisir une infinité dénombrable de S_p telle que tout point de P soit intérieur à l'une d'elles au moins. *E. Lindelöf* en déduit que tout ensemble non dénombrable admet au moins un point de condensation et que l'ensemble des points de condensation est fermé. Soit C cet ensemble, R l'ensemble des autres points de l'ensemble E (ceux au voisinage desquels il est dénombrable) en sorte que $E = R + C$; il est à peu près évident que R est dénombrable, que C, qui est fermé, est dense en lui-même, et par suite parfait; et l'on a par suite réalisé la décomposition d'un ensemble fermé en un ensemble parfait et un ensemble dénombrable: c'est là la démonstration à laquelle il est fait allusion au n° 5. Si l'ensemble E n'est pas fermé, C n'est plus fermé mais reste dense en lui-même; on a donc extrait de E sa portion dense en elle-même.

De nombreuses démonstrations[55]) ont été données du théorème de *Borel-Lebesgue.**

---

51) *Et même à un espace à un nombre infini de dimensions [*M. Fréchet*, Rend. Circ. mat. Palermo 22 (1906), p. 1; Ann. Ec. Norm. (3) 27 (1910), p. 193].*

52) *C. R. Acad. sc. Paris 136 (1903), p. 1055.*

53) *C. R. Acad. sc. Paris 137 (1903), p. 697; Acta math. 29 (1905), p. 183; *W. H. Young* [Quart. J. pure appl. math. 35 (1904), p. 102] a retrouvé quelques-unes des idées de *E. Lindelöf.**

54) *Pour *G. Cantor*[31]), l'ensemble est de puissance supérieure à un au voisinage du point donné. *W. H. Young*, appelle un tel point: point of not enumerable degree [Quart. J. pure appl. mat. 35 (1904), p. 102].*

55) **A. Schoenflies*, C. R. Acad. sc. Paris 144 (1907), p. 22; *G. Bagnera*, Rend. Circ. mat. Palermo 28 (1909), p. 244; *C. Arzelà* [Rendic. Accad. Bologna (2) 13 (1908/9), p. 53]. Une nouvelle démonstration a été récemment exposée par *E. Borel*, C. R. Soc. math. France 1911, n° 3. On peut rattacher au théorème

La structure des ensembles fermés.

10. *Classification des ensembles fermés.* L'étude des différentes catégories d'ensembles fermés présente un double intérêt: d'abord elle est absolument indispensable dans un grand nombre d'applications; ensuite elle révèle des circonstances paradoxales qui montrent avec quel soin on doit raisonner si l'on veut, comme c'est indispensable, asseoir d'une façon solide l'Analyse sur la notion de nombre entier.

L'étude des ensembles linéaires est peu révélatrice à cet égard: soit un ensemble fermé borné à une dimension; il renferme des portions denses, des portions non denses (*nirgends dicht*). Les premières épuisent les points de certains intervalles; les autres comprennent des points isolés et des ensembles parfaits (non denses). Or la notion du continu linéaire est une de celles que nous considérons (à tort ou à raison) comme bien familière[56]); d'autre part les ensembles parfaits non denses paraissent se ressembler tous, tout au moins d'après leur mode de génération. Quand on en aura étudié un exemple, on s'apercevra bien sans doute que c'est là un groupement de points très curieux et peu habituel, mais qui ne révèle, à la réflexion, rien de paradoxal.

Bien autrement *instructifs* sont au contraire les ensembles à n dimensions ($n > 1$). C'est d'eux que l'on va s'occuper, en se bornant en général au cas de deux dimensions pour les deux raisons que voici:

1°) les résultats obtenus s'étendent pour la plupart à un nombre quelconque de dimensions;

2°) dans le langage à deux dimensions, les mots employés sont familiers, font image, et par suite le premier bénéfice d'une telle étude est de déterminer avec précision ce qui correspond au point de vue logique aux notions vulgaires de ligne, d'aire, d'arc, etc.

Cette étude trouve son origine dans les mémoires de *G. Cantor* mais ce n'est (à part quelques résultats isolés) que quelques années après l'apparition du mémoire de *C. Jordan*[57]) que les travaux sont devenus plus nombreux. Il y règne encore aujourd'hui une certaine confusion; la terminologie même n'en est pas bien fixée; chaque auteur

---

de Borel-Lebesgue des recherches de *W. H. Young* [Messenger of math (2) 33 (1904), p. 129/32] de *G. Vitali* [Atti Accad. Torino 43 (1907/8), p. 229] et de *H. Lebesgue* [Ann. Ec. Norm. (3) 27 (1910), p. 367].*

56) *Voir à ce sujet *P. du Bois-Reymond* [Functionenth.[5]) 1, p. 15, 59; trad. p. 31, 64]. Il appelle *pantachie complète* le continu des nombres, c'est-à-dire, pour son *idéaliste*, „l'ensemble de toutes les quantités possibles existant à la fois" et, pour son *empiriste*, „l'ensemble de toutes les quantités déterminées par une relation géométrique ou à définir".*

57) *J. math. pures appl. (4) 8 (1892), p. 69; Cours d'Analyse[12]) 1, p. 18.*

poursuit le développement de ses idées propres indépendamment de celles d'autrui.

C. Jordan appelle *point intérieur* à un ensemble un point tel que tous les points d'un cercle de rayon assez petit ayant le point pour centre appartiennent à l'ensemble. Il appelle *points frontières* les points de l'ensemble qui ne sont pas des points intérieurs.

Considérons un ensemble E, soit F son domaine complémentaire, E' et F' leurs dérivés; un point intérieur à E appartient à E' mais pas à F'; un point intérieur à F appartient à F' mais pas à E'; enfin l'ensemble des points frontières des *deux* ensembles, ou la frontière commune aux deux ensembles comprend tous les points qui appartiennent à l'un d'eux et au dérivé de l'autre.

Il est bien facile d'établir que tout ensemble qui ne comprend pas tout le plan admet des points frontières. De plus l'ensemble de ces points frontières est fermé[58]).

L'existence des points intérieurs, au contraire, n'est pas nécessaire. Par exemple l'ensemble des points à coordonnées rationnelles n'en comprend aucun.

C. Jordan donne le nom de *domaine* à *tout* ensemble qui comprend un point intérieur au moins.

Le même mot de *domaine* a pour *H. Lebesgue*[59]) une signification différente. Il appelle ainsi un ensemble *fermé* qui comprend des points intérieurs et jouit de plus des deux propriétés suivantes:

1°) il faut qu'il coïncide avec le dérivé de ses points intérieurs;

2°) il faut que l'ensemble de ses points intérieurs soit borné.

Enfin il ajoute la condition que le même ensemble soit d'un seul tenant[60]). Mais si l'on supprime cette condition, cela revient à considérer une somme de domaines comme un domaine.

Par exemple, l'ensemble des points intérieurs à un cercle, moins le centre ou l'ensemble des mêmes points, plus un point extérieur est un domaine pour *C. Jordan* et non pour *H. Lebesgue.*

Le même mot (pris pour équivalent de l'allemand *Gebiet* ou *Bereich*) est utilisé aussi principalement dans les applications à la théorie des fonctions avec un autre sens.

---

58) **C. Jordan*, Cours d'Analyse [12]), 1, p. 20.*

59) *Rend. Circ. mat. Palermo 24 (1907), p. 377.*

60) *Relativement aux domaines à connexion infinie, une quatrième restriction est nécessaire; c'est la suivante: si un point peut être entouré d'une courbe fermée sans point multiple dont tous les points sont intérieurs, et si cette courbe peut être choisie aussi petite qu'on veut, le point doit être également intérieur.*

Un domaine est un ensemble jouissant des deux propriétés suivantes:

1°) si un point appartient à l'ensemble, tous les points d'un certain cercle autour de lui appartiennent aussi à l'ensemble, en d'autres termes *tous* les points sont des points intérieurs à l'ensemble;

2°) deux points de l'ensemble peuvent toujours être joints par une ligne brisée dont tous les points appartiennent à l'ensemble[61]).

G. Cantor[62]) appelle ensemble *continu* un ensemble fermé qui jouit des propriétés suivantes:

1°) il est parfait;

2°) il est d'un seul tenant (zusammenhängend): cela revient à dire qu'étant donnés deux points quelconques de l'ensemble, on peut, quel que soit ε, trouver une succession de points de l'ensemble commençant et finissant par les deux points donnés, et tels que la distance de chacun au suivant soit inférieure à ε.

D'ailleurs un ensemble d'un seul tenant et fermé est nécessairement dense en lui-même et par suite continu.

G. Cantor[63]) dit encore qu'un ensemble est *bien enchaîné* entre deux quelconques de ses points ou simplement bien enchaîné au lieu de dire qu'il est d'un seul tenant. Cette expression est celle qui a prévalu.

C. Jordan dit qu'un ensemble fermé est d'un seul tenant quand on ne peut le décomposer en plusieurs ensembles fermés. Cette définition est équivalente à celle de *G. Cantor*[64]).

Il énonce au sujet des ensembles d'un seul tenant les deux propriétés suivantes:

Un ensemble E formé par la réunion d'un nombre quelconque d'ensembles d'un seul tenant dont chacun a au moins un point commun avec le précédent est lui-même d'un seul tenant.

---

61) *Voir par exemple *K. Weierstrass*, Abh. Akad. Berlin 1876, math. p. 11/60; Funktionenlehre, Berlin 1886, p. 1/52; Werke 2, Berlin 1895, p. 77.

La notion de *domaine d'existence* (Existenzbereich) d'une fonction analytique satisfait à ces conditions.

A. Schoenflies[30]) [Jahresb. deutsch. Math.-Ver., Ergänzungsband 2 (1908), p. 110] donne à ces domaines le nom de *continua non fermés au sens local* (engere nicht abgeschlossene Kontinua). *L. Zoretti* emploie le mot domaine avec le sens de *K. Weierstrass* et celui de continuum avec le sens de dérivé d'un domaine. Cf. *A. Schoenflies*[30]), id. p. 116. Dans l'article III 1, *F. Enriques* emploie le mot continuum dans un sens un peu différent. *G. Cantor* [Math. Ann. 21 (1883), p. 590; Acta math. 2 (1883), p. 406] désigne sous le nom de *semi-continus* des ensembles d'un seul tenant non fermés.*

62) *Acta math. 2 (1883), p. 404; Math. Ann. 21 (1883), p. 545.*

63) *Acta math. 2 (1883), p. 406.*

64) **C. Jordan*, Cours d'Analyse[12]) 1, p. 25.*

Un ensemble d'un seul tenant est parfait ou bien se réduit à un point.

Ainsi la définition de *C. Jordan* rejoint celle de *G. Cantor.*

Par exemple l'ensemble des points intérieurs (sens étroit) à un segment n'est pas continu, car il n'est pas fermé. L'ensemble de tous les points de deux segments sans point commun non plus, car il n'est pas d'un seul tenant.

Un ensemble non continu est dit *discontinu.* S'il est parfait il est parfait discontinu. S'il ne contient aucune portion continue il est *partout* discontinu[65]). Il est alors *mal enchaîné* entre deux quelconques de ses points.

G. Cantor partage les continus en continus *linéaires* et *superficiels.* Ces derniers contiennent des points intérieurs, les premiers ont tous leurs points comme points frontières.

Les continus superficiels sont les dérivés des *domaines de Weierstrass*[61]). *L. Zoretti* les appelle aussi *continuums* ou *continua* ou *aires.*

A. Schoenflies[66]) emploie les dénominations suivantes: un ensemble fermé qui ne possède aucune portion d'un seul tenant s'appelle *sans connexion aucune* (durchweg zusammenhanglos) ou *ponctuel* (punkthaft). Il appelle les continus de *G. Cantor* des *continua fermés.* Il désigne en outre sous le nom de *surfaces* (Fläche) les continus superficiels qui ne renferment aucun continu linéaire.

En définitive pour nous en tenir à la classification de *G. Cantor*, nous étudierons successivement:

les continus superficiels,
les continus linéaires,
les ensembles parfaits partout discontinus.*

11. *Les continus superficiels. Les principales propriétés des continus superficiels font intervenir leur frontière; aussi trouveront-elles mieux leur place au paragraphe suivant. On se bornera ici à quelques propriétés où la structure de la frontiere n'intervient pas.

Voici d'abord une propriété due à *G. Cantor*[67]) et qui nous renseigne sur la structure de l'espace à n dimensions.

Si l'on a dans un espace à n dimensions G_n des ensembles de points renfermant chacun au moins un point *intérieur* (centre d'une sphère dont tout point est un point de l'ensemble) et sans points communs deux à deux, ou tout au moins sans points intérieurs communs, l'infinité de ces ensembles est au plus dénombrable.

65) *L. Zoretti*, J. math. pures appl. (6) 1 (1905), p. 7.*

66) *Jahresb. deutsch. Math.-Ver.[30]), Ergänzungsband 2 (1908), p. 108.

67) *Math. Ann. 20 (1882), p. 113; Acta math. 2 (1883), p. 366.*

Par exemple en ne saurait concevoir sur une droite (illimitée) plus d'une infinité dénombrable de segments n'empiétant pas les uns sur les autres; de même dans un plan, on ne peut placer une infinité non dénombrable d'aires, ou, dans l'espace ordinaire, de volumes, n'empiétant pas les uns sur les autres[68]. La restriction que les domaines n'empiétent pas les uns sur les autres peut être levée en partie. Il suffit que tout point de G_n soit intérieur au plus à une infinité dénombrable des ensembles donnés.

La structure du continu à n dimensions est encore éclaircie par la propriété que *G. Cantor* démontre après la précédente:

Si l'on enlève de l'espace G_n un ensemble dénombrable quelconque, l'ensemble complémentaire E restant est tel que deux quelconques de ses points peuvent être joints par une ligne continue ne contenant que des points de E, au moins pour $n \geqq 2$[69].

On peut considérer les théorèmes suivants comme des généralisations des précédents[70].

La somme d'une infinité dénombrable d'ensembles fermés dont aucun ne contient de portion continue n'en contient pas non plus.

De même, la somme d'une infinité dénombrable d'ensembles fermés dont aucun ne contient de points intérieurs n'en contient pas non plus.

Les énoncés précédents montrent comment diffèrent entre elles les notions cantoriennes de ligne, d'aire, et d'espace à deux dimensions.

---

68) **G. Cantor* devine l'importance que peut acquérir le théorème dans la théorie des fonctions de variables complexes pour le cas $n = 2$.*

69) **G. Cantor* dit que E est „encore continu et connexe". Il faut remarquer que E n'est pas fermé, mais ce n'est que plus tard que *G. Cantor* a réservé le nom de „continus" aux ensembles *parfaits* d'un seul tenant. A la fin du mémoire (p. 370) il appelle d'ailleurs E un espace discontinu.

Il étudie la question des relations entre l'espace continu *réel* que nous concevons au point de vue géométrique, et l'espace continu *arithmétique* [ensemble de tous les systèmes de trois nombres réels (cf. note 2)]. L'identité, que l'on postule d'ordinaire, de ces deux notions est „arbitraire en elle même".

L'ensemble E obtenu en enlevant de l'espace arithmétique un ensemble dénombrable *même dense* peut aussi bien jouer le rôle d'espace géométrique; la mécanique est possible dans cet espace à cause du théorème du texte, donc „on ne peut rien conclure immédiatement du fait du mouvement continu pour la continuité générale de l'espace tel qu'on l'a conçu pour expliquer les phénomènes du mouvement". Mais en comparant avec les faits les résultats d'une telle mécanique on pourrait peut-être en tirer des conséquences sur la notion ordinaire d'espace. Voir aussi *C. Severini*, Atti Ist. Veneto (8) 8 (1905/6), p. 1301/6.*

70) **L. Zoretti*, C. R. Acad. sc. Paris 138 (1904), p. 674; *W. F. Osgood*, Bull. Amer. math. Soc. 5 (1898/9), p. 82; *L. Zoretti*, Leçons sur le prolongement analytique, Paris 1911, p. 7 et suiv.*

Dans un ordre d'idées analogues *R. Baire*[71]) distingue les ensembles de points en ensembles de première catégorie et ensembles de seconde catégorie. Un ensemble P est dit de première catégorie s'il existe une suite dénombrable $P_1, P_2, \ldots, P_n, \ldots\ldots$ d'ensembles non-denses, tels que tout point de P appartienne à l'un d'eux. Il est de seconde catégorie dans le cas contraire. Le continu est de seconde catégorie.

A. Schoenflies[72]) a étendu aux domaines qui ne renferment aucune ligne la notion d'*ordre de connexité* (Zusammenhangszahl). Il définit d'abord les *polygones approchés* d'un ensemble (approximierenden Polygone), ou encore la *figure polygonale approchée à la distance* ε. Il subdivise pour cela le plan en carrés de côté $\frac{\varepsilon}{2}$ et considère l'ensemble de ceux de ces carrés qui ne contiennent aucun point de l'ensemble donné E. La frontière de cet ensemble est formée d'une ou plusieurs lignes brisées, dont la réunion est la figure polygonale approchée P: par exemple si E désigne les points d'une circonférence, nous aurons deux lignes polygonales s'entourant l'une l'autre. L'*intérieur* $I(P)$ de cette ligne P, est la portion du plan limitée par une partie de P et qui contient E; l'*extérieur* $A(P)$ est l'ensemble des autres domaines limités par P. Dans le cas où E est une circonférence par exemple, I est une région annulaire, A se compose de deux régions séparées (dont l'une est non bornée).

Ceci posé soient G un domaine, T sa frontière, P la figure polygonale approchée de T. Soit G' l'ensemble des points de G qui sont dans la région $A(P)$; G comprend un certain nombre d'aires limitées par des portions de P. Pour G' on peut définir un ordre de connexité [voir l'article III 6]. *A. Schoenflies* appelle ordre de connexité de G la limite supérieure des ordres de G' quand ε tend vers zéro. Cet ordre est d'ailleurs fini ou infini.

C. Jordan[73]) donne également une définition de cet ordre de connexité. Il dit qu'une région R est d'ordre $n+1$ quand elle est limitée: 1°) par n contours fermés sans points multiples extérieurs les uns aux autres; 2°) par un autre contour analogue les renfermant tous à son intérieur*

12. *Les continus linéaires.** Il est facile de voir en quoi consiste dans le cas d'une dimension la notion d'ensemble continu d'après *G. Cantor*. Si un tel ensemble comprend deux points d'une droite, il

71) *Ann. mat. pura appl. (3) 3 (1899), p. 65.*

72) *Jahresb. deutsch. Math.-Ver.[30]), Ergänzungsband 2 (1908), p. 112.*

73) *Cours d'Analyse[12]) 1, p. 100.*

comprend tous les points intermédiaires[74]). C'est bien là la notion de *continu linéaire* au sens donné à ces mots jusqu'ici.

G. Cantor a justement été amené à sa définition de l'ensemble continu par la nécessité de préciser la notion de continu, ce qui n'avait pas été fait ou mal dans le cas de deux dimensions ou plus[75]). Il étudie au point de vue historique les différentes opinions relatives à cette notion de continu; ces opinions se rattachent aux noms d'*Aristote*, d'*Épicure*, de *Saint Thomas d'Aquin* et aboutissent à cette conclusion que c'est là une intuition *a priori*. Il essaie de donner à cette notion un base *arithmétique* en dehors de l'intuition du temps ou de l'espace. Il aboutit à la définition donnée plus haut d'un ensemble continu: parfait et bien enchaîné. Il rejette la définition de *B. Bolzano*[76]) comme donnant le nom de continu à la somme de deux continus séparés.

Le nombre des dimensions est indifférent à la définition: ainsi la réunion d'un volume, d'une surface et d'une ligne, le tout d'un seul tenant est un continu pour *G. Cantor*, mais nous allons voir apparaître des propriétés particulières en étudiant spécialement (dans le cas d'un espace à deux dimensions) les continus linéaires, c'est-à-dire sans points intérieurs. *P. Painlevé*[77]) et *L. Zoretti*[78]) emploient encore pour les désigner le nom de *ligne cantorienne* ou même en abrégé de *ligne*.

Les auteurs, très nombreux, qui emploient le mot ligne ou ligne continue n'ont pas toujours expliqué d'une façon très précise ce qu'ils entendaient par là. Cependant il est évidemment très important d'apporter quelques précisions sur cette question. On verra dans l'article III 2 sous combien d'aspects divers cette notion a pu être envisagée et l'a été en effet. Nous nous bornerons ici à ce qui concerne strictement la théorie des ensembles de points.

La définition de *G. Cantor* peut être considérée comme la plus simple et la plus générale, mais elle n'est pas toujours d'un emploi très commode dans les applications, par exemple en Analyse élémentaire. Elle est au contraire indispensable dans un certain nombre

---

74) *Voir *C. Jordan*, Cours d'Analyse[12]) 1, p. 27; *L. Zoretti*, Leçons sur le prolongement analyt.[70]), p. 20.*

75) *Pour le continu linéaire, c'est *R. Dedekind* [Stetigkeit und irrationale Zahlen, Brunswick 1872; (3e éd.) Brunswick 1905] qui peut être considéré comme ayant résolu la question. Voir *G. Cantor*, Math. Ann. 21 (1883), p. 549; Acta math. 2 (1883), p. 403.*

76) *Paradoxien des Unendlichen, publ. par *F. Přihonski*, Leipzig 1851, p. 28; réimpr. Berlin 1889, p. 28.*

77) *Notice sur ses travaux scientifiques, Paris 1900, p. 16.*

78) *J. math. pures appl. (6) 1 (1905), p. 8.*

de questions où le point de départ est la classification des ensembles fermés[79]). Mais on sent la nécessité d'une définition peut-être moins générale mais plus pratique. La définition de *C. Jordan*[80]) répond à ce besoin.

C. Jordan appelle ligne continue, ou ligne, un ensemble de points dont les coordonnées sont des fonctions continues d'un paramètre prenant *toutes* les valeurs d'un intervalle borné. Si t satisfait aux inégalités $a \leqq t \leqq b$, où a et b sont des nombres donnés, on a

$$x = f(t), \quad y = g(t).$$

Il est tout naturel de se demander quelles relations il y a entre les définitions précédentes. D'abord toute ligne au sens de *C. Jordan* (en abrégé *ligne de Jordan*) est un ensemble *parfait* de points, à condition que les points

$$x = f(a), \quad y = g(a); \quad x = f(b), \quad y = g(b)$$

soient bien déterminés. Il est aussi bien enchaîné à cause de l'*uniformité* de la continuité [voir II 1, 9] des fonctions f et g. C'est donc un *continu* au sens de *G. Cantor*. Mais on verra plus loin que ce n'est pas forcément un continu linéaire: il peut renfermer des aires.

Il est plus compliqué de chercher à quelles conditions un continu linéaire est une ligne de Jordan. Il y a certainement des lignes cantoriennes qui ne sont pas lignes de Jordan. Un exemple très simple est fourni par *H. Lebesgue*[81]). Il y a donc des restrictions certaines à apporter à la définition de *G. Cantor* pour la rendre identique à celle de *C. Jordan*. Le choix de ces restrictions comporte un certain arbitraire. Il y aura avantage à ce qu'elles soient aussi *cantoriennes* que possible.

L'importance de la question vient surtout de ce qu'il est possible sur une ligne de Jordan de définir l'ordre de succession des points. Il est donc intéressant de rechercher les lignes cantoriennes pour lesquelles il est possible d'en faire autant. Cette question a été abordée de deux façons différentes par *A. Schoenflies*[82]) d'une part, *L. Zoretti*[83]) et *S. Janiszewski*[84]) d'autre part. Les résultats de *A. Schoenflies* seront

---

79) *Voir par exemple *P. Painlevé*, Ann. Fac. sc. Toulouse (1) 2 (1888), mém. n° 2; *L. Zoretti*, J. math. pures appl. (6) 1 (1905), p. 1.*

80) *Cours d'Analyse[12]) 1, p. 90.*

81) *Rend. Circ. mat. Palermo 24 (1907), p. 378.*

82) *Jahresb. deutsch. Math.-Ver.[30]), Ergänzungsband 2 (1908), p. 199.*

83) *Ann. Ec. Norm. (3) 26 (1909), p. 489.*

84) *C. R. Acad. sc. Paris 151 (1910), p. 196.*

mieux à leur place un peu plus loin [nº **13**]. Bornons-nous ici à ceux de *L. Zoretti* et *S. Janiszewski.*

C. Jordan appelle *ligne simple* ou *sans points multiples* une ligne telle qu'il n'y ait pas deux valeurs différentes de t donnant le même point de la courbe, sauf *peut-être* les valeurs extrêmes $t = a$, $t = b$. Si ces valeurs extrêmes donnent des points différents, la ligne est dite *ouverte*; elle est *fermée* si ces points sont confondus.

L. Zoretti appelle continu *irréductible* entre deux points a, b un continu dont aucune *portion* continue ne contient a et b. Ce continu est certainement linéaire; il démontre les théorèmes suivants:

Si l'on décompose un continu en deux ensembles fermés ayant un seul point commun, chacun d'eux est séparément continu; si le premier est irréductible, les deux autres le sont aussi (entre des points convenables) et la décomposition n'est possible que d'une manière pour une position donnée du point commun.

Étant donné un continu irréductible entre a et b, il n'est pas toujours possible de le décomposer en deux continus contenant l'un a et l'autre b et n'ayant en commun qu'un seul point c donné[85]).

Les ensembles irréductibles pour lesquels une telle décomposition est possible quel que soit c ont été appelés *arcs simples* par *S. Janiszewski*[86]). Ils sont identiques à la ligne de Jordan *simple* ouverte.

Il est intéressant de trouver des conditions nécessaires et suffisantes pour qu'un continu irréductible soit simple. Voici les énoncés de ces conditions donnés par *S. Janiszewski* et *L. Zoretti*:

Pour *S. Janiszewski* l'ensemble ne doit contenir aucun *continu de condensation*, en appelant ainsi un continu tel que le dérivé de sa différence avec le continu donné soit identique à ce dernier.

Pour *L. Zoretti* il faut que l'ensemble ne renferme aucune portion irréductible de plusieurs manières, c'est-à-dire entre des couples de points différents.

Pour un continu irréductible qui n'est pas simple, on peut néanmoins, dans une certaine mesure, définir l'ordre de succession des points en vertu du théorème suivant[87]):

Étant donné un point c d'un continu irréductible entre deux points a et b, il est possible et d'une seule manière de le décomposer en trois ensembles C_1, C_2, Γ jouissant des propriétés que voici: C_1 et C_2 sont bien enchaînés, l'un contient a, l'autre b et ils ont en commun

85) *L'exemple de la courbe $y = \sin\frac{1}{x}$ le montre bien.*

86) **L. Zoretti* appelle ces ensembles des *ensembles complètement fermés*.*

87) **L. Zoretti*, C. R. Acad. sc. Paris 151 (1910), p. 201.*

le seul point c; Γ est formé de l'ensemble des points limites communs à C_1 et C_2.

Il est alors possible de définir l'arc mp joignant deux points du continu donné. Pour que celui-ci soit un arc simple, il faut et il suffit que mp se réduise à un seul point quand m et p tendent vers un même point-limite.*

13. *__La frontière d'un continuum.__ *C. Jordan* a démontré qu'une ligne simple fermée C jouit de l'importante propriété suivante:

Les points du plan qui n'appartiennent pas à C forment deux continua séparés par C, c'est-à-dire que deux points de l'un d'entre eux peuvent toujours être joints par un trait continu (une ligne brisée par exemple) qui ne renferme aucun point de C; et au contraire, deux points pris un dans chaque région *ne peuvent pas* être joints par un trait continu sans rencontrer C.

Ce théorème, auquel on donne le nom de *théorème de Jordan*[88]), s'appuie sur la propriété suivante: on peut trouver deux polygones S_1 et S_2 sans point multiple, intérieurs l'un à l'autre, entre lesquels C se trouve compris et tel que chaque point compris entre eux est à un écart de C inférieur à ε. Le théorème de Jordan est alors *admis* pour ces polygones et on le démontre pour C. Or il y a un grand intérêt à démontrer ce théorème d'une manière purement arithmétique. C'est ce qu'ont essayé de faire, avec plus ou moins de succès, différents auteurs. D'ailleurs, même avant *C. Jordan*, la question avait été soulevée par *J. Thomae*[89]) et *C. Neumann*[90]) notamment, mais ils ne donnaient pas de démonstrations.

A. Schoenflies donne une démonstration[91]) qui est critiquée par *L. D. Ames*[92]). Celui-ci donne une démonstration qui n'a pas le défaut de celle de *C. Jordan*, et qui peut s'étendre au cas de trois dimensions; mais elle n'est pas générale: il suppose en effet que la courbe donnée est une somme d'arcs sur chacun desquels l'une des coordonnées est fonction uniforme et continue de l'autre[93]).

---

88) *On dit en allemand „Der Jordansche Kurvensatz". *A. Schoenflies*[30]), Jahresb. deutsch. Math.-Ver., Ergänzungsband 2 (1908), p. 168; *C. Jordan*, Cours d'Analyse[12]) 1, p. 92.*

89) *Abriss einer Theorie der komplexen Funktionen, (2e éd.) Halle 1873, p. 4.*

90) *Vorlesungen über Riemanns Theorie der Abelschen Integrale, Leipzig 1865, p. 53.*

91) *Nachr. Ges. Gött. 1896, p. 79.*

92) *Amer. J. math. 27 (1905), p. 343.*

93) *La démonstration se base sur l'*ordre* d'un point par rapport à une courbe: *L. D. Ames* appelle ainsi la variation de l'argument du rayon qui joint le point à un point P de la courbe quand P effectue sur la courbe un tour

On peut, au point de vue cantorien, se poser une question analogue: c'est ce qu'a fait *E. Phragmén*[94]). Considérons un continuum au sens de *K. Weierstrass*. En quoi consiste sa frontière? Il démontre que cette frontière se compose d'une infinité (dénombrable) de lignes cantoriennes fermées, en appelant ainsi des lignes qui partagent le plan au moins en deux continua séparés, c'est-à-dire tels que deux points pris un dans chacun d'eux ne peuvent être joints sans rencontrer la ligne.

On peut se demander si les lignes cantoriennes qui peuvent être frontières d'un domaine ne forment pas parmi les lignes cantoriennes une famille particulière jouissant de propriétés intéressantes. *A. Schoenflies*[95]) a été conduit à se poser cette question en étudiant ce qu'il appelle la réciproque du théorème de Jordan, c'est-à-dire la question suivante: lorsqu'elle est un ensemble continu, la frontière d'un domaine est-elle une ligne de Jordan, ou suivant son expression une image continue de la droite (stetiges Bild der Strecke)?

A. Schoenflies donne les définitions suivantes:

Un point t de la frontière T d'un domaine G est dit *accessible pour* G (erreichbar für G) quand on peut le joindre à un point quelconque de G par un chemin composé d'un nombre fini de segments de droite ou d'une infinité ayant t pour *seul* point limite [cf. n° **15**]. Il appelle un tel chemin un *chemin simple* (ein einfacher Weg) ou un *chemin* (ein Weg). Si la propriété a lieu pour toutes les portions de G à la frontière desquelles t appartient, il est dit *accessible de tous côtés* (allseitig erreichbar) *pour* G. Il démontre alors, en employant la méthode des polygones d'approximation empruntée à *C. Jordan*, le théorème suivant:

Un ensemble continu qui est frontière d'un seul domaine est une ligne de Jordan pourvu que tous ses points soient accessibles de tous côtés.

L'étude générale des courbes fermées a été entreprise par *A. Schoenflies*, mais des exemples très simples donnés par *L. E. J. Brouwer*[96]) ont montré qu'un certain nombre de ses résultats sont inexacts. Citons par exemple l'existence d'une courbe fermée qui ne peut se décomposer en deux arcs, d'un domaine dont la frontière extérieure n'est pas une

---

complet. Il étend ses considérations à l'espace G_3 au moyen de l'étude de l'angle solide.*

94) *Acta math. 7 (1885/6), p. 43.*

95) *Jahresb. deutsch. Math.-Ver.[30]), Ergänzungsband 2 (1908), p. 212.*

96) *Math. Ann. 68 (1910), p. 422. Des exemples de même nature se trouvent dans *A. Denjoy* [C. R. Acad. sc. Paris 151 (1910), p. 138] et dans *Zoard de Geöcze* [Math. termész. ertesitö 26 (1908), p. 475].*

ligne fermée simple, d'un ensemble non dense d'un seul tenant qui est la frontière commune de trois domaines.

L. Zoretti[97]) a énoncé le résultat suivant:

Toute ligne cantorienne qui limite un domaine est la somme de deux continus irréductibles qui ont deux points communs si elle jouit de la propriété suivante: on peut trouver deux points a et b de la ligne qu'on peut joindre par une ligne entièrement intérieure au domaine et n'ayant que a et b en commun avec la ligne donnée.*

14. *Les ensembles partout discontinus.** Les ensembles partout discontinus ont été moins étudiés ou ne l'ont été que tout récemment. Comme on va le voir, leurs propriétés les rapprochent tantôt des ensembles dénombrables, tantôt des ensembles continus. Certaines de ces propriétés ont une allure paradoxale.

Les exemples les plus simples sont fournis par les ensembles parfaits non denses à une dimension [n° 7]. Mais les ensembles à deux dimensions constituent des groupements de points bien plus curieux.

Les seules propriétés générales actuellement connues de ces ensembles sont les deux suivantes:

Tout point a d'un ensemble partout discontinu peut être entouré d'une ligne fermée ne contenant aucun point de l'ensemble et dont tous les points sont à une distance de a inférieure à tout nombre donné. La ligne dont il est question dans l'énoncé peut être supposée *analytique* ou formée de lignes analytiques (segments de droite par exemple). Cette propriété est due à *P. Painlevé*[98]).

L. Zoretti[99]) a démontré aussi qu'on peut faire passer une ligne par *tous* les points d'un ensemble discontinu donné; la ligne dont il s'agit dans cet énoncé est une ligne cantorienne qui est frontière d'un domaine.

P. Painlevé[100]) a donné des ensembles discontinus la classification suivante:

Entourons tous les points de l'ensemble d'un nombre fini d'aires dont chacune soit intérieure à un cercle de rayon ε. Soit L la longueur totale des contours de ces aires. Alors trois cas sont possibles:

1°) Si L tend vers zéro avec ε, l'ensemble est ponctuel;

---

97) *Ann. Ec. Norm. (3) 26 (1909), p. 488; (3) 27 (1910), p. 567.*

98) *La démonstration se trouve dans *L. Zoretti*, J. math. pures appl. (6) 1 (1905), p. 9.*

99) *J. math. pures appl. (6) 1 (1905), p. 11. *F. Riesz* [C. R. Acad. sc. Paris 141 (1905), p. 650] donne un énoncé analogue, la ligne en question étant une ligne de Jordan simple. Mais la démonstration est inexacte.*

100) *Notice [77]), p. 16.*

2°) Si L est borné quand ε tend vers zéro, l'ensemble est semi-linéaire;

3°) Si L croît indéfiniment avec $\frac{1}{\varepsilon}$, l'ensemble est semi-superficiel. *P. Painlevé*[101]) a donné toutefois plus tard une classification légèrement différente.

Voici quelques exemples d'ensembles discontinus jouissant, comme on va le voir, de propriétés qui sembleraient *a priori* devoir appartenir seulement à des continus: ces conséquences logiques de définitions bien conçues choquent d'une façon indéniable notre sens de la continuité et nous apprennent à nous en défier.

Considérons l'ensemble des points de coordonnées

$$x = 0,\ a_1 a_2 a_3 \ldots a_n \ldots\ldots$$
$$y = 0,\ b_1 b_2 b_3 \ldots b_n \ldots\ldots$$

x étant écrit dans le système de numération de base trois et y dans le système binaire; les a désignent une combinaison quelconque des chiffres 0 et 2, les b sont liés aux a de la façon suivante: on a

$$b_n = 0 \quad \text{si} \quad a_n = 0$$

et

$$b_n = 1 \quad \text{si} \quad a_n = 2.$$

L'ensemble ainsi obtenu est parfait et mal enchaîné entre deux de ses points. Il ne contient aucune ligne. Or sa projection sur l'axe Ox est un ensemble parfait non dense tandis que sa projection sur l'axe Oy épuise *tous* les points du segment $(0, 1)$. Voilà donc un ensemble discontinu dont une projection est continue.

De l'exemple précédent on peut en tirer d'autres encore plus curieux. Soit E cet ensemble et soit un ensemble dénombrable et fermé de nombres réels α compris entre 0 et 1. Effectuons sur E toutes les rotations d'angle $2\pi\alpha$ autour de l'origine. L'ensemble des ensembles obtenus est partout discontinu. Il a une projection continue sur une infinité dénombrable de droites, savoir, celles qui font avec l'axe des y les angles $2\pi\alpha$. Toutes les droites parallèles à l'une des directions qui font l'angle $2\pi\alpha$ avec Ox, et qui passent à une distance de l'origine inférieure à 1, rencontrent l'ensemble.

Désignons par

$$y = f(x)$$

la correspondance définie par l'ensemble E; l'ensemble

$$\varrho = f\left(\frac{\theta}{2\pi}\right),$$

101) *C. R. Acad. sc. Paris 148 (1909), p. 1156.*

ϱ et θ désignant les coordonnées polaires d'un point, est discontinu, et tout cercle ayant l'origine pour centre et un rayon inférieur à 1 rencontre l'ensemble[102]. Au contraire l'ensemble

$$\theta = 2\pi f(\varrho),$$

discontinu toujours, est rencontré en un point au moins par toutes les droites issues de l'origine[103].

Considérons encore l'ensemble

$$\theta - \frac{\pi}{4} = 2\pi f(\varrho\sqrt{2} - 1)\cdot$$

Il est analogue au précédent; ϱ varie de $\frac{\sqrt{2}}{2}$ à $\sqrt{2}$, et θ prend *toutes* les valeurs de $\frac{\pi}{4}$ à $2\pi + \frac{\pi}{4}\cdot$ Soient F les points obtenus. Prenons chaque point F pour homologue du point $x = 1$, $y = 1$ et construisons un ensemble *semblable* à E, en prenant l'origine pour point double de cette similitude. L'ensemble de tous les ensembles obtenus a une projection en partie continue sur *toutes* les droites possibles. Toute droite qui passe à une distance de l'origine inférieure à 1 rencontre l'ensemble; en associant une infinité d'ensembles égaux à celui-là et déduits par une infinité de translations convenables, on obtient un ensemble *sans lignes* qui est rencontré en un point au moins, et même en une infinité, par *toute* droite du plan[104].

Ces singularités inattendues ont nécessité, en vue des applications à la théorie des fonctions, l'introduction d'une notion nouvelle pour établir une classification parmi les ensembles discontinus, basée sur la façon dont sont distribués les points par rapport à la droite, élément variable du plan. C'est la notion de *sinuosité.*

Joignons deux points A et B d'un ensemble discontinu de toutes les façons possibles de façon à ne jamais passer par un autre point de l'ensemble. Soit $1 + \lambda$ le plus petit rapport des longueurs de ces chemins à la longueur AB. La limite supérieure de λ, quand A et

---

102) *Cela montre que, pour la ligne dont il est question dans le premier théorème au début de ce numéro, on ne peut pas toujours choisir un cercle; c'est ce qui montre aussi que ce théorème, qu'on pourrait être tenté de considérer comme évident, doit être démontré.*

103) *Dans la formation de l'étoile de Mittag-Leffler [voir II 8] le domaine obtenu peut donc être limité quoique la fonction n'ait que des *points* singuliers et pas de lignes.*

104) *Voir *L. Zoretti,* C. R. Acad. sc. Paris 142 (1906), p. 763; Leçons sur le prolongement analyt.[70], p. 23; *A. Denjoy* [C. R. Acad. sc. Paris 149 (1909), p. 726] donne un autre exemple d'ensemble discontinu qui a des points sur toute droite.*

B tendent vers un point donné de l'ensemble, sera la sinuosité en ce point[105]).*

15. *Les ensembles fonctions d'un paramètre. On a souvent à envisager des ensembles variables dépendant d'un paramètre. Il y a lieu pour ces ensembles de définir l'ensemble *limite*. Nous retrouvons ici le mot limite sous son ancien aspect, celui de succession d'éléments variables, tandis que dans la théorie des ensembles c'est *simultanément* que l'on considère les éléments en nombre infini donnés.

Pour simplifier, on supposera que les ensembles E_n dépendent d'un indice n qui grandit indéfiniment.

Un point est dit *limite des* E_n si, dans son voisinage, il y a des points appartenant à des E_n pour une infinité de valeurs de n. Il est dit *limite pour tous les* E_n si, quelque petit que soit un cercle l'entourant, on peut trouver un nombre ν tel que, pour $n \geqq \nu$, *tout* ensemble E_n pénètre dans ce cercle[106]).

L'ensemble des points limites est l'ensemble limite. Cet ensemble existe toujours et il est fermé.

Il est intéressant de se demander dans quel cas un ensemble continu variable a un ensemble limite continu. *E. Phragmén*[107]) en étudie déjà un cas particulier. *P. Painlevé* donne l'énoncé suivant:

Si chacun des ensembles continus E_n contient tous les suivants l'ensemble limite est continu (ou réduit à un point).

L. Zoretti complète ainsi le théorème: s'il existe au moins un point a qui est limite pour tous les E_n, l'ensemble limite est continu (ou réduit à un point).

On peut d'ailleurs se demander, dans le cas où un ensemble continu E_n a pour limite un continu E, s'il existe nécessairement des points de E qui sont limites pour tous les E_n, ou encore si l'on peut choisir parmi les E_n des ensembles de façon que le nouvel ensemble limite soit encore continu et renferme des points limites de tous les E_n. Des exemples simples montrent qu'une condition est nécessaire pour cela.

L. Zoretti a démontré à ce sujet le théorème suivant: s'il existe un point a limite de tous les E_n (les E_n étant continus), on peut choisir

---

105) **A. Denjoy*, C. R. Acad. sc. Paris 149 (1909), p. 726/8, 1048/50. Voir aussi *L. Zoretti*, C. R. Acad. sc. Paris 150 (1910), p. 162/4, où sont exposées d'autres façons d'introduire un nombre pour caractériser l'enchevêtrement des points de l'ensemble (qui n'est même plus forcément discontinu).*

106) *La notion de point limite a été introduite par *P. Painlevé*; voir *L. Zoretti*, J. math. pures appl. (6) 1 (1905), p. 10; Bull. Soc. math. France 37 (1909), p. 116/9.*

107) *Acta math. 7 (1885/6), p. 43/8.*

parmi les E_n une infinité d'ensembles G_p tels que l'ensemble limite G soit continu et que tous les points de G soient limites pour tous les G_p.

Tous ces résultats ont des applications fréquentes dans la théorie des fonctions.*

Les correspondances entre domaines continus à m et n dimensions.

16. ***La puissance du continu à n dimensions.** On a déjà fait allusion plus haut au théorème général de *G. Cantor*[108]) sur la puissance du continu à n dimensions. Les énoncés de *G. Cantor* sont les suivants:

I. Soient n variables $x_1, x_2, \ldots x_n$, dont chacune peut prendre toutes les valeurs réelles comprises entre 0 et 1, et t une autre variable prenant les mêmes valeurs; on peut faire correspondre d'une façon biuniforme chaque valeur de t à chaque système de valeurs de $x_1, x_2, \ldots, x_n$.

II. On peut faire correspondre d'une façon biuniforme l'ensemble continu à n dimensions avec un ensemble continu linéaire, ou encore avec un continu à m dimensions, où m et n sont inégaux.

La démonstration (dans le cas $n = 2$ par exemple) est basée sur la représentation de tout nombre réel entre 0 et 1 par une fraction continue [cf. I 3, **12**; I 4, **28**]

$$x = \frac{1|}{|a_1} + \frac{1|}{|a_2} + \cdots + \frac{1|}{|a_n} + \cdots\cdots,$$

où $a_1, a_2, \ldots, a_n, \ldots\ldots$ sont des entiers positifs.

A ce nombre x on fera correspondre, par exemple, le système de nombres

$$X = \frac{1|}{|a_1} + \frac{1|}{|a_3} + \cdots + \frac{1\ |}{|a_{2n+1}} + \cdots\cdots,$$

$$Y = \frac{1|}{|a_2} + \frac{1|}{|a_4} + \cdots + \frac{1|}{|a_{2n}} + \cdots\cdots,$$

et il est facile de voir que tout système de nombres X, Y entre 0 et 1 correspond à un nombre x entre 0 et 1 et inversement: c'est bien là la correspondance cherchée.

Quand on a établi une telle correspondance, on peut dire que X et Y sont des fonctions de x; ces fonctions sont discontinues.

G. Peano[109]) a donné le premier exemple d'une correspondance

---

108) *J. reine angew. Math. 84 (1878), p. 242/58; Acta math. 2 (1883), p. 311.*

109) *Math. Ann. 36 (1890), p. 157/60. Un exemple analogue pouvant s'étendre à plus de deux dimensions est donné par *A. Schoenflies*, Nachr. Ges. Gött. 1896, p. 255/66.*

analogue mais continue: il a pu former deux fonctions

$$X(x),\ Y(x)$$

continues de la variable x qui, lorsque x prend toutes les valeurs de 0 à 1, prennent tous les systèmes de valeurs où les deux variables sont comprises entre 0 et 1. Le point (X, Y) décrit donc une courbe de Jordan [n° **12**] et cette courbe passe par tous les points d'un carré de côté égal à 1.

On a l'habitude de désigner de telles courbes sous le nom de *courbes de Peano.*

Voici le premier exemple de *G. Peano*: soit le nombre x écrit dans le système de base 3

$$x = 0, a_1 a_2 \ldots a_n \ldots\ldots$$

Convenons d'appeler *complément* du chiffre a le chiffre $(2 - a)$, qui sera désigné par k_a, en sorte que

$$k_0 = 2,\ k_1 = 1,\ k_2 = 0.$$

Soit k_a^n le résultat de l'opération k répétée n fois sur a. On a

$$k_a^{2n} = a; \quad k_a^{2n+1} = k_a.$$

Faisons correspondre au nombre x le système des deux nombres suivants:

$$X = 0, b_1 b_2 \ldots b_n \ldots\ldots,$$
$$Y = 0, c_1 c_2 \ldots c_n \ldots\ldots,$$

en posant

$$\begin{array}{ll} b_1 = a_1, & c_1 = k_{a_2}^{a_1}, \\ b_2 = k_{a_3}^{a_2}, & c_2 = k_{a_4}^{a_1 + a_3}, \\ \vdots & \vdots \\ b_n = k_{a_{2n-1}}^{a_2 + a_4 + \cdots + a_{2n-2}}, & c_n = k_{a_{2n}}^{a_1 + a_3 + \cdots + a_{2n-1}}; \end{array}$$

en d'autres termes, le $n^{\text{ième}}$ chiffre de X est a_{2n-1} ou son complément suivant que la somme des chiffres de rang pair jusqu'au $n^{\text{ième}}$ dans x est paire ou impaire; pour Y la règle est analogue.

A chaque valeur de x répond un système X, Y et cette correspondance est continue, car, si deux valeurs de x sont voisines, un grand nombre de leurs chiffres sont communs; X et Y ont donc aussi beaucoup de chiffres communs[110]).

Il faut remarquer tout de suite qu'à un système de valeurs de X et Y peuvent répondre deux ou quatre valeurs de x; la correspondance n'est donc pas doublement uniforme.

---

110) **E. Cesàro* [Bull. sc. math. (2) 21 (1897), p. 257/66] a donné une représentation analytique de la courbe de Peano.*

Un autre exemple a été donné par *D. Hilbert*[111]). Il consiste à diviser le segment (0, 1) en 9, 81, 729, ..., 9^n parties égales, et de même le carré de côté égal à 1, en un même nombre de carrés égaux; puis à établir parmi ces 9^n carrés un ordre, un numérotage qui fasse correspondre chacun d'eux à un des segments. Ceci posé, un point quelconque du segment (0, 1) est intérieur, à chaque stade de la subdivision, à un des segments; il lui correspond donc chaque fois un carré; on démontre que ces carrés s'emboîtent les uns dans les autres et tendent vers un point. A tout point x du segment correspond un point X, Y du carré et cette correspondance est continue.

Ici encore, à un point du carré ne correspond pas toujours *une* valeur de x: si le point est sur un côté d'un des carrés, il lui en correspond deux; s'il est sommet de l'un des carrés il lui en correspond quatre. L'ensemble des points du carré auxquels il ne correspond pas un point unique est *dense* dans le carré.

D'autres exemples de courbes de Peano ont été donnés depuis[112]). *A. Schoenflies*[113]) s'est demandé si un domaine quelconque, dans l'espace à deux dimensions par exemple, pouvait toujours être recouvert par une courbe de Peano. Il est parvenu aux énoncés suivants:

La condition nécessaire et suffisante pour qu'un domaine d'un seul tenant dont la frontière est formée d'une seule courbe soit image continue d'un segment, c'est que la courbe frontière soit accessible de tous côtés, ou en abrégé soit une courbe simple.

Le cas où le domaine complémentaire se compose d'un nombre fini quelconque de domaines se traite de la même façon: tout point frontière doit être accessible pour tous les domaines dont il est point frontière.

Au contraire, quand il y a un nombre infini de domaines complémentaires, une nouvelle condition est nécessaire. C'est la suivante: il ne doit y avoir qu'un nombre fini de ces domaines de largeur supérieure à un nombre donné quelconque.*

17. *__Les correspondances continues et réciproques entre domaines de dimensions différentes.__ On peut interpréter avec *A. Schoenflies* de la façon suivante le fait que les courbes de Peano mettent

---

111) *Math. Ann. 38 (1891), p. 459/60; *E. Picard*, Traité d'Analyse (2e éd.) 1, Paris 1901, p. 21.*

112) *Voir notamment *H. Lebesgue*, Leçons sur l'intégration [48]), p. 44. Il a étendu son exemple au cas d'un espace à une infinité de dimensions [J. math. pures appl. (6) 1 (1905), p. 210].*

113) **A. Schoenflies* [30]), Jahresb. deutsch. Math.-Ver., Ergänzungsband 2 (1908), p. 216.*

en évidence. Considérons d'une part les transformations univoques continues et *réciproques*: elles forment un groupe G. D'autre part les transformations qui sont simplement univoques et continues forment aussi un groupe Γ, dont le premier est un sous-groupe; *A. Schoenflies* appelle le premier le *groupe restreint* (die engere Gruppe), le second le *groupe complet* (die weitere Gruppe).

On peut alors énoncer les théorèmes précédents en disant que le nombre de dimensions d'un espace n'est pas un invariant du groupe Γ.

C'est au contraire un invariant du groupe G, ce qu'exprime le théorème suivant:

Si l'on considère l'entourage complet d'un point dans un espace à n dimensions G_n, on ne peut pas, par une transformation *réciproquement univoque et continue*, lui faire correspondre l'entourage complet d'un point dans un espace à m dimensions G_m, lorsque m et n sont inégaux.

C. Jordan a d'ailleurs démontré que, si une transformation biunivoque est continue, la transformation inverse l'est également. Dans l'énoncé précédent, on peut donc au choix supposer que le mot réciproque s'applique soit aux deux mots „univoque et continue", soit au premier seul.

On peut énoncer ainsi le théorème: si deux domaines à m et n dimensions sont en correspondance bicontinue de façon qu'à un point du premier, G_m, correspond au moins un point du second, et à un point du second au plus un point du premier, on a $n \geqq m$.

Ces théorèmes ont été établis d'abord pour des valeurs particulières de m et n.

J. Lüroth[114]) a tout d'abord étudié le cas $m = 1$, $n \geqq 2$; il a étendu ensuite sa démonstration au cas $m = 2$, $n = 3$; puis au cas $m = 3$, $n = 4$[115]).

Pour $m = 1$ et n quelconque, *R. Milesi*[116]) et *A. Schoenflies*[117]) montrent qu'à la section de G_n par un plan devrait correspondre un intervalle sur la droite G_m; or on ne peut y placer qu'une série dénombrable d'intervalles tandis qu'on peut concevoir dans G_n une série non dénombrable de sections parallèles.

La question a encore été étudiée plus récemment par *R. Baire*[118])

114) *Sitzgsb. phys.-medic. Soc. Erlangen 10 (1877/8), p. 190.*

115) *J. Lüroth, id. 31 (1899), p. 87; Math. Ann. 63 (1907), p. 222/38.*

116) *Rivista mat. 2 (1892), p. 103/6.*

117) *Nachr. Ges. Gött. 1899, p. 289.*

118) *Bull. sc. math. (2) 31 (1907), p. 94/9; C. R. Acad. sc. Paris 144 (1907), p. 318/21.*

et *A. Schoenflies*[119]). Voici l'ordre des idées de la démonstration tentée par *R. Baire*: si deux ensembles fermés,

$$G_n, G_p,$$

sont en correspondance biuniforme et s'il y a correspondance des éléments limites, on dira qu'il y a *application* des ensembles l'un sur l'autre; les points correspondants seront dits *images* l'un de l'autre. Une surface applicable sur la sphère dans un espace à n dimensions s'appelle surface fermée simple. *R. Baire* démontre qu'une telle surface définit un intérieur et un extérieur jouissant des propriétés habituelles déjà vues à propos du théorème de Jordan, que ce nouveau théorème généralise.

Soient alors dans un même espace à n dimensions, G_n, une sphère P et un ensemble π applicable sur P; il démontre que deux points images l'un de l'autre sont simultanément frontières, non frontières, intérieurs, extérieurs. On déduit alors facilement de là que deux ensembles fermés pris l'un, E_1, dans un espace G_n l'autre, F_1, dans un espace G_{n+p} ne peuvent être applicables si F_1 épuise les points d'une sphère. On considère à cet effet la section de F_1 par le plan

$$x_{n+1} = x_{n+2} = \cdots = x_{n+p} = 0,$$

$x_1, x_2, \ldots, x_{n+p}$ étant les $n+p$ variables de l'espace G_{n+p}.

La première démonstration générale a été publiée à peu près simultanément par *L. E. J. Brouwer*[120]) et *H. Lebesgue*[121]).

M. Fréchet[122]) a donné une définition générale du nombre (ou mieux du type) de dimensions d'un ensemble abstrait et a formé une échelle de types de dimensions croissantes parmi les ensembles des espaces géométriques.*

La mesure des ensembles.

18. *La définition de Cantor.* On s'est proposé dès le début de la théorie des ensembles d'associer à tout ensemble de points des nombres qui seraient les analogues de ceux qui représentent les longueurs, les aires, les volumes et qui pourraient jouer un rôle dans un grand nombre d'applications. Il y avait évidemment dans la définition d'un tel nombre un grand arbitraire. Aussi ne faut-il pas s'étonner du grand nombre de définitions qui ont été proposées.

---

119) **A. Schoenflies*[30]), Jahresb. deutsch. Math.-Ver., Ergänzungsband 2 (1908), p. 167.*

120) *Math. Ann. 70 (1911), p. 161/5.*

121) *Id. p. 166/8; C. R. Acad. sc. Paris 152 (1911), p. 841/3.*

122) *Math. Ann. 68 (1910), p. 145/68.*

Les premières définitions sont celle de *H. Hankel*[123]) et celle de *A. Harnack*[124]). On enferme les points de l'ensemble (en le supposant linéaire) dans des intervalles en nombre fini; on suppose que la longueur de ces intervalles (du plus grand d'entre eux) tende vers zéro et la *mesure* (Inhalt) de l'ensemble est la limite vers laquelle tend dans ces conditions la somme des longueurs des intervalles. Si cette mesure est zéro, *A. Harnack* dit que l'ensemble est *discret*.

Pour évaluer la mesure d'un ensemble dont les points sont répartis sur un segment de longueur l, on construit tous les intervalles de longueur supérieure à $\frac{l}{2}$ qui ne contiennent aucun point de l'ensemble; puis dans les intervalles restants, ceux de longueur supérieure à $\frac{l}{4}$ sans points de l'ensemble, et ainsi de suite. A chaque stade de l'opération, on a un nombre fini d'intervalles renfermant les points de l'ensemble, et l'on peut évaluer leur longueur totale, puis sa limite.

La définition s'étend à un espace à n dimensions en remplaçant les intervalles par des *domaines sphériques*.

A. Harnack signale qu'il peut sembler à première vue que tout ensemble dénombrable est discret, car on peut se donner une suite de nombres ε_n de façon que la série

$$\varepsilon_1 + \varepsilon_2 + \cdots + \varepsilon_n + \cdots\cdots$$

ait une somme très petite, et l'on peut alors enfermer les points x_n de l'ensemble chacun dans un intervalle de longueur ε_n; seulement le nombre des intervalles n'est plus fini et il est amené ainsi à se poser la question suivante:

Quand un ensemble est recouvert d'une infinité d'intervalles dont la somme des longueurs est s, à quelle condition peut-on affirmer qu'il pourrait être recouvert par un nombre fini d'intervalles de longueur voisine de s, question qui rappelle visiblement le théorème de Borel.

A. Harnack donne quelques propriétés générales de la mesure: la somme d'un nombre fini d'ensembles discrets est un ensemble discret. Tout ensemble dont le dérivé est discret est discret.

Plus généralement tout ensemble dont l'un des dérivés est nul est discret.

Il signale enfin qu'un ensemble discret est non dense; mais inversement, contrairement à ce qu'avait cru démontrer *H. Hankel*, un ensemble non dense n'est pas forcément discret.

---

123) *Math. Ann. 20 (1882), p. 87; réimpr. dans la collection *W. Ostwald*, Klassiker der exakten Wissenschaften n° 153, Leipzig 1905, p. 172.*

124) *Math. Ann. 19 (1882), p. 238; 25 (1885), p. 241/50.*

La définition de *G. Cantor*[125]), qu'il ne fait d'ailleurs qu'indiquer rapidement, est de nature bien différente:

Dans un espace à n dimensions, G_n, soit un ensemble E de points p. Entourons chaque point p d'une sphère de rayon ϱ. L'ensemble de toutes ces sphères recouvre un volume (qu'on peut obtenir par une intégrale triple ou multiple). Ce volume $V(\varrho)$ est une fonction continue de ϱ; elle tend vers une limite quand ϱ tend vers zéro. C'est cette limite qui est la mesure de l'ensemble pour *G. Cantor.*

Il faut remarquer qu'elle dépend du nombre des dimensions de l'espace dans lequel E est supposé situé. Un segment de droite par exemple ou un ensemble linéaire n'a pas la même mesure suivant qu'on le considère comme situé dans un espace à une dimension, dans le plan, dans l'espace ordinaire. Ainsi, un continu à p dimensions est de mesure nulle dans tout espace à n dimensions ($n > p$). On remarquera aussi que tout ensemble dont le dérivé est dénombrable est de mesure nulle. *G. Cantor* signale aussi l'existence d'ensembles parfaits de mesure non nulle quoiqu'ils soient non denses.

Les définitions posées par *H. Minkowski*[126]) sont assez analogues à la précédente.

H. Minkowski remarque que, s'il est facile au moyen d'une intégrale multiple de généraliser la notion de volume, les notions de longueur et de surface sont plus difficiles à établir. Les définitions qu'il propose s'appliquent sans peine à un ensemble quelconque:

Soit, dans l'espace ordinaire, un tel ensemble; définissons comme tout à l'heure le volume du domaine formé par les points dont la distance à l'ensemble est inférieure à r; soit $V(r)$ ce volume. On appellera *surface de l'ensemble* la limite du rapport

$$\frac{V(r)}{2r}$$

quand r tend vers zéro, et *longueur de l'ensemble* la limite du rapport

$$\frac{V(r)}{\pi r^2}$$

dans les mêmes conditions.

Pour le but poursuivi ici, il n'est pas nécessaire d'insister sur les généralisations que *H. Minkowski* donne de ces notions en remplaçant la sphère, qui, dans ce qui précède, joue un rôle essentiel, par une surface convexe d'une forme déterminée.*

125) *Math. Ann. 23 (1884), p. 473; Acta math. 4 (1884), p. 388/90.*

126) *Jahresb. deutsch. Math.-Ver. 9^1 (1900), éd. Leipzig 1901, p. 115/21.*

19. *La mesure pour Jordan.** La définition proposée par *C. Jordan*[127]) est déjà bien plus conforme au but poursuivi:

Soit un ensemble E dans un espace à deux dimensions par exemple. Considérons une subdivision du plan par des parallèles aux axes en carrés de côté a. Certains de ces carrés ont tous leurs points intérieurs à E; d'autres renferment des points frontières de E; d'autres enfin ne renferment aucun point de E. Soit S l'aire totale des premiers, S' l'aire des seconds.

Quand a tend vers zéro, on peut démontrer que S et S' tendent vers des limites, $S+S'$ tend donc aussi vers une limite. La limite de S est l'*aire intérieure*, celle de $S+S'$ l'*aire extérieure* de l'ensemble E. L'ensemble est dit *quarrable* quand ces deux aires sont égales, c'est-à-dire quand la limite de S' est zéro.

Si, au lieu de deux dimensions, on supposait E placé dans un espace à n dimensions, on définirait par un procédé tout pareil l'*étendue extérieure*, l'*étendue intérieure* de l'ensemble. Et il est *mesurable* quand ces deux étendues sont égales.

Considérons une ligne dans l'espace à deux dimensions. Son aire intérieure est nulle, du moins si elle n'épuise pas les points d'une aire; mais son aire extérieure peut être différente de zéro. Des exemples assez voisins l'un de l'autre ont été donnés de cette circonstance par *H. Lebesgue*[128]) et *W. F. Osgood*[129]).

Voici l'exemple de *W. F. Osgood*. Considérons un carré dans lequel nous traçons quatre parallèles à chaque côté de façon à former quatre bandes, deux parallèles à chaque côté. A l'extérieur des bandes resteront *neuf* carrés C. Les intersections des bandes en forment quatre autres. Nous allons former alors une succession de petits segments horizontaux et verticaux d'après le procédé suivant de formation: partir du sommet gauche supérieur et aboutir au sommet droit inférieur; la première extrémité d'un des segments est celui des sommets du carré C dans lequel on vient de pénétrer qui est le plus éloigné, en diagonale, de l'extrémité précédente. Ce procédé donne le numérotage employé dans la figure ci-contre, de 0 à 17. Marquons sur un segment de longueur 1 les points d'abscisse $\frac{n}{17}$; au point du carré de numéro n, nous ferons correspondre le point $\frac{n}{17}$. Recommençons sur chacun des neuf carrés

127) *Cours d'analyse [12]), (3e éd.) 1, p. 28; voir aussi *G. Peano*, Applicazioni geometriche del calcolo infinitesimale, Turin 1887, p. 154.*

128) *Bull. Soc. math. France 31 (1903), p. 197/203; Ann. mat. pura appl. (3) 7 (1902), p. 247.*

129) *Trans. Amer. math. Soc. 4 (1903), p. 107/12.*

à appliquer le même procédé: subdivision par bandes et constitution de 8×9 nouveaux petits segments horizontaux ou verticaux, en partant par exemple pour le carré qui contient les points 2 et 3, du sommet 2 pour aboutir au sommet 3, et en faisant correspondre sur le segment $(0, 1)$ aux points obtenus les points

$$\left[\frac{2}{17} + \frac{1}{17^2};\ \frac{2}{17} + \frac{2}{17^2};\ \cdots;\ \frac{2}{17} + \frac{16}{17^2};\ \frac{2}{17} + \frac{17}{17^2} = \frac{3}{17}\right],$$

et ainsi de suite.

La courbe C sera constituée par la réunion de ces segments horizontaux ou verticaux et de leurs points limites; les coordonnées d'un point de C sont des fonctions de l'abscisse du point sur le segment $(0, 1)$ qui sont continues et définies pour un ensemble partout dense de valeurs du paramètre, ce qui est suffisant. La courbe est une courbe de Jordan dont l'étendue extérieure n'est pas nulle si l'on choisit convenablement le mode de division.

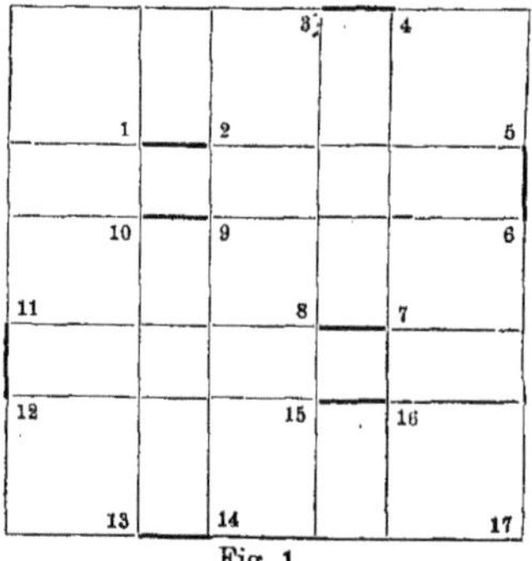

Fig. 1.

Il est facile de construire des ensembles non mesurables J: un ensemble partout dense, ne contenant (s'il est sur une droite) aucun intervalle ou (s'il est plan) aucune aire, n'est évidemment pas mesurable J. Il est même à remarquer qu'un ensemble partout non dense peut être non mesurable J. Les courbes précédentes[128]) et[129]) en sont des exemples. Elles n'ont pas de points multiples[130]).*

20. *La mesure pour Borel et Lebesgue. Cette question, si importante pour les applications, de la mesure des ensembles a reçu enfin une solution complètement satisfaisante. Les définitions précédentes avaient toutes, en effet, leurs inconvénients: celles de *G. Cantor* ne s'appliquaient effectivement qu'aux ensembles fermés puisqu'elles donnaient la même mesure à un ensemble et à son dérivé; celle de

130) *Voici un exemple d'ensemble non dense non mesurable J à une dimension. Soit une suite de fractions $\alpha_1, \alpha_2, \alpha_3, \ldots$ formant un produit convergent $\alpha_1 \alpha_2 \alpha_3 \ldots$. Divisons l'intervalle $(0, 1)$ en trois parties, les deux extrêmes étant égales et la troisième de longueur $1 - \alpha_1$. Enlevons les points intérieurs à la partie du milieu. Recommençons la même opération sur les parties restantes en substituant α_2 à α_1 et ainsi de suite. L'ensemble des points restants est non dense, d'étendue intérieure nulle; son étendue extérieure est le produit $\alpha_1 \alpha_2 \alpha_3 \ldots$.*

C. Jordan donne un trop grand nombre d'ensembles non mesurables. Comme on va le voir, la définition que *H. Lebesgue* a obtenue en généralisant la définition de *E. Borel* ne présente aucun de ces inconvénients.

E. Borel[131]) se propose de définir la mesure d'un ensemble „du dedans“[132]) c'est-à-dire (en se plaçant pour simplifier dans le cas d'une dimension) qu'au lieu de diviser arbitrairement la droite en segments et compter ceux qui contiennent des points de l'ensemble, on part au contraire de l'ensemble et on essaie d'en recouvrir les points au moyen de petits segments que l'on construit.

Supposons que l'ensemble soit formé par les points d'une infinité dénombrable d'intervalles n'empiétant pas les uns sur les autres. Leurs longueurs forment une série convergente de somme S. Cette somme est la mesure de l'ensemble.

Pour définir la mesure d'un autre ensemble, on posera les principes suivants:

Un ensemble, somme de deux ou plusieurs autres de mesures $S_1, S_2, \ldots, S_n$, a pour mesure

$$S_1 + S_2 + \cdots + S_n,$$

pourvu que ces ensembles n'aient aucun point commun.

De même un ensemble somme d'une infinité dénombrable d'ensembles sans points communs et de mesures $S_1, S_2, \ldots, S_\nu, \ldots$ a pour mesure la somme de la série

$$S_1 + S_2 + \cdots + S_\nu + \cdots.$$

Si un ensemble E de mesure S contient tous les points d'un ensemble E' de mesure S', l'ensemble $E - E'$ a pour mesure $S - S'$.

E. Borel appelle ensembles mesurables ceux dont il est possible de définir la mesure en appliquant les propriétés précédentes. *H. Lebesgue* les appelle ensembles mesurables B, car sa définition permet de mesurer des ensembles plus généraux auxquels nous donnerons le nom d'*ensembles mesurables au sens de Lebesgue* ou simplement *mesurables*.

La mesure n'est jamais négative; elle peut être nulle et cela même pour un ensemble non dénombrable. Par exemple l'ensemble obtenu [n° 7] en retranchant du segment $(0, 1)$ successivement un segment égal à $\frac{1}{3}$, deux segments égaux à $\frac{1}{9}, \ldots$, a pour mesure zéro et il est parfait. Si deux ensembles situés sur le segment $(0, 1)$ sont complémentaires, leurs mesures ont pour somme l'unité.

---

131) *Leçons sur la théorie des fonctions, Paris 1898, p. 46.*

132) *Voir *E. Borel,* Revue gén. sc. 20 (1909), p. 320.*

Enfin on voit encore que tout ensemble dénombrable est de mesure nulle et que tout ensemble fermé est mesurable: cela résulte du procédé de génération des ensembles fermés. Leur ensemble complémentaire, formé d'intervalles, est mesurable.

H. Lebesgue[133]) reprend la définition de la mesure en se donnant d'avance, à peu près comme *E. Borel*, les propriétés qu'on veut lui attribuer.

Il se propose d'attribuer à un ensemble un nombre ayant les propriétés suivantes:

1°) il y a des ensembles de mesure non nulle;

2°) deux ensembles égaux ont la même mesure;

3°) un ensemble somme d'un nombre fini ou d'une infinité dénombrable d'ensembles sans points communs a pour mesure la somme de leurs mesures.

Dans le cas d'une seule dimension, attribuons arbitrairement à un segment de longueur 1 la mesure 1. On voit sans peine que la mesure d'un segment est sa longueur. Enfermons alors les points d'un ensemble E du segment $(0, 1)$ dans des intervalles dont la somme a pour longueur (ou pour mesure) Δ; la mesure de E est, si elle existe, inférieure ou égale à Δ. Nous appellerons *mesure extérieure* de E et nous représenterons par le symbole $(m_e E)$ la limite inférieure de l'ensemble des nombres Δ.

Soit $C(E)$ le complémentaire de E. Appelons *mesure intérieure* de E et représentons par le symbole $(m_i E)$ l'expression

$$1 - m_e C(E).$$

La mesure extérieure de E est supérieure ou égale à la mesure intérieure $m_i(E)$.

Nous appellerons ensembles *mesurables* ceux pour lesquels les mesures intérieures et extérieures sont égales. Pour les ensembles mesurables, le problème de la mesure posé plus haut est résoluble et résolu; et il n'a pas d'autres solutions (en ne regardant pas comme distinctes celles qui ne diffèrent que par un facteur constant). Pour les ensembles non mesurables, pour lesquels m_e est différent de m_i, le problème de la mesure est peut-être possible.

La somme d'une infinité dénombrable d'ensembles mesurables est mesurable; l'ensemble des points communs à une infinité dénombrable d'ensembles mesurables est mesurable; tout ensemble fermé est mesurable.

---

133) *Ann. mat. pura appl. (3) 7 (1902), p. 231/359; Leçons sur l'intégration[48]), p. 36, 109. *H. Lebesgue* déclare [Leçons sur l'intégration[48]), p. 109 en note] avoir trouvé dans la définition de *E. Borel* l'inspiration de la sienne propre.*

Appelons *ensembles mesurables B* les ensembles mesurables au sens de *E. Borel* et *ensembles mesurables J* les ensembles mesurables au sens de *C. Jordan*. Voici les relations entre ces différentes définitions:

Tout ensemble mesurable au sens de *H. Lebesgue* contient un ensemble mesurable *B* de même mesure et est contenu dans un ensemble mesurable *B* de même mesure. Tout ensemble mesurable *B* est mesurable, ainsi que tout ensemble mesurable *J*. L'étendue intérieure de *C. Jordan* est la mesure de l'ensemble des points intérieurs; l'étendue extérieure est la mesure de la somme de l'ensemble et de son dérivé. Pour qu'un ensemble soit mesurable *J* il faut et il suffit que sa frontière soit mesurable au sens de Lebesgue et de mesure nulle.

H. Lebesgue développe sa définition dans le cas de deux dimensions, en affectant d'abord le carré de côté 1 de la mesure 1, puis il définit la mesure des points d'un triangle, d'un polygone. Pour un ensemble quelconque il définit la *mesure extérieure* comme la limite inférieure de la somme des aires des triangles qui recouvrent l'ensemble; il définit la *mesure intérieure* au moyen de la mesure extérieure de l'ensemble complémentaire. Les ensembles mesurables sont ceux pour lesquels ces deux mesures sont égales.

D'après ce qui précède, la définition de *H. Lebesgue* est de beaucoup la plus générale, celle qui s'étend au plus grand nombre d'ensembles; et l'important au point de vue pratique est qu'elle s'applique à *tous* les ensembles qu'on a jusqu'ici rencontrés. Celle de *E. Borel* s'appliquait à tous les ensembles rencontrés jusqu'au moment où elle a été donnée; *H. Lebesgue* a réussi à former des exemples d'ensembles mesurables pour lui, qui ne sont pas mesurables *B*. L'importance de la mesure *au sens de E. Borel* réside en ce que toute fonction de l'une des classes de *R. Baire* est mesurable *B*[134]).*

L'existence d'ensembles non mesurables a été démontré par *G. Vitali*[135]) et *H. Lebesgue*[136]); mais les démonstrations ne sont valables que pour ceux qui admettent l'axiome de *E. Zermelo.**

---

134) *Cf. *H. Lebesgue*, Leçons sur l'intégration[48]), p. 112. Voir au n° 28 la définition des fonctions mesurables.*

135) *Sul problema della misura dei gruppi di punti die una retta, Bologne 1905.*

136) *Bull. Soc. math. France 35 (1907), p. 202/12. Voir également *E. B. van Vleck,* Trans. Amer. math. Soc. 9 (1908), p. 237/44. Consulter en outre sur la notion de mesure *G. Vitali*, Rond. Circ. mat. Palermo 18 (1904), p. 116/26 et *Ch. J. de la Vallée Poussin,* Cours d'Analyse infinitésimale (2e éd.) 1, Paris et Louvain 1909, p. 240.*

Les applications de la théorie des ensembles.

21. *Les applications à la théorie générale des fonctions.** On trouvera dans d'autres parties de l'Encyclopédie[137]) des applications nombreuses des théories précédentes. Nous nous contenterons ici de montrer rapidement quelle parenté étroite il y a entre les problèmes de la théorie des fonctions et ceux de la théorie des ensembles de points.

Si l'on étudie les transformations successives qu'a subies à travers les âges la notion de fonction [voir II 1 nos **1** à **3**], on constatera que c'est seulement entre 1870 et 1880 qu'on est parvenu à se rendre compte de la multiplicité des circonstances qui pouvaient se présenter si avec *G. Lejeune Dirichlet* on entendait par le mot *fonction* la correspondance la plus générale entre deux variables.

L'existence de fonctions continues sans dérivées montrait que la restriction de la continuité n'atténuait que très partiellement ce caractère de complexité. Pour classer avec un peu de méthode les différents cas possibles, il devenait indispensable d'étudier les groupements possibles des valeurs de la variable pour lesquelles la fonction avait une propriété donnée, ou encore le groupement des valeurs de la fonction, c'est-à-dire d'étudier les ensembles de points. Aussi la plupart des auteurs qui, à cette époque-là, s'occupaient de la théorie des fonctions, comme *P. du Bois-Reymond, K. Weierstrass, U. Dini* ont-ils été amenés forcément à s'occuper aussi des ensembles de points et, dans la mesure de leurs besoins, à établir quelques propriétés, qui avaient seulement l'inconvénient de rester isolées.

Il est donc facile de concevoir quels immenses progrès la théorie complète de *G. Cantor* et de ses élèves a pu permettre dans la théorie des fonctions. Celui-ci a parfaitement vu dès l'abord les applications possibles de ces théories dans un grand nombre de directions différentes. Mais ce point de vue utilitaire ne l'a guidé qu'au début de ses recherches, dont les résultats forment aujourdhui un corps de doctrine, d'une très grande unité et d'une beauté philosophique indéniable. Et il se trouve que *la plupart* de ces résultats ont été féconds en applications. Nous allons en énumérer quelques-uns.

Toutes les définitions usitées actuellement en Analyse empruntent des notions de la théorie des ensembles [oscillation, limite supérieure d'indétermination, maximé dans un intervalle, (cf. II 1, **7** ou **14** par ex.)]. Le Cours d'Analyse de *C. Jordan* est un exemple des avantages qu'on peut retirer de la théorie des ensembles au seul point de vue de

---

137) *Voir notamment la deuxième partie et la troisième de cet article ainsi que les articles II 1, II 9 et III 2.*

l'exposition simple et rigoureuse des éléments de l'Analyse. Quelques définitions et quelques propriétés très simples créent à celle-ci une base à la fois commode et solide. De plus en plus dans l'enseignement de l'Analyse ces notions deviennent classiques.

Si nous nous plaçons maintenant au point de vue de la recherche, les progrès ont été encore plus sensibles, surtout depuis un petit nombre d'années, quand d'une part ces notions nouvelles se furent répandues davantage et d'autre part quand, avec un peu de recul, on donna aux résultats leur importance relative véritable.*

22. *Les applications à la théorie des fonctions de variables réelles. En premier lieu il convient de citer la définition que *H. Lebesgue* a donnée de l'intégrale définie. Cette définition, plus générale que celle de *B. Riemann* [cf. n^{os} **28, 30**], a le grand avantage de mettre en évidence les propriétés les plus importantes de l'intégrale. Elle est éminemment pratique; *H. Lebesgue* en a donné déjà de nombreuses applications; *P. Fatou*[138]) l'a utilisée également. Il n'est pas douteux qu'elle n'apporte un secours notable dans toutes les questions où les intégrales interviennent. Notons que pour cette définition, c'est, outre les théorèmes généraux, la notion de mesure qui est essentielle.

Ces théorèmes jouent également le rôle essentiel dans les travaux modernes sur les fonctions discontinues d'une ou de plusieurs variables réelles. Nous allons indiquer ici ceux de ces travaux dont il n'a pas été question dans l'article II 1.

R. Baire[139]) s'est proposé l'étude des fonctions discontinues les plus générales. Il s'est d'abord limité aux fonctions *bornées* d'une seule variable.

Convenons d'appeler *maximé d'une fonction f en un point A* la borne inférieure des maximés de la fonction dans un intervalle quelconque contenant A et appelons *minimé d'une fonction en un point A* la borne supérieure des maximés de la fonction dans un intervalle contenant A. Représentons respectivement ces deux nombres par

$$\mathfrak{M}(f, A) \qquad m(f, A).$$

L'*oscillation* de la fonction au point A sera la différence

$$\omega(f, A) = \mathfrak{M}(f, A) - m(f, A).$$

Si l'oscillation est nulle la fonction est continue en A. Si elle n'est pas nulle la fonction est discontinue.

Si l'on a, en un point A,

$$f(A) = \mathfrak{M}(f, A)$$

---

138) *Acta math. 30 (1906), p. 335/400.*

139) *Ann. mat. pura appl. (3) 3 (1899), p. 1/122; Leçons sur les fonctions discontinues, Paris 1905, p. 1/22, 69/124.*

la fonction f est dite *semi-continue supérieurement* en A. Si l'on a, en un point A,

$$f(A) = m(f, A)$$

la fonction f est dite *semi-continue inférieurement* en A.

Pour qu'une fonction soit continue en un point il faut et il suffit qu'elle soit semi-continue supérieurement et inférieurement en ce point [140]).

Une fonction est dite semi-continue supérieurement ou inférieurement *sur un intervalle* si elle l'est en tout point de l'intervalle.

Le maximé

$$\mathfrak{M}(f, A)$$

d'une fonction f définie sur un segment, est une fonction semi-continue supérieurement. Le minimé

$$m(f, A)$$

est une fonction semi-continue supérieurement. L'oscillation

$$\omega(f, A)$$

est une fonction semi-continue supérieurement [141]).

R. Baire distingue les fonctions qui ne sont pas continues en fonctions *ponctuellement discontinues* et en fonctions *totalement discontinues.*

Une fonction définie dans un intervalle est ponctuellement discontinue lorsqu'elle est continue en des points dont l'ensemble est dense dans cet intervalle. Il en résulte que si l'on considère un sous-intervalle quelconque de l'intervalle proposé, l'oscillation de la fonction a, dans ce sous-intervalle, son minimé nul. Ce minimé est donc nul en tout point de l'intervalle.

Il existe des fonctions qui ne sont pas ponctuellement discontinues: telle est la fonction nulle quand la variable est rationnelle, égale à un quand elle est irrationnelle. Des exemples de fonctions ponctuellement discontinues sont fournis par les fonctions dont l'ensemble des points de discontinuité est fini, ou si, cet ensemble étant infini, son dérivé est fini, ou plus généralement dont l'un quelconque des dérivés (d'ordre fini ou transfini) est fini.

Toute fonction semi-continue est ponctuellement discontinue [142]).

Les définitions et la classification précédente s'étendent au cas où, au lieu de considérer tous les points d'un intervalle où la fonction à étudier est définie, on considère simplement un ensemble parfait de valeurs de la variable.

140) **R. Baire,* Ann. mat. pura appl. (3) 3 (1899), p. 4 et suiv.; Leçons sur les fonctions discontinues, Paris 1905, p. 70/1.*

141) **R. Baire,* Leçons sur les fonctions discontinues, Paris 1905, p. 73.*

142) **R. Baire,* Ann. mat. pura appl. (3) 3 (1899), p. 64; Leçons sur les fonctions discontinues, Paris 1905, p. 75/7.*

Soit H un tel ensemble. La fonction admettra *sur l'ensemble H* un maximé, un minimé, une oscillation en tout point A de cet ensemble. On représentera ces fonctions par

$$\mathfrak{M}(f, H, A), \quad m(f, H, A), \quad \omega(f, H, A).$$

Si ω est nul en tout point A de H, la fonction f sera dite continue sur l'ensemble H. Elle sera semi-continue supérieurement si l'on a, en tout point A de H,

$$\mathfrak{M}(f, H, A) = f(A).$$

Elle sera semi-continue inférieurement si l'on a, dans les mêmes conditions,

$$m(f, H, A) = f(A).$$

Elle sera *ponctuellement discontinue* sur H si, pour tous les points de H intérieurs à un intervalle quelconque, l'oscillation de la fonction admet un minimé nul. Elle est *totalement discontinue* dans le cas contraire[143]).

L'importance de cette classification apparaît à l'énoncé du théorème suivant démontré par *R. Baire*[144]):

La condition nécessaire et suffisante pour qu'une fonction discontinue soit limite de fonctions continues est qu'elle soit ponctuellement discontinue sur tout ensemble parfait.

Les fonctions qui sont limites de fonctions continues sans être elles-mêmes continues forment la classe de fonctions la plus intéressante après les fonctions continues proprement dites. L'énoncé précédent caractérise la façon dont elles sont discontinues.

Voici en quelques mots la marche suivie par *R. Baire*[145]) dans sa démonstration:

Il cherche d'abord les conditions nécessaires que doit remplir une fonction limite de fonctions continues. Il démontre que cette fonction est ponctuellement discontinue dans l'intervalle où elle est définie. La démonstration se base sur l'énoncé suivant: étant donné un ensemble T de nombres dont l'oscillation dépasse un nombre positif 2λ et d'autre part un nombre a quelconque, il y a dans T au moins un point b tel que

$$|a - b| > \lambda.$$

Il montre ensuite que ce résultat s'étend au cas où l'on considère seulement un ensemble parfait quelconque: si l'on suppose la fonction définie sur cet ensemble et si elle y est limite de fonctions continues

143) *R. Baire, Leçons sur les fonctions discontinues, Paris 1905, p. 84/7.*

144) *C. R. Acad. sc. Paris 126 (1898), p. 884/7; Ann. mat. pura appl. (3) 3 (1899), p. 62; Leçons sur les fonctions discontinues, Paris 1905, p. 69/98, 110/20.*

145) *Leçons sur les fonctions discontinues, Paris 1905, p. 80 et suiv.*

sur l'ensemble, elle est nécessairement ponctuellement discontinue sur l'ensemble.

Pour montrer que ces conditions sont suffisantes, il commence par étudier le cas particulier d'une fonction qui ne prend que les valeurs 0 et 1 et il cherche à démontrer que si elle est ponctuellement discontinue sur tout ensemble parfait, elle est limite de fonctions continues. La démonstration est assez simple.

Elle est plus compliquée dans le cas général, mais la démonstration a l'avantage de s'étendre immédiatement au cas des fonctions (bornées) de n variables.

On montre d'abord que lorsqu'une fonction bornée, limite de fonctions continues, a pour limites supérieure et inférieure (sur un ensemble H) deux nombres M et m, on peut la considérer comme limite de fonctions continues comprises elles-mêmes (sur H) entre M et m.

On montre ensuite qu'étant donnée une série uniformément convergente sur un ensemble parfait[146]), si tous ses termes sont limites de fonctions continues, il en est de même de la somme de la série.

La démonstration consiste alors à remplacer la fonction donnée, supposée ponctuellement discontinue sur tout ensemble parfait, par une série de fonctions qui tendent uniformément vers elle, chacune étant limite de fonctions continues. Il en est alors de même de la fonction proposée.

Enfin il est possible de lever la restriction que la fonction doit être bornée en faisant correspondre à celle-ci une transformée bornée et en démontrant que les deux fonctions sont simultanément limites de fonctions continues.

Ce théorème a conduit *R. Baire* a une classification des fonctions.

Les fonctions continues seront de *classe zéro*. Les fonctions limites de fonctions continues seront de *classe un*.

En général on appellera fonction *de classe n*, les fonctions qui sont limites de fonctions de classe $n-1$ sans être elles-mêmes de classe $n-1$ ou de classe moindre.

Le théorème fondamental de *R. Baire* sur les fonctions de classe un a été démontré par *H. Lebesgue*[147]) d'une façon différente.

La méthode est calquée sur celle qui permettrait de fonder la théorie des fonctions continues sur la définition de la continuité dans

---

146) *Il s'agit de convergence uniforme *simple*. Cf. *R. Baire*, Leçons sur les fonctions discontinues, Paris 1905, p. 111.*

147) *Note II dans *E. Borel*, Leçons sur les fonctions de variables réelles, Paris 1905, p. 149 et suiv.*

un intervalle et non, comme on le fait d'habitude, sur la définition de la continuité en un point[148]).

On définit d'abord une fonction f de classe un à ε près. C'est une fonction telle qu'il existe une fonction φ de classe un vérifiant, dans tout l'intervalle où f est définie, l'inégalité

$$|f-\varphi|>\varepsilon.$$

La fonction f est dite de classe un à ε près en tout point intérieur à l'intervalle.

On démontre alors que si f est de classe un à ε près en tout point d'un intervalle, elle est de classe un à ε près dans l'intervalle.

On en déduit que l'ensemble E des points en lesquels une fonction n'est pas de classe un à ε près est un ensemble parfait. Enfin en aucun point de E la fonction f définie sur E n'est de classe un à ε près.

De là résulte le théorème de *R. Baire.*

Dans la même note, *A. Lebesgue*[149]) donne une autre forme des conditions que doit remplir une fonction pour être de classe un:

Il faut et il suffit pour cela que, quel que soit le nombre positif ε, l'intervalle où l'on considère f soit la somme d'une infinité dénombrable d'ensembles fermés sur chacun desquels f soit continue à ε près.

Ces théorèmes s'étendent au cas de n variables.

L'étude générale des fonctions des différentes classes a été commencée par *R. Baire.* Mais avant d'aborder toute étude de ce genre il convient de se poser la question de l'*existence* de fonctions des différentes classes.

Les fonctions continues sont classiques. On connaît également de très nombreux exemples de fonctions limites de fonctions continues sans être continues elles-mêmes: les séries trigonométriques permettent d'en construire de très simples.

L'existence de fonctions de classe supérieure à un résulte de l'existence de fonctions totalement discontinues. Il en est par exemple ainsi de la fonction égale à zéro pour toutes les valeurs rationnelles de la variable et à un pour toutes les valeurs irrationnelles. *R. Baire*[150]) démontre que cette fonction est effectivement de classe *deux.*

E. Borel[151]) a démontré qu'on peut définir une fonction dont la classe soit supérieure à un nombre donné à l'avance et quelconque.

---

148) *On peut adopter, par exemple, comme définition de la continuité dans un intervalle la propriété dite de la continuité uniforme, ou la possibilité de la représentation par une série uniformément convergente de polynomes.*

149) *Note II dans *E. Borel,* Leçons sur les fonctions de variables réelles, Paris 1905, p. 154.*

150) *Leçons sur les fonctions discontinues, Paris 1905, p. 126.*

151) *Leçons sur les fonctions de variables réelles, Paris 1905, p. 156.*

R. Baire a donné quelques généralisations de son théorème en s'occupant de fonctions qui ne sont définies que pour un ensemble de valeurs qui peut même n'être pas fermé. En s'occupant de ces fonctions, il ne fait d'ailleurs que reprendre l'idée fondamentale de *G. Robin*[152]).

G. Robin ne considérait comme nombres que les entiers et les fractions en distinguant essentiellement les grandeurs des nombres qui servent à les représenter avec une approximation croissante. Pour définir une fonction de x, il fait correspondre à un quelconque des nombres x une *suite convergente*, et c'est l'ensemble de ces suites (et des suites équivalentes) qui constitue la fonction.

R. Baire[153]) étend d'abord son théorème en supposant la fonction définie sur un ensemble parfait P. Pour qu'elle soit de classe un sur P il faut et il suffit qu'elle soit ponctuellement discontinue sur tout ensemble parfait contenu dans P.

Supposons que f n'existe que sur un ensemble quelconque P. Est-il possible, et à quelles conditions, d'étendre sa définition de façon qu'elle devienne de classe zéro, de classe un, de classe supérieure à un, sur un ensemble fermé P_0 contenant P?

Pour que la question puisse être étendue à une fonction continue il faut et il suffit qu'en tout point A de P_0 on ait

$$\omega(f, P, A) = 0.$$

Pour chercher dans quel cas la fonction peut être étendue à une fonction de classe un, il faut commencer par étendre la notion de fonction ponctuellement discontinue.

Soit H un ensemble parfait, la fonction f n'étant définie qu'en certains points de H dont l'ensemble est P. On pourra définir une oscillation de f en un point A de H_i,

$$\omega(f, H, A)$$

en n'utilisant que les points de P. La fonction sera ponctuellement discontinue sur H si l'ensemble des points où

$$\omega(f, H, A) > \sigma$$

est non dense dans H quel que soit le nombre positif σ.

Ceci posé, pour que la fonction f incomplètement définie puisse être étendue à une fonction de classe un, il faut et il suffit qu'elle

152) *Œuvres scientifiques publ. par *L. Raffy,* Théorie nouvelle des fonctions fondée uniquement sur l'idée de nombre, Paris 1903, p. 47.*

153) *Acta math. 30 (1906), p. 15.*

soit ponctuellement discontinue sur tout ensemble parfait contenu dans l'ensemble où on a l'intention de définir la nouvelle fonction.

Pour l'étude des fonctions de classe supérieure à un, *R. Baire*[154]) remplace les notions d'ensembles de points et de points limites par deux notions un peu différentes qui vont nous donner de nouvelles généralisations.

Les ensembles de points sont remplacés par les ensembles de suites d'entiers qu'il appelle *espace à zéro dimension*.

Un élément de l'ensemble est une suite

$$(a_1, a_2, \ldots, a_n, \ldots\ldots)$$

où chaque lettre est l'un des entiers positifs $1, 2, \ldots, n, \ldots\ldots$ C'est cet élément qui joue le rôle joué habituellement par le point.

L'ensemble de *toutes* les suites d'entiers est l'ensemble fondamental. La définition du point-limite est remplacée par la suivante:

On dit que l'élément

$$A_0 = [(a_1)_0, (a_2)_0, \ldots, (a_n)_0, \ldots\ldots]$$

est *limite* de l'élément variable

$$A_p = [(a_1)_p, (a_2)_p, \ldots, (a_n)_p, \ldots\ldots]$$

si, quel que soit n, on peut trouver un entier h tel que, pour les valeurs de p supérieures à h, on ait

$$(a_i)_p = (a_i)_0 \quad \text{pour} \quad i = 1, 2, \ldots, n.$$

Les définitions d'ensemble fermé, parfait, dense en lui-même, d'éléments-suites, s'étendent immédiatement. Et il est également possible de démontrer qu'un ensemble fermé de suites est, s'il n'est pas dénombrable, la somme d'un ensemble dénombrable et d'un ensemble parfait.

R. Baire[155]) étudie alors les fonctions f définies sur un ensemble fermé P de suites.

On dira que f est continue pour l'élément A de P si,

$$A_1, A_2, \ldots, A_\nu, \ldots\ldots$$

étant une suite quelconque d'éléments de P ayant A pour limite, les nombres

$$f(A_1), f(A_2), \ldots, f(A_\nu), \ldots\ldots$$

ont pour limite $f(A)$.

On étend de la même façon la définition d'une série uniformé-

---

154) „Acta math. 32 (1909), p. 98 et suiv."

155) „Id. p. 117 et suiv."

ment convergente sur P, d'une fonction de classe quelconque sur P, de même que les notions de maximé et de minimé en un point, d'oscillation, de semi-continuité, de discontinuités ponctuelle et totale. Et le théorème fondamental sur les fonctions de classe un s'étend en conservant le même énoncé.

D'autre part, *R. Baire* montre que la condition nécessaire et suffisante pour qu'une fonction, définie sur un ensemble parfait P, soit de classe $\leqq \alpha$ est que, quel que soit $\varepsilon > 0$, elle diffère de moins de ε d'une fonction de classe α.*

23. *Les applications à la théorie des fonctions de variables complexes. Pour les fonctions de variables complexes, et notamment les fonctions analytiques au sens de *K. Weierstrass*, aucun progrès n'aurait été possible sans la classification donnée par *G. Cantor* des ensembles fermés à deux dimensions. Aussi, la théorie des ensembles était à peine née que de nombreux travaux sur les fonctions de variable complexe prenaient sur elle leur appui.

On peut citer surtout les travaux de *M. G. Mittag Leffler*[156]) sur les développements des fonctions analytiques, ceux de *P. Painlevé*[157]) sur les lignes singulières où la définition cantorienne de la ligne est utilisée pour la première fois; ceux de *E. Borel*[158]) sur le prolongement analytique généralisé; plus récemment ceux de *P. Montel*[159]) sur les séries de fonctions analytiques et de *L. Zoretti*[160]) sur l'allure d'une fonction au voisinage de certaines singularités, enfin ceux de *P. Painlevé*[161]), *P. Boutroux*[162]), *L. Zoretti*[163]) sur les fonctions plurivoques[164]).

Dans ces différents travaux, le rôle important est joué par la classification des ensembles fermés, les propriétés générales [n^os **10** et suiv.] et par quelques théorèmes un peu spéciaux étudiés au numéro **15**.

La notion de mesure qui paraissait au début ne pas intervenir dans

---

156) *Acta math. 4 (1884), p. 1/79.*

157) *Ann. Fac. sc. Toulouse (1) 2 (1888), mém. n° 2.*

158) *Ann. Ec. Norm. (3) 12 (1895), p. 9/55; voir aussi Leçons sur la théorie des fonctions, Paris 1898, p. 80.*

159) *Ann. Ec. Norm. (3) 24 (1907), p. 307.*

160) *J. math. pures appl. (6) 1 (1905), p. 1/51; Leçons sur le prolongement analyt.[70]), p. 69 et suiv.*

161) *C. R. Acad. sc. Paris 131 (1900), p. 489/92; Leçons sur la théorie analytique des équations différentielles (professées en 1895 à Stockholm), lithographiées, Paris 1897; Notice[77]), Paris 1900.*

162) *Ann. Ec. Norm. (3) 25 (1908), p. 325.*

163) *Leçons sur le prolongement analyt.[70]), p. 29, 98.*

164) *Les auteurs cités disent toujours *multiforme* mais le mot *plurivoque* est celui qui est adopté dans l'édition française de l'Encyclopédie.*

ces questions commence à y jouer un rôle. Il en sera sans doute de même de certaines définitions qu'on peut donner rappelant un peu celle de la mesure, comme la définition de la sinuosité. Ces travaux sont trop récents et trop peu coordonnés encore pour qu'il y ait lieu d'y insister[165]).*

24. *Les applications à la géométrie de situation. Quand fut donné le premier exemple d'une courbe de Peano, „les géomètres, dit *A. Schoenflies*[166]), sentirent vaciller le sol sur lequel reposait leur doctrine". Il n'est pas douteux en effet que les raisonnements de continuité un peu vagues dont on se contentait souvent, les notions même de courbe, de surface que l'on utilisait devenaient insuffisants devant la révélation de telles possibilités. Or ces notions et les théorèmes d'Analysis situs [III 6] sont fréquemment employés en Analyse; ils sont à la base de la théorie des fonctions de *A. L. Cauchy* et de *B. Riemann*; il est donc indispensable de reprendre ces théories en s'appuyant sur la théorie des ensembles [cf. III 2 et III 6].

L'Analysis situs est pour *A. Schoenflies* l'étude des propriétés des figures (ou des ensembles de points) qui se conservent par toutes les transformations biunivoques et bicontinues.

Le nombre des dimensions d'un espace jouit, par exemple, d'une telle propriété. C'est là un théorème capital qui a été étudié au n° **17**. On a vu qu'il n'en serait pas ainsi si l'on imposait aux transformations la propriété d'être simplement continues dans un sens, sans que la transformation inverse le soit.

A. Schoenflies donne, comme autres propriétés invariantes, la notion du *point limite* et celle de la *connexité*.

Le théorème de Jordan, qui joue dans cette étude un rôle capital, et sa réciproque étudiée par *A. Schoenflies* et *L. Zoretti* [n^os^ **12, 13**] permettent de démontrer que la condition nécessaire et suffisante pour qu'un ensemble soit l'image (au sens de *R. Baire*, cf. n° **17**) d'une circonférence est que cet ensemble soit une courbe simple fermée, c'est-à-dire une courbe de Jordan fermée dont tous les points soient accessibles de tous côtés. La propriété pour une courbe d'être une courbe simple est donc invariante aussi. Cette courbe limite un domaine dont l'image est également le domaine intérieur à une autre courbe simple, image de la première.*

---

165) *Voir par ex. *A. Denjoy*, C. R. Acad. sc. Paris 150 (1910), p. 596/8; *L. Zoretti*, id. 150 (1910), p. 162/4.*

166) **A. Schoenflies*[30]), Jahresb. deutsch. Math.-Ver., Ergänzungsband 2 (1908), p. 149.*

Les généralisations.

25. *Les ensembles de droites. A côté des ensembles de points on a cherché à étudier d'autres catégories d'ensembles concrets, en s'inspirant des notions principales développées ci-dessus. C'est ainsi par exemple que *E. Borel*[167]) signale l'intérêt qu'il y aurait à étudier les ensembles de droites ou de plans. Il définit la droite limite d'une infinité de droites au moyen de deux points limites, ou de même le plan limite d'une infinité de plans. On peut alors parler d'ensemble dérivé d'un ensemble de droites ou de plans, d'ensemble fermé, parfait, etc. Un ensemble borné est un ensemble dont toutes les droites coupent une sphère fixe.

J. Hadamard[168]) avait signalé déjà les applications que la théorie des ensembles pouvait recevoir par des généralisations convenables; *G. Ascoli*[169]) avait de même étudié les ensembles de courbes.*

26. *Le calcul fonctionnel. *M. Fréchet*[170]) s'est proposé de généraliser tous ces essais. Au lieu de s'attacher à une catégorie d'ensembles d'une nature déterminée, il se propose d'établir les propriétés générales sans spécifier cette nature.

Soit E un élément d'un ensemble (E), $V(E)$ un nombre correspondant à E d'une façon déterminée, on appellera *opération fonctionnelle* ou plus simplement *fonctionnelle* univoque dans E cette correspondance et *calcul fonctionnel* l'étude de ces opérations.

Si l'on remarque que, quelle que soit la nature des ensembles étudiés antérieurement, la définition de l'*élément limite* y joue toujours un rôle essentiel, il sera naturel de se borner à des ensembles jouissant des deux propriétés suivantes:

1°) on sait distinguer si deux éléments de l'ensemble sont ou non identiques;

2°) on sait reconnaître si une suite d'éléments a ou non un élément limite ou plusieurs.

Quant à la définition générale de l'élément limite d'une suite infinie d'éléments, les seules restrictions qu'on lui impose sont:

1°) Si dans la suite infinie tous les éléments sont identiques, il y a un élément limite, savoir l'élément donné;

2°) Si l'on extrait d'une suite d'éléments une autre suite formée d'éléments pris dans le même ordre, la nouvelle limite est une portion de l'ancienne.

---

167) *Bull. Soc. math. France 31 (1903), p. 272/5.*

168) *Verh. des ersten intern. Math.-Kongr. Zürich 1897, publ. par *F. Rudio*, Leipzig 1898, p. 201.*

169) *Atti R. Accad. Lincei *Memorie mat.* (3) 18 (1883), p. 521/86.*

170) *Rend. Circ. mat. Palermo 22 (1906), p. 1/74.*

On peut alors étendre les définitions et les propriétés essentielles de la théorie des ensembles aux ensembles abstraits. Notons seulement les deux définitions suivantes:

Un ensemble est *compact* s'il se compose d'un nombre fini d'éléments, ou encore si toute infinité de ses éléments donne lieu au moins à un élément limite (appartenant *ou non* à l'ensemble). Un ensemble *compact fermé* est un ensemble *extrémal.*

Si l'on se bornait aux propriétés ci-dessus mentionnées de l'élément limite, on aboutirait à cette conséquence que les dérivés ne seraient pas toujours fermés. Pour éviter cet inconvénient on considérera uniquement les ensembles (E) jouissant des propriétés suivantes: à deux éléments A et B de l'ensemble on peut faire correspondre un nombre

$$(A, B) = (B, A) \geqq 0$$

qui soit nul dans le seul cas où A et B sont confondus, et tel que les deux inégalités simultanées

$$(A, B) < \varepsilon, \ (A, C) < \varepsilon$$

entraînent l'inégalité

$$(B, C) < f(\varepsilon),$$

où f est une fonction infiniment petite de ε indépendante de A, B, C. Ce nombre (A, B) est le *voisinage* de A et de B. Dire qu'une suite d'éléments $A_1, A_2, \ldots, A_n, \ldots\ldots$ tend vers l'élément A, ce sera alors dire par définition que le voisinage (A_n, A) tend vers zéro.

On peut moyennant ces définitions donner aux énoncés des théorèmes vus dans les chapitres précédents une forme plus générale, les énoncés obtenus se réduisant naturellement aux énoncés classiques quand les éléments de l'ensemble sont des points et quand le mot *voisinage* est remplacé par ce qu'on a appelé l'*écart* ou encore par la distance de deux points.

En vue des applications, *M. Fréchet* introduit encore une notion nouvelle, celle d'*écart* qui est une restriction de celle de voisinage. On supposera que le voisinage est d'une nature telle que

$$(A, B) \leqq (A, C) + (B, C)$$

et l'on ne raisonnera que pour les ensembles pour lesquels il est possible de définir ainsi un écart.

Nous laissons ici de côté les applications aux suites de fonctions continues ou holomorphes. Pour nous borner aux applications dans la théorie des ensembles de points, indiquons la conception d'ensemble dans un espace à une infinité dénombrable de dimensions G_ω[171]). Elle

171) **M. Fréchet*, Nouv. Ann. math. (4) 8 (1908), p. 97/116, 289/317.*

permet dans certaines questions d'introduire une façon de parler commode. Il suffit de donner une définition de l'écart de deux points

x de coordonnées $x_1, x_2, \ldots, x_n, \ldots\ldots$

et x' de coordonnées $x_1', x_2', \ldots, x_n', \ldots\ldots;$

on posera

$$(x, x') = \sum_{n=1}^{n=+\infty} \frac{1}{n!} \frac{|x_n - x_n'|}{1 + |x_n - x_n'|}.$$

Il est alors facile d'appliquer les théorèmes généraux à cet exemple particulier. Il y a évidemment un certain arbitraire dans la définition de l'écart dans ce cas; l'important est qu'elle soit possible.

Une autre conception de l'espace à une infinité de dimensions est due à *D. Hilbert*[172]) et *F. Riesz*[173]). On écarte les points x pour lesquels la série

$$x_1^2 + x_2^2 + \cdots + x_n^2 + \cdots\cdots$$

n'est pas convergente et on adopte comme définition de l'*écart*

$$(x, x') = \sqrt{(x_1 - x_1')^2 + (x_2 - x_2')^2 + \cdots\cdots}$$

Les théorèmes de *M. Fréchet* sont encore applicables.

Une autre application qui doit être signalée est relative aux ensembles de courbes. La définition de l'écart est la suivante:

Soient deux courbes continues c et C ayant respectivement pour équations

$$x = f(t), \quad y = g(t);$$

$$x = F(t), \quad y = G(t);$$

ou peut toujours supposer que le paramètre t varie entre 0 et 1. Mais la même courbe, C par exemple, peut être obtenue par une infinité d'autres couples de fonctions continues f et g.

Formons le nombre

$$d(t) = \sqrt{[f(t) - F(t)]^2 + [g(t) - G(t)]^2};$$

quand t varie de 0 à 1, $d(t)$ a un maximé d. On appellera *écart* la limite inférieure de tous ces maximés d quand on prend pour

$$f(t),\ g(t),\ F(t),\ G(t)$$

toutes les fonctions possibles de t[174]).*

172) *Rend. Circ. mat. Palermo 27 (1909), p. 59/74.*

173) *C. R. Acad. sc. Paris 143 (1906), p. 738/41.*

174) *Notons que des fonctions d'une infinité de variables avaient été étudiées par *J. Le Roux* [Nouv. Ann. math. (4) 4 (1904), p. 448/58] et les ensembles de courbes par *C. Arzela* [Atti R. Accad. Lincei *Rendic.* (4) 5 I (1889), p. 342/8; Memorie Ist. Bologna (5) 5 (1895/6), p. 225/44] et par *G. Ascoli* [Atti R. Accad. Lincei *Memorie mat.* (3) 18 (1883), p. 521/86; Reale Ist. Lombardo *Rendic.* (2) 21 (1888), p. 226/39, 257/65, 294/300].*

Intégration et dérivation.

Exposé par P. MONTEL (PARIS).

Intégrale définie des fonctions bornées d'une variable.

27. *Intégrale de Cauchy.** Soit $f(x)$ une fonction de la variable réelle x définie dans un intervalle (a, b) et bornée dans cet intervalle: il existe alors un nombre M tel que $|f(x)|$ soit inférieur à M pour toute valeur x prise dans (a, b).

Supposons $f(x)$ continue dans (a, b); divisons cet intervalle en intervalles partiels à l'aide de la suite $a_0, a_1, a_2, \ldots, a_{n-1}, a_n$, où $a_0 = a$, $a_n = b$, et formons la somme

$$S = (a_1 - a_0)f(x_1) + (a_2 - a_1)f(x_2) + \cdots + (a_n - a_{n-1})f(x_n),$$

dans laquelle x_i est un nombre appartenant à l'intervalle (a_{i-1}, a_i), extrémités comprises. Lorsque le nombre des points de division augmente indéfiniment de manière que le maximé de $|a_i - a_{i-1}|$ ait pour limite zéro, le nombre S a une limite qu'on appelle l'*intégrale définie* de la fonction $f(x)$ dans l'intervalle (a, b) et qu'on note

$$\int_a^b f(x)\,dx.$$

Ce nombre vérifie les égalités suivantes:

$$\int_a^b f(x)\,dx + \int_b^a f(x)\,dx = 0,$$

$$\int_a^b f(x)\,dx + \int_b^c f(x)\,dx + \int_c^a f(x)\,dx = 0$$

et les inégalités

$$l \leqq \frac{1}{b-a}\int_a^b f(x)\,dx \leqq L,$$

L étant la borne supérieure et l la borne inférieure de $f(x)$ dans l'intervalle (a, b). On déduit de là

$$\int_a^b f(x)\,dx = (b-a)f(\alpha),$$

α étant un nombre de l'intervalle (a, b). L'intégrale ainsi définie est *l'intégrale de Cauchy.**

28. *Intégrale de Riemann.* Rappelons d'abord quelques définitions relatives aux fonctions de variables réelles. Supposons $f(x)$ définie et bornée dans l'intervalle (a, b); dans chaque intervalle δ contenu dans (a, b)

$f(x)$ a une borne supérieure L et une borne inférieure l; la différence

$$L - l = \omega$$

est l'oscillation de la fonction dans l'intervalle δ.

Soit A un point de l'intervalle (a, b) et soit $\delta_1, \delta_2, \ldots, \delta_i, \ldots$ une suite infinie d'intervalles, dont chacun est contenu dans le précédent et contient A et dont les extrémités ont pour limite A quand i croît indéfiniment: les bornes supérieure et inférieure L_i, l_i dans l'intervalle δ_i et l'oscillation $\omega_i = L_i - l_i$ ont pour limites, quelle que soit la suite δ_i, lorsque i croît indéfiniment, les nombres L, l, ω vérifiant l'égalité

$$L - l = \omega;$$

L est le *maximé*, l le *minimé*, ω l'*oscillation* de la fonction $f(x)$ au point A[175]. Si $\omega = 0$ la fonction est *continue* en A et réciproquement.

Si la fonction $f(x)$, au lieu d'être définie dans un intervalle (a, b), est définie seulement pour les valeurs d'un ensemble E contenu dans cet intervalle, les mêmes définitions s'appliqueront à tout point A de l'ensemble E' dérivé de E (en particulier à tout point de E, si E est parfait). Il suffira, dans l'intervalle δ_i, de considérer les bornes supérieure et inférieure L_i et l_i de $f(x)$ pour l'ensemble des points de E contenus dans δ_i. Si au point A l'oscillation est nulle, la fonction est continue sur l'ensemble E au point A et réciproquement.

Supposons maintenant que les intervalles δ_i aient *tous* leur extrémité gauche confondue avec le point A. On définira le *maximé à droite* L_d, le *minimé à droite* l_d, l'*oscillation à droite* $\omega_d = L_d - l_d$ de la fonction au point A, en prenant les limites, lorsque i croît indéfiniment, des nombres L_i et l_i, borne supérieure et borne inférieure de $f(x)$ dans le segment δ_i, *le point A supposé exclu.*

Si

$$L_d = l_d$$

et si l'on appelle x l'abscisse de A, la fonction $f(x+h)$, où $h > 0$, a une limite $f(x+0)$ quand h tend vers 0. Si $f(x+0) = f(x)$ la fonction est continue à droite.

On définit de même le maximé L_g, le minimé l_g et l'oscillation à gauche ω_g.

Lorsque

$$\omega_d = \omega_g = 0$$

les nombres $f(x+0)$, $f(x-0)$ existent, la discontinuité est *ordinaire*

175) *Ces définitions sont dues à *R. Baire* [Ann. mat. pura appl. (3) 3 (1899), p. 4; Leçons sur les fonctions discontinues, Paris 1905, p. 70]. Voir aussi II 1, 7.*

ou de *première espèce*, le *saut* de la fonction en x est la valeur absolue de la différence

$$f(x+0)-f(x-0).$$

Dans les autres cas la discontinuité est *à oscillations* ou de *seconde espèce*[176]).

H. Lebesgue[177]) définit l'*oscillation moyenne* d'une fonction bornée dans un intervalle (a, b). Divisons cet intervalle en n intervalles partiels à l'aide des points de division $a_0, a_1, a_2, \ldots, a_{n-1}, a_n$ où $a_0 = a$, $b_n = b$, et calculons

$$\Omega = \frac{1}{b-a}\sum_{i=1}^{i=n}(a_i - a_{i-1})\omega_i;$$

lorsque le nombre des points de division augmente indéfiniment de manière que le maximé de $|a_i - a_{i-1}|$ ait pour limite 0, le nombre Ω a pour limite un nombre déterminé qui est l'oscillation moyenne de $f(x)$ dans l'intervalle (a, b).

Reprenons la somme S

$$S = \sum_{i=1}^{i=n}(a_i - a_{i-1})f(x_i);$$

les points de division étant fixés, les nombres S ont des limites d'indétermination $\overline{S}$ et $\underline{S}$

$$\overline{S} = \sum_{i=1}^{i=n} L_i(a_i - a_{i-1}),$$

$$\underline{S} = \sum_{i=1}^{i=n} l_i(a_i - a_{i-1}).$$

Lorsque le nombre des points de division augmente indéfiniment et que le maximé de $|a_i - a_{i-1}|$ tend en même temps vers zéro, les nombres $\overline{S}$ et $\underline{S}$ ont des limites. Si ces limites sont égales, on dit que la fonction est *intégrable*; dans ce cas, toutes les sommes S ont toujours cette même limite, que l'on représente encore par le symbole

$$\int_a^b f(x)\,dx.$$

Pour qu'une fonction bornée soit intégrable, il faut et il suffit que l'on puisse diviser l'intervalle (a, b) en intervalles partiels tels que la somme de ceux dans lesquels l'oscillation de la fonction est supérieure à ε po-

176) *Cf. II 1, 14.*

177) *Leçons sur l'intégration[48]), p. 22. Voir aussi *G. Robin*, Œuvres scientifiques[152]) 1, p. 47; *C. Jordan*, Cours d'Analyse, (2ᵉ éd) 1, Paris 1893, p. 36.*

sitif arbitraire soit aussi petite qu'on le veut. Cette condition est due à *B. Riemann*[178]).

On peut mettre cette condition sous une autre forme qui fait ressortir la distribution des points de discontinuité de la fonction en introduisant la notion de *groupe intégrable*: on appelle ainsi un ensemble de points d'un segment tels qu'on puisse les enfermer dans un nombre fini d'intervalles dont la somme des longueurs soit aussi petite que l'on veut. On a ainsi un ensemble dont l'étendue extérieure est nulle[179]).

Cette définition admise, l'énoncé est le suivant: *pour qu'une fonction bornée soit intégrable, il faut et il suffit que l'ensemble des points en lesquels l'oscillation est supérieure à ε positif arbitraire, soit un groupe intégrable.*

H. Lebesgue a donné d'autres formes de ces conditions en utilisant la notion d'oscillation moyenne et sa définition de la mesure d'un ensemble.

Si l'on remarque que

$$\overline{S} - \underline{S} = \sum_{i=1}^{i=n} (a_i - a_{i-1})\,\omega_i,$$

on en déduit facilement que *pour qu'une fonction bornée soit intégrable, il faut et il suffit que son oscillation moyenne soit nulle.*

Introduisons maintenant la définition d'un ensemble de mesure nulle: c'est un ensemble dont les points peuvent être enfermés dans un nombre fini ou une infinité dénombrable de segments dont la somme des longueurs est aussi petite que l'on veut[180]).

On obtient alors la proposition suivante[181]): *pour qu'une fonction bornée soit intégrable, il faut et il suffit que ses points de discontinuité forment un ensemble de mesure nulle*[182]).

---

178) *Über die Darstellbarkeit einer Funktion durch eine trigonometrische Reihe (Habilitationsschrift, Göttingue 1854, § 5); Abh. Ges. Gött. 13 (1866/7), éd. 1868, math. p. 104; Werke, (2e éd.) publ. par *H. Weber*, Leipzig 1892, p. 241; trad. *L. Laugel*, Paris 1898, p. 241.*

179) **Exemples*: un nombre fini de points, un ensemble réductible, un ensemble parfait de mesure nulle, obtenu en retranchant du segment (a, b) les points intérieurs à une infinité dénombrable de segments intérieurs à (a, b) sans point commun deux à deux et dont la somme des longueurs est égale à celle de (a, b).

La notion de groupe intégrable est due à *P. du Bois-Reymond*, Die allgemeine Funktionentheorie 1, Tubingue 1882, p. 189; trad. *G. Milhaud* et *A. Girod*, Nice 1887, p. 153.*

180) *Par exemple, un nombre fini de points, une infinité dénombrable de points, un groupe intégrable, forment des ensembles de mesure nulle: la somme d'un nombre fini ou d'une infinité dénombrable d'ensembles de mesure nulle est un ensemble de mesure nulle.*

181) *Voir à ce sujet *G. Vitali*, Reale Ist. Lombardo *Rendic.* (2) 37 (1904), p. 69/73.*

182) **Exemples*: soit (x) la différence entre x et l'entier le plus voisin et

L'intégrale de Riemann vérifie les égalités et inégalités suivantes:

$$\int_a^b f(x)\,dx + \int_b^a f(x)\,dx = 0,$$

$$\int_a^b f(x)\,dx + \int_b^c f(x)\,dx + \int_c^a f(x)\,dx = 0,$$

$$l \leqq \frac{1}{b-a}\int_a^b f(x)\,dx \leqq L,$$

les lettres ayant les mêmes significations que dans les égalités et inégalités correspondantes relatives à l'intégrale de Cauchy. De la dernière on ne peut conclure que l'intégrale est égale à

$$(b-a)f(\alpha),$$

car la fonction $f(x)$, n'étant pas continue, ne prend pas nécessairement toutes les valeurs comprises entre l et L.

Ajoutons les propriétés suivantes:

La somme de deux fonctions intégrables est une fonction intégrable et l'intégrale de la somme est la somme des intégrales.

La somme d'une série uniformément convergente de fonctions intégrables est une fonction intégrable, et l'intégrale de la somme est la somme des intégrales des termes.

Le produit et le quotient supposé borné de deux fonctions intégrables est une fonction intégrable.

---

posons $(x) = 0$, si $x = p + \frac{1}{2}$, p étant entier. La fonction

$$f(x) = \sum_{n=1}^{n=+\infty} \frac{(nx)}{n^2}$$

est continue sauf pour $x = \frac{2p+1}{2q}$; en un point dont l'abscisse a une telle valeur, $2q$ et $2p+1$ étant supposés des entiers premiers entre eux, la fonction a une discontinuité de première espèce et la valeur du saut est $\frac{\pi^2}{8q^2}$. *B. Riemann* donne cette fonction comme exemple de fonction intégrable.

Soit encore E un ensemble parfait non dense, de mesure nulle, placé sur le segment (a, b), la fonction $\varphi(x)$ égale à 1 pour les points de E et à 0 pour les autres points est intégrable.

Dans ces exemples, les points de discontinuité forment un ensemble non dense, mais l'ensemble de ces points peut être partout dense: il suffit de prendre la fonction

$$\psi(x) = \sum_{n=1}^{n=+\infty} \frac{1}{n^2}\varphi\left(\frac{x}{n}\right),$$

la fonction $\varphi(x)$ étant définie, en dehors de l'intervalle $(0, 1)$ par la condition

$$\varphi(x+1) = \varphi(x).^*$$

Si f est intégrable, $\sqrt[m]{f}$ est intégrable quand cette fonction a un sens; si f est positive et intégrable et φ intégrable, $[f(x)]^{\varphi(x)}$ est intégrable.

Ces transformations rentrent dans l'opération générale $f(\varphi)$, f et φ étant intégrables.

H. Lebesgue[183]) fait remarquer que $f(\varphi)$ n'est pas toujours intégrable et donne l'exemple suivant:

Soit $f(x)=1$ si x est différent de 0 et $f(0)=0$; et soit $\varphi(x)=0$ pour x irrationnel et $\varphi\left(\frac{p}{q}\right)=\frac{1}{q}\left(\frac{p}{q}\text{ irréductible}\right)$. La fonction $f(\varphi)$ est alors égale à 0 pour x rationnel et à 1 pour x irrationnel, c'est la fonction $\chi(x)$ de *G. Lejeune Dirichlet* qu'on peut représenter par l'expression analytique[184])

$$\chi(x)=\lim_{m=+\infty}\left[\lim_{n=+\infty}(\cos m!\,\pi x)^{2n}\right];$$

toutes les valeurs de x sont des points de discontinuité, donc cette fonction n'est pas intégrable[185]).*

29. *__Intégrales par défaut et par excès de Darboux.__ Les nombres $\overline{S}$ et $\underline{S}$ définis pour une fonction bornée dans l'intervalle (a, b) ont chacun une limite, indépendante des modes de division, lorsque le nombre des points de division augmente indéfiniment et que le maximé de $|a_i-a_{i-1}|$ tend vers 0.

Ces limites que l'on désigne par les symboles

$$\overline{\int_a^b f(x)\,dx} \qquad \underline{\int_a^b f(x)\,dx}$$

s'appellent l'*intégrale par excès* et l'*intégrale par défaut* de $f(x)$ dans l'intervalle (a, b). Elles ont été définies rigoureusement par *G. Darboux*[186]).

On a les propriétés suivantes des intégrales par excès:

$$\overline{\int_a^b f(x)\,dx}+\overline{\int_b^a f(x)\,dx}=0,$$

$$\overline{\int_a^b f(x)\,dx}+\overline{\int_b^c f(x)\,dx}+\overline{\int_c^a f(x)\,dx}=0,$$

$$\overline{\int_a^b [f(x)+\varphi(x)]\,dx}\leq\overline{\int_a^b f(x)\,dx}+\overline{\int_a^b \varphi(x)\,dx},\quad \text{si}\quad b-a>0$$

183) *Leçons sur l'intégration[48]), p. 30.*

184) *Cette expression est due à *A. Pringsheim* [cf. II 1, **3** note 53].*

185) *Une fonction peut être intégrable sans être représentable analytiquement. *H. Lebesgue* a pu nommer des ensembles mesurables de mesure nulle,

et les propriétés correspondantes pour les intégrales par défaut. On a aussi

$$\overline{\int_a^b} f(x)\,dx - \underline{\int_a^b} f(x)\,dx = (b-a)\omega,$$

ω étant l'oscillation moyenne de $f(x)$ dans (a, b). Ces deux intégrales sont la plus grande et la plus petite des limites des sommes S; d'ailleurs tout nombre compris entre ces deux limites est effectivement une limite d'une suite de sommes S[187]).*

30. *Intégrale de Lebesgue.* Dans le calcul des sommes S, on subdivise l'intervalle (a, b) en intervalles partiels et dans chaque intervalle (a_{i-1}, a_i) on prend une valeur $f(x_i)$ de la fonction; ces valeurs $f(x_i)$ peuvent être peu différentes ou très différentes, suivant la valeur de l'oscillation de $f(x)$ dans cet intervalle; on peut ainsi rapprocher des valeurs de $f(x)$ dont la différence a une valeur absolue qui ne peut descendre au dessous d'une certaine limite.

Le principe de la méthode de *H. Lebesgue* consiste à subdiviser l'intervalle de variation (L, l) des valeurs de la fonction en intervalles partiels par des valeurs intermédiaires

$$l = l_0, \quad l_1, l_2, \ldots, l_{n-1}, \quad l_n = L$$

et à considérer l'ensemble des valeurs de x pour lesquelles $f(x)$ est comprise entre l_{i-1} et l_i ou égale à l'une de ces deux limites. La mesure de l'un de ces ensembles jouera le rôle de la longueur des intervalles partiels dans l'intégrale de *B. Riemann.* On rapproche ainsi des valeurs voisines de $f(x)$. Lorsque $f(x)$ est non décroissante ou non croissante, c'est-à-dire monotone, les deux procédés sont identiques.

H. Lebesgue, prenant comme base certaines propriétés fondamentales de l'intégrale de *B. Riemann* s'est proposé de définir pour chaque fonction bornée dans (a, b) un nombre possédant ces propriétés. Il a montré que le problème est possible d'une seule manière et il a indiqué les opérations à effectuer pour obtenir le nombre cherché: en d'autres termes, il est passé d'une définition descriptive d'un nombre à la définition constructive de ce même nombre.

---

qui ne sont pas mesurables par la méthode de *E. Borel.* Une fonction bornée égale à 1 en tous les points d'un de ces ensembles et nulle en tous les autres points est intégrable, mais ne peut être représentée analytiquement [voir *H. Lebesgue,* J. math. pures appl. (6) 1 (1905), p. 216].*

186) *G. Darboux*, Ann. Ec. Norm. (2) 4 (1875), p. 64.*

187) *H. Lebesgue*, Leçons sur l'intégration[48]), p. 35.*

Les propriétés choisies pour la définition de l'intégrale sont les suivantes:

1°) Quels que soient a, b, h, on a

$$\int_a^b f(x)\,dx = \int_{a+h}^{b+h} f(x-h)\,dx.$$

2°) Quels que soient a, b, c, on a

$$\int_a^b f(x)\,dx + \int_b^c f(x)\,dx + \int_c^a f(x)\,dx = 0.$$

3°) On a

$$\int_a^b [f(x) + \varphi(x)]\,dx = \int_a^b f(x)\,dx + \int_a^b \varphi(x)\,dx.$$

4°) Si $f(x) \geqq 0$, $b > a$, on a

$$\int_a^b f(x)\,dx \geqq 0.$$

5°) On a

$$\int_0^1 1 \times dx = 1.$$

6°) Si la suite croissante $f_n(x)$ tend vers $f(x)$, l'intégrale de $f_n(x)$ tend vers l'intégrale de $f(x)$[188]).

Le problème à résoudre est alors d'attacher à chaque fonction bornée $f(x)$ un nombre fini

$$\int_a^b f(x)\,dx,$$

que l'on appellera l'intégrale de $f(x)$ dans (a, b) et qui satisfera aux conditions 1, 2, 3, 4, 5 et 6[189]).

H. Lebesgue définit d'abord les fonctions mesurables: une fonction

---

188) *Les cinq premières conditions sont indépendantes: on ne sait pas si les six conditions le sont. *H. Lebesgue* [Thèse, Paris 1902; Ann. mat. pura appl. (3) 7 (1902), p. 231/359] donne la définition constructive de son intégrale et montre qu'elle satisfait à un certain nombre de conditions qui la rendent légitime et naturelle. La définition descriptive se trouve dans *H. Lebesgue*, Leçons sur l'intégration[48]), p. 98.*

189) *Il y a aussi intérêt à ce que cette intégrale coïncide avec celle de *B. Riemann* lorsque la fonction $f(x)$ est intégrable; or on déduit des conditions énoncées que le nombre cherché doit être nécessairement compris entre l'intégrale par défaut et l'intégrale par excès de *G. Darboux*, donc il coïncide avec chacune d'elles, c'est-à-dire avec l'intégrale de *B. Riemann*, lorsqu'elles sont égales.*

bornée ou non bornée est dite *mesurable* si, quels que soient α et β, l'ensemble $E[\alpha<f(x)<\beta]$ est mesurable.

On désigne par
$$E[\alpha<f(x)<\beta]$$
l'ensemble des points de (a, b) pour lesquels $f(x)$ est comprise entre α et β et par
$$m\{E[\alpha<f(x)<\beta]\}$$
la mesure de cet ensemble.

Il résulte de cette définition que l'ensemble
$$E[f(x)=\alpha]$$
des valeurs de x pour lesquelles $f(x)$ est égale à α est aussi mesurable, car c'est la limite, pour n infini, de l'ensemble mesurable E_n
$$E_n = E\left[\alpha-\frac{1}{n}<f(x)<\alpha+\frac{1}{n}\right].$$

La somme, le produit, les puissances de fonctions mesurables sont des fonctions mesurables.

La limite d'une suite convergente de fonctions mesurables est une fonction mesurable.

Une constante et la fonction $f(x)=x$ sont mesurables; donc tout polynome est mesurable; donc toute fonction continue est mesurable puisque, d'après un théorème de *K. Weierstrass,* une fonction continue est la limite d'une suite convergente de polynomes. Toute fonction limite de fonctions continues est mesurable, donc les fonctions de première classe de *R. Baire* sont mesurables; on en déduit aussitôt que les fonctions de classe quelconque sont mesurables. On ne sait pas s'il existe des fonctions non mesurables[190]).

Soit $f(x)$ une fonction bornée mesurable dans l'intervalle (a, b), où $a<b$; insérons entre sa borne inférieure l et sa borne supérieure L dans (a, b) des valeurs intermédiaires croissantes
$$l=l_0,\quad l_1, l_2, \ldots,\quad l_n=L$$
et formons les sommes
$$\sigma=\sum_{i=0}^{i=n} l_i m\{E[l_i \leqq f(x)<l_{i+1}]\},$$
$$\Sigma=\sum_{i=0}^{i=n} l_i m\{E[l_{i-1}<f(x)\leqq l_i]\}.$$

---

190) *Si $f(x)$ est mesurable, on a
$$f(x)=\varphi(x)+\psi(x),$$
$\varphi(x)$ étant de classe 2 au plus, et $\psi(x)$ étant égale à zéro sauf pour un ensemble de valeurs de x de mesure nulle. Voir à ce sujet *G. Vitali*, Reale Ist. Lombardo *Rendic.* (2) 38 (1905), p. 599/603.*

Faisons croître indéfiniment le nombre des valeurs l_i de manière que le maximé de $l_i - l_{i-1}$ ait pour limite zéro. Les sommes σ croissent, les sommes Σ décroissent et la différence $\Sigma - \sigma$ tend vers 0. Donc σ et Σ ont une limite commune. Cette limite est indépendante du mode de division de l'intervalle (l, L). Nous l'appellerons l'intégrale de $f(x)$ dans (a, b) et nous la noterons

$$\int_a^b f(x)\,dx.$$

Si $a > b$, on pose

$$\int_a^b f(x)\,dx = -\int_b^a f(x)\,dx.$$

On vérifie que l'intégrale ainsi définie satisfait bien aux six conditions imposées.

H. Lebesgue définit aussi l'intégrale d'une fonction bornée prise dans un ensemble E. L'intégrale de la fonction $f(x)$ dans l'ensemble E est, par définition, l'intégrale dans l'intervalle (a, b) contenant E, de la fonction $f_1(x)$ égale à $f(x)$ aux points de E et à zéro aux autres points de (a, b). Si un ensemble E est la somme d'un nombre fini ou d'une infinité dénombrable d'ensembles mesurables E_k, on a

$$\int_E f(x)\,dx = \sum_{k=1}^{k=+\infty} \int_{E_k} f(x)\,dx.$$

On appelle *sommable* toute fonction $f(x)$ pour laquelle l'intégrale de *H. Lebesgue* existe: *toute fonction mesurable bornée est sommable*[191]). On ne connaît pas de fonction bornée non sommable, on ne sait pas si l'on peut en nommer une.*

31. *Définition géométrique de l'intégrale. Soit $f(x)$ une fonction bornée dans l'intervalle (a, b), et soient A le point de coordonnées $[a, f(a)]$, B le point de coordonnées $[b, f(b)]$. Appelons $E(f)$ l'ensemble

191) *Pour une fonction bornée non mesurable $f(x)$, *H. Lebesgue* [Thèse, Paris 1902; Ann. mat. pura appl. (3) 7 (1902), p. 275] définit l'intégrale supérieure et l'intégrale inférieure. Soit $\varphi(x)$ une fonction mesurable, telle que l'on ait dans (a, b)

$$\varphi(x) \leq f(x).$$

Les intégrales des fonctions $\varphi(x)$ ont une limite supérieure qui est égale à l'intégrale de la fonction mesurable bornée $\psi(x)$ définie, pour chaque valeur de x comme étant égale à la limite supérieure de tous les nombres $\varphi(x)$. L'intégrale de $\psi(x)$ dans (a, b) est l'*intégrale supérieure* de $f(x)$ dans (a, b). L'*intégrale inférieure* est définie d'une manière analogue.*

des points dont les coordonnées vérifient les conditions

$$a \leq x \leq b, \qquad y = \theta f(x), \qquad 0 \leq \theta \leq 1$$

et supposons d'abord $f(x)$ positive et continue. Alors l'intégrale définie

$$\int_a^b f(x)\,dx$$

a pour valeur l'aire du domaine $E(f)$ ou du trapèze curviligne $aABb$, l'aire étant définie par la méthode de *C. Jordan*. En effet $\overline{S}$ et $\underline{S}$ sont les nombres qui, si $a < b$, servent à définir l'étendue extérieure et l'étendue intérieure du domaine; ces nombres ont une limite commune qui est l'aire de ce domaine.

Si $f(x)$ n'est pas toujours positive, l'intégrale représente la somme des aires des domaines situés au-dessus de Ox diminuée de la somme des aires de ceux qui sont au-dessous de cet axe. Le contraire a lieu si $a > b$.

Les propriétés précédentes donnent une définition géométrique de l'intégrale de *A. L. Cauchy*.

Supposons maintenant que $f(x)$ soit intégrable et que a soit inférieur à b. Nous poserons

$$E(f) = E_1(f) + E_2(f);$$

$E_1(f)$ est l'ensemble des points de E qui sont au-dessus de Ox, $E_2(f)$ l'ensemble de ceux qui sont au-dessous de cet axe. Ceux qui sont sur Ox seront placés indifféremment dans $E_1(f)$ ou dans $E_2(f)$.

Pour que la fonction $f(x)$ soit intégrable, il faut et il suffit que les ensembles $E_1(f)$ et $E_2(f)$ soient mesurables par la méthode de C. Jordan[192]). Si l'on désigne par $e(E)$ la mesure de l'étendue superficielle de E, on a

$$\int_a^b f(x)\,dx = e[E_1(f)] - e[E_2(f)].$$

Si les ensembles $E_1(f)$ et $E_2(f)$ ne sont pas mesurables par la méthode de *C. Jordan*, ils admettent une étendue extérieure e_e et une étendue intérieure e_i. On obtient alors pour les intégrales de *G. Darboux* les valeurs

$$\overline{\int_a^b} f(x)\,dx = e_e[E_1(f)] - e_i[E_2(f)],$$

$$\underline{\int_a^b} f(x)\,dx = e_i[E_1(f)] - e_e[E_2(f)].$$

192) *D'ailleurs si $E_1(f)$ et $E_2(f)$ sont mesurables, $E(f)$ l'est aussi, et réciproquement.*

Ce qui précède fournit une définition géométrique de l'intégrale de *B. Riemann* et de celles de *G. Darboux*. On obtient des résultats analogues aux précédents pour les fonctions mesurables, en introduisant la notion de mesure d'un ensemble de *H. Lebesgue*. Appelons $m(E)$ la mesure superficielle d'un ensemble borné E. Si la fonction $f(x)$ est mesurable et bornée, les ensembles $E_1(f)$ et $E_2(f)$ sont mesurables et l'on a

$$\int_a^b f(x)\,dx = m[E_1(f)] - m[E_2(f)] \quad \text{si} \quad a < b.$$

L'intégrale de *H. Lebesgue* est aussi intimement liée à la mesure linéaire des ensembles de points sur une droite. Envisageons encore la suite

$$l = l_0, \quad l_1, l_2, \ldots, l_{n-1}, \quad l_n = L$$

dans laquelle aucune des différences $l_i - l_{i-1}$ ne dépasse ε; soit $\psi_i(x)$ une fonction égale à 1 pour les valeurs de x telles que

$$l_i \leqq f(x) < l_{i+1}$$

et à 0 pour les autres valeurs; et soit $\Psi_i(x)$ une fonction égale à 1 pour les valeurs de x telles que

$$l_{i-1} < f(x) \leqq l_i$$

et à zéro pour les autres valeurs. Posons

$$\varphi(x) = l_0\psi_0 + l_1\psi_1 + \cdots + l_{n-1}\psi_{n-1},$$
$$\Phi(x) = l_1\Psi_1 + l_2\Psi_2 + \cdots + l_n\Psi_n;$$

la fonction $f(x)$ est alors comprise entre $\varphi(x)$ et $\Phi(x)$, et l'intégrale de $\varphi(x)$, comme celle de $\Phi(x)$, tend uniformément vers l'intégrale de $f(x)$ lorsque ε tend vers zéro. Or on a

$$\int_a^b \varphi(x)\,dx = \sum_{i=0}^{i=n} l_i \int_a^b \psi_i\,dx.$$

Le calcul de $\int_a^b f(x)\,dx$ se ramène donc à celui de $\int_a^b \psi_i\,dx$.

La fonction $\psi_i(x)$ ne prend que les valeurs 0 et 1. Soit E l'ensemble des points de Ox pour lesquels $\psi_i(x) = 1$; on a

$$\int_a^b \psi_i(x)\,dx = m_l(E),$$

le signe m_l indiquant la mesure linéaire de l'ensemble.*

Intégrale définie des fonctions non bornées.

32. ***Intégrales de Cauchy et Dirichlet.** Soit x un nombre de l'intervalle (a, b) où la fonction bornée $f(x)$ admet une intégrale. La fonction

$$F(x) = \int_a^x f(x)\,dx + C,$$

où C est une constante arbitraire, est appelée *l'intégrale indéfinie* de la fonction $f(x)$. La fonction $F(x)$ est continue et l'on a, si α et β sont deux points quelconques de (a, b),

$$\int_\alpha^\beta f(x)\,dx = F(\beta) - F(\alpha)$$

Ce sont ces propriétés de l'intégrale indéfinie qui ont été quelquefois utilisées pour la définition de l'intégrale définie d'une fonction $f(x)$ bornée ou non.

Soit d'abord une fonction $f(x)$ continue dans (a, b), où $a < b$, sauf au point c (où la fonction peut ne pas être bornée, ni même finie). Si les deux intégrales

$$\int_a^{c-\varepsilon} f(x)\,dx, \quad \int_{c+\varepsilon'}^b f(x)\,dx$$

ont chacune une limite quand ε et ε' tendent vers 0, *A. L. Cauchy* définit l'intégrale de $f(x)$ dans l'intervalle (a, b) comme la somme de ces limites, on a

$$\int_a^b f(x)\,dx = \lim_{\varepsilon=0} \int_a^{c-\varepsilon} f(x)\,dx + \lim_{\varepsilon'=0} \int_{c+\varepsilon'}^b f(x)\,dx.$$

Cela revient à dire que les intégrales indéfinies

$$\int_a^x f(x)\,dx, \quad \text{où} \quad x < c, \qquad \text{et} \qquad \int_x^b f(x)\,dx, \quad \text{où} \quad x > c,$$

sont continues pour $x = c$.

Cette définition a été étendue par *G. Lejeune Dirichlet* aux fonctions $f(x)$ pour lesquelles l'ensemble dérivé de l'ensemble des points de discontinuité se compose d'un nombre fini de points[193]).

---

193) *Par exemple, la fonction

$$\frac{1}{\sin \frac{1}{x}},$$

pour laquelle l'ensemble dérivé comprend le seul point $x = 0$. *G. Lejeune Dirichlet* n'a pas publié ses résultats: c'est *R. Lipschitz* [J. reine angew. Math. 63 (1864), p. 296/308] qui les a fait connaître.*

En effet, la définition de *A. L. Cauchy* s'étend immédiatement au cas où $f(x)$ a un nombre fini de points de discontinuité dans (a, b). Soit alors (a', b') un intervalle limité par deux points consécutifs de l'ensemble dérivé; dans l'intervalle $(a' + h,\ b' - h)$ il n'y a qu'un nombre fini de points de discontinuité: on peut donc définir l'intégrale dans cet intervalle; on passe ensuite à (a', b') en faisant tendre h vers zéro et à (a, b) en ajoutant les intégrales des différents intervalles (a', b'), si elles existent.

H. Lebesgue[194]) déduit de là la définition générale suivante: *on dit que $f(x)$ a une intégrale dans un intervalle (a, b) s'il existe dans (a, b) une fonction continue $F(x)$ et une seule, à une constante additive près, telle que l'on ait*

$$\int_\alpha^\beta f(x)\,dx = F(\beta) - F(\alpha) \tag{1}$$

dans tout intervalle (α, β) où $f(x)$ est continue. On a alors

$$\int_a^b f(x)\,dx = F(b) - F(a).$$

Il montre que *pour que cette définition soit applicable, il faut et il suffit que l'ensemble des points de discontinuité de la fonction soit réductible et qu'il existe une fonction continue vérifiant l'égalité* (1) *dans tout intervalle (α, β) où $f(x)$ est continue*[195]).

---

194) *Leçons sur l'intégration[48]), p. 10.*

195) **Exemple*: Soit $x_1, x_2, \ldots, x_n, \ldots$ un ensemble réductible; $\sin\frac{1}{x}$ est une fonction bornée quel que soit x, ayant le seul point de discontinuité $x = 0$. On peut prendre

$$f(x) = \sum_{n=1}^{n=+\infty} \frac{1}{n^2} \sin\frac{1}{x - x_n},$$

car $\int_0^x \sin\frac{1}{x}\,dx$ a un sens.

Il est facile de voir que $F(x)$ ne saurait être unique si l'ensemble des points de discontinuité n'est pas réductible. Dans ce cas, l'un des dérivés H de cet ensemble est parfait: cet ensemble est nécessairement non dense dans (a, b), car l'ensemble formé des points de discontinuité et de leurs points limites ne peut être dense dans aucun segment de (a, b), sinon $F(x)$ ne serait pas définie sur ce segment. On obtient donc H en retranchant de (a, b) une infinité dénombrable d'intervalles $\delta_1, \delta_2, \ldots, \delta_p, \ldots$.

Définissons la fonction $\varphi(x)$ par les conditions suivantes: $\varphi(a) = 0$, $\varphi(b) = 1$, $\varphi(x) = \frac{1}{2}$ si x est dans δ_1; $\varphi(x) = \frac{1}{4}$ dans δ_2, si δ_2 est entre 0 et δ_1, et $\varphi(x) = \frac{3}{4}$ dans δ_2, si δ_2 est entre δ_1 et b; d'une manière générale $\varphi(x)$ a une valeur constante $\varphi(\delta_k)$ dans l'intervalle δ_k, donnée par l'égalité

$$\varphi(\delta_k) = \tfrac{1}{2}[\varphi(\delta_i) + \varphi(\delta_j)],$$

Ces définitions peuvent être étendues à l'intégrale de *B. Riemann*; si une fonction $f(x)$ est intégrable dans l'intervalle $(\alpha + h, \beta - h')$, sans l'être dans l'intervalle (α, β)[196]), il peut arriver que l'intégrale

$$\int_{\alpha+h}^{\beta-h'} f(x)\,dx$$

ait une limite lorsque h et h' tendent vers zéro; on prendra cette limite comme valeur de l'intégrale

$$\int_{\alpha}^{\beta} f(x)dx.$$

On peut donc énoncer les mêmes résultats que plus haut en remplaçant les intervalles (α, β) où $f(x)$ est continue par les intervalles (α, β) où $f(x)$ est intégrable.

Supposons maintenant que l'on ait pu définir par le procédé précédent l'intégrale de $f(x)$ dans tout intervalle contigu d'un ensemble fermé E: *C. Jordan*[197]) appelle intégrale de $f(x)$ dans (a, b) la somme des intégrales prises dans les intervalles contigus à E.*

33. *Intégrale de Lebesgue. Soit $f(x)$ une fonction mesurable non bornée dans (a, b), où $a < b$, et une suite de nombres croissants

$$\ldots, l_{-2}, l_{-1}, l_0, l_1, \ldots, l_i, \ldots\ldots$$

allant de $-\infty$ à $+\infty$ et telle que $l_i - l_{i-1} < \varepsilon$ quel que soit i.

Formons les deux séries

$$\sigma = \sum_{-\infty}^{+\infty} l_i m\{E[l_i \leq f(x) < l_{i+1}]\},$$

$$\Sigma = \sum_{-\infty}^{+\infty} l_i m\{E[l_{i-1} < f(x) \leq l_i]\};$$

δ_i et δ_j étant les intervalles de la suite $\delta_1, \delta_2, \ldots, \delta_{k-1}$ qui comprennent δ_k. On définit ainsi une fonction continue $\varphi(x)$ non constante dans (a, b) et constante dans tout intervalle où $f(x)$ est continue. Donc, si une fonction $F(x)$ vérifie l'égalité (1), la fonction $F(x) + \varphi(x)$ vérifie aussi cette égalité (1). Voir à ce sujet *H. Lebesgue*, Leçons sur l'intégration[48]), p. 13; *G. Cantor*, Acta math. 4 (1884), p. 381/92; *A. Harnack*, Math. Ann. 24 (1884), p. 217; *L. Scheeffer*, Acta math. 5 (1884/5), p. 183/94.*

196) *Ce qui ne peut avoir lieu que si f n'est pas bornée dans (α, β).*

197) *Cours d'Analyse, (2e éd.) 2, Paris 1894, p. 49/50. Voir pour ces questions *A. Harnack* [Math. Ann. 23 (1884), p. 244; 24 (1884), p. 217], *O. Hölder* [Math. Ann. 24 (1884), p. 181], *E. H. Moore* [Trans. Amer. math. Soc. 2 (1901), p. 296/330, 458/75]; *O. Stolz* [Sitzgsb. Akad. Wien 107 IIa (1898), p. 207/24], *Ch. J. de La Vallée-Poussin* [J. math. pures appl. (4) 8 (1892), p. 421/67] et *C. Severini* [Concetto d'integrale definito assolutamente convergente, Palerme 1904].*

ces deux séries sont absolument convergentes en même temps; lorsqu'elles sont convergentes, σ et Σ tendent vers une limite commune quand ε tend vers zéro. Cette limite est l'intégrale de $f(x)$ dans l'intervalle (a, b) et se note

$$\int_a^b f(x)\,dx.$$

Si $a > b$, on pose encore

$$\int_a^b f(x)\,dx = -\int_b^a f(x)\,dx.$$

Lorsque cette intégrale existe, la fonction $f(x)$ est dite *sommable.*

Il y a des fonctions non bornées qui ne sont pas sommables, par exemple, la fonction égale à

$$\frac{d}{dx}\left(x2 \sin \frac{1}{x2}\right) = 2x \sin \frac{1}{x2} - \frac{2}{x} \cos \frac{1}{x^2}$$

pour x différent de 0 et à zéro pour $x = 0$, n'est pas sommable. Elle est intégrable par les procédés de *A. L. Cauchy* et *G. Lejeune Dirichlet.*

H. Lebesgue[198]) a démontré que l'intégrale d'une fonction sommable peut s'obtenir comme la limite d'une suite infinie de sommes S de Riemann. Il suffit, dans chaque somme

$$S = \sum (a_i - a_{i-1}) f(x_i),$$

de choisir convenablement les nombres a_i et le nombre x_i correspondant à l'intervalle (a_{i-1}, a_i).*

34. *__Autres généralisations de la notion d'intégrale.__ *W. H. Young*[199]) a été conduit à une autre généralisation de la notion d'intégrale.

Voici le principe de sa méthode: divisons l'intervalle (a, b) en un ensemble fini ou dénombrable d'ensembles mesurables sans point commun; multiplions la mesure de chacun d'eux par la borne supérieure de $f(x)$ sur cet ensemble et prenons la somme S de tous les produits obtenus: lorsqu'on divise l'intervalle de toutes les manières possibles, en sommes d'ensembles mesurables, les nombres S ont une borne inférieure qui est l'intégrale supérieure de $f(x)$ dans (a, b). L'intégrale inférieure se définit d'une manière analogue. La fonction $f(x)$ est intégrable si l'intégrale supérieure est égale à l'intégrale inférieure: leur valeur commune est l'intégrale de la fonction.

Pour un intervalle d'intégration fini et pour une fonction bornée, les fonctions intégrables de *W. H. Young* sont les mêmes que les

198) *Ann. Fac. sc. Toulouse (3) 1 (1909), p. 25/128.*

199) *Proc. London math. Soc. (2) 2 (1905), p. 51; (2) 9 (1911), p. 16; Philos. Trans. London 204 A (1905), p. 221/52.*

fonctions sommables de *H. Lebesgue.* Il n'en est plus de même lorsque l'intervalle d'intégration est infini ou la fonction non bornée.

La définition de *W. H. Young* s'étend aux fonctions de plusieurs variables et aux fonctions considérées seulement pour les points d'un ensemble mesurable.

On doit aussi à *E. Borel*[200]) une nouvelle généralisation de la notion d'intégrale. En utilisant les principes qu'il a introduits dans la mesure des ensembles et les rapprochant des idées de *H. Lebesgue,* il a donné une définition de l'intégrale qui, pour le cas des fonctions bornées définissables analytiquement et pour un intervalle d'intégration fini, fournit les mêmes résultats que la définition de *H. Lebesgue* et conduit, pour les fonctions non bornées ou pour un intervalle d'intégration infini, à une extension nouvelle de la notion d'intégrale. Voici cette définition: la fonction $f(x)$ étant définie dans l'intervalle (a, b), excluons de cet intervalle une infinité dénombrable d'intervalles (α_n, β_n) dont la somme des longueurs est égale à σ; formons la somme S de Riemann à l'aide de points a_i et x_i extérieurs aux intervalles exclus, en remplaçant dans cette somme la longueur de l'intervalle (a_{i-1}, a_i) par la différence entre cette longueur et la somme des longueurs des intervalles (α_n, β_n) qu'il contient, différence que nous appellerons la longueur réduite de (a_{i-1}, a_i). Si les sommes S ont une limite lorsque le maximé de la longueur réduite de (a_{i-1}, a_i) tend vers zéro, les intervalles (α_n, β_n) demeurant invariables, et si cette limite a elle-même une limite lorsque σ tend vers zéro, nous dirons que la fonction f est sommable par la méthode de Borel.

Si la fonction $f(x)$ n'est pas bornée nous dirons qu'un point P de discontinuité est un pôle d'ordre α si, à l'extérieur d'un intervalle de longueur ε ayant pour centre le point P, la valeur absolue de $f(x)$ est inférieure à $A\varepsilon^{-\alpha}$, A étant une constante.

Si l'ordre maximé des pôles de $f(x)$ est inférieur à un nombre inférieur à 1, la fonction $f(x)$ est sommable au sens de *E. Borel.* C'est le cas de la fonction

$$f(x)=\sum_{n=1}^{n=\infty} e^{-n}\,|x-a_n|^{-\frac{1}{2}},$$

dans laquelle a_n désigne le $n^{\text{ième}}$ nombre rationnel qui est pour la fonction un pôle d'ordre $\frac{1}{2}$.

Les intégrales de *T. J. Stieltjes*[201]) peuvent aussi être considérées

200) *C. R. Acad. sc. Paris 150 (1910), p. 375/7, 508/11.*

201) *Recherches sur les fractions continues [Ann. Fac. sc. Toulouse (1) 8 (1894), mém. n° 10, p. 1/122].*

comme une extension de la notion d'intégrale définie. Soient $f(x)$ et $\alpha(x)$ deux fonctions dont la première est continue et formons la somme

$$\sum_{i=0}^{i=n} f(a_i)[\alpha(a_{i+1}) - \alpha(a_i)]$$

relative à un mode de division $a_0 = a,\ a_1,\ a_2,\ \ldots,\ a_{n-1},\ a_n = b$, de l'intervalle (a, b). *T. J. Stieltjes* a démontré que cette somme a une limite lorsque le nombre des points de division augmente indéfiniment de manière que le maximé de $|a_i - a_{i-1}|$ tende vers 0, si $\alpha(x)$ est à variation bornée dans (a, b). Cette limite se note $\int_a^b f(x)d\alpha(x)$. *H. Lebesgue*[202]) a montré le lien qui unit les intégrales de *T. J. Stieltjes* et les intégrales de fonctions sommables en transformant toute intégrale de *T. J. Stieltjes* en une intégrale de fonction sommable.

Les intégrales de *T. J. Stieltjes* ont été récemment utilisées par *F. Riesz*[203]) pour la représentation des opérations fonctionnelles linéaires.*

35. *Propriétés de l'intégrale de Lebesgue. Le premier théorème de la moyenne est applicable à l'intégrale de Lebesgue:

Si $f(x)$ et $\varphi(x)$ sont sommables, $\varphi(x)$ étant positive et $f(x)$ vérifiant les inégalités

$$m \leqq f(x) \leqq M,$$

on peut écrire

$$m\int_a^b \varphi(x)dx \leqq \int_a^b f(x)\varphi(x)dx \leqq M\int_a^b \varphi(x)dx.$$

Le second théorème de la moyenne s'énonce ainsi:

Si $f(x)$ est bornée et monotone dans l'intervalle (a, b) et si $\varphi(x)$ est sommable dans (a, b), $f(x)\varphi(x)$ est alors sommable et l'on a[204])

$$\int_a^b f(x)\varphi(x)dx = f(a+0)\int_a^\xi \varphi(x)dx + f(b-0)\int_\xi^b \varphi(x)dx.$$

On obtient de même pour l'inégalité de Schwarz, si importante dans la théorie des équations intégrales,

---

202) *C. R. Acad. sc. Paris 150 (1910), p. 86/8.*

203) *C. R. Acad. sc. Paris 149 (1909), p. 974/7.*

204) *Voir aussi *E. W. Hobson*, Proc. London math. Soc. (2) 7 (1909), p. 14/23; *H. Lebesgue*, Ann. Fac. sc. Toulouse (3) 1 (1909), p. 36. L'extension au cas d'une fonction non monotone et la généralisation pour un nombre quelconque de dimensions se trouvent dans *H. Lebesgue*, Ann. Ec. Norm. (3) 27 (1910), p. 361/450.*

$$\left[\int_a^b f(x)\varphi(x)dx\right]^2 \leqq \int_a^b f^2(x)dx \cdot \int_a^b \varphi^2(x)dx,$$

lorsque f^2 et φ^2 sont sommables, $f\varphi$ étant alors sommable[205]).

Enfin, les procédés d'intégration par substitution et par parties[206]), ou encore la dérivation sous le signe $\int$[207]), sont également applicables, sous certaines conditions, à l'intégrale de Lebesgue.*

Intégration des séries.

36. *Intégrabilité des fonctions limites. Étant donnée une série convergente de fonctions, nous pouvons nous poser les deux problèmes suivants:

I. Les termes de la série étant intégrables, à quelles conditions, la somme de la série sera-t-elle intégrable?

II. Les termes de la série étant sommables, à quelles conditions, la somme de la série sera-t-elle sommable?

Le premier problème a été résolu par *C. Arzelà*[208]).

Rappelons d'abord la définition de la convergence quasi-uniforme[209]); supposons que la suite de fonctions $f_n(x)$ ait pour limite $f(x)$, c'est-à-dire que la série

$$f_1(x) + \sum_{n=1}^{n=+\infty}[f_{n+1}(x) - f_n(x)]$$

ait pour somme $f(x)$; on dit que la convergence est *quasi-uniforme* dans (a, b) si, étant donnés ε positif aussi petit que l'on veut et N positif aussi grand que l'on veut, on peut trouver un nombre N' supérieur à N tel que, pour chaque valeur x de (a, b), il existe un entier n_x compris entre N et N' pour lequel

$$|f(x) - f_{n_x}(x)| < \varepsilon.$$

Supposons que l'on retranche de (a, b) un certain nombre de segments dont la somme des longueurs soit égale à η et que la convergence soit quasi-uniforme dans la partie restante; si le nombre η peut être rendu aussi petit qu'on le veut, nous dirons que la convergence est *quasi-uniforme en général*, ou encore que la convergence est

205) *Voir aussi *E. Fischer*, C. R. Acad. sc. Paris 144 (1907), p. 1022. Des généralisations de cette formule sont dues à *F. Riesz*, Math. Ann. 69 (1910), p. 449/97.*

206) **H. Lebesgue*, Ann. Fac. sc. Toulouse (3) 1 (1909), p. 44; *E. W. Hobson*, Proc. London math. Soc. (2) 8 (1910), p. 10/21.*

207) **L. Tonelli*, Atti R. Accad. Lincei *Rendic.* (5) 19 I (1910), p. 84/9.*

208) *Memorie Ist. Bologna (5) 8 (1899/1900), p. 702.*

209) **C. Arzelà* dit convergence uniforme par segments (a tratti); l'expression de convergence quasi-uniforme est due à *E. Borel*.*

uniforme par segments en général. Cela posé, *C. Arzelà* a établi que *pour que la somme d'une série de fonctions intégrables soit intégrable il faut et il suffit que la convergence soit quasi-uniforme en général.*

En ce qui concerne le problème II, *H. Lebesgue* établit le résultat suivant: *si une série de fonctions bornées sommables a pour somme une fonction bornée, cette fonction est sommable*, car toute fonction limite de fonctions mesurable est une fonction mesurable et toute fonction bornée mesurable est sommable.*

37. *__Intégrabilité terme à terme.__* Lorsque la somme d'une série convergente est intégrable ou sommable, dans quel cas l'intégrale de la somme des termes est-elle la somme des intégrales de ces termes? *C. Arzelà*[210]) a démontré que si des fonctions $f_n(x)$ intégrables et bornées dans leur ensemble[211]) ont pour limite une fonction intégrable, on peut intégrer terme à terme; autrement dit, lorsque les fonctions $f_n(x)$ sont bornées dans leur ensemble, la convergence quasi-uniforme en général permet l'intégration terme à terme.

Ce théorème est un cas particulier du théorème de *H. Lebesgue: si des fonctions sommables f_n bornées dans leur ensemble ont une fonction limite f, l'intégrale de f_n a pour limite l'intégrale de f.* Ce que l'on peut encore énoncer: si les sommes des n premiers termes d'une série convergente sont bornées dans leur ensemble, et si les termes de la série sont sommables, on peut intégrer terme à terme. Lorsque les termes de la série et leur somme sont intégrables, l'intégrale de *H. Lebesgue* devient l'intégrale de *B. Riemann* et on retrouve le théorème précédent[212]).

---

210) *Memorie Ist. Bologna (5) 8 (1899/1900), p. 131/86.*

211) *On dit que des fonctions $f_n(x)$ sont bornées dans leur ensemble dans l'intervalle (a, b) s'il existe un nombre M tel que l'inégalité

$$|f_n(x)| < M$$

soit vérifiée, quel que soit n et quel que soit x, dans (a, b).*

212) *Un polynome est sommable, donc toute fonction de première classe de *R. Baire* qui est bornée est sommable; il en résulte que toute fonction bornée de l'une des classes de *R. Baire* est sommable. D'ailleurs, on a énoncé précédemment que ces fonctions sont mesurables.

Au voisinage d'un point où la convergence n'est pas uniforme les fonctions $f - f_n$ peuvent être bornées dans leur ensemble ou ne pas l'être. Dans ce dernier cas, *W. F. Osgood* appelle le point de convergence non uniforme, un point X.

W. H. Young [C. R. Acad. sc. Paris 136 (1903), p. 1632/4] a montré que si l'intégration terme à terme est possible, la série des intégrales converge uniformément sauf peut-être aux points X. Il en résulte que si l'on peut intégrer une fois terme à terme, on peut répéter cette opération autant de fois que l'on veut. *W. H. Young* [Proc. London Math. Soc. (2) 1 (1904), p. 89/102] s'est aussi occupé de l'intégration terme à terme de séries de fonctions ponctuellement discontinues dont la somme est ponctuellement discontinue. Il a démontré pour ce cas le

Dans le cas où les fonctions f_n et f sont continues, le théorème avait déjà été énoncé par *W. F. Osgood*[213]).

Supposons maintenant que les fonctions f_n ne soient pas bornées dans leur ensemble, et soit x une valeur telle que, quelque petit que soit h, les fonctions f_n ne soient pas bornées dans l'intervalle $(x-h, x+h)$. Nous dirons que ces fonctions ne sont pas bornées dans le voisinage du point x. Dans ces conditions *le théorème de C. Arzelà est applicable lorsque les points dans le voisinage desquels les fonctions ne sont pas bornées forment un ensemble dénombrable.* Il en est de même du théorème de *H. Lebesgue.*

Mais cet ensemble peut ne pas être dénombrable. *W. F. Osgood* à donné un exemple de série dont la somme est intégrable et telle que la somme des intégrales des termes soit une fonction continue différente de l'intégrale de la somme[214]).

---

théorème de *H. Lebesgue.* Voir aussi *E. W. Hobson,* Proc. London math. Soc. (1) 34 (1901/2), p. 254; *W. H. Young,* Proc. London math. Soc. (2) 8 (1910), p. 99/116].*

213) *Amer. J. math. 19 (1897), p. 155/90.*

214) *Construisons sur le segment (0, 1) un ensemble parfait E, en retranchant de ce segment les points intérieurs à une infinité dénombrable d'intervalles: l'intervalle δ_1 a son milieu x_1^1 au milieu du segment (0, 1) et sa longueur est

$$\delta_1 = \tfrac{2}{3}\lambda \qquad (0 < \lambda \leqq 1);$$

les segments δ_2^1, δ_2^2 ont pour milieux, les milieux x_2^1, x_2^2 des segments restants et leur longueur commune δ_2 vérifie l'égalité

$$\delta_1 + 2\delta_2 = \tfrac{3}{4}\lambda.$$

Les segments $\delta_n^1, \delta_n^2, \delta_n^3, \ldots, \delta_n^{2^{n-1}}$ ont pour milieux, les milieux $x_n^1, x_n^2, x_n^3, \ldots, x_n^{2^{n-1}}$ des segments restants après l'opération précédente et la longueur commune δ_n telle que

$$\delta_1 + 2\delta_2 + 2^2\delta_3 + \cdots + 2^{n-1}\delta_n = \frac{n+1}{n+2}\lambda;$$

et ainsi de suite. On pose alors

$$f_n(x) = \sum_{k=1}^{k=n} \varphi_n(x - x_k{}^1, \delta_k) + \varphi_n(x - x_k{}^2, \delta_k) + \cdots + \varphi_n(x - x_k{}^{2k-1}, \delta_k)$$

avec

$$\varphi_n(x, \delta) = \begin{cases} \dfrac{n\pi}{2\delta} \sin \dfrac{2\pi x}{\delta} \, e^{-n\cos^2 \frac{\pi x}{\delta}} & \text{pour } 0 \leqq x \leqq \dfrac{\delta}{2}, \\ -\dfrac{n\pi}{2\delta} \sin \dfrac{2\pi x}{\delta} \, e^{-n\cos^2 \frac{\pi x}{\delta}} & \text{pour } -\dfrac{\delta}{2} \leqq x \leqq 0, \end{cases}$$

tandis que $\varphi_n(x, \delta) = 0$ pour les autres valeurs de x.

Les $f_n(x)$ ont pour limite 0. L'intégrale

$$\int_0^1 f_n(x)\,dx$$

a pour limite une fonction continue, non décroissante dans l'intervalle (0, 1), nulle pour $x = 0$, égale à 1 pour $x = 1$.*

Supposons maintenant que les fonctions f_n soient sommables et convergent vers une fonction sommable f.

L'intégrale de f_n a pour limite l'intégrale de f:

1°) si les restes $f - f_n$ ont des valeurs absolues bornées supérieurement dans leur ensemble[215]).

2°) si les fonctions $(f - f_n)^2$ sont sommables et si leurs intégrales sont bornées supérieurement dans leur ensemble[216]).*

Dérivées et fonctions primitives.

38. *Propriétés des nombres dérivés. Soit $f(x)$ une fonction définie dans l'intervalle (a, b); envisageons le rapport

$$r(x, x + h) = \frac{f(x + h) - f(x)}{h}.$$

Si h tend vers zéro par valeurs positives, la plus grande limite Λ_d de $r(x, x + h)$ est le nombre dérivé supérieur à droite de $f(x)$ au point x et la plus petite limite λ_d de $r(x, x + h)$ est le nombre dérivé inférieur à droite de $f(x)$ au point x.

Si h est négatif, on définit de même le nombre dérivé supérieur à gauche Λ_g de $f(x)$ et le nombre dérivé inférieur à gauche λ_g de $f(x)$.

Si $\Lambda_d = \lambda_d$ la fonction a une dérivée à droite Λ_d; si $\Lambda_g = \lambda_g$, elle a une dérivée à gauche Λ_g. Si les quatre nombres dérivés sont égaux, la fonction a une dérivée au point x[217]).

---

215) **H. Lebesgue*, Ann. Fac. sc. Toulouse (3) 1 (1909), p. 49.*

216) **F. Riesz*, C. R. Acad. sc. Paris 144 (1907), p. 615/9.

G. Vitali [Rend. Circ. mat. Palermo 23 (1907), p. 137/55] introduit la notion de série ou suite convergente complètement intégrable dans un ensemble mesurable G: c'est une série telle que l'intégration terme à terme est valable pour tout ensemble mesurable de points de G; étant donnée une famille de fonctions sommables, il dit que leurs intégrales sont équi-absolument continues dans un ensemble mesurable G, si à chaque nombre positif σ correspond un nombre positif μ tel que la valeur absolue de l'intégrale de chaque fonction de la famille, étendue à un ensemble quelconque de points de G, de mesure inférieure à μ, soit inférieure à σ. Il démontre alors que la condition nécessaire et suffisante pour qu'une suite convergente de fonctions finies et sommables soit complètement intégrable est que les intégrales des termes de la suite soient équi-absolument continues.

Dans le cas où l'on se borne à l'intégrabilité terme à terme le long d'un segment, il démontre que si les points X[212]) d'une série convergente forment un ensemble de mesure nulle, la condition nécessaire et suffisante pour la validité de l'intégration terme à terme est que la série des intégrales converge vers une fonction absolument continue[243]).

Voir aussi *B. Levi* [Reale Ist. Lombardo *Rendic.* (2) 39 (1906), p. 775/80] et *C. Severini* [Atti Accad. Gioenia Catania (4) 20 (1907), mém. n° 12, p. 1/15].*

217) *Même si la valeur commune des quatre nombres est $+\infty$ ou $-\infty$.*

Les nombres dérivés peuvent renseigner sur les variations de la fonction $f(x)$; si

$$\lambda_d > 0 \qquad \lambda_g > 0$$

la fonction est croissante en x. Si

$$\lambda_d > 0$$

la fonction est croissante à droite en x. Si

$$\Lambda_g < 0 \qquad \lambda_d > 0$$

la fonction a un minimé au point x.

Supposons maintenant $f(x)$ continue. La proposition suivante est fondamentale:

Dans tout intervalle, les quatre nombres dérivés ont même borne supérieure et même borne inférieure; ces limites sont celles du rapport $r(x, x')$, lorsque x et x' varient dans l'intervalle considéré.

Il résulte de là que si, au point x, l'un des nombres dérivés est continu, les trois autres le sont aussi; la fonction a alors en ce point une dérivée. Lorsque les bornes inférieure et supérieure des nombres dérivés sont finies dans un intervalle, on dit que la fonction est à nombres dérivés bornés dans cet intervalle; on a alors, quels que soient x et x' dans l'intervalle,

$$|r(x, x')| < M,$$

M étant un nombre fixe[218]).

Quand une fonction est à nombres dérivés bornés dans un intervalle, cette fonction est aussi à variation bornée; la réciproque n'est pas vraie[219]). Introduisons la notion due à *R. Baire*[220]) de borne supérieure ou inférieure d'une fonction quand on néglige les ensembles d'une famille déterminée (par ex. les ensembles dénombrables, les ensembles de mesure nulle). La borne supérieure L de $f(x)$ dans (a, b) est un nombre tel que l'ensemble des points pour lesquels $f(x) > \lambda$ ne contienne pas de points si $\lambda > L$ et en contienne si $\lambda < L$. La borne supérieure de $f(x)$ dans (a, b), quand on néglige les ensembles de mesure nulle, sera un nombre L_1 tel que l'ensemble des points pour lesquels $f(x) > \lambda$ soit de mesure nulle si $\lambda > L_1$ et de mesure non nulle si

218) *Cette dernière condition, qu'on appelle souvent *condition de Lipschitz*, intervient dans beaucoup de raisonnements sur les développements de fonctions en séries et les théorèmes d'existence des équations différentielles.*

219) *Par exemple la fonction

$$x^2 \sin \frac{1}{x^{\frac{4}{3}}}$$

est à variation bornée quoique ses nombres dérivés ne soient pas bornés.*

220) *Ann. mat. pura appl. (3) 3 (1899), p. 72.*

$\lambda < L_1$. *H esgue* a démontré les propositions suivantes: *la borne inférieure et la borne supérieure d'un nombre dérivé borné sont les mêmes, que l'on néglige ou non les ensembles de mesure nulle. La borne inférieure et la borne supérieure d'un nombre dérivé sont les mêmes, que l'on néglige ou non les ensembles dénombrables.*

On doit aussi à *H. Lebesgue*[221]) le résultat suivant:

Les nombres dérivés d'une fonction continue sont des fonctions de la deuxième classe de R. Baire. Ce sont donc des fonctions mesurables.

On sait que, si $f(x)$ s'annule en a et b, la dérivée s'annule dans l'intervalle; on a pour les nombres dérivés une proposition correspondante: si une fonction continue $f(x)$ s'annule pour $x = a$ et $x = b$ et si elle n'est pas toujours nulle dans (a, b), il existe des points de (a, b) pour lesquels

$$\Lambda_d > 0, \quad \lambda_d > 0 \text{ (ou } \lambda_g > 0, \quad \Lambda_g > 0)$$

et des points de (a, b) pour lesquels

$$\Lambda_d < 0, \quad \lambda_d < 0 \text{ (ou } \lambda_g < 0, \quad \Lambda_g < 0).$$

Réciproquement, si l'on a toujours

$$\text{soit } \Lambda_d \lambda_d \leqq 0, \text{ soit } \Lambda_g \lambda_g \leqq 0,$$

$f(x)$ est une constante.*

39. *Propriétés des dérivées.* Supposons que $f(x)$ admette dans (a, b) une dérivée $f'(x)$. *G. Darboux*[222]) a démontré qu'*une fonction derivée ne peut passer d'une valeur A à une autre B sans prendre toutes les valeurs comprises entre A et B.* Cette propriété (α) appartient aux fonctions continues, mais ne suffit pas à caractériser une fonction continue. Une fonction peut posséder la propriété (α) en étant ponctuellement discontinue ou même totalement discontinue. Le premier cas est celui d'une fonction dérivée non continue; un exemple du second est dû à *H. Lebesgue*[223]):

Soit x un nombre compris entre 0 et 1, et $a_1, a_2, \ldots, a_n \ldots.$ la suite de ses chiffres décimaux, on peut écrire

$$x = 0, a_1 a_2 a_3 \ldots a_n \ldots\ldots;$$

considérons la suite

$$a_1, a_3, a_5, \ldots, a_{2n+1}, \ldots\ldots;$$

si elle n'est pas périodique, nous prendrons $\varphi(x) = 0$; si elle est périodique, la période commençant à a_{2n-1}, nous poserons

$$\varphi(x) = 0, a_{2n} a_{2n+2} a_{2n+4} \ldots\ldots$$

221) *Atti R. Accad. Lincei *Rendic.* (5) 15 II (1906), p. 3/8.*

222) *Ann. Éc. Norm. (2) 4 (1875), p. 109.*

223) *Leçons sur l'intégration [48]), p. 90.*

Dans tout intervalle, si petit soit-il, la fonction $\varphi(x)$ prend toutes les valeurs comprises entre 0 et 1.

Si deux fonctions possèdent la propriété (α), leur somme ne possède pas nécessairement cette propriété[224]), mais la somme de deux fonctions dérivées possède la propriété (α) puisque c'est une fonction dérivée, ce qu'on peut énoncer aussi: si dans un intervalle la différence de deux fonctions dérivées prend des valeurs de signes contraires, cette différence s'annule dans l'intervalle[225]).

Une fonction dérivée est une fonction de première classe, d'après la classification de *R. Baire*; en d'autres termes, *une fonction dérivée est ponctuellement discontinue sur tout ensemble parfait*: c'est en effet la limite, pour n infini, de la suite de fonctions continues

$$f_n(x) = n\left[f\left(x + \frac{1}{n}\right) - f(x)\right].$$

Par exemple la fonction $\varphi(x)$ de *H. Lebesgue*, que nous venons de définir, étant totalement discontinue n'est pas une fonction dérivée, quoiqu'elle possède la propriété (α).*

40. *Intégrabilité des dérivées et des nombres dérivés. Les quatre nombres dérivés ayant même borne supérieure et même borne inférieure, ces nombres ont même intégrale supérieure et même intégrale inférieure dans tout intervalle où ils sont bornés. Si l'un d'eux est intégrable, les trois autres le sont aussi et ont même intégrale. Dans ce cas, les points de discontinuité de chaque nombre dérivé forment un ensemble de mesure nulle; il en résulte que la fonction possède une dérivée sauf peut-être pour un ensemble de points de mesure nulle.

Supposons que la dérivée $f'(x)$ existe en tous les points de l'intervalle (a, b) et soit bornée dans cet intervalle. *V. Volterra*[226]) a montré que $f'(x)$ n'est pas toujours intégrable: soit en effet E un

224) **H. Lebesgue* [Leçons sur l'intégration[48]), p. 90] donne l'exemple suivant:

Si $f_1(x) = \sin\frac{1}{x}$ pour x différent de 0, avec $f_1(0) = 1$ et

$f_2(x) = -\sin\frac{1}{x}$ pour x différent de 0, avec $f_2(0) = 1$, on a

$f_1(x) + f_2(x) = 0$ pour x différent de 0, avec $f_1(0) + f_2(0) = 2$.*

225) **Application*: soit $\varphi(x)$ la fonction qu'on vient de définir; posons

$$\psi(x) = \varphi(x) \text{ si } \varphi(x) \text{ est différent de } x, \quad \psi(x) = 0 \text{ si } \varphi(x) = x;$$

la fonction $\psi(x) - x$ n'est pas la différence de deux fonctions dérivées, donc $\psi(x)$ n'est pas une dérivée [*H. Lebesgue*, Leçons sur l'intégration[48]), p. 91].*

226) *Giorn. mat. (1) 19 (1881), p. 333/72.*

ensemble parfait de mesure non nulle, non dense dans l'intervalle (a, b), et soit (α, β) un intervalle contigu à E; considérons la fonction

$$\varphi(x, y) = (x - y)^2 \sin \frac{1}{x - y}.$$

La fonction $\varphi(x, \alpha)$ a une infinité de zéros dans l'intervalle $\left(\alpha, \frac{\alpha+\beta}{2}\right)$; soit $\alpha + \gamma$ le dernier; nous poserons

$$\begin{array}{lll} f(x) = \varphi(x, \alpha) & \text{pour} & \alpha \leqq x \leqq \alpha + \gamma, \\ f(x) = \varphi(\gamma, \alpha) & \text{pour} & \alpha + \gamma \leqq x \leqq \beta - \gamma, \\ f(x) = \varphi(\beta, x) & \text{pour} & \beta - \gamma \leqq x < \beta, \\ f(x) = 0 & \text{pour} & \text{les points de } E. \end{array}$$

La dérivée $f'(x)$ existe en tous les points de (a, b); elle est bornée, mais les points de E sont des points de discontinuité pour $f'(x)$ et leur ensemble a une mesure non nulle: donc $f'(x)$ n'est pas intégrable.

D'autres exemples de dérivées non intégrables nous sont fournis par les fonctions qui ont une infinité de maximés et de minimés dans tout intervalle et possèdent une dérivée bornée qui s'annule par conséquent dans tout intervalle: cette dérivée n'est pas intégrable car le procédé d'intégration de *B. Riemann* conduirait à la valeur zéro pour l'intégrale indéfinie[227]).

Introduisons maintenant l'intégrale de *H. Lebesgue*: toute fonction dérivée est mesurable, tout nombre dérivé est mesurable; donc *toute fonction dérivée bornée est sommable; tout nombre dérivé borné est sommable.*

Une fonction dérivée non bornée n'est pas toujours sommable; par exemple, la fonction déjà citée

$$\frac{d}{dx}\left(x^2 \sin \frac{1}{x^2}\right)$$

n'est pas sommable dans un intervalle comprenant 0.

Pour qu'un nombre dérivé partout fini de $f(x)$ soit sommable il faut et il suffit que la fonction $f(x)$ soit à variation bornée. La variation totale de la fonction supposée continue est égale à l'intégrale de la valeur absolue du nombre dérivé[228]).*

41. ***Existence des dérivées.** Dans quels cas et pour quelles valeurs de x peut-on affirmer qu'une fonction $f(x)$ possède une dérivée? La réponse la plus complète à cette question est fournie par un théorème de *H. Lebesgue*: *toute fonction $f(x)$ à variation bornée dans un*

227) *Voir II_1, **11**, note 136, p. 46.*

228) **H. Lebesgue*, Leçons sur l'intégration[46]), p. 122; *W. H. Young*, Quart J. pure appl. math. 42 (1911), p. 78.*

intervalle (a, b) *admet une dérivée finie en chaque point* x *de* (a, b) *sauf peut-être pour les points d'un ensemble de mesure nulle*[229]).

Cet énoncé s'applique en particulier aux fonctions à nombres dérivés bornés dans un intervalle (a, b). Pour ces fonctions, *B. Levi* a démontré en outre le résultat suivant: *l'ensemble des points* x *de* (a, b) *pour lesquels la fonction admet une dérivée à droite et une dérivée à gauche différentes est dénombrable*[230]).

Pour qu'une courbe soit rectifiable il faut et il suffit que les fonctions d'une variable qui définissent les coordonnées des points de cette courbe soient à variation bornée: une courbe rectifiable possède des tangentes sauf peut-être pour les points correspondant à un ensemble de valeurs de l'arc dont la mesure est nulle. *G. Faber*[231]) a donné une démonstration de ce théorème qui n'utilise pas la notion d'intégrale.

L'intégrale indéfinie d'une fonction sommable est une fonction à variation bornée: elle admet donc en général une dérivée; d'une manière plus précise, on a l'énoncé suivant dû à *H. Lebesgue*: *l'intégrale indéfinie d'une fonction sommable admet cette fonction pour dérivée sauf peut-être pour un ensemble de points de mesure nulle.*

Cet énoncé s'applique en particulier aux fonctions à nombres dérivés bornés dans un intervalle.*

42. *Détermination d'une fonction à l'aide de sa dérivée ou de l'un de ses nombres dérivés. La connaissance de la dérivée ou du nombre dérivé d'une fonction dans un intervalle (a, b) suffit-elle pour déterminer cette fonction à une constante additive près? En d'autres termes, deux fonctions ayant même nombre dérivé en tous les points d'un intervalle ne diffèrent-elles que par une constante?

La réponse n'est pas la même suivant que le nombre dérivé est toujours fini ou n'est pas toujours fini dans l'intervalle.

Une fonction est déterminée, à une constante additive près, dans l'intervalle (a, b) *par la connaissance de l'un de ses nombres dérivés fini pour chaque valeur* x *de* (a, b)[232]).

---

229) **H. Lebesgue*, Leçons sur l'intégration[48]), p. 128.*

230) **B. Levi*, Atti R. Accad. Lincei *Rendic. mat.* (5) 15 (1906), p. 437.*

231) *Math. Ann. 69 (1910), p. 372/443.*

232) **P. du Bois-Reymond*, Math. Ann. 16 (1880), p. 115/28; *A. Harnack*, Math. Ann. 19 (1882), p. 235/79; *U. Dini*, Fondamenti per la teorica delle funzioni di variabili reali, Pise 1878, p. 201; trad. allemande par *J. Lüroth* et *A. Schepp*, Grundlagen für eine Theorie der Functionen einer veränderlichen Grösse, Leipzig 1892, p. 273/4 (n°s 150, 150*); *V. Volterra*, Giorn. mat. (1) 19 (1881), p. 333/72. La démonstration du théorème ainsi que diverses extensions se trouvent dans *L. Scheeffer*, Acta math. 5 (1884/5), p. 183/94.*

Une fonction n'est pas nécessairement déterminée, à une constante additive près, dans un intervalle (a, b) par la connaissance de l'un de ses nombres dérivés non toujours fini[233]).

Supposons que l'un des nombres dérivés de $f(x)$ soit fini sauf pour un ensemble de points E. Quelle doit être la nature de E pour que $f(x)$ soit déterminée à une constante additive près?

L. Scheeffer[234]) a démontré *qu'une fonction est déterminée à une constante additive près quand on connaît un nombre dérivé fini de cette fonction sauf pour les points d'un ensemble dénombrable* E[235]). Les ensembles dénombrables répondent donc à la question[236]).

Si la fonction $f(x)$ est à nombres dérivés bornés, on obtient la proposition suivante: *une fonction à nombres dérivés bornés est déterminée, à*

---

233) *H. Hahn [Monatsh. Math. Phys. 16 (1905), p. 317] a donné un exemple dans lequel une infinité de fonctions différentes ont même dérivée (non partout finie) en tous les points de l'intervalle $(0, 1)$. Soit E un ensemble parfait de mesure nulle défini par les intervalles contigus δ_n dont la somme est égale à l'unité. Choisissons un nombre $k < 1$ tel que la série

$$\delta_1^k + \delta_2^k + \cdots + \delta_n^k + \cdots$$

soit convergente. Nous prendrons

$$f(x) = 2^{1-k} \sum_{(n)} \delta_n$$

lorsque x est un point de E, la somme $\sum_{(n)}$ étant étendue à tous les intervalles situés à gauche de x. Dans l'intervalle (α, β) contigu à E, où $\alpha < \beta$, nous prendrons

$$f(x) = f(\alpha) + (x - \alpha)^k \quad \text{pour} \quad \alpha \leqq x \leqq \frac{\alpha + \beta}{2},$$

$$f(x) = f(\beta) - (\beta - x)^k \quad \text{pour} \quad \frac{\alpha + \beta}{2} \leqq x \leqq \beta.$$

La fonction $f(x)$ possède une dérivée qui est égale à $+\infty$ en tous les points de E.

Soit $\varphi(x)$ une fonction non décroissante dans (a, b) et constante dans chaque intervalle contigu à E. Les deux fonctions $f(x)$ et $f(x) + \varphi(x)$ ont même dérivée en tout point de (a, b).*

234) *Acta math. 5 (1884/5), p. 282.*

235) *Une fonction est déterminée quand on connaît sa dérivée pour les valeurs irrationnelles de x; elle ne l'est pas quand on la connaît pour les valeurs rationnelles [*H. Lebesgue*, Leçons sur l'intégration[48]), p. 77].*

236) **H. Lebesgue* a donné [Leçons sur l'intégration[48]), p. 78] une démonstration plus naturelle que celle de *L. Scheeffer*. *B. Levi* [Atti Accad. Lincei *Rendic. mat.* (5) 15 I (1906), p. 681] a démontré qu'une fonction est déterminée, à une constante additive près, par la connaissance de l'un de ses nombres dérivés fini sauf pour un ensemble de points de mesure nulle, si cette fonction possède la propriété de prendre un ensemble de valeurs de mesure nulle, lorsque la variable prend un ensemble de valeurs de mesure nulle. Voir aussi pour ces questions *U. Dini* [Fondamenti[22]), p. 193; trad. p. 263/4 (n° 146)], *B. Levi* [Atti R. Accad. Lincei *Rendic. mat.* (5) 15 I (1906), p. 558].*

une constante additive près, quand on connaît la valeur d'un nombre dérivé pour chaque point x, sauf pour les points d'un ensemble de mesure nulle.

Nous savons d'ailleurs que, dans ce cas, la dérivée existe, sauf peut-être pour un ensemble de points de mesure nulle; il suffit donc de connaître la dérivée aux points où elle existe, et l'on peut même retrancher de ces points ceux d'un ensemble de mesure nulle.*

43. *Recherche effective de la fonction primitive d'un nombre dérivé donné ou d'une dérivée donnée. Soit $f(x)$ une fonction bornée et intégrable; l'intégrale indéfinie

$$C+\int_a^x f(x)\,dx = F(x)$$

est une fonction continue à nombres dérivés bornés $F(x)$ qui admet $f(x)$ comme dérivée en tous les points où $f(x)$ est continue. Comme les points de discontinuité forment un ensemble de mesure nulle, $F(x)$ admet $f(x)$ comme dérivée sauf pour les points d'un ensemble de mesure nulle. En un point de discontinuité de $f(x)$, les nombres dérivés de $F(x)$ sont compris entre la borne supérieure et la borne inférieure de $f(x)$ au point considéré. Les résultats sont les mêmes pour les intégrales indéfinies par défaut et par excès de *G. Darboux.*

Pour que la fonction $f(x)$ bornée et intégrable soit une fonction dérivée, il faut que, pour toute valeur de x, on ait

$$f(x) = \lim_{h=0} \frac{F(x+h)-F(x)}{h}. \tag{1}$$

Appelons avec *G. Darboux*, valeur moyenne de $f(x)$ dans l'intervalle (α, β) le nombre

$$\frac{1}{\beta-\alpha}\int_\alpha^\beta f(x)\,dx$$

et valeur moyenne au point x la limite, supposée existante, de la valeur moyenne dans l'intervalle $(x-h, x+k)$ lorsque h et k tendent vers zéro: pour qu'une fonction intégrable soit une fonction dérivée, il faut et il suffit qu'elle ait en tout point une valeur moyenne égale à la valeur de la fonction en ce point. On obtient ainsi une transformation de la condition.

Supposons que les nombres dérivés d'une fonction soient bornés: si l'un d'eux est intégrable, l'intégrale indéfinie de ce nombre dérivé en est la fonction primitive. D'ailleurs on connaît dans ce cas la dérivée sauf pour un ensemble de valeurs de x de mesure nulle, valeurs pour lesquelles on peut donner à la fonction que l'on intègre telle valeur que l'on voudra, pourvu qu'elle demeure bornée.

On doit à *H. Lebesgue*[237]) les résultats suivants:

1°) *Les intégrales indéfinies d'une fonction dérivee bornée sont ses fonctions primitives.* Si l'on prend un nombre dérivé borné, le résultat est le même; d'ailleurs, dans ce cas, la dérivée existe sauf pour un ensemble de points de mesure nulle, et il suffit de prendre l'intégrale dans l'ensemble des points où la dérivée existe.

2°) *Lorsqu'un nombre dérivé partout fini est sommable, son integrale indéfinie est une fonction primitive de ce nombre dérivé.* Dans ce cas aussi, la dérivée existe, sauf peut-être pour un ensemble de points de mesure nulle: donc une fonction à variation bornée et à nombres dérivés finis est l'intégrale indéfinie de sa dérivée, l'intégrale étant étendue seulement à l'ensemble des points où la dérivée existe[238]).

Mais une fonction $f(x)$ à variation bornée n'est pas nécessairement une intégrale indéfinie; la dérivée $f'(x)$ de cette fonction est sommable dans l'ensemble E des points de (a, b) où elle est finie, mais l'intégrale $\int_E f'(x)dx$ ne représente pas toujours $f(b) - f(a)$; la différence entre ces deux nombres est égale à la variation de $f(x)$ pour l'ensemble complémentaire de E dans (a, b)[239]).

Pour qu'une fonction continue soit l'intégrale indéfinie d'un de ses nombres dérivés, considéré pour les points où il est fini, il faut et il suffit que cette fonction soit une intégrale indéfinie[240]).

Lorsqu'on a un nombre fini de fonctions dérivées et qu'on connaît les primitives de chacune d'elles, la primitive de la somme de ces fonctions s'obtient en faisant la somme des primitives.

---

237) *Leçons sur l'intégration[48]), p. 120.*

238) *Cette proposition a donné lieu à un échange d'observations entre *H. Lebesgue* et *B. Levi* qui, sans mettre en question l'exactitude de l'énoncé, ont conduit à préciser la forme des démonstrations. Cf. *B. Levi*, Atti R. Accad. Lincei *Rendic. mat.* (5) 15 I (1906), p. 433/8, 674/84; (5) 15 II (1906), p. 358; *H. Lebesgue*, Atti R. Accad. Lincei *Rendic. mat.* (5) 15 II (1906), p. 3; (5) 16 I (1907), p. 92/100, 283/90. Dans ses notes, *B. Levi* a énoncé les conditions suivantes pour qu'une fonction soit l'intégrale indéfinie d'un de ses nombres dérivés: 1°) à tout ensemble de valeurs de x qui est de mesure nulle doit correspondre un ensemble de valeurs de $f(x)$ qui soit aussi de mesure nulle; 2°) le nombre dérivé considéré n'est infini que pour un ensemble de valeurs de x de mesure nulle; 3°) le nombre dérivé est sommable dans l'ensemble des points où il est fini. L'inconvénient d'un tel énoncé est qu'il fait intervenir à la fois des propriétés de $f(x)$ et des propriétés du nombre dérivé avant qu'on puisse relier ces fonctions par la relation fondamentale du calcul intégral. La démonstration de *B. Levi* n'est pas à l'abri de toute objection. Voir aussi *G. Vitali* [Rend. Circ. mat. Palermo 20 (1905), p. 136/41].*

239) **Ch. J. de la Vallée Poussin*, Cours d'Analyse infinitésimale (2e éd.) 1, Paris 1909, p. 269/72.*

240) **H. Lebesgue*, Atti R. Accad. Lincei *Rendic. mat.* (5) 16 I (1907), p. 285.*

Si les fonctions dérivées sont en nombre infini, de manière à former une série uniformément convergente, leur somme représente une fonction dérivée dont on obtient la primitive en faisant la somme des primitives de chacune d'elles: il faut toutefois choisir les constantes de manière que la série des primitives converge pour une valeur de la variable[241]).

Dans le cas où l'on a une série de fonctions dérivées non négatives qui converge vers une fonction dérivée, on obtient encore la primitive de la somme en faisant la somme des primitives des termes de la série: les constantes sont toujours choisies de manière que la série des primitives converge.

Si l'on désigne par $f_n(x)$ la somme des n premiers termes de la série on peut encore énoncer comme il suit le théorème précédent: *si des fonctions dérivées $f_n(x)$ tendent en croissant vers une fonction dérivée $f(x)$, leurs fonctions primitives ont pour limite une fonction primitive de $f(x)$.* On suppose que la restriction relative aux constantes est toujours observée[242]).*

44. *Fonctions qui sont des intégrales indéfinies. A quelles conditions une fonction $f(x)$ est-elle l'intégrale indéfinie d'une autre fonction? Voici la réponse fournie à cette question par *H. Lebesgue*:

Pour qu'une fonction $f(x)$ soit une intégrale indéfinie il faut et il suffit que, si l'on prend un ensemble d'intervalles (α, β) n'empiétant pas les uns sur les autres et situés dans l'intervalle fini (a, b) que l'on considère, la somme v des valeurs de la variation totale de $f(x)$ dans ces intervalles tende uniformément vers zéro avec la somme l des longueurs des intervalles (α, β).

On peut remplacer dans cet énoncé le nombre v par la variation de $f(x)$ dans les intervalles (α, β), c'est-à-dire la somme $\sum |f(\beta) - f(\alpha)|$ étendue à tous les intervalles (α, β)[243]): appelons *variation de $f(x)$*

241) **H. Lebesgue* [Leçons sur l'intégration[48]), p. 88; Bull. sc. math. (2) 29 (1905), p. 272] déduit de ce théorème une démonstration de ce fait que toute fonction continue est une fonction dérivée, démonstration qui n'utilise pas l'intégration.*

242) *La fonction $f(x)$, limite des fonctions dérivées $f_n(x)$ qui croissent avec n, n'est pas toujours une fonction dérivée. Si, par exemple,

$$f_n(x) = \frac{nx}{1+nx} \quad \text{pour} \quad x \geqq 0,$$

on a

$$f(x) = 1 \quad \text{si} \quad x > 0$$

et

$$f(0) = 0.^*$$

243) **G. Vitali* [Atti Accad. Torino 40 (1904/5), p. 1021/34] appelle *fonction absolument continue* une fonction $f(x)$ telle que la variation dans un ensemble d'intervalles de mesure l tende vers zéro avec l.*

dans un ensemble de mesure nulle E la plus petite des limites vers lesquelles tendent les variations de $f(x)$ pour un système d'intervalles contenant E et de mesure l, lorsqu'on fait tendre l vers zéro: on peut alors transformer l'énoncé précédent et lui donner la forme suivante:

Pour qu'une fonction $f(x)$ soit une intégrale indéfinie il faut et il suffit que, dans tout ensemble de mesure nulle, elle ait une variation nulle et qu'elle soit à variation bornée[244]).

F. Riesz a été conduit à chercher les conditions nécessaires et suffisantes pour qu'une fonction $f(x)$ soit l'intégrale indéfinie d'une fonction $\varphi(x)$ d'une catégorie déterminée.

Appelons fonction de classe $[L^p]$ $(p > 1)$ une fonction $\varphi(x)$ sommable dans l'intervalle (a, b) et telle que $|\varphi(x)|^p$ soit sommable dans le même intervalle. On établit que chacune des classes $[L^p]$ ou $\left[L^{\frac{p}{p-1}}\right]$ est formée par l'ensemble des fonctions dont le produit par une fonction quelconque de l'autre classe soit sommable; en particulier si $p = 2$, on voit que le produit de deux fonctions sommables et de carrés sommables est une fonction sommable. On obtient alors la proposition suivante:

La condition nécessaire et suffisante pour que $f(x)$ soit l'intégrale indéfinie d'une fonction de classe $[L^p]$ est que la somme

$$\sum_{k=0}^{k=m-1} \frac{|f(a_{k+1}) - f(a_k)|^p}{(a_{k+1} - a_k)^{p-1}},$$

dans laquelle $a_0 = a, a_1, a_2, \ldots, a_{m-1}, a_m = b$ forment une subdivision de l'intervalle (a, b), ait une borne supérieure indépendante du mode de subdivision[245]).

La condition nécessaire et suffisante pour que $f(x)$ soit l'intégrale indéfinie d'une fonction à variation bornée est que la somme

$$\sum_{k=1}^{k=m-1} \left| \frac{f(a_{k+1}) - f(a_k)}{a_{k+1} - a_k} - \frac{f(a_k) - f(a_{k-1})}{a_k - a_{k-1}} \right|$$

---

244) *C'est dans une note de la page 129 de ses Leçons sur l'intégration[48]) que *H. Lebesgue* a donné, le premier, ce théorème. *G. Vitali* [Atti Accad. Torino 40 (1904/5), p. 1021/34] l'a énoncé et démontré à nouveau. *H. Lebesgue* [Atti R. Accad. Lincei *Rendic. mat.* 16 I (1907), p. 286] a donné la démonstration de sa proposition ainsi que les résultats du texte.*

245) **F. Riesz* [Math. Ann. 69 (1910), p. 462]. *E. Fischer* [C. R. Acad. sc. de Paris 144 (1907), p. 1022/4] a donné les conditions pour le cas de $p = 2$. Ses résultats peuvent être étendus aux autres valeurs de p. Pour $p = 2$, *F. Riesz* avait déjà établi et appliqué son critère dans „A lineár homogén integrálegyenletröl" [Math. termész. értesitö 27 (1909), p. 230]. Ce critère est aussi établi dans le mémoire „Integrálható föggvényck sorozatoi" [Mathematikai Physikai lapok 19 (1910), p. 177].*

ait une borne supérieure indépendante du mode de subdivision de l'intervalle (a, b)[246]).*

Intégrales et dérivées des fonctions de plusieurs variables.

45. *Fonctions mesurables. Fonctions sommables. Les définitions des intégrales définies d'une fonction bornée d'une variable, dues à *A. L. Cauchy* et à *B. Riemann*, s'étendent aussitôt aux fonctions de plusieurs variables. Il en est de même de la définition des fonctions mesurables et des fonctions sommables de *H. Lebesgue.*

Une fonction f est dite *mesurable* lorsque l'ensemble des points pour lesquels on a

$$\alpha < f < \beta$$

est mesurable, quels que soient α et β.

La somme et le produit de plusieurs fonctions mesurables est une fonction mesurable; la limite d'une suite de fonctions mesurables est une fonction mesurable. Une constante et les fonctions $x, y, z, \ldots$ étant mesurables, tout polynome est mesurable, donc aussi toute fonction continue par rapport à l'ensemble des variables et toute fonction de l'une des classes de *R. Baire.* Une fonction continue par rapport à chacune de ses p variables est mesurable, car elle est de classe $p-1$ au plus[247]).

Soit f une fonction bornée mesurable, l et L ses bornes inférieure et supérieure dans le domaine D; insérons $n-1$ valeurs intermédiaires croissantes entre l et L et formons la suite

$$l = l_0, \quad l_1, l_2, \ldots, l_{n-1}, \quad l_n = L.$$

Soit

$$E[l_i \leqq f < l_{i+1}]$$

l'ensemble mesurable des points pour lesquels $l_i \leqq f < l_{i+1}$ et

$$m\{E[l_i \leqq f < l_{i+1}]\}$$

la mesure de cet ensemble (mesure linéaire pour le cas d'une variable, superficielle pour le cas de deux, mesure de volume pour le cas de trois, etc.). Les sommes

$$\sigma = \sum_{i=0}^{i=n} l_i m\{E[l_i \leqq f < l_{i+1}]\},$$

$$\Sigma = \sum_{i=0}^{i=n} l_i m\{E[l_{i-1} < f \leqq l_i]\}$$

---

246) *F. Riesz* [Ann. Éc. Norm. (3) 28 (1911), p. 36]. Ce théorème se trouve déjà énoncé sous une forme peu différente dans une note de *F. Riesz* sur les opérations fonctionnelles linéaires [C. R. Acad. sc. Paris 149 (1909), p. 974].*

247) *H. Lebesgue*, Bull. sc. math. (2) 22 (1898), p. 278/87.*

ont une limite commune lorsque le maximé des différences $l_i - l_{i-1}$ tend vers zéro. Cette limite est l'intégrale de *H. Lebesgue* étendue au domaine D, et l'on dit que la fonction f est sommable dans D. Toute fonction mesurable bornée est sommable.

Si la fonction f de p variables n'est définie que pour les points d'un ensemble borné mesurable E, soit D un domaine à p dimensions, contenant tous les points de E, et φ une fonction égale à f en tous les points de E et à zéro pour les points de D qui n'appartiennent pas à E. Par définition l'intégrale de f étendue à l'ensemble E est l'intégrale de φ dans le domaine D[248]).

La définition de l'intégrale d'une fonction non bornée de plusieurs variables est, elle aussi, tout à fait semblable à la définition relative au cas d'une seule variable.

On peut étendre aux intégrales définies des fonctions sommables les propositions relatives au calcul des intégrales multiples: nous nous bornerons au cas de deux variables; nous désignerons par $m_s(E)$ la mesure superficielle d'un ensemble plan mesurable, par $m_l(E)$ la mesure linéaire d'un ensemble de points sur un segment, et nous dirons qu'un ensemble est mesurable (B) lorsqu'on peut lui appliquer la définition de la mesure de *E. Borel.*

Si un ensemble plan est mesurable superficiellement (B), l'ensemble des points de E situés sur une droite quelconque du plan est mesurable (B) linéairement; mais pour un ensemble plan E, mesurable sans être mesurable (B), il n'est pas certain que l'ensemble des points de E situés sur une droite quelconque soit toujours mesurable. En fait, cet ensemble est mesurable sauf peut-être pour un ensemble de droites dont les points de rencontre avec une droite fixe forment un ensemble de mesure nulle.

Cela posé, *H. Lebesgue* démontre une formule fondamentale de réduction, dans laquelle $\varphi(x, y)$ est une fonction égale à la fonction bornée $f(x, y)$ en tous les points de l'ensemble E auquel est étendue l'intégrale double et est égale à zéro pour les autres points du rectangle

$$D(0 \leqq x \leqq a, \quad 0 \leqq y \leqq b).$$

---

248) *Si f est une fonction bornée non mesurable, *H. Lebesgue* définit l'intégrale supérieure et l'intégrale inférieure de cette fonction: il existe une fonction mesurable ψ telle que l'on ait toujours

$$f \geqq \psi$$

et dont l'intégrale est la limite supérieure des intégrales des fonctions mesurables non supérieures à f. L'intégrale de ψ est l'*intégrale supérieure* de f. La définition de l'*intégrale inférieure* est analogue. On ne connaît d'ailleurs aucune fonction non mesurable et l'on ne sait pas si on peut en nommer une.*

Voici cette formule:

$$\iint_D \varphi(x, y)\,dx\,dy = \int_{\substack{0\\ \text{inf.}}}^{a}\left(\int_{\substack{0\\ \text{inf.}}}^{b} \varphi(x, y)\,dy\right)dx = \int_{\substack{0\\ \text{sup.}}}^{a}\left(\int_{\substack{0\\ \text{sup.}}}^{b} \varphi(x, y)\,dy\right)dx.$$

Si tous les ensembles

$$E[\alpha < f < \beta]$$

sont mesurables (B), on a la formule classique

$$(1) \qquad \iint_D \varphi(x, y)\,dx\,dy = \int_0^a\left(\int_0^b \varphi(x, y)\,dy\right)dx.$$

G. Fubini[249]) a démontré que la formule (1) est applicable dans tous les cas à condition de négliger au second membre les valeurs de x pour lesquelles

$$\int_0^b \varphi(x, y)\,dy$$

n'existerait pas, valeurs qui forment un ensemble de mesure nulle.

Avec la même restriction, cette formule est valable pour une fonction non bornée et sommable.

La formule classique (1) s'applique aux fonctions continues par rapport à l'ensemble des variables, aux fonctions des classes de *R. Baire* qui comprennent en particulier les fonctions continues par rapport à chaque variable. Par exemple, si les fonctions f''_{xy} et f''_{yx} sont bornées, elles sont sommables, et l'on a

$$f(x, y) - f(0, y) - f(x, 0) + f(0, 0) = \iint_D f''_{xy}\,dx\,dy = \int_0^x\left(\int_0^y f''_{xy}\,dy\right)dx.$$

De même, si $\frac{\partial q}{\partial x}$ et $\frac{\partial p}{\partial y}$ sont bornées, on a

$$\iint_D \left(\frac{\partial q}{\partial x} - \frac{\partial p}{\partial y}\right)dx\,dy = \int_C p\,dx + q\,dy,$$

le domaine D étant limité par la courbe rectifiable C; on a de même

$$\iiint \left(\frac{\partial A}{\partial x} + \frac{\partial B}{\partial y} + \frac{\partial C}{\partial z}\right)dx\,dy\,dz = \iint A\,dy\,dz + B\,dz\,dx + C\,dx\,dy$$

lorsque $\frac{\partial A}{\partial x}$, $\frac{\partial B}{\partial y}$, $\frac{\partial C}{\partial z}$ sont bornées[250]).*

---

249) *[Atti R. Accad. Lincei *Rendic. mat.* (5) 16 I (1907), p. 608/14]. Voir aussi *Ch. J. de la Vallée Poussin* [Acad. Belgique, Bull. classe sc. 12 (1910), p. 768/98], *E. W. Hobson* [The theory of functions of a real variable, Cambridge 1907, p. 421; Proc. London math. Soc. (2) 8 (1910), p. 22/39]. Dans ce dernier mémoire *E. W. Hobson* s'occupe du changement de variables pour les intégrales doubles. Voir encore *L. Lichtenstein* [Nachr. Ges. Gött. 1910, p. 468/75].*

250) **P. Montel*, Ann. Éc. Norm. (3) 24 (1907), p. 285. Il suffit pour la validité

46. *Dérivées partielles. Soient p et q les dérivées partielles par rapport à x et à y d'une fonction $f(x, y)$; si p et q sont continues et admettent des dérivées $\frac{\partial p}{\partial y}$ et $\frac{\partial q}{\partial x}$ continues, on a

$$\frac{\partial q}{\partial x} = \frac{\partial p}{\partial y} \tag{1}$$

pour tous les points du domaine D où les conditions précédentes sont remplies.

Dans le cas où, p et q demeurant continues, on sait seulement que les dérivées $\frac{\partial q}{\partial x}$ et $\frac{\partial p}{\partial y}$ existent, par quelle relation doit-on remplacer l'équation (1)? En d'autres termes, quelles sont les conditions nécessaires et suffisantes pour que l'expression

$$p\,dx + q\,dy$$

soit la différentielle totale d'une fonction $f(x, y)$ et comment déterminer cette fonction?

On peut considérer ce problème comme une extension au cas de deux variables de celui des fonctions primitives. Considérons le rapport

$$r(x, y, h, k) = \frac{f(x+h, y+k) - f(x+h, y) - f(x, y+k) + f(x, y)}{hk}$$

et les rapports

$$\frac{p(y+k) - p(y)}{k}, \qquad \frac{q(x+h) - q(x)}{h}.$$

Ces trois rapports ont même borne supérieure et même borne inférieure dans tout domaine D, c'est-à-dire lorsque les quatre nombres x, y, h, k varient de manière que les deux points (x, y) et $(x+h,\ y+k)$ ne sortent pas du domaine D. Il résulte de là que ces rapports ont, en chaque point, même maximé et même minimé. Il en résulte que les nombres dérivés de p par rapport à y et les nombres dérivés de q par rapport à x ont même borne supérieure, même borne inférieure, même oscillation en chaque point; en particulier, ces nombres dérivés sont continus ou discontinus en même temps; en un point où ils sont continus, les dérivées $\frac{\partial q}{\partial x}$ et $\frac{\partial p}{\partial y}$ existent et sont égales.

Supposons, seulement pour abréger le langage, que $\frac{\partial q}{\partial x}$ et $\frac{\partial p}{\partial y}$ existent dans tout le domaine D: en un point où l'une est continue, l'autre

---

de la première formule, par exemple, que les nombres dérivés de p par rapport à y et de q par rapport à x soient finis et sommables superficiellement. Dans le premier membre, on néglige alors les points pour lesquels $\frac{\partial q}{\partial x}$ ou $\frac{\partial p}{\partial y}$ n'existent pas [cf. *Ch. J. de la Vallée Poussin*, Acad. Belgique, Bull. classe sc. 12 (1910), p. 790]; *L. Tonelli* [Atti R. Accad. Lincei *Rendic. mat.* (5) 18 II (1909), p. 246/53] a étudié l'intégration par parties pour les intégrales doubles.*

l'est aussi et lui est égale; en un point où elles sont discontinues, elles ont même oscillation (et en outre même borne supérieure et même borne inférieure). Par exemple, pour la fonction $xy\frac{x^2-y^2}{x^2+y^2}$, les dérivées p et q sont partout continues, les dérivées $\frac{\partial q}{\partial x}$ et $\frac{\partial p}{\partial y}$ sont continues sauf à l'origine, où leur borne supérieure est $+1$ et leur borne inférieure -1.

Réciproquement: *si les fonctions bornées* $\frac{\partial q}{\partial x}$ *et* $\frac{\partial p}{\partial y}$ *sont intégrables et ont même borne supérieure et même borne inférieure dans tout domaine D' intérieur à D, p et q sont les dérivées partielles d'une même fonction $f(x, y)$ en chaque point de D*[251]. Cette fonction est

$$f(x, y) = \int_{x_0, y_0}^{x, y} p\,dx + q\,dy,$$

l'intégrale étant prise le long d'un chemin rectifiable qui unit x_0, y_0 à x, y sans sortir du domaine D.

Supposons maintenant que les fonctions $\frac{\partial q}{\partial x}$, $\frac{\partial p}{\partial y}$, bornées dans D, ne soient pas nécessairement intégrables; on a alors la proposition suivante: *lorsque p et q admettent des dérivées* $\frac{\partial q}{\partial x}$ *et* $\frac{\partial p}{\partial y}$ *bornées dans D, pour que ces fonctions soient les dérivées partielles d'une fonction $f(x, y)$, il faut et il suffit que l'ensemble des points de D où* $\frac{\partial q}{\partial x}$ et $\frac{\partial p}{\partial y}$ *sont différents soit de mesure nulle dans D.*

Par exemple, la fonction

$$f(x, y) = \sum_{n=1}^{n=+\infty} \frac{1}{n^2}\,\varphi(x-\alpha_n, y-\beta_n),$$

dans laquelle $\varphi(x, y)$ représente la fonction précédemment introduite et (α_n, β_n) un point de coordonnées rationnelles comprises entre 0 et 1, est continue et admet des dérivées partielles continues; en tous les points de coordonnées rationnelles situés dans le carré

$$0 \leq x \leq 1, \quad 0 \leq y \leq 1$$

les deux dérivées $\frac{\partial q}{\partial x}$ et $\frac{\partial p}{\partial y}$ sont inégales.

---

251) *On peut remplacer dans cet énoncé les dérivées $\frac{\partial q}{\partial x}$ et $\frac{\partial p}{\partial y}$ par des nombres dérivés; mais puisque ces nombres dérivés sont bornés, les dérivées existent, sauf peut-être pour un ensemble de points de mesure nulle. Voir aussi, pour ces questions, *H. A. Schwarz* [Verh. Schweiz. Naturf. Ges. 56 (1873), éd. 1874, p. 259/70; Archives sc. phys. nat. Genève 1873, p. 38/44, 242; Math. Abh. 2, Berlin 1890, p. 275/84], *J. Thomae* [Einleitung in die Theorie der bestimmten Integrale, Halle 1875, p. 22], *U. Dini* [Lezioni di analisi infinitesimale, Pise 1877/8, p. 122], *A. Timpe* [Math. Ann. 65 (1908), p. 310/2].*

Si l'on suppose seulement que les dérivées $\frac{\partial q}{\partial x}$ et $\frac{\partial p}{\partial y}$ sont finies, l'ensemble des points autour desquels ces fonctions ne sont pas bornées est un ensemble H, fermé non dense; $\frac{\partial q}{\partial x}$ et $\frac{\partial p}{\partial y}$ sont égales, sauf peut-être pour un ensemble de points dont la mesure ne dépasse pas celle de H.

Si les fonctions $p(x, y)$ et $q(x, y)$ sont, la première à variation bornée en y, quel que soit x, la seconde à variation bornée en x, quel que soit y, on peut encore affirmer que l'ensemble des points où $\frac{\partial q}{\partial x}$ et $\frac{\partial p}{\partial y}$ sont inégales est de mesure nulle, et que cette condition suffit pour que p et q soient les dérivées partielles de la fonction[252])

$$f(x, y) = \int_{x_0, y_0}^{x, y} p\,dx + q\,dy.$$

Enfin, si l'on se borne à supposer que $\frac{\partial q}{\partial x}$ et $\frac{\partial p}{\partial y}$ existent, on peut seulement affirmer que l'ensemble des points où ces dérivées sont égales est un ensemble partout dense, car, ces fonctions étant toutes deux de la première classe de *R. Baire*, il y a, dans tout domaine, des points où elles sont l'une et l'autre continues et par conséquent égales[253]).*

47. *__Dérivation des intégrales indéfinies.__* La dérivation des intégrales indéfinies des fonctions de plusieurs variables a été récemment étudiée par *G. Vitali* et *H. Lebesgue*[254]).

G. Vitali prend pour intégrale indéfinie d'une fonction sommable $\varphi(x, y)$ la fonction

$$f(x, y) = \int_0^x \int_0^y \varphi(x, y)\,dx\,dy$$

et considère le rapport $r(x, y, h, k)$ attaché à la fonction f. Si h et k tendent vers zéro par valeurs positives, on définit deux des nombres

---

252) *Il suffit même de supposer que les nombres dérivés de q par rapport à x et de p par rapport à y sont finis et sommables superficiellement [cf. *Ch. J. de la Vallée Poussin*, Acad. Belgique, Bull. classe sc. 12 (1910), p. 792].*

253) **P. Montel*, Ann. Éc. Norm. (3) 24 (1907), p. 285. *L. Lichtenstein* [Sitzgsb. Berliner math. Ges. 9 (1910), p. 84/100] a démontré que p et q sont les dérivées partielles d'une même fonction si, en posant

$$r(h) = \frac{1}{h}[q(x+h, y) - q(x, y) - p(x, y+h) + p(x, y)],$$

$r(h)$ est bornée et a pour limite zéro avec h.*

254) **G. Vitali* [Atti Accad. Torino 43 (1907/8), p. 244]; *H. Lebesgue* [Ann. Éc. Norm. (3) 27 (1910), p. 361/450].*

dérivés de f: si ces nombres sont égaux, f a une dérivée au point (x, y). *G. Vitali* démontre que f admet φ pour dérivée sauf pour un ensemble de points de mesure nulle.

Les définitions et les résultats de *H. Lebesgue* sont plus généraux et indépendants des axes de coordonnées choisis. L'intégrale d'une fonction sommable φ dans un ensemble mesurable E permet d'attacher à cet ensemble E un nombre $F(E)$, fonction de l'ensemble E. Cette fonction $F(E)$ est l'intégrale indéfinie de φ. C'est une fonction d'ensemble, additive, à variation bornée, absolument continue, et ces propriétés caractérisent les intégrales indéfinies. La dérivée de la fonction $F(E)$ au point P sera définie par la méthode de *V. Volterra*: on forme le quotient $\frac{F(E)}{m(E)}$, $m(E)$ désignant la mesure de l'ensemble mesurable E contenant P, et l'on cherche la limite de ce rapport lorsque toutes les dimensions de E tendent vers zéro: cette limite est la dérivée de $F(E)$ au point P. *H. Lebesgue* se sert d'une catégorie spéciale d'ensembles E qu'il appelle une *famille régulière d'ensembles*. Dans ces conditions, la dérivation est l'opération inverse de l'intégration, sauf peut-être pour un ensemble de points de mesure nulle. *H. Lebesgue* étudie aussi la dérivation par rapport à une variable lorsqu'on fixe les axes de coordonnées et la possibilité pour la fonction d'admettre une différentielle totale.*

48. *Intégration des équations aux dérivées partielles. Les raisonnements utilisés dans l'intégration des équations aux dérivées partielles supposent la continuité des dérivées que l'on emploie. *R. Baire* s'est proposé le problème suivant: rechercher les fonctions assujetties seulement aux conditions nécessaires pour que les éléments qui entrent dans une équation donnée aient un sens et vérifient cette équation. Prenons par exemple l'équation

$$p + q = 0,$$

il faut trouver une fonction $f(x, y)$, continue par rapport à chacune des variables et admettant des dérivées partielles p et q dont la somme est nulle. *R. Baire* a montré que si l'on suppose $f(x, y)$ continue par rapport à l'ensemble des variables (x, y), la solution est fournie par une fonction continue quelconque de $x - y$, et a étendu ses résultats au cas d'une équation linéaire d'un nombre quelconque de variables[255]).*

255) **R. Baire* [C. R. Acad. sc. Paris 126 (1898), p. 1700/3], [Ann. mat. pura appl. (3) 3 (1899), p. 101]. Voir aussi *P. Montel* [Ann. Éc. Norm. (3) 24 (1907), p. 297].*

Développements en séries.

Exposé par **M. FRÉCHET** (Poitiers).

Séries de fonctions d'une variable.

49. *Les séries uniformément convergentes de fonctions continues. Considérons une série dont le terme général $u_\nu(x)$ est une fonction réelle de la variable réelle x. Supposons tous les termes de cette série définis pour toutes les valeurs de x contenues dans un certain intervalle I (limité ou non) et bornons-nous au cas où la série est partout convergente dans I. Soit alors $S_\nu(x)$ la somme

$$S_\nu(x) = u_0(x) + u_1(x) + \cdots + u_\nu(x)$$

et $S(x)$ la somme

$$S(x) = \lim_{\nu = +\infty} S_\nu(x)$$

de la série

$$u_1(x) + u_2(x) + \cdots + u_\nu(x) + \cdots\cdots$$

Une question très importante est de déterminer parmi les propriétés communes aux fonctions $S_\nu(x)$ quelles sont celles qui se conservent à la limite, c'est-à-dire qui appartiennent à $S(x)$; ou, sous une autre forme, de déterminer quelle espèce de convergence il faut imposer à la série pour qu'une propriété commune aux fonctions $S_\nu(x)$ appartienne aussi à $S(x)$.

La question ne s'était pas posée aux anciens analystes d'une façon aussi claire, parce qu'on était porté à admettre que toute propriété commune aux termes d'une suite se conservait à la limite. Il est facile de montrer par un exemple qu'il n'en est pas ainsi. En effet, considérons la suite, convergente pour toute valeur finie de x,

$$f_0(x) = x, \quad f_1(x) = x^{\frac{1}{3}}, \quad f_2(x) = x^{\frac{1}{5}}, \quad \ldots, \quad f_\nu(x) = x^{\frac{1}{2\nu+1}}, \quad \ldots\ldots;$$

elle est formée de fonctions partout continues et cependant sa limite (égale à 0 pour $x = 0$, à -1 pour $x < 0$, à $+1$ pour $x > 0$) est discontinue pour $x = 0$. En prenant

$$u_0(x) = f_0(x), \quad u_1(x) = f_1(x) - f_0(x), \quad \ldots, \quad u_\nu(x) = f_\nu(x) - f_{\nu-1}(x), \quad \ldots$$

on voit qu'une série convergente de fonctions continues peut avoir une somme discontinue.

La question s'est donc posée de savoir à quelles conditions la continuité des termes d'une série convergente entraîne la continuité de la somme.

G. G. Stokes[256]) et *L. Seidel*[257]) obtinrent une condition suffisante par l'introduction de la *convergence uniforme.* Montrons en quoi elle diffère de la convergence ordinaire.

Si, avec les notations précédentes, la série

$$(1) \qquad u_0(x) + u_1(x) + \cdots + u_\nu(x) + \cdots\cdots$$

est partout convergente dans l'intervalle I, on peut poser

$$r_\nu(x) = S(x) - S_\nu(x),$$

et à tout nombre $\varepsilon > 0$ on peut faire correspondre un entier μ tel que l'inégalité $n > \mu$ entraîne

$$|r_n(x)| < \varepsilon.$$

Mais ce nombre μ peut évidemment varier quand on passe d'une valeur de x à une autre. Si l'on appelle $\mu(x)$ la plus petite des valeurs de μ qui satisfont à la condition précédente quand x et ε sont donnés, on voit que la fonction $\mu(x)$ est partout finie dans l'intervalle I; mais il n'y a pas de raison pour qu'elle soit bornée dans I pour chaque valeur fixe de ε.

Par exemple, prenons avec *I. Bendixson*[258])

$$S_\nu(x) = x^\nu + \frac{\nu(1-x)}{1+\nu(1-x)} \qquad (\nu = 0, 1, 2, \ldots\ldots)$$

dans l'intervalle (0, 1). La série (1) est alors convergente vers 1 et l'on a, pour $x = 1 - \frac{1}{\nu}$;

$$|r_\nu(x)| = \left|\left(1 - \frac{1}{\nu}\right)^\nu + \frac{1}{2}\right| > \frac{1}{2}.$$

Si donc on prend

$$\varepsilon < \frac{1}{2},$$

on voit que l'on a

$$\mu\left(1 - \frac{1}{\nu}\right) \geqq \nu;$$

$\mu(x)$ peut ainsi prendre des valeurs aussi grandes que l'on veut dans l'intervalle I.

Nous dirons que la convergence est uniforme dans l'intervalle I si pour chaque valeur de ε la fonction $\mu(x)$ correspondante est bornée. Cela revient à dire qu'on peut prendre pour le nombre μ défini précédemment une quantité qui ne dépend que de ε et non plus de x.

---

256) *Trans. Cambr. philos. Soc. 8 (1842/9), éd. 1849, p. 533/83; Papers 1, Cambridge 1880, p. 236/85.*

257) *Abh. Akad. München 5 (1847), Abt. II (1848), p. 381/93; *W. Ostwald,* Klassiker der exakten Wissenschaften, n° 116, Leipzig 1900.*

258) **I. Bendixson,* Öfversigt Vetensk.-Akad. förhandl. (Stockholm) 54 (1897), p. 605/22.*

En se servant du théorème sur la convergence dû à *A. L. Cauchy* on peut encore dire:

Une série (1) est uniformément convergente dans un intervalle I (limité ou non) si à tout nombre $\varepsilon > 0$ on peut faire correspondre un nombre N tel que l'inégalité $n > N$ entraîne *dans tout l'intervalle* I

$$|S_{n+p}(x) - S_n(x)| < \varepsilon$$

quel que soit l'entier p.

Cette notion de convergence uniforme intervient dans un grand nombre de questions. L'une des applications les plus importantes est la suivante:

La somme d'une série convergente de fonctions uniformément continues dans un intervalle I (limité ou non) est aussi uniformément continue dans I, quand la convergence de cette série est uniforme dans I[259]).

L'exemple de *I. Bendixson* cité plus haut montre d'ailleurs que la réciproque n'est pas vraie.*

50. $_*$**Le théorème de Weierstrass.** Lorsqu'une série est uniformément convergente dans un intervalle I, l'erreur faite en remplaçant sa somme $S(x)$ par la somme des premiers termes $S_n(x)$ est bornée dans l'intervalle I. Il est donc avantageux pour les applications de pouvoir exprimer une fonction sous forme de série uniformément convergente de fonctions plus simples. Nous ne citerons que les deux résultats suivants:

1°) *Toute fonction continue dans un intervalle I limité peut être développée en une série uniformément et absolument convergente de polynomes*[260]).

Appelons somme trigonométrique limitée (d'ordre n) toute expression de la forme

$$(1) \quad u_0 + u_1 \cos x + v_1 \sin x + u_2 \cos 2x + v_2 \sin 2x + \cdots + u_n \cos nx + v_n \sin nx,$$

où $u_0, u_1, v_1, u_2, v_2, \ldots, u_n, v_n$ sont des constantes arbitraires.

2°) *Toute fonction continue et de période 2π peut être développée en une série uniformément et absolument convergente de sommes trigonométriques limitées.*

La première proposition est due à *K. Weierstrass*[261]). Plusieurs démonstrations en ont été données. Les unes, comme celles de

259) $_*$Quand I est limité, on peut remplacer la continuité uniforme par la continuité (extrémités de I comprises).*

260) $_*$Si I est illimité, on pourra s'arranger pour que la série soit absolument et uniformément convergente dans tout intervalle fini de I.*

261) $_*$Sitzgsb. Akad. Berlin 1885, p. 633, 797; Werke 3, Berlin 1903, p. 6/7, 18.*

H. Lebesgue[262]) et de *M. G. Mittag-Leffler*[263]), sont de nature élémentaire. Les autres, comme celles de *E. Picard*[264]), *M. Lerch*[265]) et *V. Volterra*[266]) font usage de la représentation en séries trigonométriques. Enfin les méthodes de *K. Weierstrass*[267]) et de *E. Landau*[268]) utilisent la méthode des intégrales singulières qui a été ensuite systématiquement développée par *H. Lebesgue*[269]).

La méthode de *K. Weierstrass* est simple et peut être utile dans d'autres questions. Elle repose sur l'emploi de la formule

$$\int_{-\infty}^{+\infty} e^{-t^2} dt = \sqrt{\pi}.$$

La propriété la plus essentielle de cette intégrale est que, étant donné le nombre $\omega > 0$, on peut toujours trouver A tel que pour $a > A$

$$\int_{a}^{+\infty} e^{-t^2} dt < \omega.$$

On démontre alors que l'expression

$$\Psi(x, k) = \frac{1}{k\sqrt{\pi}} \int_{-\infty}^{+\infty} f(u)\, e^{-\left(\frac{u-x}{k}\right)^2} du$$

tend uniformément vers la fonction donnée $f(x)$. Il suffit pour cela de prouver que l'intégrale n'est pas changée sensiblement quand on prend pour limites d'intégration $-h$ et $+h$, h et k étant suffisamment petits $\left(\text{avec } k < \frac{h}{A}\right)$.

On remplace ensuite la fonction entière de x, $\Psi(x, k)$, par les premiers termes de son développement en série de Maclaurin.

Tout récemment *E. Landau*[270]) a simplifié la méthode de *K. Weier-*

---

262) *Bull. sc. math. (2) 22 (1898), p. 278/87.*

263) *Rend. Circ. mat. Palermo 14 (1900), p. 217/24.*

264) *Traité d'Analyse, (1re éd.) 1, Paris 1891, p. 258; (2e éd.) 1, Paris 1901, p. 278.*

265) *Rozpravy české Akad. 1 (1892) II, mém. n° 33; 2 (1893) II, mém. n° 9.*

266) *Rend. Circ. mat. Palermo 11 (1897), p. 83/6.*

267) *Sitzgsb. Akad. Berlin 1885, p. 633/9, 789/805; Werke 3, Berlin 1903 p. 1/37.*

268) *Rend. Circ. mat. Palermo 25 (1908), p. 337/45.*

269) *Ann. Fac. sc. Toulouse (3) 1 (1909), p. 25/116, 119/28.*

270) **E. Landau*[268]) indique lui-même qu'il doit l'idée de la simplification qu'il a apportée à la démonstration de *K. Weierstrass* à une remarque de *T. J. Stieltjes* [Correspondance d'Hermite et de Stieltjes, publ. par *B. Baillaud* et *H. Bourget* 2, Paris 1905, p. 337/9].*

strass en remplaçant l'intégrale $\Psi(x, k)$ par l'intégrale

$$L_n(x) = \frac{\int_0^1 f(u)[1-(u-x)^2]^n du}{\int_0^1 (1-u^2)^n du}$$

qui, dans l'intervalle (0, 1), tend uniformément vers la fonction $f(x)$ supposée continue quand n croit indéfiniment. Or cette intégrale est évidemment un polynome en x.

Dans d'autres méthodes, on montre d'abord que l'on peut considérer la courbe représentative de la fonction continue donnée comme la limite d'une ligne polygonale inscrite dont la longueur maximée des côtés tend vers zéro. On est alors ramené au cas où la courbe représentative est elle-même polygonale.

Pour démontrer le théorème dans ce cas, *V. Volterra* utilise la représentation d'une fonction périodique continue ayant un nombre fini de maximés et de minimés par la série de Fourier. On peut aussi employer pour ce même cas des méthodes élémentaires. On remarque que la fonction représentée par la ligne polygonale est une combinaison simple de fonctions du premier degré et de fonctions analogues à une fonction $\alpha(x)$ égale à 0 pour $x > 0$, à 1 pour $x < 0$ et finie pour $x = 0$. Il suffit alors de remplacer $\alpha(x)$ par un polynome qui en approche autant qu'on le veut, sauf peut-être dans un petit intervalle entourant $x = 0$, où elle reste finie. *C. Runge*[271]) et *M. G. Mittag-Leffler*[272]) donnent des représentations différentes de $\alpha(x)$.

Enfin la méthode suivante parait la plus rapide quand on connaît le théorème (2°) cité plus haut. Ce n'est d'ailleurs qu'une simplification de la méthode de *V. Volterra*. Appelons $\varphi(x)$ une fonction dont la courbe représentative coïncide avec celle de $f(x)$ dans l'intervalle I et est symétrique par rapport à la première ordonnée de I. Ce sera une fonction continue périodique. Soit ω sa période c'est-à-dire le double de la longueur de l'intervalle I. D'après le théorème (2°) on peut représenter $\varphi(x)$ par une série de sommes trigonométriques limitées de la forme obtenue en remplaçant dans (1) x par $\frac{2\pi x}{\omega}$. Chacune de ces sommes est une fonction entière qu'il suffit alors de remplacer approximativement par les premiers termes de son développement.

Le théorème de Weierstrass est d'une grande importance non seulement au point de vue pratique de l'interpolation, mais en ce qu'il fait apparaître l'ensemble des fonctions continues comme l'en-

---

271) *Acta math. 7 (1885/6), p. 387/92.*

272) *Rend. Circ. mat. Palermo 14 (1900), p. 217/24.*

semble dérivé [nº 4] de l'ensemble des polynomes (en ne considérant que la convergence uniforme). On peut même[273]) former *une fois pour toutes* une série de polynomes telle qu'en groupant à chaque fois ses termes de façon convenable il soit possible de la faire converger uniformément vers n'importe quelle fonction continue donnée.

Les mêmes remarques s'appliquent aux fonctions périodiques en remplaçant les polynomes par les sommes trigonométriques limitées.*

51. *Interpolation. Le théorème de Weierstrass permet de remplacer une fonction continue quelconque par un polynome qui en diffère aussi peu que l'on veut dans le domaine d'existence.

Pour les applications, il serait utile d'avoir une formule générale qui fît connaître le polynome connaissant la fonction et l'erreur maximée. Il serait surtout important que cette formule ne nécessite pas la connaissance de la fonction tout entière mais du plus petit nombre possible de points de sa courbe représentative. Or la fonction, étant continue, est déterminée par un ensemble dénombrable de ses points. Il serait naturel d'essayer de déterminer le polynome connaissant par exemple un nombre assez grand de points d'abscisses rationnelles de la courbe.

La manière la plus simple paraît être de déterminer le polynome par la condition de *coïncider* avec la fonction donnée pour un nombre de valeurs de la variable suffisant pour calculer ses coefficients. La fonction serait alors la limite de ce polynome quand la longueur maximée des intervalles successifs déterminés par ces valeurs tendrait vers zéro. Les polynomes en question s'obtiendraient d'ailleurs chacun immédiatement par la formule de Lagrange par exemple.

C. Runge[274]), et indépendamment *E. Borel*[275]), ont donné des exemples qui montrent que cette méthode ne peut conduire au résultat cherché. Ainsi *C. Runge* a montré que si l'on calcule un polynome $P_n(x)$ de degré n, coïncidant avec la fonction continue $\frac{1}{1+x^2}$ aux extrémités successives de n divisions égales de l'intervalle $(-5, +5)$, non seulement quand n croît indéfiniment ce polynome ne tend pas nécessairement vers $\frac{1}{1+x^2}$ dans tout cet intervalle $(-5, +5)$, mais encore il diverge en dehors de l'intervalle $(-3,63\ldots; +3,63\ldots)$.

273) *M. Fréchet*, Rend. Circ. mat. Palermo 22 (1906), p. 36.*

274) *C. Runge*, Z. Math. Phys. 46 (1901), p. 229; voir aussi *Ch. Méray*, Ann. Éc. Norm. (3) 1 (1884), p. 165/76; Bull. sc. math. (2) 20 (1896), p. 266/70; *H. E. Heine*, J. reine angew. Math. 89 (1880), p. 19/39.*

275) *E. Borel*, Leçons sur les fonctions de variables réelles, Paris 1905, p. 75.*

E. Borel[276]) a réussi à obtenir une formule d'interpolation (par des polynomes) qui converge toujours. D'une façon précise, on peut former *une fois pour toutes* des polynomes $P_{\mu,\nu}(x)$ qui jouissent de la propriété suivante:

Étant donnée une fonction $f(x)$ définie et continue entre 0 et 1, on a

$$f(x) = \lim_{\nu = \infty} \sum_{\mu=0}^{\mu=\nu} f\left(\frac{\mu}{\nu}\right) P_{\mu,\nu}(x)$$

et la convergence est uniforme de 0 à 1.

On voit qu'on peut prendre comme polynome approché le polynome

$$\sum_{\mu=0}^{\mu=\nu} f\left(\frac{\mu}{\nu}\right) P_{\mu,\nu}(x)$$

qui est déterminé connaissant seulement les valeurs de $f(x)$ pour les abscisses

$$0, \frac{1}{\nu}, \frac{2}{\nu}, \ldots, \frac{\nu-1}{\nu}, 1.$$

En employant la même méthode on peut former *une fois pour toutes* des suites trigonométriques limitées $S_{\mu,\nu}(\theta)$ telles que, si $\varphi(\theta)$ est une fonction continue de période 2π, on ait

$$\varphi(\theta) = \lim_{\nu = \infty} \sum_{\mu=0}^{\mu=\nu} \varphi\left(\frac{2\pi\mu}{\nu}\right) S_{\mu,\nu}(\theta),$$

avec convergence uniforme[277]).

De plus, non seulement on prouve la possibilité de la formation des $S_{\mu,\nu}(\theta)$ et des $P_{\mu,\nu}(x)$, mais encore on peut en donner des expressions effectives simples.

Telles sont celles qui ont été explicitement écrites par *M. Potron*[278]) et *M. Krause*[279]) pour les $P_{\mu,\nu}(x)$ et par *M. Fréchet*[277]) pour les $S_{\mu,\nu}(\theta)$. *H. Lebesgue*[280]) indique en outre des méthodes générales pouvant fournir les unes et les autres.

276) *Leçons sur les fonctions de variables réelles, Paris 1905, p. 80.*

277) *M. Fréchet*, C. R. Acad. sc. Paris 141 (1905), p. 818/9. La formule subsiste quand

$$\varphi(0) \quad \text{et} \quad \varphi(2\pi)$$

sont inégaux, mais alors la limite du second membre pour $\theta = 0$ ou $\theta = 2\pi$ est

$$\frac{\varphi(0) + \varphi(2\pi)}{2}$$

et la convergence n'est uniforme que dans tout intervalle intérieur à $(0, 2\pi)$. Une erreur d'impression a été rectifiée C. R. Acad. sc. Paris 141 (1905), p. 875.*

278) *Bull. Soc. math. France 34 (1906), p. 52/60.*

279) *Ber. Ges. Lpz. 58 (1906), math. p. 2/18.*

280) *Ann. Fac. sc. Toulouse (3) 1 (1909), p. 108.*

La formule de *E. Borel* donne une solution complète du problème de l'interpolation. Ce n'est pas la seule possible et l'on peut se demander si on ne pourrait en trouver une meilleure que toutes les autres. On peut entendre le mot meilleure de plusieurs façons. Par exemple, il serait intéressant de chercher si, parmi tous les développements d'une fonction continue $f(x)$ en séries de polynomes où les polynomes ont des degrés successifs donnés, il en est un qui converge plus rapidement que les autres.

Cette question a été résolue affirmativement au moyen d'une méthode due à *P. L. Čebyšëv*[281]) et perfectionnée par *P. Kirchenberger*[282]), puis généralisée par *E. Borel* et *L. Tonelli*[283]). On obtient ainsi la proposition suivante: étant donnée une fonction $f(x)$ continue dans un intervalle limité I, il existe pour chaque valeur de l'entier n un polynome de degré n au plus

$$T_n(x)$$

et un seul tel que la valeur maximé de $|f(x) - T_n(x)|$ dans l'intervalle I soit inférieure à celle qu'on obtient en remplaçant $T_n(x)$ par tout autre polynome de degré n au plus. On a alors

$$f(x) = \lim_{\nu = \infty} T_\nu(x),$$

avec convergence uniforme dans l'intervalle I. De plus, si $V_n(x)$ est le polynome de degré n qui remplace $T_n(x)$ quand on considère la fonction continue $g(x)$ au lieu de $f(x)$ et si $g(x)$ tend uniformément vers $f(x)$, on démontre que les coefficients de $V_n(x)$ tendent respectivement vers ceux de $T_n(x)$. De sorte que pour n fixe la correspondance entre $f(x)$ et $T_n(x)$ est continue.

M. Fréchet[284]) et *J. W. Young*[285]) emploient la méthode de *P. L. Čebyšëv* en prenant d'autres fonctions que des polynomes pour approcher d'une fonction continue, par exemple en prenant des suites trigonométriques limitées. Ils montrent ainsi que:

si $\varphi(\theta)$ est une fonction continue de période 2π et ν un entier

281) *Sur les questions de minimés qui se rattachent à la représentation approchée des fonctions, Bull. Acad. Pétersb. (2) 16 (1858), col. 145/9; Mém. Acad. Pétersb. (6) 9 sc. math. phys. nat. (1859), [désigné aussi comme (6) 7 sc. math. phys. (1859)], p. 201/91 [1857]; Mélanges math. astron. Pétersb. 2 (1853/9), p. 533/8; Œuvres 1, St Pétersbourg 1899, p. 273/378, 704/10.*

282) *Diss. Göttingue 1902.*

283) **E. Borel*, Leçons sur les fonctions de variables réelles, Paris 1905, p. 82/92; *L. Tonelli*, Ann. mat. pura appl. (3) 15 (1908), p. 47/119.*

284) *C. R. Acad. sc. Paris 144 (1907), p. 124/5. Voir aussi le développement de cette note: Ann. Éc. Norm. (3) 25 (1908), p. 43/56.*

285) *Trans. Amer. math. Soc. 8 (1907), p. 331/44.*

quelconque, il y a une somme trigonométrique d'ordre ν, $T_\nu(\theta)$, qui s'approche plus de $\varphi(\theta)$ (au sens de *P. L. Čebyšëv*) que toute autre somme trigonométrique d'ordre ν. *M. Fréchet* remarque de plus

1°) que la correspondance ainsi établie entre $\varphi(\theta)$ et $T_\nu(\theta)$ est continue (au sens indiqué plus haut);

2°) que les coefficients de $T_\nu(\theta)$ tendent respectivement et uniformément vers les coefficients de Fourier de $\varphi(\theta)$ sans leur être égaux en général;

3°) qu'ils ne sont pas non plus égaux aux coefficients des sommes de Fejér [n° **61**, 3°] et ne sont même pas déterminés uniquement par les sommes de Fejér de même rang.

En sorte qu'*on a une représentation* unique *de toute fonction continue périodique* $\varphi(\theta)$ *par une série de sommes trigonométriques limitées, qui converge uniformément vers* $\varphi(\theta)$ plus rapidement *que les séries correspondantes de Fourier ou de Fejér*.

Il faut remarquer que cette conclusion ne serait plus nécessairement exacte si on définissait d'une autre manière que *P. L. Čebyšëv* ce qu'on entend par fonction la plus rapprochée. Par exemple, si l'on mesurait l'erreur commise en remplaçant $\varphi(\theta)$ par une somme trigonométrique $F_\nu(\theta)$ d'ordre ν par la quantité

$$\int_0^{2\pi} [\varphi(\theta) - F_\nu(\theta)]^2 d\theta,$$

la somme trigonométrique d'ordre ν la plus rapprochée de $\varphi(\theta)$ serait celle qui a pour coefficients les coefficients de Fourier de $\varphi(\theta)$. Mais si cette définition se prête mieux au calcul que celle de *P. L. Čebyšëv*, elle est moins naturelle (puisqu'en particulier, si l'erreur ainsi définie tend vers zéro, $F_\nu(\theta)$ ne tend pas nécessairement vers $\varphi(\theta)$ pour toute valeur de θ).*

52. ***Convergence quasi-uniforme.** Nous avons remarqué [n° **49**] que la convergence uniforme d'une série de fonctions continues n'est pas nécessaire pour la continuité de la somme. Pour trouver une condition nécessaire, il faut desserrer pour ainsi dire la condition d'uniformité. En introduisant la *convergence uniforme simple*, *U. Dini*[286]) a bien obtenu une condition suffisante plus large que la convergence uniforme proprement dite; mais cette condition n'étant pas encore nécessaire, nous ne nous y arrêterons pas.

C'est *C. Arzelà*[287]) qui a le premier réussi à obtenir la condition

---

286) *Fondamenti[232]), p. 103; trad. p. 137 (n° 91).*

287) **C. Arzelà*, Memorie Ist. Bologna (5) 8 (1899/1900), p. 135.*

cherchée. Elle consiste en ce qu'il appelle la convergence uniforme „a tratti“ que nous nommerons avec *E. Borel* la convergence *quasi-uniforme.*

Nous dirons qu'une série de fonctions converge *quasi-uniformément* dans un intervalle I limité si

1°) la série est convergente dans I;

2°) à tout nombre $\varepsilon > 0$ et à tout nombre N on peut faire correspondre un nombre $N' \geqq N$ tel que pour chaque valeur de x de l'intervalle I, il existe un entier n_x compris entre N et N' tel que l'on ait

$$|r_{n_x}(x)| < \varepsilon.$$

La démonstration de *C. Arzelà*[287]) a été simplifiée par *E. Borel*[288]).*

53. *Les fonctions limites de fonctions continues. Nous avons vu [n° **49**] qu'une série de fonctions continues peut converger vers une fonction discontinue. La question se pose alors de savoir si une telle fonction jouit de propriétés spéciales, si elle fait partie d'une classe particulière dans l'ensemble des fonctions d'une variable Cette question a été complètement résolue par *R. Baire.* Pour énoncer ses résultats, donnons d'abord une définition.

Supposons qu'une fonction $f(x)$ soit définie au moins en tous les points d'un ensemble parfait [n° **4**] de points E. Nous dirons qu'elle est continue en un point x_0 de E *relativement à* E si $f(x)$ tend vers $f(x_0)$ de quelque manière qu'un point x de E tende vers x_0. Nous dirons ensuite qu'une fonction qui n'est pas continue en tout point de E est *ponctuellement discontinue* relativement à E si, au voisinage (aussi étroit que l'on veut) de tout point de E, il y a des points de E où la fonction est continue relativement à E.

Ceci étant, *R. Baire*[289]) démontre le théorème général suivant: la condition nécessaire et suffisante pour qu'une fonction uniforme discontinue puisse être représentée sous la forme d'une série convergente de fonctions continues est que cette fonction soit ponctuellement discontinue sur tout ensemble parfait. Des démonstrations différentes ont été données par *H. Lebesgue*[290]).

Admettons ce théorème; il est maintenant facile de prouver qu'on peut définir une fonction qui ne peut être somme d'une série de

288) **E. Borel*, Leçons sur les fonctions de variables réelles, Paris 1905, p. 42.*

289) *Sur les fonctions de variables réelles [Ann. mat. pura appl. (3) 3 (1899), p. 19/63].*

290) *Démonstration d'un théorème de Baire, dans *E. Borel,* Leçons sur les fonctions de variables réelles, Paris 1905, p. 149/55 (note II); Bull. Soc. math. France 32 (1904), p. 229/42.*

fonctions continues. Il suffit de former dans l'intervalle (0, 1) la fonction $\chi(x)$ qui est égale à 1 pour les abscisses rationnelles et à 0 pour les autres. Sur l'ensemble parfait E formé par l'intervalle entier (0, 1), il n'y a en effet aucun point de continuité relativement à E.

Ainsi l'ensemble des fonctions discontinues qui sont limites de fonctions continues n'est qu'une partie de l'ensemble des fonctions uniformes qu'on peut définir. *R. Baire* a donc pu appeler les fonctions de cet ensemble fonctions de classe 1, réservant aux fonctions continues le nom de fonctions de classe 0.

Il est d'ailleurs facile de voir que les fonctions discontinues qui se présentent en général dans la pratique sont de première classe. La plupart d'entre elles n'ont en effet qu'un nombre fini de discontinuités. *H. Lebesgue*[291]) a même démontré directement qu'une fonction $f(x)$ définie dans un intervalle I, où l'ensemble de ses points de discontinuité est dénombrable, peut être représentée par une série de fonctions continues convergente dans l'intervalle I et même uniformément dans tout intervalle intérieur à un intervalle de continuité.*

54. *****Les classes de fonctions de Baire.** De même qu'une série uniformément convergente de fonctions continues a pour somme une fonction continue, de même une série uniformément convergente de fonctions de première classe a pour somme une fonction de première classe [ou de classe 0][292]). Mais, de même encore que pour les séries de fonctions continues, la proposition cesse d'être vraie quand il y a simplement convergence.

Par exemple[293]), si l'on pose dans l'intervalle (0, 1)

$$f_m(x) = \lim_{n=\infty} (\cos m!\pi x)^{2n}, \qquad \chi(x) = \lim_{m=\infty} f_m(x),$$

on voit facilement que les $f_m(x)$ sont des fonctions de première classe qui ont pour limite la fonction $\chi(x)$ signalée au n° **53**, laquelle n'est ni continue, ni de première classe.

En généralisant, on est amené à la classification de *R. Baire*. Nous avons défini les fonctions de classes 0 et 1; d'une façon générale, supposons qu'on ait défini les fonctions de classe inférieure à α; on appellera fonction de classe α toute fonction qui peut être obtenue comme limite de fonctions de classe inférieure à α, mais qui n'est

---

291) *Bull. sc. math. (2) 22 (1898), p. 278/87; autre démonstration de *H. Lebesgue* dans *E. Borel*, Leçons sur les fonctions de variables réelles, Paris 1905, p. 97/8. Voir aussi *E. Borel* [C. R. Acad. sc. Paris 137 (1903), p. 903/5; Leçons sur les fonctions de variables réelles, Paris 1905, p. 95].*

292) **R. Baire*, Leçons sur les fonctions discontinues, Paris 1905, p. 114.*

293) **H. Lebesgue*, J. math. pures appl. (6) 1 (1905), p. 140.*

pas de classe inférieure à α. On définit ainsi les fonctions de classe $0, 1, 2, \ldots, \nu, \ldots$ On peut même appliquer cette définition exactement sous les mêmes termes quand α est un nombre transfini [n° **5**]. On voit alors qu'en particulier une fonction de classe ω [n° **5**] sera une fonction qui sans être de classe finie est limite de fonctions dont les classes sont finies, mais nécessairement non bornées.

Il reste bien entendu à montrer qu'il existe des fonctions de toutes classes. Il est d'abord aisé de voir avec *R. Baire*[294]) que l'on n'épuise pas l'ensemble des fonctions uniformes en formant toutes les fonctions dont la classe ne dépasse pas un nombre (fini ou transfini) α donné. En effet, la puissance du premier ensemble est supérieure à celle du continu c'est-à-dire à la puissance de l'ensemble de toutes ces fonctions de classe α. Ceci prouve seulement qu'il *existe* des fonctions ne rentrant pas dans la classification de *R. Baire*. Mais peut-on les *définir* effectivement, les nommer?

Un raisonnement très simple de *E. Borel*[295]) montre qu'étant donné un nombre arbitraire α (fini ou transfini), on peut *construire* une fonction bien déterminée qui est, ou bien de classe supérieure à α, ou bien en dehors de la classification de *R. Baire*. En modifiant convenablement ce raisonnement, *H. Lebesgue* a prouvé qu'*on peut nommer des fonctions de n'importe quelle classe (finie ou transfinie) donnée et même des fonctions échappant à la classification de R. Baire*[296]).

R. Baire a donné une propriété générale des fonctions qui rentrent dans sa classification. Toute fonction de classe déterminée est ponctuellement discontinue sur tout ensemble parfait quand on néglige les ensembles de première catégorie [cf. I 7, **17**] par rapport à cet ensemble parfait[297]). Mais on ne sait pas si cette condition nécessaire pour qu'une fonction rentre dans la classification de *R. Baire* est aussi suffisante.

Une autre propriété générale est la suivante: *étant donnée une fonction de classe quelconque, il existe une série de polynomes qui con-*

---

294) *Ann. mat. pura appl. (3) 3 (1899), p. 71.*

295) *Leçons sur les fonctions de variables réelles, Paris 1905, p. 156, note III. En 1898, *V. Volterra* avait communiqué à *R. Baire* [cf. *R. Baire*, Acta math. 30 (1906), p. 47] un exemple de fonction de classe supérieure à 2. En 1905, *R. Baire* avait montré [Acta math. 30 (1906), p. 47] qu'on peut former *effectivement* une fonction de classe 3.*

296) **H. Lebesgue*, J. math. pures appl. (6) 1 (1905), p. 212, 214.*

297) **R. Baire*, C. R. Acad. sc. Paris 129 (1899), p. 1010/3. L'énoncé précédent est celui qui est donné par *H. Lebesgue*, J. math. pures appl (6) 1 (1905), p. 184 (où on trouvera les définitions qui le font comprendre, avec une nouvelle démonstration).*

verge vers cette fonction, sauf peut-être en un ensemble de points de mesure nulle[298]).

H. Lebesgue a donné des conditions nécessaires et suffisantes pour qu'une fonction soit d'une classe déterminée α[299]). Il a prouvé aussi que *pour qu'une fonction $f(x)$ appartienne à la classification de R. Baire, il faut et il suffit qu'elle soit mesurable B*, c'est-à-dire que, quels que soient les nombres μ et ν, l'ensemble des points x où l'on a

$$\mu \leqq f(x) \leqq \nu$$

soit mesurable B [voir n° **20**].*

55. *Convergence en moyenne. Soit Ω l'ensemble des fonctions dont le carré est sommable dans l'intervalle (a, b). Si $f(x)$, $\varphi(x)$ appartiennent à Ω, $f(x) - \varphi(x)$ appartient aussi à Ω et l'on peut appeler *écart* de $f(x)$ et de $\varphi(x)$ l'expression

$$\sqrt{\int_a^b [f(x) - \varphi(x)]^2 dx}.$$

E. Fischer[300]) dit qu'une suite de fonctions de Ω

$$f_1(x),\ f_2(x),\ \ldots,\ f_n(x),\ \ldots\ldots \tag{1}$$

converge en moyenne lorsque l'écart de $f_n(x)$ et de $f_{n+p}(x)$ est, quel que soit p, infiniment petit avec $\frac{1}{n}$. Et il démontre qu'il existe alors dans Ω une fonction

$$f(x)$$

298) **M. Fréchet*, Thèse, Paris 1906, p. 17. Antérieurement, *H. Lebesgue* [Math. Ann. 61 (1905), p. 251/80] a montré que les sommes σ_n de *L. Fejér* [n° 61, 3°] convergent vers la fonction, sauf peut-être pour un ensemble de points de mesure nulle [On en déduit immédiatement une détermination effective d'une série de polynomes répondant à l'énoncé]. *P. Fatou* [Acta math. 30 (1906), p. 335/400] est arrivé à un résultat analogue par l'intégrale de Poisson. Enfin *F. Riesz* [Jahresb. deutsch. Math.-Ver. 17 (1908), p. 196/211] a montré que les polynomes $L_n(x)$ de *E. Landau* [n° **50**] convergent même quand $f(x)$ est une fonction sommable, la convergence cessant peut-être aux points d'un ensemble de mesure nulle. Parmi les points de convergence se trouvent tous les points de continuité. Toutes ces démonstrations, sauf la première, reposent sur le fait qu'une intégrale indéfinie admet la fonction intégrée comme dérivée sauf peut-être pour un ensemble de mesure nulle. *H. Lebesgue* a montré enfin [Ann. Fac. sc. Toulouse (3) 1 (1909), p. 86/101] que ces résultats découlent tous d'un critère général applicable aux intégrales singulières de *K. Weierstrass, S. D. Poisson, E. Landau, Ch. J. de la Vallée Poussin*. La démonstration de *M. Fréchet* repose, au contraire, sur une propriété générale des séries à double entrée.*

299) **H. Lebesgue*, J. math. pures appl. (6) 1 (1905), p. 168/79.*

300) *C. R. Acad. sc. Paris 144 (1907), p. 1022/4, 1148/51.*

vers laquelle la suite converge en moyenne, c'est-à-dire telle que l'écart de $f(x)$ avec $f_n(x)$ est infiniment petit avec $\frac{1}{n}$.

H. Weyl[301]) démontre en outre que l'on peut choisir $f(x)$ de manière qu'une suite partielle extraite de la suite (1) converge uniformément vers $f(x)$ dans un ensemble de points de l'intervalle (a, b) dont la mesure diffère aussi peu que l'on veut de $b - a$.*

56. *Mesure de la convergence. On peut dire, avec *H. Lebesgue*, qu'une série converge *presque partout* dans un intervalle (a, b), si l'ensemble des points où elle ne converge pas est de mesure nulle.

E. Borel[302]) a démontré que, si une série de fonctions mesurables converge presque partout dans un intervalle (a, b), la mesure de l'ensemble des points où le reste de rang n de la série est en valeur absolue supérieur à un nombre arbitraire ε, tend vers zéro avec $\frac{1}{n}$.

Ce théorème peut être considéré comme un cas particulier du théorème suivant de *D. T. Egoroff*[303]) qui l'a déduit du théorème de *E. Borel*:

Si une série de fonctions mesurables converge presque partout dans un intervalle, on peut enlever de cet intervalle un ensemble de mesure η aussi petite que l'on veut, tel que la série converge uniformément dans l'intervalle complémentaire.*

57. *Les fonctions représentables analytiquement. Depuis *G. Lejeune Dirichlet* et *B. Riemann*, on s'accorde assez généralement à considérer un nombre y comme fonction uniforme de la variable x, quand à toute valeur de x correspond une valeur de y, sans qu'on se préoccupe du procédé qui sert à définir la correspondance. Si cette définition est généralement admise, beaucoup de mathématiciens considèrent cependant comme plus *naturelles* les fonctions qui sont déterminées par des correspondances analytiques. Par exemple, on étudiera plus volontiers la fonction de l'argument déterminée par les valeurs d'une série de *Maclaurin* sur son cercle de convergence que les fonctions discontinues formées *a priori*. Il était intéressant d'élucider la question de savoir si cette distinction correspond à une réalité.

Il est d'abord facile de voir que dans la pratique cette distinction n'a pas de raison d'être. Les fonctions que l'on rencontre, même les plus singulières, sont toujours susceptibles d'une représentation analytique. Ainsi toute fonction continue peut être développée en séries de polynomes uniformément convergente. Il en résulte que

301) *Math. Ann. 67 (1909), p. 243.*

302) *Leçons sur les fonctions de variables réelles, Paris 1905, p. 37; voir aussi *M. Plancherel*, Rend. Circ. mat. Palermo 30 (1910), p. 289/335.*

303) *C. R. Acad. sc. Paris 152 (1911), p. 244/6.*

toute fonction de la première classe de *R. Baire* peut être représentée par une série de polynomes, convergente mais non uniformément. Alors une fonction de seconde classe pourra être représentée par une série double

$$\sum_{q=1}^{q=\infty}\left[\sum_{p=1}^{p=\infty} P_{p,q}(x)\right]$$

où les $P_{p,q}(x)$ sont des polynomes. Et, d'une façon générale, une fonction de classe n sera représentée par une série multiple d'ordre n dont tous les termes sont des polynomes.

Mais on peut cependant se demander s'il existe des fonctions non représentables analytiquement. Il faut d'abord préciser ce que l'on entend par là. *H. Lebesgue* appelle fonction représentable analytiquement toute fonction que l'on peut construire en effectuant suivant une loi déterminée un nombre fini ou dénombrable d'additions, de multiplications, de passages à la limite à partir des variables et de constantes[304]). On n'exclut pas le cas où le passage à la limite s'effectuerait sur des suites non partout convergentes, ce qui permet d'admettre des fonctions non partout définies. Il faut aussi remarquer que, si dans les opérations explicitement admises ne figurent pas les opérations usuelles représentées par des symboles tels que

$$-,\ :,\ \sqrt[m]{\ },\ \sin,\ \log,\ \int_{x_0}^{x},\ \frac{d}{dx},$$

celles-ci, effectuées sur des fonctions représentables analytiquement, donnent encore des fonctions de même nature[305]). Par exemple

$$u : v = u \times \frac{1}{v},$$

et l'on peut nommer une série de polynomes en v convergeant vers $\frac{1}{v}$ sauf pour $v = 0$.

H. Lebesgue[306]) démontre alors que toute fonction représentable analytiquement rentre dans la classification de *R. Baire*. La réciproque est d'ailleurs évidente. Les résultats rappelés plus haut [n° **54**] peuvent donc s'énoncer ainsi: *pour qu'une fonction soit représentable analytiquement, il faut et il suffit qu'elle soit mesurable B. On peut nommer des fonctions non représentables analytiquement.*

On pourrait être tenté de distinguer des fonctions représentables analytiquement celles qui sont *déterminées analytiquement*[307]). *H. Le-*

304) **H. Lebesgue*, J. math. pures appl. (6) 1 (1905), p. 145.*

305) *Id. p. 146.*

306) *Id. p. 152, 170.*

307) *Id. p. 147.*

besgue appelle ainsi toute fonction y définie en même temps qu'un groupe fini (ou même dénombrable) d'autres fonctions y_1, y_2, ... comme l'une des solutions d'un groupe d'autant d'équations obtenues en égalant à zéro des fonctions représentables analytiquement en $x, y, y_1, y_2, \ldots$ Mais il démontre aussitôt que cette distinction est artificielle, *toute fonction implicite déterminée analytiquement étant aussi représentable analytiquement*[308]).

H. Lebesgue a aussi obtenu ce résultat remarquable que l'on peut nommer des fonctions qui échappent à tout mode de représentation analytique (soit qu'on essaie de les représenter analytiquement, soit qu'on cherche à les obtenir comme fonctions implicites déterminées analytiquement), et l'on peut même en trouver qui sont cependant intégrables au sens de *B. Riemann*[309]).*

Séries de fonctions de plusieurs variables.

58. *__Les fonctions de plusieurs variables.__* La plupart des considérations précédentes s'appliquent aux fonctions d'un nombre fini de variables. Mais on est amené à distinguer la continuité par rapport à l'ensemble des variables, de la continuité par rapport à chacune des variables. On dira brièvement qu'une fonction de plusieurs variables est continue dans le premier cas seulement. On trouve une relation simple entre les deux espèces de continuité en étendant au cas de plusieurs variables la classification de *R. Baire.* Une fonction continue (par rapport à l'ensemble de ses variables) étant considérée comme de classe 0, on définira de proche en proche les fonctions de classe 1, 2, ... en convenant qu'une fonction de classe α est une fonction qui est limite de fonctions de classes inférieures à α sans être elle-même de classe inférieure à α. On démontre alors les théorèmes suivants:

Une fonction de n variables, continue par rapport à chacune d'elles, est de classe $(n-1)$ au plus[310]). *Si une fonction d'une variable, $f(t)$, est de classe n, il existe une fonction $\varphi(x_1, x_2, \ldots, x_{n+1})$ continue par rapport à chacune de ses variables et telle que $f(t)$ soit identique à la fonction $\varphi(t, t, \ldots, t)$*[311]).

On peut aussi énoncer les théorèmes suivants: *la somme d'une série uniformément convergente de fonctions continues (par rapport à l'ensemble de leurs variables) est une fonction continue. Toute fonction*

---

308) **H. Lebesgue*, J. math. pures appl. (6) 1 (1905), p. 192.*

309) *Id. p. 216, note 1.*

310) *Id. p. 201.*

311) *Id. p. 202. Le cas de $n=1$ a été d'abord obtenu par *V. Volterra* en 1899 [non publié; voir la note de *H. Lebesgue*, id. p. 203].*

continue (par rapport à l'ensemble de ses variables) peut être consideree comme la somme d'une série absolument et uniformément convergente de polynomes. (Cette généralisation du théorème de Weierstrass peut être obtenue par les méthodes de *M. G. Mittag-Leffler, E. Picard, H. Lebesgue, E. Landau* citées plus haut, n° **50**.) Ces deux théorèmes peuvent au moins s'énoncer dans un *intervalle,* c'est-à-dire pour les valeurs des variables $x_1, \ldots, x_n$ qui satisfont à des inégalités telles que

$$a_1 \leqq x_1 \leqq b_1, \ldots, a_n \leqq x_n \leqq b_n,$$

où $a_1, b_1, \ldots, a_n, b_n$ sont certaines constantes arbitraires.

Il en résulte qu'une fonction de plusieurs variables de classe n est représentable sous forme de série multiple d'ordre n dont les termes sont des polynomes.

On définira, exactement comme pour le cas d'une variable, les fonctions de plusieurs variables qui sont ponctuellement discontinues sur un ensemble parfait. Et l'énoncé général de *R. Baire* sur les fonctions de première classe, ainsi que celui de *H. Lebesgue* sur les fonctions représentables ou déterminées analytiquement, s'appliqueront encore exactement.

L. Tonelli[312]) a étendu les résultats de *F. Riesz*[298]) concernant les polynomes de *E. Landau* [n° **50**] au cas de n variables. Par exemple, pour $n = 2$, le polynome

$$P_n(x_1, x_2) = \int_0^{\frac{1}{\sqrt{2}}}\int_0^{\frac{1}{\sqrt{2}}} \frac{f(z_1, z_2)}{k_n}[1 - (z_1 - x_1)^2 - (z_2 - x_2)^2]^n dz_1 dz_2,$$

où

$$k_n = \int_0^{\frac{1}{\sqrt{2}}}\int_0^{\frac{1}{\sqrt{2}}} [1 - z_1^2 - z_2^2]^n dz_1 dz_2,$$

tend vers la fonction sommable

$$f(x_1, x_2),$$

sauf en un ensemble de points de mesure nulle. La convergence est uniforme dans tout domaine de continuité.*

312) *Rend. Circ. mat. Palermo 29 (1910), p. 1/36. *L. Tonelli* [Ann. mat. pura appl. (3) 15 (1908), p. 47/119] a aussi obtenu des résultats intéressants concernant l'extension des théorèmes de *P. L. Čebyšëv* [n° **51**] aux fonctions de plusieurs variables et aux fonctions analytiques.*

La représentation trigonométrique des fonctions.

59. **⁎Les développements en séries trigonométriques.** On appelle série trigonométrique une série de la forme

$$(1) \qquad \frac{a_0}{2} + (a_1 \cos\theta + b_1 \sin\theta) + (a_2 \cos\theta + b_2 \cos\theta) + \cdots + (a_n \cos n\theta + b_n \sin n\theta) + \cdots\cdots,$$

où les a, b sont des constantes et où θ est considéré comme variable.

De telles séries se présentent en Physique et en Astronomie quand on étudie les phénomènes périodiques, en Analyse quand on étudie une série de *Taylor* sur son cercle de convergence et dans bien d'autres applications[313]).

Supposons qu'une série trigonométrique soit convergente pour toute valeur réelle de θ; sa somme $f(\theta)$ est une fonction périodique qui, étant limite de fonctions continues, est de classe 0 ou 1. Réciproquement toute fonction de classe 0 ou 1 et de période 2π est-elle représentable par une série trigonométrique partout convergente?

Il est facile de voir que non; ainsi il n'existe aucune série trigonométrique qui puisse converger pour toute valeur de θ vers la fonction de première classe de période 2π qui est nulle partout entre 0 et 2π, sauf en un nombre fini de points (autres que 0, 2π) où elle est égale à 1.

Cependant nous remarquerons qu'on peut au moins énoncer le théorème général suivant: *toute fonction $f(\theta)$ de classe 0 ou 1 et de période 2π peut être considérée comme la somme d'une série partout convergente dont les termes sont des sommes trigonométriques chacune limitée.*

Dans le cas particulier de la fonction de classe 0 (c'est-à-dire continue) et de période 2π, rappelons que la formule d'interpolation du n° **51** donne à ce théorème une forme explicite où la convergence est uniforme. Il en est de même de la formule de *L. Fejér* [voir plus loin n° **61**, 3°].

Ch. J. de la Vallée Poussin[314]) a donné une autre forme explicite de développements en séries de sommes trigonométriques. L'expression

$$V_n(\theta) = \frac{\int_0^{2\pi} f(u)[1 + \cos(u - \theta)]^n du}{\int_0^{2\pi} (1 + \cos u)^n du}.$$

---

313) ⁎Nous renverrons pour plus de détails sur les propriétés et les applications pratiques des séries trigonométriques, à l'article II 29.*

314) ⁎Acad. Belgique, Bull. classe sc. 10 (1908), p. 230.*

est une somme trigonométrique qui tend uniformément vers la fonction $f(\theta)$ supposée continue et de période 2π. *H. Lebesgue*[315]) a démontré que l'erreur maximée, c'est-à-dire le maximé de

$$|f(\theta) - V_n(\theta)|,$$

est de l'ordre de $\frac{1}{\sqrt{n}}$ si la fonction satisfait à la condition de *R. Lipschitz.*

Au point de vue pratique, ce que l'on cherche toujours c'est une représentation simple *approchée,* et la représentation par le théorème précédent fournit un résultat aussi avantageux que la représentation par une série trigonométrique, quand on ne prend qu'un nombre limité de termes dans les deux séries. Mais au point de vue théorique, la représentation par une série trigonométrique présente cette supériorité considérable sur la représentation par une série de sommes trigonométriques limitées, qu'elle est unique. C'est là le théorème de Heine-Cantor[316]): *il existe au plus une série trigonométrique convergente qui représente une fonction donnée.*

Il résulte en particulier de ce théorème que, si $f(\theta)$ est la somme de la série trigonométrique (1), les coefficients a_n, b_n sont bien déterminés quand on connaît la fonction $f(\theta)$[317]). Il est alors naturel de chercher à exprimer a_n, b_n en fonction de $f(\theta)$. *Quand la fonction $f(\theta)$ est bornée,* le problème a été complètement résolu par *H. Lebesgue*[318]) qui, en reprenant les démonstrations antérieures de *U. Dini* et *P. du Bois-Reymond,* a prouvé que l'on a

$$(2) \qquad a_n = \frac{1}{\pi}\int_0^{2\pi} f(\theta)\cos n\theta\, d\theta, \qquad b_n = \frac{1}{\pi}\int_0^{2\pi} f(\theta)\sin n\theta\, d\theta,$$

les intégrales qui figurent dans le second membre étant définies comme

315) *Ann. Fac. sc. Toulouse (3) 1 (1909), p. 115.*

316) **G. Cantor,* J. reine angew. Math. 72 (1870), p. 139/42; Math. Ann. 5 (1872), p. 123/32; Acta math. 2 (1883), p. 336/48. Le théorème avait été démontré avec quelques restrictions par *E. H. Heine,* J. reine angew. Math. 71 (1870), p. 353/65. *G. Cantor* démontre même qu'il ne peut y avoir deux séries trigonométriques convergeant vers la même somme, sauf peut-être aux points d'un ensemble réductible [n° 12].*

317) *a_n et b_n sont ainsi des „opérations fonctionnelles" qui comme on le voit facilement sont „distributives" puisque, si $a_n^{(1)}$, $b_n^{(1)}$, $a_n^{(2)}$, $b_n^{(2)}$ correspondent à $f_1(\theta)$, $f_2(\theta)$,

$$c_1 a_n^{(1)} + c_2 a_n^{(2)} \text{ et } c_1 b_n^{(1)} + c_2 b_n^{(2)}$$

correspondent à la fonction $c_1 f_1(\theta) + c_2 f_2(\theta)$ quelles que soient les constantes c_1, c_2.*

318) **H. Lebesgue,* Leçons sur les séries trigonométriques, Paris 1906, p. 124. Les formules (2) sont connues depuis très longtemps; on les a étendues à des cas de plus en plus généraux. Nous renverrons pour leur histoire à l'article II 29.*

il est dit au n° **30.** Ce résultat reste encore vrai si la série trigonométrique diverge, ou ne converge pas vers la fonction *sommable* $f(\theta)$ en un ensemble *réductible* de points. Il faut remarquer qu'il est essentiel dans la proposition précédente de donner aux intégrales le sens de *H. Lebesgue.* Celui-ci a donné en effet un exemple d'une série trigonométrique partout convergente dont la somme est une fonction bornée non intégrable au sens de *B. Riemann*[319]). De sorte que les formules (2) appliquées par exemple pour $n = 0$ n'auraient plus de sens avec la définition de l'intégrale de *B. Riemann.*

Il n'en est plus de même si la somme $f(\theta)$ de la série trigonométrique n'est pas bornée. En effet cette somme, étant limite de fonctions mesurables, est encore mesurable; mais on peut se demander si elle est nécessairement sommable, auquel cas les formules (2) n'auraient plus de sens quand on adopte la définition de l'intégrale de *H. Lebesgue. P. Fatou*[320]) a donné une preuve simple que cette circonstance peut se présenter; la série

$$\frac{\sin 2x}{\log_e 2} + \frac{\sin 3x}{\log_e 3} + \cdots + \frac{\sin \nu x}{\log_e \nu} + \cdots\cdots$$

est en effet une série trigonométrique partout convergente dont la somme est une fonction mesurable non bornée qui n'est pas sommable. Ainsi pour appliquer au sens de *H. Lebesgue* les formules (2) à une série trigonométrique convergente dont la somme est non bornée, il faut s'assurer d'abord que cette somme est une fonction sommable. Lorsqu'il en est ainsi, les formules sont au moins applicables si la fonction ne devient très grande qu'au voisinage d'un ensemble réductible[320]).

Il peut arriver aussi que les formules (2) soient applicables à une série trigonométrique dont la somme est une fonction non sommable, en considérant les intégrales comme définies au sens de *B. Riemann*[321]).

D'après ce qui précède, on voit qu'on ne connaît pas encore l'expression absolument générale des coefficients d'une série trigonométrique partout convergente au moyen de sa somme.

G. Cantor a cependant donné une propriété générale de ces coefficients: ils tendent vers zéro. On peut même dire: si les coefficients d'une série trigonométrique ne tendent pas vers zéro, cette série peut être convergente tout au plus en un ensemble de points de mesure nulle.

---

319) **H. Lebesgue,* Leçons sur les séries trigonométriques, Paris 1906, p. 68.*

320) *Dans *H. Lebesgue,* id. p. 124.*

321) **H. Lebesgue,* Ann. Éc. Norm. (3) 20 (1903), p. 453/85.*

On ne connaît pas un grand nombre de critères de convergence d'une série trigonométrique quelconque[321]). L'un des plus généraux est le suivant, dû à *F. Jerosch*[322]). Si, pour la série trigonométrique (1), on a

$$|a_n| < \frac{A}{n^\alpha}, \quad |b_n| < \frac{A}{n^\alpha}$$

à partir d'un certain rang, A étant une constante arbitraire et α fixe plus grand que $\frac{2}{3}$, la série (1) est convergente partout sauf peut-être en un ensemble de points de mesure nulle.

On déduit de ce théorème de *F. Jerosch* en particulier l'énoncé suivant obtenu antérieurement par *P. Fatou*[323]): si la série trigonométrique (1) est telle que na_n, nb_n tendent vers zéro quand n tend vers l'infini, elle est convergente partout sauf peut-être en un ensemble de mesure nulle.*

60. *Séries de Fourier quelconques. Nous avons vu que, dans des cas très généraux, les formules (2) donnent l'expression des coefficients de la somme d'une série trigonométrique convergente. Mais elles ont en tout cas un sens [sans que nous ayons à nous préoccuper de la convergence de la série (1)] quand on prend pour $f(\theta)$ une fonction sommable (bornée ou non, périodique ou non). Nous appelerons *coefficients de Fourier* de la fonction $f(\theta)$ les quantités

$$a_0, \; a_1, \; b_1, \; \ldots$$

définies par les formules (2) (où les intégrales sont prises au sens de Lebesgue), et nous appellerons série de Fourier la série trigonométrique formée avec ces valeurs des coefficients a_0, a_1, b_1, ...

Ainsi, à toute fonction sommable $f(\theta)$ définie dans l'intervalle $(0, 2\pi)$ nous faisons correspondre une série trigonométrique bien déterminée et nous indiquerons avec *A. Hurwitz*[324]) cette correspondance par la formule symbolique

$$(3) \quad f(\theta) \sim \frac{a_0}{2} + (a_1 \cos\theta + b_1 \sin\theta) + \cdots + (a_n \cos n\theta + b_n \sin n\theta) + \cdots$$

On peut alors étudier cette correspondance en elle-même et chercher si réciproquement la connaissance des coefficients de Fourier d'une fonction suffit à la déterminer et même à la calculer.

Remarquons d'abord que deux fonctions sommables, ne différant qu'en un ensemble de points de mesure nulle, ont même intégrale; donc elles auront mêmes coefficients de Fourier. La réciproque est

321) *H. Lebesgue*, Leçons sur les séries trigonométriques, Paris 1906, p. 43.*

322) *F. Jerosch* et *H. Weyl*, Math. Ann. 66 (1909), p. 67/80.*

323) *Acta math. 30 (1906), p. 379.*

324) *Math. Ann. 57 (1903), p. 425/46.*

vraie: deux fonctions sommables qui ont la même série de Fourier ne diffèrent qu'en un ensemble de points de mesure nulle[325]). En particulier, il n'y a qu'une fonction continue ayant une série de Fourier donnée.

Mais, une suite de nombres $a_0, a_1, \ldots$ étant donnée, peut-on la considérer comme suite des coefficients de Fourier d'une fonction donnée? A cet égard, la proposition suivante, due à *F. Riesz*[326]), donne un renseignement très général:

La condition nécessaire et suffisante pour qu'une série trigonométrique quelconque (1) *puisse être considérée comme la série de Fourier d'une fonction sommable et de carré sommable est que la série*

$$(a_1^2 + b_1^2) + (a_2^2 + b_2^2) + \cdots + (a_n^2 + b_n^2) + \cdots\cdots$$

soit convergente.

La condition nécessaire résulte de la formule

$$(4) \quad \frac{1}{\pi}\int_0^{2\pi}[f(\theta)]^2 d\theta = \frac{a_0^2}{2} + (a_1^2 + b_1^2) + \cdots + (a_\nu^2 + b_\nu^2) + \cdots\cdots,$$

où les a, b sont les coefficients de Fourier de la fonction $f(\theta)$, égalité due à *M. A. Parseval*[327]) pour le cas des fonctions continues et établie par *P. Fatou*[328]) dans le cas le plus général où elle puisse avoir une signification (au sens de *H. Lebesgue*), c'est-à-dire quand $f(\theta)$ est sommable et de carré sommable.

La condition suffisante a été démontrée par *F. Riesz*[329]) qui en a donné une généralisation intéressante dans la théorie des fonctions orthogonales[330]).

Le théorème général établit ainsi une correspondance entre les fonctions sommables et de carrés sommables d'une part et d'autre part

---

325) **H. Lebesgue*, Leçons sur les séries trigonométriques, Paris 1906, p. 37, 91. La démonstration de *H. Lebesgue* a été souvent utilisée depuis pour des démonstrations analogues relatives à d'autres développements en séries. Il avait été précédé dans une question analogue par *T. J. Stieltjes* [Correspondance d'Hermite et de Stieltjes[270]) 2, p. 337/9] et par *M. Lerch* [Acta math. 27 (1903), p. 339/51]. Voir aussi *Ch. N. Moore* [Bull. Amer. math. Soc. 14 (1907/8), p. 368/73].*

326) *C. R. Acad. sc. Paris 144 (1907), p. 615/9.*

327) **M. A. Parseval,* Mém. présentés à l'Institut sciences lettres arts, sc. math. phys. 1 (1806), p. 567/86.*

328) *La formule a été étendue avant *P. Fatou* [Acta math. 30 (1906), p. 351, 379] à des cas de plus en plus généraux par *A. Hurwitz* [Math. Ann. 57 (1903), p. 425/46; 59 (1904), p. 553] pour les fonctions intégrables au sens de *B. Riemann* et par *H. Lebesgue* [Leçons sur les séries trigonométriques, Paris 1906, p. 101] pour les fonctions mesurables et bornées.*

329) *C. R. Acad. sc. Paris 144 (1907), p. 615/9.*

330) *Voir aussi *E. Fischer*, C. R. Acad. sc. Paris 144 (1907), p. 1022/4, 1148/51.*

les points d'un espace à une infinité de dimensions où la somme des carrés des coordonnées est convergente; espace considéré par *D. Hilbert*[331]) et dans lequel on peut développer une géométrie métrique analogue à celle de l'espace à trois dimensions[332]).

Il est à peine utile de faire observer que l'ensemble Ω des fonctions sommables et de carrés sommables comprend non seulement les fonctions continues, mais aussi toutes les fonctions mesurables et bornées, ce qui montre qu'on ne peut guère espérer un résultat meilleur que celui fourni par le théorème précédent, du moins au point de vue des applications.

En particulier, on voit facilement que si $f(\theta)$ et $g(\theta)$ appartiennent à l'ensemble Ω, il en est de même de leur produit et qu'on a

$$\frac{1}{\pi}\int_0^{2\pi} f(\theta)g(\theta)\,d\theta = \frac{a_0 b_0}{2} + (a_1c_1 + b_1d_1) + \cdots + (a_\nu c_\nu + b_\nu d_\nu) + \cdots$$

si

$$g(\theta) \sim \frac{c_0}{2} + (c_1\cos\theta + d_1\sin\theta) + \cdots + (c_\nu\cos\nu\theta + d_\nu\sin\nu\theta) + \cdots$$

De plus, en écrivant

$$f(\theta)g(\theta) \sim \frac{\alpha_0}{2} + (\alpha_1\cos\theta + \beta_1\sin\theta) + \cdots + (\alpha_\nu\cos\nu\theta + \beta_\nu\sin\nu\theta) + \cdots,$$

on aura

$$\alpha_0 = \frac{1}{2}a_0c_0 + \frac{1}{2}\sum_{\lambda=1}^{\lambda=+\infty}(a_\lambda c_\lambda + b_\lambda d_\lambda),$$

$$\alpha_\nu = \frac{1}{2}a_0c_\nu + \frac{1}{2}\sum_{\lambda=1}^{\lambda=+\infty}[a_\lambda(c_{\lambda+\nu} + c_{\lambda-\nu}) + b_\lambda(d_{\lambda+\nu} + d_{\lambda-\nu})]$$

quand ν est différent de zéro, et

$$\beta_\nu = \frac{1}{2}a_0d_\nu + \frac{1}{2}\sum_{\lambda=1}^{\lambda=+\infty}[a_\lambda(d_{\lambda+\nu} - d_{\lambda-\nu}) - b_\lambda(c_{\lambda+\nu} - c_{\lambda-\nu})],$$

en convenant que

$$c_{-\lambda} = c_\lambda,\quad d_{-\lambda} = -d_\lambda,\quad d_0 = 1.$$

Relativement à l'intégration, *H. Lebesgue* remarque que, sans qu'on sache rien sur la convergence du second membre, on peut déduire de la formule symbolique (3), l'égalité

$$\int_0^\theta f(x)\,dx = a_0\,\frac{\theta}{2} + \sum_{\nu=1}^{\nu=+\infty}\left[\frac{a_\nu\sin\nu\theta - b_\nu(\cos\nu\theta - 1)}{\nu}\right]$$

331) *Rend. Circ. mat. Palermo 27 (1909), p. 59/74.*

332) **M. Fréchet*, Nouv. Ann. math. (4) 8 (1908), p. 97/116, 289/317.*

avec convergence uniforme du second membre[333]). *P. Fatou*[334]) remarque même qu'il est inutile de retrancher 1 de $\cos \nu\theta$ pour assurer la convergence; autrement dit la série

$$\sum_{\nu=1}^{\nu=+\infty}\left[\frac{a_\nu \sin \nu\theta - b_\nu \cos \nu\theta}{\nu}\right]$$

est uniformément convergente et représente l'intégrale indéfinie

$$\int [f(\theta) - a_0] d\theta.^*$$

61. *Sommation des séries de Fourier. Sachant que la série (1) est une série de Fourier, on peut chercher à déterminer la fonction $f(\theta)$ correspondante, fonction qui est déterminée (si nous négligeons une incertitude ne portant qu'aux points d'un ensemble de mesure nulle) [nº **20**]. Plusieurs procédés s'offrent à nous. Parmi les plus généraux, mentionnons ceux-ci.

Étant donnée une série (1) qu'on sait être la série de Fourier d'une fonction $f(\theta)$, on pourra pour calculer $f(\theta)$:

1°) si la série

$$(a_1^2 + b_1^2) + (a_2^2 + b_2^2) + \cdots + (a_\nu^2 + b_\nu^2) + \cdots\cdots$$

est convergente, former l'intégrale de Poisson relative à $f(\theta)$:

$$F(r, \theta) = \frac{1}{2\pi}\int_{-\pi}^{+\pi} \frac{1 - r^2}{1 - 2r\cos(\theta - x) + r^2} f(x)\,dx \qquad (r < 1)$$

[qu'on peut calculer connaissant uniquement sa série de Fourier au moyen de la série uniformément convergente

$$\frac{a_0}{2} + r(a_1 \cos\theta + b_1 \sin\theta) + \cdots + r^\nu(a_\nu \cos\nu\theta + b_\nu \sin\nu\theta) + \cdots\cdots$$

ayant pour somme $F(r, \theta)$], puis prendre la limite de $F(r, \theta)$ quand le point (r, θ) tend vers un point de la circonférence $r = 1$ par un chemin non tangent à la circonférence. Cette limite existe et est égale à $f(\theta)$ en tout point où $f(\theta)$ est la dérivée de son intégrale indéfinie[335]), c'est-à-dire partout, sauf peut-être en un ensemble de points de mesure nulle.

---

333) *Pour la démonstration, voir par exemple *H. Lebesgue,* Leçons sur les séries trigonométriques, Paris 1906, p. 93/6; une erreur de calcul y vicie la démonstration qui est au contraire correcte dans Math. Ann. 61 (1905), p. 274/6.*

334) *Acta math. 30 (1906), p. 384.*

335) *Id. p. 349, 377.*

2°) ou bien calculer la somme de la série uniformément convergente

$$R_h = \frac{a_0}{2} - \sum_{\nu=1}^{\nu=+\infty} \left(\frac{\sin \frac{\nu h}{2}}{\frac{\nu h}{2}} \right) . (a_\nu \cos \nu\theta + b_\nu \sin \nu\theta),$$

où h est une constante arbitraire. Quand h tend vers zéro, cette somme tend vers $f(\theta)$ en tout point où $f(\theta)$ est la dérivée de son intégrale indéfinie, c'est-à-dire partout sauf en un ensemble de points de mesure nulle[336]); elle tend uniformément vers $f(\theta)$ dans tout intervalle de continuité de $f(\theta)$;

3°) ou bien chercher la limite de la somme de Fejér

$$\sigma_\nu(\theta) = \frac{\nu \frac{a_0}{2} + (\nu-1)\theta_1 + (\nu-2)\theta_2 + \cdots + (\nu-\lambda)\theta_\lambda + \cdots + 2\theta_{\nu-2} + \theta_{\nu-1}}{\nu}$$

où

$$\theta_\lambda = a_\lambda \cos \lambda\theta + b_\lambda \sin \lambda\theta, \quad \text{pour } \lambda = 1, 2, \cdots, \nu-1;$$

cette somme trigonométrique tend vers $f(\theta)$, sauf peut-être en un ensemble de points de mesure nulle; elle tend même uniformément vers $f(\theta)$ dans tout intervalle où $f(\theta)$ est continue[337]).

4°) ou bien, si la série

$$(a_1^2 + b_1^2) + (a_2^2 + b_2^2) + \cdots + (a_\nu^2 + b_\nu^2) + \cdots\cdots$$

est convergente, former la série

$$a_0 \frac{\theta}{2} + \sum_{\nu=1}^{\nu=+\infty} \left[\frac{a_\nu \sin \nu\theta - b_\nu \cos \nu\theta}{\nu} \right];$$

cette série converge uniformément vers une fonction $\varphi(\theta)$ continue et à variation bornée qui admet la fonction $f(\theta)$ pour dérivée sauf peut-être en un ensemble de points de mesure nulle[338]).

---

336) **H. Lebesgue*, Leçons sur les séries trigonométriques, Paris 1906, p. 91. C'est le procédé de *B. Riemann*; il consiste à intégrer $f(\theta)$ deux fois et, ayant obtenu la fonction $F(\theta)$, à prendre la limite R_h de l'expression

$$\frac{F(\theta + h) + F(\theta - h) - 2F(\theta)}{h^2}.\text{*}$$

337) **L. Fejér*, Math. Ann. 58 (1904), p. 51/69. En appelant S_ν la somme des $\nu + 1$ premiers termes de la série (1), on voit qu'on a

$$\sigma_\nu = \frac{S_0 + S_1 + \cdots + S_{\nu-1}}{\nu},$$

c'est-à-dire que l'on somme la série (1) par le procédé de la moyenne arithmétique. *H. Lebesgue* [Leçons sur les séries trigonométriques, Paris 1906, p. 94] établit le théorème quand les a, b sont calculés à son sens et montre en quels points il n'y a peut-être pas convergence.*

338) **E. Fischer*, C. R. Acad. sc. Paris 144 (1907), p. 1148/51.*

62. Convergence des séries de Fourier. Tous ces procédés sont évidemment plus compliqués que celui qui consisterait à chercher la somme de la série de Fourier quand celle-ci est convergente. Mais il faudrait savoir si cette série est convergente et converge vers $f(\theta)$. Or la plupart des conditions de convergence données jusqu'ici ne sont pas des conditions imposées aux coefficients, mais à $f(\theta)$. De sorte qu'il serait d'abord nécessaire de connaître la somme de la série (1) pour savoir si elle est convergente. Ainsi le problème que nous allons étudier est plutôt celui de la représentation d'une fonction donnée en série de Fourier convergente, que la recherche de la fonction correspondant à une série de Fourier donnée.

Nous supposons donc que la série (1) soit la série de Fourier d'une fonction sommable donnée $f(\theta)$.

Nous montrerons tout de suite la nécessité de l'étude de la convergence de cette série en remarquant:

qu'il existe des fonctions continues de période 2π dont la série de Fourier ou bien est partout convergente sans être uniformément convergente[339]) ou bien n'est pas partout convergente[340]).

Par contre, on ne sait pas encore s'il existe une fonction continue de période 2π, dont la série de Fourier est partout divergente.

Le résultat le plus important au point de vue pratique est le suivant: *la série de Fourier d'une fonction continue de période 2π est sûrement uniformément convergente lorsque la fonction ne présente qu'un nombre fini de maximés et de minimés*[341]).

De nombreux travaux sont ensuite venus étendre les cas de convergence. Un caractère général de ces critères de convergence résulte de la proposition suivante de *B. Riemann*: la convergence de la série de Fourier $f(\theta)$ pour une valeur déterminée θ_0 de θ ne dépend que de la manière dont se comporte $f(\theta)$ autour de θ_0[342]). *P. Fatou* a

339) **H. Lebesgue*, Leçons sur les séries trigonométriques, Paris 1906, p. 84.*

340) *Id. p. 88. Cette deuxième remarque est due à *P. du Bois Reymond* [Abh. Akad. München 12 (1876), Abt. II (1876), p. I à XX et p. 3/102].

L. Fejér [C. R. Acad. sc. Paris 150 (1910), p. 518/20] donne l'exemple d'une série entière

$$\alpha_0 + \alpha_1 z + \alpha_2 z^2 + \cdots + \alpha_k z^k + \cdots\cdots$$

dont la partie réelle et la partie purement imaginaire pour

$$z = \cos\theta + i \sin\theta$$

présentent respectivement les deux singularités précédentes.*

341) *En ce qui concerne la fonction continue périodique la plus générale, nous avons vu qu'elle est la limite uniforme de la somme $\sigma_n(\theta)$ de *L. Fejér*, et ceci paraît être, au point de vue pratique, le résultat le plus simple et le plus maniable qu'on puisse demander.*

342) **H. Lebesgue*, Leçons sur les séries trigonométriques, Paris 1906, p. 60.*

aussi remarqué que de toutes les conditions de convergence actuellement connues, on pouvait déduire des conditions de convergence uniforme en supposant que les conditions de convergence en un point soient remplies uniformément, le sens de ce mot étant facile à fixer dans chaque cas[343]).

Parmi les critères les plus directement applicables, citons ceux-ci. La série de Fourier d'une fonction $f(\theta)$ uniforme dans l'intervalle $(0, 2\pi)$ est convergente pour la valeur θ si en ce point

1°) $f(\theta)$ a une dérivée déterminée et finie[344]);

ou, plus généralement, si au point envisagé θ

2°) $f(\theta)$ a des nombres dérivés bornés [n° **38**];

ou, plus généralement, si en ce point θ

3°) $|f(t+\theta)-f(\theta)| \leqq Mt^k$, où M, k et θ fixes sont des nombres positifs déterminés quelconques, et t arbitraire dans un intervalle aussi petit que l'on veut mais déterminé, autour de 0. C'est la condition de Lipschitz généralisée;

4°) $f(\theta)$ est continue et n'a près de θ qu'un nombre fini de maximés et de minimés (c'est la condition de Lejeune Dirichlet);

ou plus généralement si au point θ

5°) $f(\theta)$ est continue et à variation bornée [II 1, **19**] dans un intervalle comprenant θ (c'est la condition de Jordan);

6°) $\left(\frac{f(\theta+t)-f(\theta)}{t}\right)$ a une intégrale par rapport à t dans tout intervalle (c'est la condition de Dini).

On peut donner d'autres énoncés un peu plus compliqués, mais la plupart rentrent dans le critère suivant dû à *H. Lebesgue* et qui a en outre l'avantage de s'appliquer à la somme de deux fonctions dès qu'il s'applique à chacune d'elles. Posons

$$\varphi(t) = f(\theta + 2t) + f(\theta - 2t) - 2f(\theta);$$

la série de Fourier converge au point θ vers $f(\theta)$, si l'intégrale (au sens de Lebesgue) de $|\varphi(t)|$ a une dérivée nulle pour $t = 0$ et si la quantité

$$\int_{\delta}^{\alpha} \left| \frac{\varphi(t+\delta)}{\sin(t+\delta)} - \frac{\varphi(t)}{\sin t} \right| dt,$$

---

*Le procédé de démonstration de *H. Lebesgue* prouve aussi que les coefficients de Fourier a_ν, b_ν tendent vers zéro avec $\frac{1}{\nu}$, ce qui ne serait pas toujours vrai si on prenait les intégrales au sens de Riemann.*

343) **P. Fatou* (communication verbale), Bull. Soc math. France 33 (1905), p. 158.*

344) *Voir l'élégante démonstration élémentaire de la convergence lorsqu'il existe une dérivée finie et continue, due à *Ch. J. de la Vallée Poussin* et citée dans *M. Bôcher*, Introduction to the theory of Fourier's series [Annals of math. (2) 7 (1905/6), p. 81/96, 97/152].*

[où α est un nombre fixe convenablement choisi de façon à vérifier l'inégalité

$$0 < \alpha < \pi,$$

et où δ est une variable positive], tend vers zéro avec δ[345]).

Enfin *Ch. J. de la Vallée Poussin*[346]) a donné récemment un autre critère. Si la fonction $f(\theta)$ est sommable dans $(0, 2\pi)$ et si la fonction

$$F(t) = \frac{1}{2t}\int_0^t [f(\theta + u) + f(\theta - u)]\,du$$

est à variation bornée quand t tend vers zéro, la série de Fourier de $f(\theta)$ converge vers $F(+0)$ au point θ compris dans l'intervalle $(0, 2\pi)$.*

63. *Divergence des séries de Fourier. *P. du Bois-Reymond*[347]), après avoir longtemps cherché à démontrer la convergence de la série de Fourier relative à une fonction continue quelconque fut conduit à douter de l'exactitude de ce résultat. Il réussit le premier à construire des fonctions continues dont la série de Fourier diverge en un point ou même en un ensemble dénombrable de points.

H. A. Schwarz[348]) simplifie ensuite les exemples de *P. du Bois-Reymond.*

L'existence des séries de Fourier divergentes à été rattachée par *H. Lebesgue*[349]) à ce fait que le maximé ϱ_n de la somme des $n + 1$ premiers termes d'une série de Fourier relative à une fonction continue dont la valeur absolue est inférieure à 1, croît indéfiniment avec n.

Des expressions analytiques des ces nombres ϱ_n ont été données par *L. Fejér*[350]) à qui l'on doit aussi des exemples numériques simples de séries de Fourier données par leurs coefficients et qui divergent en certains points bien que la fonction correspondante soit continue.

P. du Bois-Reymond a posé la question suivante: existe-t-il des fonctions continues dont la série de Fourier diverge partout? Cette question n'est pas résolue.

De la propriété des nombres ϱ_n signalée plus haut, résulte aussi que la série de Fourier d'une fonction continue peut converger partout sans que la convergence soit uniforme. Des exemples numériques de ce fait ont été aussi donnés par *L. Fejér.*

345) **H. Lebesgue,* Leçons sur les séries trigonométriques, Paris 1906, p. 59, 68.*

346) *Rend. Circ. mat. Palermo 31 (1911), p. 296/9.*

347) *Abh. Akad. München 12 (1876), Abt. II (1876), p. I à XX et p. 3/102.*

348) *Voir *A. Sachse,* Bull. sc. math. (2) 4 (1880), p. 61, 109/12.*

349) **H. Lebesgue* [C. R. Acad. sc. Paris 141 (1905), p. 875/7; Leçons sur les séries trigonométriques, Paris 1906, p. 86/8].*

350) *J. reine angew. Math. 138 (1910), p. 22/53; C. R. Acad. sc. Paris 150 (1910), p. 1299/302; Ann. Éc. Norm. (3) 28 (1911), p. 63/103.*

Enfin, *L. Fejér* a signalé l'existence d'une autre singularité possible, déjà prévue par *A. Pringsheim*; il existe des fonctions continues f dont la série de Fourier diverge en certains points bien que la fonction conjuguée φ ($f + i\varphi$, fonction analytique) soit continue.

La propriété signalée des nombres ϱ_n permet de rattacher l'existence de séries de Fourier divergentes à des théorèmes généraux[351]). *A. Haar*[352]) s'est servi de procédés analogues pour étudier la divergence des séries de fonctions orthogonales.

Quand une série de Fourier diverge en un point au voisinage duquel la fonction est bornée, cette série rentre dans la catégorie de celles qu'on appelle parfois *indéterminées*, c'est-à-dire dont la somme des n premiers termes n'augmente pas indéfiniment avec n. Ce fait avait déjà été aperçu par *P. du Bois-Reymond*[353]).

Quand on utilise la méthode de sommation par les moyennes arithmétiques de *L. Fejér*[354]), ce fait devient évident et l'on peut dire que: l'intervalle dont les extrémités sont la plus grande et la plus petite limite des sommes S_n des $n+1$ premiers termes de la série de Fourier de $f(x)$, pour $x = x_0$, admet au moins un point commun avec l'intervalle dont les extrémités sont la plus grande et la plus petite limite de $f(x)$ quand x tend vers x_0[355]).

Si l'on précise davantage la nature de $f(x)$ dans le voisinage de x_0, on peut obtenir un résultat meilleur. Voici un énoncé dû à *M. Bôcher*[356]): si $f(x)$ n'a qu'un nombre fini de points de discontinuité et si la dérivée $f'(x)$ existe et possède les mêmes propriétés, au voisinage d'un point x_0 en lequel $f(x)$ subit un saut d'amplitude D, la courbe $y = S_n(x)$ oscille autour de la courbe $y = f(x)$ de part et d'autre de x_0 de telle manière que les différences $f(x) - S_n(x)$ présentent leurs maximés et leurs minimés approximativement pour les valeurs

$$x = x_0 + \frac{2k\pi}{2n+1},$$

la hauteur de ces ondes étant approximativement

$$D\left[\frac{1}{2} - \frac{1}{\pi}\int_0^{k\pi} \frac{\sin x}{x}\,dx\right].$$

351) *H. Lebesgue*, Ann. Fac. sc. Toulouse (3) 1 (1909), p. 108.*

352) *Diss. Göttingue 1908.*

353) *Abh. Akad. München 12 (1876), Abt. II (1876), p. I à XX et p. 3/102. Voir aussi *E. Hossenfelder* [Progr. Strasburg (Prusse occidentale) (1899/1900), éd. Leipzig 1900, p. 1/2]; *V. (W.) Steklov* [C. R. Acad. sc. Paris 135 (1902), p. 1311/3].*

354) *Math. Ann. 58 (1904), p. 51/69.*

355) *H. Lebesgue*, Leçons sur les séries trigonométriques, Paris 1906, p. 98.*

356) Annals of math. (2) 7 (1905/6), p. 131.*

Il résulte en particulier de là que, lorsque n augmente indéfiniment, la hauteur de ces ondes ne tend pas vers zéro. Ce fait est connu sous le nom de phénomène de Gibbs. C'est en effet *J. W. Gibbs*[357]) qui l'a remarqué le premier.

Citons encore un résultat de *L. Fejér*[358]) relatif à l'allure des sommes $S_n(x)$: si $f(x)$ est intégrable et comprise entre m et M et si ses coefficients de Fourier satisfont aux inégalités

$$|a_n| \leqq \frac{A}{n} \qquad |b_n| \leqq \frac{B}{n},$$

on a alors

$$m - (A + B) \leqq S_n(x) \leqq M + (A + B).$$

64. Ordre d'approximation. Aussi bien pour les recherches théoriques que pour les utilisations pratiques il est important de connaître l'ordre de grandeur de l'erreur que l'on commet en utilisant un procédé quelconque de représentation approchée. Toutes les démonstrations de convergence des développements des fonctions en séries contiennent les éléments d'une telle détermination; mais ce n'est que tout récemment qu'on s'est préoccupé d'énoncer les résultats que l'on peut obtenir en ce qui concerne les représentations approchées des fonctions par des polynomes ou des suites trigonométriques.

Ch. J. de la Vallée Poussin[359]) a démontré que l'intégrale de *E. Landau* fournissait, pour une fonction satisfaisant à la condition de Lipschitz

$$|f(x+h) - f(x)| < k|h|,$$

une représentation à l'aide de polynomes de degré n avec une erreur au plus de l'ordre de $\frac{1}{\sqrt{n}}\cdot$ *Ch. J. de la Vallée Poussin*[359]) prouve d'ailleurs que cet ordre peut, dans certains cas, être effectivement atteint.

Si l'on suppose de plus que la fonction à représenter $f(x)$ ait une dérivée à variation bornée, *Ch. J. de la Vallée Poussin*[360]) montre, par l'emploi d'une formule d'interpolation trigonométrique, que l'on peut obtenir des polynomes de degré n approchés avec une erreur au plus de l'ordre de $\frac{1}{n}\cdot$ Il a établi ultérieurement[361]) que pour le cas

357) *Nature (Londres) 59 (1898/9), p. 606. Voir aussi *H. Poincaré* [Nature (Londres) 60 (1899), p. 52] et *C. Runge* [Theorie und Praxis der Reihen, Leipzig 1904, p. 170/80].*

358) *Ann. Éc. Norm. (3) 28 (1911), p. 70/1.*

359) *Acad. Belgique, Bull. classe sc. 10 (1908), p. 222. *Ch. J. de la Vallée Poussin* introduit des conditions plus restrictives (existence des dérivées à droite et à gauche) qui sont inutiles pour son calcul. Voir *H. Lebesgue* [Ann. Fac. sc. Toulouse (3) 1 (1909), p. 112].*

360) *Acad. Belgique, Bull. classe sc. 10 (1908), p. 408/10.*

361) *Id. 12 (1910), p. 808/44.*

spécial de la fonction $|x|$, considérée dans l'intervalle $(-1, +1)$, on ne pouvait obtenir une erreur dont l'ordre fût supérieur à $\frac{1}{n(\log n)^3}$. Les fonctions étudiées par *Ch. J. de la Vallée Poussin* satisfont à des conditions particulières telles que la condition de Lipschitz. *H. Lebesgue*[362]) a démontré qu'on ne pouvait prétendre limiter l'ordre de l'erreur minimée commise en représentant une fonction par un polynome de degré n ou une suite de Fourier d'ordre n, si l'on ne connait sur la fonction rien de plus que ceci: elle est continue et l'on sait quel est le maximé de sa valeur absolue.

Enfin *S. Bernstein* et *Dunham Jackson*[363]) ont énoncé des résultats très importants en ce qui concerne la représentation approchée des fonctions par des polynomes de degré n.

Pour la représentation approchée par des suites trigonométriques d'ordre n, on doit à *H. Lebesgue* les résultats suivants[364]): la somme $S_n(x)$, relative à une fonction continue $f(x)$ qui satisfait à la condition

$$(1) \qquad |f(x+h) - f(x)| < \xi(h),$$

représente $f(x)$ avec une erreur inférieure à

$$4 \log n \xi\left(\frac{\pi}{n}\right),$$

pourvu que $\xi(h)$ satisfasse à certaines conditions très larges, par exemple

$$\xi = kh \quad \text{ou} \quad \xi = kh^\alpha \quad \text{ou} \quad \xi = \frac{k}{\log h}.$$

Pour le cas où $\xi = kh$, l'ordre de grandeur du reste qu'on obtient ainsi n'est pas nouveau; il résulte dejà du raisonnement de *R. Lipschitz*, comme il ressort de l'exposition que *E. Phragmén* a donnée de ce raisonnement[365]).

La limite $\log n \xi\left(\frac{\pi}{n}\right)$, que le résultat de *H. Lebesgue* fournit pour la différence

$$f(x) - S_n(x),$$

est la limite exacte; elle ne peut être abaissée pour toutes les fonctions satisfaisant à la condition (1). *H. Lebesgue* déduit de là que le meilleur ordre d'approximation O auquel on puisse prétendre pour toutes les fonctions satisfaisant à l'inégalité (1), quand on en approche avec des

362) *Ann. Fac. sc. Toulouse (3) 1 (1909), p. 109.*

363) **S. Bernstein*, C. R. Acad. sc. Paris 152 (1911), p. 502/4; *Dunham Jackson*, Diss. Göttingue 1911.*

364) *Bull. Soc. math. France 38 (1910), p. 184/210; voir aussi *Dunham Jackson*, Diss. Göttingue 1911.*

365) *Voir *M. G. Mittag-Leffler*, Acta math. 24 (1901), p. 232.*

suites d'ordre n, satisfait à l'inégalité

$$O\left[\xi\left(\frac{\pi}{n}\right)\right] \geqq O \geqq O\left[\log n \xi\left(\frac{\pi}{n}\right)\right].$$

65. Autres développements. La plupart des développements en série que nous avons eu à mentionner peuvent se mettre sous la forme générale

$$f(x) = \lim_{n=+\infty} \int_a^b f(u)\varphi(u - x, n)du.$$

E. W. Hobson[366]) a établi des conditions suffisantes pour que l'égalité précédente ait lieu en tout point de continuité d'une fonction sommable quelconque $f(x)$. *H. Lebesgue*[367]) a obtenu les conditions nécessaires et étudié les propriétés générales de ces développements.

Erhard Schmidt a posé le problème suivant: à quelles conditions doit satisfaire une suite dénombrable de fonctions, continues dans un intervalle (a, b),

$$\varphi_1(x), \varphi_2(x), \ldots, \varphi_r(x), \ldots\ldots,$$

pour qu'on puisse représenter approximativement toute fonction continue dans (a, b) par une combinaison linéaire à coefficients constants de ces fonctions φ. *E. Schmidt*[368]) a donné deux conditions, l'une suffisante, l'autre nécessaire; *F. Riesz*[369]) a réussi à donner une condition à la fois nécessaire et suffisante en utilisant l'intégrale de Stieltjes.*

366) *Proc. London math. Soc. (2) 6 (1908), p. 349/95.*

367) *Ann. Fac. sc. Toulouse (3) 1 (1909), p. 25/128.*

368) *Diss. Göttingue 1905; Math. Ann. 63 (1907), p. 433/76.*

369) *Ann. Éc. Norm. (3) 28 (1911), p. 53.*

II 3. CALCUL DIFFÉRENTIEL.

EXPOSÉ, D'APRÈS L'ARTICLE ALLEMAND DE **A. VOSS** (MUNICH),[1])
PAR **J. MOLK** (NANCY).

Aperçu historique.

1. Origine de l'analyse infinitésimale. *Il serait assez difficile d'indiquer d'une façon précise l'origine du *calcul différentiel* et, à tenter de le faire, on risquerait fort d'être presque sûrement incomplet dans l'énumération des recherches qui en ont facilité la constitution.

On peut toutefois dire que, parmi ces recherches, il y a certainement lieu de comprendre:

A. toutes les considérations d'ordre infinitésimal qui ne concernent pas exclusivement des procédés de sommation équivalents à des intégrations;

B. les procédés généraux permettant de résoudre des problèmes de géométrie différentielle, par exemple le problème des tangentes ou le problème des maximés et minimés, lorsque ces procédés peuvent être traduits aisément en langage infinitésimal;

C. certains résultats obtenus par des procédés qui reviennent au fond à des intégrations, mais dont on peut déduire presque immédiatement des formules de calcul différentiel.

D'autres recherches encore ont, sans aucun doute, contribué, elles aussi, à donner naissance au calcul différentiel. Telles sont:

a) les recherches sur les fonctions en général et leurs développements en séries infinies: l'étude des variations des fonctions conduit en effet rapidement à des considérations infinitésimales;

b) le développement du calcul aux différences finies et, en particulier, les théorèmes de ce calcul qui subsistent lorsque les différences deviennent infiniment petites;

c) certains procédés spéciaux pour la résolution du problème des tangentes et de quelques autres problèmes voisins.*

---

1) **A. Voss* n'a pas pris part à la correction des épreuves de cet article.*

A. *Dans l'antiquité on ne s'est guère occupé de considérations infinitésimales, sauf pour évaluer la limite de la somme d'un nombre infini de quantités infiniment petites, donc au fond pour résoudre des problèmes de calcul intégral[2]).

Il en a été de même au moyen âge et ce n'est qu'au commencement du 17ième siècle qu'on a appliqué des considérations infinitésimales à d'autres questions, à la recherche de certains maximés et minimés[3]) par exemple, ou encore à l'évaluation de l'aire d'un triangle sphérique[4]). Plus importantes encore, dans cet ordre d'idées, sont les considérations infinitésimales de *B. Pascal*[5]) et, en particulier, l'usage qu'il fait d'un triangle rectangle infiniment petit dont la base est une partie infiniment petite d'une ligne courbe plane[6]).*

---

2) *On envisageait encore, il est vrai, une autre grandeur d'ordre infinitésimal, *l'angle de contingence*, mais cet angle était considéré comme jouant un rôle particulier et non comme rentrant dans une catégorie pouvant faire l'objet de recherches mathématiques usuelles [cf. III 1, 47].

C'est *I. Newton* qui, le premier, a introduit l'angle de contingence dans les recherches d'ordre infinitésimal, en démontrant [Philosophiae naturalis principia mathematica, (1re éd.) Londres 1687, livre 1, lemme 11; (2e éd.) Cambridge 1713, p. 30/1; trad. *G. E. de Breteuil*, marquise *du Châtelet* 1, Paris 1759, p. 44/5; éd. *S. Horsley* 2, Londres 1779, p. 37/8] un théorème d'où résulte immédiatement que l'angle de contingence d'une courbe est égal à l'expression

$$\arcsin \frac{ds}{2\varrho},$$

où ds représente l'élément de l'arc et ϱ le rayon de courbure de la courbe envisagée.

3) **J. Kepler* [Nova stereometria doliorum vinariorum, Linz 1615; Opera, éd. *C. Frisch* 4, Francfort et Erlangen 1863, p. 610/2] essaie de résoudre par des considérations infinitésimales le problème: inscrire dans une sphère le cylindre de volume le plus grand possible.*

4) **A. Girard* [Invention nouvelle en l'algèbre, Amsterdam 1629, fol. H 1[b] à H 3[b]; cf. *G. Vacca*, Bibl. math. (3) 3 (1902), p. 196] ramène ce problème à l'évaluation de l'aire d'un triangle sphérique ayant un côté infiniment petit et il montre que l'on peut déterminer deux bornes toutes deux infiniment petites entre lesquelles cette aire est nécessairement comprise.*

5) *Voir par exemple, Lettre de Monsieur Dettonville (pseudonyme de *B. Pascal*) à Monsieur de Carcavi, Paris (s. d.) [imprimée en 1659]; *B. Pascal*, Œuvres, éd. Hachette 3, Paris 1880, p. 372/3; éd. *L. Brunschvicg* et *P. Boutroux*, seconde série en préparation.*

6) **B. Pascal*, Traité des sinus du quart de cercle, Paris (s. d.) [1659]; Œuvres, éd. Hachette 3, Paris 1880, p. 410, 412; éd. *L. Brunschvicg* et *P. Boutroux* seconde série, en préparation.

B. *Les premières méthodes générales[7]) établies en vue de la résolution du problème des tangentes et du problème des maximés ou minimés sont dues à *R. Descartes* et à *P. de Fermat.*

R. Descartes a d'abord appliqué sa méthode à la construction de la normale (ou plus exactement à la construction de la sous-normale) à la cycloïde et aux courbes planes algébriques, en particulier à la conchoïde[8]); un peu plus tard il a donné une simplification de cette méthode permettant de construire la tangente (ou plus exactement de construire la sous-tangente) d'une courbe plane algébrique[9]). Quand on se place au point de vue géométrique la méthode de *R. Descartes* est une méthode infinitésimale[10]), mais au point de vue analytique elle rentre plutôt dans les applications de la théorie des équations[11]).

Ce triangle envisagé par *B. Pascal* est au fond celui que *G. W. Leibniz* a appelé plus tard le *triangle caractéristique* [lettre de *G. W. Leibniz* à *G. F. A. de l'Hospital* écrite fin 1694; Werke, éd. *C. I. Gerhardt*, Math. Schr. 2, Berlin 1850, p. 259].*

7) *Les anciens savaient, il est vrai, mener des tangentes aux coniques, à la spirale d'Archimède et à quelques autres courbes; mais les méthodes dont ils faisaient usage étaient particulières à chaque courbe.*

8) *Géométrie, Leyde 1637, livre 2; Œuvres, éd. *Ch. Adam* et *P. Tannery* 6, Paris 1902, p. 413/24.*

9) *Lettre à *C. Hardy* datée de (juin) 1638; Œuvres, éd. *Ch. Adam* et *P. Tannery* 2, Paris 1898, p. 170/3.

La méthode à été publiée d'abord dans un Traité posth. de *F. Debeaune* édité en 1649 par *F. van Schooten* [Geometria a Renato Des Cartes, Leyde 1649, p. 147/8; cf. *G. Eneström*, Bibl. math. (3) 11 (1910/1), p. 244/5].*

10) *Dans l'un et l'autre cas le procédé repose sur ce que deux courbes mobiles l'une par rapport à l'autre deviennent tangentes quand dans leur mouvement deux de leurs points d'intersection se rapprochent indéfiniment et finalement coïncident.*

11) *Soit $f(x, y) = 0$ l'équation de la courbe donnée; *R. Descartes* envisage une courbe auxiliaire

$$y = \varphi(a, b, x)$$

très simple (par exemple un cercle ayant son centre sur l'axe des abscisses, ou même plus simplement encore une droite dépendant de deux paramètres) et cherche la condition pour que les deux courbes se touchent en un point donné $x = h$. Cette condition est, d'après lui, que l'équation en h

$$f[h, \varphi(a, b, h)] = 0$$

ait deux racines égales; ceci posé il peut calculer, en appliquant la méthode des coefficients indéterminés, les quantités a et b; il en résulte que la position de la courbe auxiliaire (le cercle ou la droite) est connue; cette courbe auxiliaire fournit alors immédiatement la sous-normale ou la sous-tangente de la courbe donnée, au point donné $x = h$.

Ce procédé révient évidemment à la détermination de a et b à l'aide des

P. de Fermat a donné, pour résoudre le problème des maximés et minimés[12]) et celui des tangentes[13]) une méthode qui, il est vrai, n'est pas infinitésimale[14]), mais qui peut être ramenée à la forme in-

---

deux équations

$$f[h, \varphi(a, b, h)] = 0, \quad \frac{\partial f[h, \varphi(a, b, h)]}{\partial h} = 0.^*$$

12) *Methodus ad disquirendam maximam et minimam, ouvrage rédigé en 1638; Œuvres, éd. *P. Tannery* et *Ch. Henry* 1, Paris 1891, p. 133/6.

Cette méthode a été publiée dès 1642 par *P. Hérigone* [Supplementum cursus mathematici, Paris 1642, p. 64; (réédition) Cursus mathematicus 6, Paris 1644, p. 64].

P. de Fermat possédait vraisemblablement cette méthode dès 1629 [voir sa lettre à *Giles Personier* (dit *Roberval*) datée du 22 septembre 1636; Œuvres, éd. *P. Tannery* et *Ch. Henry* 2, Paris 1894, p. 71].*

13) Ad eamdem methodum; Œuvres, éd. *P. Tannery* et *Ch. Henry* 1, Paris 1891, p. 158/67.

La méthode a été publiée dès 1642 par *P. Hérigone* [Supplementum cursus mathematici, Paris 1642, p. 65/8; (réédition) Cursus mathematicus 6, Paris 1644, p. 65/8].

14) *Pour trouver les maximés ou minimés de la courbe $y = f(x)$, *P. de Fermat* se sert de l'équation

$$f(x+h) = f(x)$$

où h est *fini*. De simples calculs algébriques lui permettent d'en déduire une relation de la forme

$$f(x) + hf_1(x) + h^2 f_2(x) + \cdots = f(x)$$

d'où

$$f_1(x) + hf_2(x) + \cdots = 0;$$

il pose ensuite $h = 0$ et résoud l'équation

$$f_1(x) = 0$$

qui est évidemment identique à

$$f'(x) = 0.$$

Pour le problème des tangentes il donne un procédé semblable.

Soit $y = f(x)$ l'équation de la courbe et a l'abscisse du point donné; *P. de Fermat* envisage le point de la courbe ayant pour abscisse $a - h$ et il considère ce point comme appartenant aussi à la tangente menée à la courbe au point d'abscisse a. Si l'on désigne par S_t la sous-tangente à la courbe au point d'abscisse a, on a alors

$$\frac{f(a)}{S_t} = \frac{f(a-h)}{S_t - h},$$

en d'autres termes

$$S_t = \frac{hf(a)}{f(a) - f(a-h)}.$$

Il procède ensuite comme dans le problème des maximés et minimés et obtient enfin, après avoir posé $h = 0$, l'expression

$$S_t = \frac{f(a)}{f_1(a)}$$

où $f_1(a)$ n'est autre que la dérivée de $f(x)$ pour $x = a$ que nous désignons aujourd'hui par $f'(a)$.*

finitésimale par une légère modification de langage. Cette modification a d'ailleurs été adoptée bientôt par plusieurs géomètres, par *I. Barrow*[15]) entre autres.*

C. *Déjà avant la découverte du calcul intégral, on était en possession de certains théorèmes équivalant à des intégrations de fonctions plus ou moins simples (voir à ce sujet l'article II 4). Ainsi, pour ne citer qu'un exemple, on doit à *B. Cavalieri*[16]) un théorème dont on peut déduire immédiatement la formule

$$\int x^n dx = \frac{x^{n+1}}{n+1}$$

pour n entier positif, et de cette formule résulte évidemment la relation différentielle

$$d(x^{n+1}) = (n+1)x^n dx.^*$$

a) *Pour ce qui concerne l'histoire du développement de la notion de fonction et du développement de la théorie des séries avant l'invention du calcul différentiel, voir les articles II 1 et II 7.*

b) *Le calcul aux différences finies a été peu développé avant la fin du 17ième siècle. Son rôle, en tant que précurseur du calcul différentiel, a donc été peu important. On doit toutefois faire ressortir que la formule

$$\Delta^n(x^n) = 1 \cdot 2 \cdot 3 \ldots (n-1)n(\Delta x)^n$$

a été signalée plus ou moins explicitement par divers auteurs dès le commencement du 17ième siècle[17]) et que cette formule conduit immédiatement à la formule différentielle

$$d^n(x^n) = 1 \cdot 2 \cdot 3 \ldots (n-1)n(dx)^n.^*$$

c) *Les méthodes spéciales pour résoudre le problème des tangentes ainsi que des problèmes voisins qui ont été proposés vers le milieu du 16ième siècle, n'ont contribué que dans une faible mesure à l'invention

---

15) *Lectiones geometricae, Londres 1670; Mathematical works, publ. par *W. Whewell*, Cambridge 1860, seconde pagination p. 247.

I. Barrow emploie les locutions „indefinite parvus" et „isti termini nihil valebunt."*

16) Centuria di varii problemi, per dimostrare l'uso e la facilità dei logaritmi, Bologne 1639, p. 525.*

17) *Cf. I 21, 5, note 34.*

du calcul différentiel. Il suffit de citer ici le procédé de *Giles Personier* [dit *Roberval*][18]) et de *E. Torricelli*[19]) permettant de mener la tangente à une courbe lorsque cette courbe peut être envisagée comme le lieu d'un point animé de deux mouvements connus. Ce procédé repose au fond sur ce que la direction du mouvement du point mobile varie d'une façon continue déterminée, en sorte que, au point de vue cinématique, il repose sur des considérations infinitésimales; mais on n'avait alors aucun moyen permettant d'en dégager une méthode analytique convenable[20]).*

2. Découverte du calcul différentiel. ***I. Newton* et *G. W. Leibniz* fondèrent véritablement le nouveau calcul en lui donnant toute sa généralité et en mettant en évidence toute sa portée[21]).

On doit à *I. Newton* le premier exposé d'une méthode infinitésimale[22]) ayant un caractère général. *I. Newton* est d'ailleurs le premier

---

18) *Divers ouvrages de mathématique et de physique, Paris 1693, p. 69/111; (réimpr.) Mém. Acad. sc. Paris 1666/99, 6, éd. Paris 1730, p. 1/67.*

19) *Opera geometrica, Florence 1644, première pagination, p. 120/1.*

20) *Le texte et les notes du n° **1** sont dus à *G. Eneström*.*

21) *Il semble inutile de donner ici des détails sur la question de priorité relativement à l'invention du calcul infinitésimal, question souvent débattue depuis le commencement du 18ième siècle.

Le traité „De analysi per aequationes numero terminorum infinitas" de *I. Newton* prouve, sans qu'aucun doute puisse exister à cet égard, que *I. Newton* était en possession de sa méthode des fluxions dès 1669 alors que *G. W. Leibniz* n'avait pas encore abordé sérieusement l'étude des mathématiques en 1672. De 1673 à 1675, *G. W. Leibniz* a fait des progrès considérables en mathématiques sans rien connaître des découvertes de *I. Newton* en sorte qu'il n'est pas invraisemblable qu'il ait pu proposer vers cette époque les fondements du calcul différentiel indépendamment de *I. Newton*. Pour pouvoir affirmer qu'il en a été ainsi il faudrait savoir si *G. W. Leibniz* a eu connaissance, ou non, en septembre 1675, du traité „De analysi per aequationes numero terminorum infinitas" de *I. Newton*; or cette question n'est pas encore résolue définitivement [cf. *G. Eneström*, Bibl. math. (3) 11 (1910/1), p. 354/5].

En ce qui concerne l'invention de règles spéciales de différentiation, on n'a aucune raison d'admettre que *I. Newton* ait pu être influencé par *G. W. Leibniz*; il n'est, par contre, pas impossible que quelque suggestion ait été donnée à *G. W. Leibniz* (par exemple en ce qui concerne la différentiation des fonctions irrationnelles) par les deux lettres écrites par *I. Newton* le 13 juin et le 24 novembre 1676 [cf. *H. G. Zeuthen*, Overs. Selsk. Forhandl. Köbenhavn (Bull. Acad. Copenhague) 1895, p. 231/3] (Note de *G. Eneström*).*

22) *C'est la méthode des *fluxions* (et des *fluentes*). Elle a été publiée pour la première fois en 1687 par *I. Newton* [Principia math.[5]), livre 1, (scolie sur le lemme 11 et livre 2 lemme 2); trad. marquise *du Châtelet* 1, p. 48, 260; Opera, éd. *S. Horsley* 2, p. 39, 277; trad. par *P. Mansion*, Mathesis (1) 4 (1884), p. 185/9] et

qui, dans son exposé, fasse usage systématiquement d'un algorithme uniforme ayant un caractère général. C'est pour éviter les infiniment petits qu'il assimile les quantités variables à des *points en mouvement.*

On doit à *G. W. Leibniz*[23]) le choix judicieux, favorable aux recherches nouvelles[24]), de l'algorithme qui a permis au nouveau calcul de se développer rapidement[25]) et presque automatiquement au 18ième siècle.*

---

un peu plus complètement en 1693, d'après deux communications de *I. Newton*, par *J. Wallis* [De algebra tractatus, Opera 2, Oxford 1693, p. 390/6]. Mais bien auparavant *I. Newton* en avait donné une exposition plus ou moins détaillée dans trois traités manuscrits: 1°) De analysi per aequationes numero terminorum infinitas (rédigé vers 1669, publié seulement en 1711); 2°) Methodus fluxionum et serierum infinitarum (rédigé vers 1671, publié seulement en 1736); 3°) Tractatus de quadratura curvarum (rédigé vers 1676, publié seulement en 1704) (Note de *G. Eneström*).*

*Une *fluente* est une quantité qui varie avec le temps. La vitesse avec laquelle varie cette fluente est la *fluxion* de cette fluente; la fluxion sert à étudier la façon dont varie la fluente. Il est d'ailleurs aisé d'interpréter cette méthode en écartant toute considération de mouvement [cf. *J. E. Montucla*, Hist. des math. 2, Paris 1758, p. 319/25; (nouv. éd.) 2, Paris an VII, p. 369/75].

Aucun développement n'ayant été donné à cette méthode depuis près de deux siècles, nous n'aurons pas l'occasion d'en parler dans cet article. On pourrait tout au plus citer ici un essai de *A. H. E. Lamarle* [Mém. couronnés et autres Mém. Acad. Belgique in 8°, 11 (1861), mém. n° 3 (p. 87 et suiv.)], ayant pour objet de fonder les règles de la dérivation et de l'intégration sur des constructions géométriques.*

23) *Nova methodus pro maximis et minimis, itemque tangentibus, quae nec fractas nec irrationales quantitates moratur, et singulare pro illis calculi genus; [Acta Erud. Lps. 1684, p. 467/73; Werke, éd. *C. I. Gerhardt*, Math. Schr. 5, Halle 1858, p. 220/6; trad. française par *P. Mansion*, Mathesis (1) 4 (1884), p. 177/85; trad. allemande par *G. Kowalewski*, dans *W. Ostwald*, Klassiker der exakten Wissenschaften n° 162, Leipzig 1908, p. 3/11].

Dès 1677, *G. W. Leibniz* avait communiqué à *I. Newton* les principes de sa nouvelle méthode. Il possédait son algorithme depuis 1675; c'est l'étude de plusieurs des mémoires de *B. Pascal* qui semble lui avoir donné l'idée première d'introduire un nouvel algorithme en Analyse.*

24) *Cf. *G. W. Leibniz*, Werke, éd. *C. I. Gerhardt*, Math. Schr. 5, Halle 1858 p. 307, 322 [„brevior et utilior ad inveniendum"], et p. 350 [„de sorte qu'on ne diffère du style d'*Archimède* que dans les expressions qui sont plus directes dans notre méthode et plus conformes à l'art d'inventer"].*

25) **G. F. A. de l'Hospital* a été le premier vulgarisateur de l'analyse infinitésimale [Analyse des infiniment petits pour l'intelligence des lignes courbes, (1re éd.) Paris 1696; (2e éd.) Paris 1715]. Il a eu le grand mérite d'avoir le premier expliqué la méthode „fort intelligemment, en un bel ordre, les propriétés bien rangées", comme s'exprimait *Jean Bernoulli* [cf. *G. Eneström*, Bibl. math. (2) 8 (1894), p. 68].*

3. Développement du calcul différentiel. *Après *I. Newton* et *G. W. Leibniz* l'effort des géomètres, parmi lesquels il faut citer en toute première ligne *Jean Bernoulli*[26]), *L. Euler*[27]) et *J. L. Lagrange*[28]), se porta tout d'abord sur l'établissement de règles simples et commodes permettant d'évaluer le plus grand nombre possible de dérivées (et d'intégrales) au moyen de développements analytiques connus. Les recherches destinées à établir sur des bases moins précaires les principes du nouveau calcul ne prennent quelque importance que vers la fin du 18ième siècle.

Le manque de précision des nouvelles méthodes en avait d'abord éloigné quelques géomètres comme *B. Nieuwentijt*[29]), *M. Rolle*[30]) et *J. Gallois*. Contre eux, *Jean Bernoulli*[31]), *J. Hermann*[32]) et *P. Varignon*[33]) défendaient le nouveau calcul. Même jusque vers le milieu du 18ième siècle (*Jean le Rond*) *d'Alembert*[34]) et, en Angleterre, *Colin Maclaurin*[35]) développent une méthode des limites qui présente encore bien des obscurités.

Pour y échapper *J. L. Lagrange*[36]), qui estimait d'ailleurs que

---

26) *Opera 3, Lausanne et Genève 1742, p. 385/558.*

27) *Institutiones calculi differentialis, ouvrage imprimé à Berlin, édité à St Pétersbourg 1755.*

28) *Théorie des fonctions analytiques, (1re éd.) Paris an V; (2e éd.) Paris 1813; Œuvres 9, Paris 1881; Leçons sur le calcul des fonctions, professées à l'École polytechnique, Paris an VII; publiées dans la 2e édition des „séances des Écoles normales" 10, Paris an IX; réimp. J. Éc. polyt. (1) cah. 12 (an XII), p. 1/318; (nouv. éd.) Paris 1806; Œuvres 10, Paris 1884.*

29) *Cf. Considerationes circa analyseos ad quantitates infinite parvas applicatae principia et calculi differentialis usum, Amsterdam 1694; Considerationes secundae circa calculi differentialis principia, Amsterdam 1694; Analysis infinitorum seu curvilineorum proprietates ex polygonorum natura deductae, Amsterdam 1695.*

30) *Hist. Acad. sc. Paris 1701, H. p. 88; cf. la lettre de *G. W. Leibniz* à *Jean Bernoulli* datée du 23 mars 1707; Werke, éd. *C. I. Gerhardt*, Math. Schr. 3, Halle 1855/6, p. 814.*

31) *Acta Erud. Lps. 1697, p. 125; Opera 1, Lausanne et Genève 1742, p. 179/87.*

32) *Responsio ad B. Nieuwentiit considerationes secundas, Bâle 1700.*

33) *Voir par ex. Hist. Acad. sc. Paris 1701, H. p. 88; cf. le traité posthume de *P. Varignon*, Eclaircissemens sur l'analyse des infiniment petits, Paris 1725.*

34) *Mélanges de littérature d'histoire et de philos. (2e éd.) 5, Amsterdam 1767, p. 239/52; Œuvres 1, Paris 1821, p. 288/93; Encyclopédie ou dictionnaire raisonné des sciences, des arts et des métiers, mis en ordre et publié par *D. Diderot* et quant à la partie mathématique par *J. d'Alembert* 4, Paris 1754, p. 985/9; Encyclopédie méthodique, math. 1, Paris et Liége 1784 (article: différentiel), p. 520/6.*

35) *A treatise of fluxions 1, Edimbourg 1742; 2, Edimbourg 1742; trad. par *E. Pezenas*, Traité des fluxions 1, Paris 1749; 2, Paris 1749.*

36) *Voir à ce sujet *J. L. Lagrange*, Nouv. Mém. Acad. Berlin 3 (1772), éd. 1774,

l'idée de limite a un caractère métaphysique et doit par conséquent rester étrangère aux théories analytiques, cherche à construire toute l'analyse infinitésimale sur la base de développements en séries. *L. F. A. Arbogast*[37]), *J. de Condorcet*[38]), *F. J. Servois*[39]) tendent au même but.

B. Bolzano[40]) et *J. Hoëne Wronski*[41]) s'élèvent contre ces idées de *J. L. Lagrange*.

L'exposé systématique, dû à *L. N. M. Carnot*[42]), des principes de la métaphysique de la nouvelle analyse contribue à résoudre quelques-unes des difficultés que cette métaphysique soulève.

Dans la première moitié du 19ième siècle la méthode des limites, reprise par *A. L. Cauchy*[43]) sur des bases rigoureuses, devient un instrument puissant d'investigation grâce auquel le calcul infinitésimal joue un rôle de plus en plus prépondérant en mathématiques.

Les recherches contemporaines tendent à donner à l'analyse infinitésimale un caractère de plus en plus *arithmétique*. Après *A. L. Cauchy*, *K. Weierstrass*[44]) et *Ch. Méray*[45]) rattachent à des considéra-

---

p. 185/221; J. Éc. polyt. (1) cah. 6 (an VII), p. 232/5; (1) cah. 9 (an V), p. 5 et suiv.; Fonctions analyt.[28]); Œuvres 3, Paris 1869, p. 441/76; 7, Paris 1877, p. 325/8; 9, Paris 1881, tout le volume.*

37) *Du calcul des dérivations, Strasbourg an VIII (1800); voir en partic. la préface, p. XI/XIV. Voir aussi *J. F. Français*, Ann. math. pures appl. 6 (1815/6), p. 61.*

38) *Du calcul intégral, Paris 1765; réédité dans les Essais d'Analyse, Paris 1768; Miscell. Taurinensia (Mélanges de philos. et de math. Soc. Turin) 4 (1766/9), math. p. 245/50; 5 (1770/3), math. p. 1/11; Hist. Acad. sc. Paris 1772 I, éd. 1775, p. 1/99.*

39) *Essai sur un nouveau mode d'exposition des principes du calcul différentiel [Extrait de deux mémoires présentés à l'Institut en 1805 et 1809; J. math. pures appl. 5 (1814/5), p. 93/141]. Voir aussi *J. D. Gergonne*, id. 20 (1829/30), p. 213/84.*

40) *Beiträge zu einer begründeten Darstellung der Mathematik, Prague 1810.*

41) *Introduction à la philosophie des mathématiques et technie de l'algorithme, Paris 1811, p. 32; Réfutation de la théorie des fonctions analytiques de Lagrange, Paris 1812, p. 40.*

42) *Réflexions sur la métaphysique de l'analyse infinitésimale [(1re éd.) publiée dans les Œuvres mathématiques du citoyen Carnot, à Basle en 1797, à la suite d'un „Essai sur les machines en général"]; (2e éd.), Paris 1813; (5e éd.) Paris 1881.*

43) Leçons sur le calcul différentiel, Paris 1829; Œuvres (2) 4, Paris 1899, p. 269/572; C. R. Acad. sc. Paris 17 (1843), p. 277; Œuvres (1) 8, Paris 1893, p. 14.

44) *Ces considérations ont été exposées par *K. Weierstrass* dans ses cours professés à l'Université de Berlin de 1861 à 1894; voir aussi Abh. Akad. Berlin 1876, éd. 1877, math. Klasse p. 11/60; Abh. aus der Functionenlehre, Berlin 1886,

tions élémentaires sur les séries et le cheminement la notion de fonction analytique.

Un plus grand besoin de rigueur se manifeste dans les démonstrations. Les jalons posés par *K. Weierstrass* et *Ch. Méray*, ainsi que par *R. Dedekind*[46]), *G. Darboux*[47]), *U. Dini*[48]), *P. du Bois-Reymond*[49]), *G. Cantor*[50]), *H. E. Heine*[51]), *J. Thomae*[52]), *J. Tannery*[53]), pour ne citer que quelques noms[54]), permettent déjà de *préciser*, mieux que par le passé, les conditions sous lesquelles s'appliquent les théorèmes fondamentaux de l'Analyse infinitésimale.*

3. Calcul différentiel. *On donne le nom de *calcul différentiel* à la partie de l'analyse infinitésimale que l'on peut, en se plaçant au point de vue historique, envisager comme une extension du problème des tangentes.*

Dans cet article, consacré au calcul différentiel, on ne mentionnera pas ce qui concerne tout particulièrement la théorie des fonctions [cf. II 1, II 2, II 7, II 8 et II 9]. On s'attachera surtout aux méthodes de calcul et aux applications analytiques les plus importantes de ces méthodes. On tiendra compte d'ailleurs aussi bien des travaux ayant, dans cet ordre d'idées, un caractère critique que de ceux qui ont permis d'obtenir de nouveaux développements analytiques; les premiers ont souvent notablement augmenté le degré de précision et de clarté des démonstrations, les seconds ont permis de résoudre ou d'aborder la solution de nouveaux groupes de problèmes.

---

p. 1/52; Werke 2, Berlin 1895, p. 77/124; Abh. aus der Functionenlehre, p. 105/64; Werke 2, p. 135/88; trad. par *E. Picard*, Ann. Éc. Norm. (2) 8 (1879), p. 111/50.*

45) *Nouveau précis d'analyse infinitésimale, Paris 1872; Leçons nouvelles sur l'analyse infinitésimale 1, Paris 1894.*

46) *Dans ses travaux sur les fondements de l'arithmétique. Voir l'article I 3, n° 8.*

47) *Ann. Éc. Norm. (2) 4 (1875), p. 57/112; (2) 8 (1879), p. 195/202.*

48) *Fondamenti per la teorica delle funzioni di variabili reali, Pise 1878; trad. par *J. Lüroth* et *A. Schepp*, Grundlagen für eine Theorie der Funktionen einer veränderlichen reellen Grösse, Leipzig 1892.*

49) *Die allgemeine Functionentheorie 1, Tubingue 1882; trad. par *G. Milhaud* et *A. Girod*, Théorie générale des fonctions 1, Nice 1887.*

50) *Dans ses travaux sur les fondements de la théorie des ensembles. Voir l'article I 7.*

51) *Voir surtout: J. reine angew. Math. 71 (1870), p. 361; 74 (1872), p. 188.*

52) *Voir surtout: Einleitung in die Theorie der bestimmten Integrale, Halle 1875.*

53) *Voir surtout: Introduction à la théorie des fonctions d'une variable, (1re éd.) Paris 1886; (2e éd.) 1, Paris 1904; 2, Paris 1910.*

54) *Pour ce qui concerne les travaux les plus récents voir l'article II 2.*

Fonctions d'une variable.

4. Définition de la dérivée d'une fonction. Soit

$$y = f(x)$$

une fonction réelle de la variable réelle x, univoque et finie dans l'intervalle fini (a, b), c'est-à-dire pour tout x vérifiant les inégalités

$$a \leqq x \leqq b.$$

Donnons à x un *accroissement* quelconque (positif ou négatif) Δx tel que $x + \Delta x$ reste compris dans l'intervalle (a, b) et désignons par $y + \Delta y$ la valeur de y qui *correspond* à $x + \Delta x$, en sorte que

$$y + \Delta y = f(x + \Delta x).$$

On donne souvent à l'*accroissement*

$$\Delta y = f(x + \Delta x) - f(x)$$

de la fonction $f(x)$ le nom de *différence*[55]) *de la fonction* $f(x)$ au point x, à l'accroissement Δx de la variable x le nom de *différence de la variable* x et au quotient de ces deux accroissements

$$\frac{\Delta y}{\Delta x} = \frac{(y + \Delta y) - y}{(x + \Delta x) - x} = \frac{f(x + \Delta x) - f(x)}{\Delta x}$$

le nom de *quotient des différences*[55a]) de la fonction $f(x)$ et de la variable x, au point x. Ce quotient dépend, en général, de x et de Δx; c'est, si l'on veut, le *taux* de l'accroissement de y quand x croît de x à $x + \Delta x$.

Quand pour une valeur donnée de x, la différence Δx tend vers zéro, le quotient des différences $\frac{\Delta y}{\Delta x}$ peut tendre vers un nombre fini. Lorsqu'il tend vers un *même* nombre fini de quelque façon que la différence Δx tende vers zéro[56]), on dit[57]) que ce nombre fini est

---

55) **S. F. Lacroix*, Traité du calcul différentiel et du calcul intégral, (1re éd.) 1, Paris an VIII; (2e éd.) 1, Paris 1810, p. 146.*

55a) **U. Dini* [Fondamenti[48]), p. 178; trad. p. 244 (n° 136)] dit *rapporto incrementale* (Note de *G. Vivanti*).*

56) *A. L. Cauchy* [Leçons sur le calcul différentiel, Paris 1829, p. 18; Œuvres (2) 4, Paris 1899, p. 288]: „cette limite, ou cette dernière raison, lorsqu'elle existe".

57) *Il convient de signaler ici une autre définition de la dérivée [cf. *G. Peano*, Mathesis (2) 2 (1892), p. 12/4] qui, quoique moins générale que celle du texte, a l'avantage de correspondre exactement à celle que l'on donne, en mécanique, d'un certain nombre de grandeurs dérivées, comme par ex. la densité d'un corps en un point. La dérivée de $f(x)$ au point a est définie ici comme la limite du quotient $\frac{f(a_2) - f(a_1)}{a_2 - a_1}$ quand a_1 et a_2 tendent tous deux vers a (à condition que cette limite existe et qu'elle soit indépendante de la façon dont a_1 et a_2 tendent vers a).*

la valeur *dérivée* de celle de $f(x)$ au point donné x, ou le *nombre dérivé* de $f(x)$ au point x, ou plus simplement la *dérivée de* $f(x)$ au point x[58]). On dit alors aussi que $f(x)$ est dérivable au point x[59]), ou que $f(x)$ admet une dérivée au point x.

Lorsqu'en *chacun* des points x de l'intervalle (a, b), la fonction $f(x)$ admet une dérivée, on appelle *fonction dérivée*[60]) de $f(x)$ la fonction qui, en chacun des points x de l'intervalle (a, b), a pour valeur le nombre dérivé de $f(x)$ en ce point x[61]). On dit alors aussi[62]) que la fonction $f(x)$ est *dérivable* dans l'intervalle (a, b), ou que $f(x)$ admet une dérivée dans l'intervalle (a, b).

La même définition convient encore au cas où $f(x)$ n'aurait pas de dérivée en certains points isolés de l'intervalle (a, b).

On désigne[63]) souvent[64]) la fonction dérivée d'une fonction $f(x)$ par le symbole

$$f'(x)$$

---

58) *Cette définition concorde avec le procédé dont certains mathématiciens du 17ième siècle se sont servis pour résoudre la problème des tangentes [voir par exemple *R. Sluse*, Philos. Trans. London 7 (1672), p. 5143/7] (Note de *G. Eneström*).*

59) *P. du Bois-Reymond* [J. reine angew. Math. 79 (1875), p. 32] appelle *fonction ordinaire* (gewöhnliche Function) au point x, toute fonction dérivable au point x qui n'admet pas une infinité de maximés et de minimés aux environs de x quelle que soit celle des droites passant par x que l'on prenne pour axe des abscisses [cf. II 1, **11**].

60) *La locution „fonction dérivée" est due à *J. L. Lagrange* [Nouv. Mém. Acad. Berlin 3 (1772), éd. 1774, p. 185; Œuvres 3, Paris 1869, p. 439].*

61) **J. L. Lagrange*, Fonctions analyt.[28]), (1re éd.) p. 14; Œuvres 9, p. 33.*

*La valeur de la *fonction dérivée* de $f(x)$ pour $x = a$ n'est pas toujours égale à la limite vers laquelle tend cette fonction dérivée quand x tend vers a.*

62) *On dit, d'après *L. Kronecker* [cf. *L. Scheeffer*, Acta math. 5 (1884/5), p. 295/6] qu'une fonction $f(x)$ est *uniformément dérivable* dans un intervalle (a, b), lorsqu'à tout nombre positif ε fixé aussi petit que l'on veut, correspond un nombre positif δ tel que l'on ait

$$\left| \frac{f(x_1) - f(x)}{x_1 - x} - \frac{f(x_2) - f(x)}{x_2 - x} \right| < \varepsilon$$

pour tout choix de x, x_1, x_2 dans l'intervalle (a, b), pour lequel on ait

$$|x_1 - x| < \delta, \qquad |x_2 - x| < \delta.^*$$

63) **I. Newton* désignait par le symbole $\dot{x}$ (lettre x surmontée d'un point) la dérivée (la fluxion) de x prise par rapport à t. Voir, par exemple, Methodus fluxionum et serierum infinitarum; Opuscula éd. *J. de Castillon* (*G. Salvini di Castiglione*) 1, Lausanne et Genève 1744, p. 55; Opera, éd. *S. Horsley* 1, Londres 1779, p. 408.*

64) **I. Newton* semble avoir fait usage dès 1666 du symbole $\dot{x}$ pour représenter la dérivée [Der Briefwechsel von *G. W. Leibniz* mit Mathematikern, publ. par *C. I. Gerhardt* 1, Berlin 1899, p. 291; cf. *A. Witting*, Bibl. math. (3) 12 (1911/2),

d'après *J. L. Lagrange*[65]), ou par le symbole

$$Df(x)$$

d'après *L. F. A. Arbogast*[66]), ou encore, d'une façon plus précise, par le symbole

$$D_x f(x)$$

d'après *A. L. Cauchy*[67]).

La dérivée de $y = f(x)$ s'écrit souvent, d'après *J. L. Lagrange*[68]), y' au lieu de $f'(x)$.

Quand, en un point x, le quotient des différences $\frac{\Delta y}{\Delta x}$ tend vers $+\infty$ de quelque manière que l'on fasse tendre Δx vers 0, nous conviendrons de dire, par extension[69]), que la fonction $f(x)$ admet, en ce point x, une dérivée $+\infty$. De même quand, en un point x, le quotient $\frac{\Delta y}{\Delta x}$ tend vers $-\infty$ de quelque façon que l'on fasse tendre Δx vers 0, nous dirons que $f(x)$ admet, en ce point x, une dérivée $-\infty$.

Il peut aussi arriver que, en un point x aux environs duquel la fonction $f(x)$ admet une dérivée, cette fonction $f(x)$ fasse un saut (fini ou infini). Nous conviendrons alors encore de *dire* que la fonction discontinue $f(x)$ admet au point x, une *dérivée infinie*.

---

p. 56/60] mais il n'en avait fait usage dans aucune de ses propres publications avant la fin du 17ième siècle. La notation a été donnée pour la première fois dans l'édition latine de l'Algèbre de *J. Wallis* [Opera 2, Oxford 1693, p. 392] auquel *I. Newton* l'avait communiquée (Note de *G. Eneström*).*

65) Fonctions analyt.[28]), (1re éd.) p. 14; Œuvres 9, p. 33.

*Le symbole $f'(x)$ a été utilisé dès 1765 par *L. Euler* [cf. Misc. Taurinensia (Mélanges de philos. et de math. Soc. Turin) 3 (1762/5), éd. 1766, math. p. 13 [1765]]: „je marquerai le différentiel d'une telle fonction générale $\Gamma : u$ par $d u \Gamma' : u$" [voir aussi Institutiones calculi integralis 3, St Pétersbourg 1770, p. 72] (Note de *G. Eneström*).*

*Voir aussi *J. L. Lagrange*, „Discours prononcé à la séance d'ouverture des cours de l'École polytechnique le 7 pluviose an VII [J. Ec. polyt. (1) cah. 6 (an VII), p. 232/5; Œuvres 7, Paris 1877, p. 325/8].*

66) *Du calcul des dérivations, Strasbourg an VIII (1800), p. 1.*

67) Exercices d'Analyse et de phys. math. 3, Paris 1844, p. 12; C. R. Acad. sc. Paris 8 (1839), p. 520; Œuvres (1) 4, Paris 1884, p. 255.

68) Fonctions analyt.[28]), (1re éd.) p. 15; Œuvres 9, p. 32.

A. L. Crelle [Sammlung mathematischer Aufsätze und Bemerkungen 1, Berlin 1821, p. 196] avait proposé d'autres notations telles que $\frac{d}{x} y$ ou $\frac{d}{x} f(x)$ qui n'ont pas été adoptées. Pour les dérivées d'ordre quelconque n de $f(x)$ [n° **10**] il écrivait aussi $\frac{d^n}{x^n} f(x)$.

69) *Bien souvent on ne fait pas cette extension, ni les suivantes, dans l'enseignement français.*

Enfin, quand $f(x)$ admet une dérivée $f'(x)$ [finie ou $+\infty$ ou $-\infty$] pour tout x supérieur ou inférieur à un nombre donné a, et que cette dérivée $f'(x)$ tend vers une limite A, ou vers $+\infty$, ou vers $-\infty$, quand x tend vers $+\infty$ [ou vers $-\infty$] d'une façon quelconque, nous dirons que A, ou $+\infty$, ou $-\infty$, est la dérivée de $f(x)$ pour $x=+\infty$ [ou pour $x=-\infty$][70]).

5. Dérivées des fonctions élémentaires. On entend généralement par *fonctions élémentaires* les fonctions les plus simples telles que les polynomes et leurs quotients, les exponentielles et les logarithmes, enfin les fonctions trigonométriques c'est-à-dire les fonctions circulaires et leurs inverses[71]) ainsi que les fonctions hyperboliques et leurs inverses. Ces fonctions élémentaires admettent toutes des dérivées.

La dérivée, prise par rapport à x, d'une constante numérique, ou plus généralement d'une quantité quelconque qui ne dépend pas de x, est égale à zéro. Si n est une constante numérique, ou plus généralement une quantité quelconque qui ne dépend pas de x, on a[72])

$$D_x(nx)=n, \qquad D_x(x^n)=nx^{n-1}.$$

Si e est la base des logarithmes népériens[73]), on a

$$D_x e^x = e^x,$$

en sorte que la fonction e^x se reproduit elle-même par dérivation.

Plus généralement[74]) on a, quel que soit a,

$$D_x a^x = a^x \log_e a.$$

---

70) Voir II 1, **10**.

71) *On donne quelquefois aux fonctions inverses des fonctions circulaires le nom de *fonctions cyclométriques*.*

72) Pour la définition de x^n cf. I 3, **21**; I 5, **9** et II 7, **14**. Pour des valeurs négatives ou fractionnaires de n, la formule

$$D_x(x^n)=nx^{n-1}$$

a été indiquée par *G. W. Leibniz* [Acta Erud. Lps. 1684, p. 469; Werke, éd. *C. I. Gerhardt*, Math. Schr. 5, Halle 1858, p. 222] *mais *I. Newton* la possédait au moins depuis 1669 [cf. note 21].*

*La proposition indiquée par la formule en question était d'ailleurs connue dès le milieu du 17ième siècle [cf. *J. Wallis*, Arithmetica infinitorum, Oxford 1656; Opera 1, Oxford 1695, p. 395, 411] (Note de *G. Eneström*).*

73) Cf. I 3, **21**. La fonction e^x est définie II 7, **12**. *P. S. Laplace* [Théorie analytique des probabilités, Paris 1812; Œuvres 7, Paris 1886, p. 44] emploie encore, comme les devanciers de *L. Euler*, la lettre c pour désigner le nombre e. Cf. II 7, note 128.

74) *Voir *G. W. Leibniz*, Acta Erud. Lps. 1695, p. 314; Werke, éd. *C. I. Gerhardt*, Math. Schr. 5, Halle 1858, p. 325.* Sur le calcul de $D_x a^x$ voir par ex. *O. Schlömilch* [Nouv. Ann. math. (1) 12 (1853), p. 32/3].

On a[75])

$$D_x \log_e x = \frac{1}{x}, \qquad D_x \log_a x = \frac{1}{x} \log_a e = \frac{1}{x \log_e a}.$$

Les relations

$$\lim_{x=0} \frac{\sin x}{x} = 1, \qquad \lim_{x=0} \frac{\operatorname{tg} x}{x} = 1,$$

jointes aux formules de définition et aux formules d'addition des fonctions circulaires, permettent d'obtenir immédiatement les dérivées des fonctions circulaires[76]):*

$$D_x \sin x = \cos x, \qquad D_x \cos x = -\sin x,$$
$$D_x \operatorname{tg} x = \operatorname{séc}^2 x, \qquad D_x \cot x = -\operatorname{coséc}^2 x,$$
$$D_x \operatorname{séc} x = \operatorname{tg} x \operatorname{séc} x, \quad D_x \operatorname{coséc} x = -\cot x \operatorname{coséc} x.$$

En appliquant la formule liant les dérivées des fonctions inverses [n° 6], on a immédiatement les relations[77])

$$D_x \operatorname{arc} \sin x = \frac{1}{\sqrt{1-x^2}}, \quad \text{où} \quad \operatorname{sgn} \sqrt{1-x^2} = \operatorname{sgn} \cos(\operatorname{arc} \sin x)$$

$$D_x \operatorname{arc} \cos x = -\frac{1}{\sqrt{1-x^2}}, \quad \text{où} \quad \operatorname{sgn} \sqrt{1-x^2} = \operatorname{sgn} \sin(\operatorname{arc} \cos x)$$

$$D_x \operatorname{arc} \operatorname{tg} x = \frac{1}{1+x^2}$$

$$D_x \operatorname{arc} \cot x = -\frac{1}{1+x^2}$$

$$D_x \operatorname{arc} \operatorname{séc} x = \frac{1}{x\sqrt{x^2-1}}, \quad \text{où} \quad \operatorname{sgn} \sqrt{x^2-1} = \operatorname{sgn} \operatorname{tg}(\operatorname{arc} \operatorname{séc} x)$$

$$D_x \operatorname{arc} \operatorname{coséc} x = -\frac{1}{x\sqrt{x^2-1}}, \quad \text{où} \quad \operatorname{sgn} \sqrt{x^2-1} = \operatorname{sgn} \cot(\operatorname{arc} \operatorname{coséc} x).$$

---

75) *Voir *G. W. Leibniz*, Acta Erud. Lps. 1693, p. 178; id. 1695, p. 314; Werke, éd. *C. I. Gerhardt*, Math. Schr. 5, Halle 1858, p. 286, 324.*

C'est à *G. W. Leibniz* [Acta Erud. Lps. 1695, p. 314; Werke, éd. *C. I. Gerhardt*, Math. Schr. 5, Halle 1858, p. 325] qu'est due aussi l'expression générale de la dérivée, prise par rapport à x, d'une exponentielle quelconque y^z, où y et z sont des fonctions dérivables de x.

76) *Au 17ième siècle, on désignait les fonctions trigonométriques par de nouvelles lettres (on écrivait par ex. t pour $\sin \varphi$) et on ne les envisageait pas explicitement comme des fonctions de l'arc. C'est pourquoi on n'avait pas de formules pour représenter les dérivées des fonctions trigonométriques. On y suppléait en faisant usage du *triangle caractéristique du cercle* dont les côtés infiniment petits de longueurs égales à $d \sin \varphi$, $-d \cos \varphi$, $d\varphi$ sont respectivement proportionnels aux côtés du triangle fini de longueurs égales à $\cos \varphi$, $\sin \varphi$, 1. On lisait immédiatement sur ce „triangle caractéristique" que

$$\frac{d \sin \varphi}{d\varphi} = \frac{\cos \varphi}{1} \quad \text{et que} \quad \frac{d \cos \varphi}{d\varphi} = -\frac{\sin \varphi}{1}.$$

Les dérivées des fonctions hyperboliques[78]) $\operatorname{sh} x$, $\operatorname{ch} x$, $\operatorname{th} x$, $\operatorname{coth} x$, $\operatorname{séch} x$, $\operatorname{coséch} x$, et de leurs inverses $\arg \operatorname{sh} x$, $\arg \operatorname{ch} x$, $\arg \operatorname{th} x$, $\arg \operatorname{coth} x$, $\arg \operatorname{séch} x$, $\arg \operatorname{coséch} x$, sont données par les formules

$$D_x \operatorname{sh} x = \operatorname{ch} x, \qquad D_x \operatorname{ch} x = \operatorname{sh} x,$$
$$D_x \operatorname{th} x = \operatorname{séch}^2 x, \qquad D_x \operatorname{coth} x = -\operatorname{coséch}^2 x,$$
$$D_x \operatorname{séch} x = -\frac{\operatorname{sh} x}{\operatorname{ch}^2 x}, \quad D_x \operatorname{coséch} x = -\frac{\operatorname{ch} x}{\operatorname{sh}^2 x},$$
$$D_x \arg \operatorname{sh} x = D_x \log_e (\sqrt{x^2+1} + x) = \frac{1}{\sqrt{x^2+1}},$$

où les radicaux sont pris avec leur détermination arithmétique;

$$D_x \arg \operatorname{ch} x = D_x \log_e (\sqrt{x^2-1} + x) = \frac{1}{\sqrt{x^2-1}},$$

où, si les radicaux sont pris avec leur détermination arithmétique, on doit entendre par $\arg \operatorname{ch} x$, pour $x > 1$, celle des deux solutions symétriques y de l'équation $x = \operatorname{ch} y$ qui est positive:

$$D_x \arg \operatorname{th} x = D_x \arg \operatorname{coth} x = \frac{1}{2} D_x \log_e \frac{1+x}{1-x} = \frac{1}{1-x^2},$$

où x est compris entre -1 et $+1$;

$$D_x \arg \operatorname{séch} x = -\frac{1}{x\sqrt{1-x^2}}, \quad D_x \arg \operatorname{coséch} x = -\frac{1}{x\sqrt{x^2-1}}.^*$$

G. W. Leibniz[79]) a déjà établi pour des fonctions dérivables quelconques $u, v, \ldots, w$ d'une variable x les règles de dérivation suivantes qui sont d'un usage fréquent:

$$D_x(u + v + \cdots + w) = D_x u + D_x v + \cdots + D_x w,$$
$$D_x(uv) = u D_x v + v D_x u,$$
$$D_x\left(\frac{u}{v}\right) = \frac{v D_x u - u D_x v}{v^2}.$$

En désignant par c une *constante* (c'est-à-dire une quantité ne

---

Des formules explicites pour les dérivées des fonctions trigonométriques ont été données par *L. Euler*, Calc. diff.[27]), p. 165/75 (Note de *G. Eneström*).*

*Cf. *G. Eneström*, Bibl. math. (3) 9 (1908/9), p. 200/5.*

77) *Le symbole $\sqrt{a^2}$ est pris dans le sens $\pm a$. Pour fixer sa détermination il faut indiquer le signe; le symbole sgn A signifie signe de A.*

78) *Ces fonctions sont définies dans l'article II 7, n° **19**.*

79) Acta Erud. Lps. 1684, p. 467, 468; Werke, éd. *C. I. Gerhardt*, Math. Schr. 5, Halle 1858, p. 220, 222.

dépendant pas de x), on a en particulier

$$D_x(u+c) = D_x u,$$
$$D_x(cu) = c D_x u,$$
$$D_x\left(\frac{c}{v}\right) = -\frac{c}{v^2} D_x v.$$

Ces règles de dérivation permettent, en utilisant les expressions précédentes des dérivées des fonctions les plus simples, de trouver aisément les dérivées de toutes les fonctions élémentaires.

En étudiant, dans différents articles de l'Encyclopédie, les fonctions dont les propriétés ont appelé l'attention des géomètres, on donnera les expressions des dérivées de ces fonctions.

*C. *Runge*[80]) a montré comment on peut étendre la notion de dérivée aux fonctions définies empiriquement.*

6. Dérivées des fonctions de fonctions. *La fonction

$$y = F(x)$$

de la variable x se transforme par la substitution

$$x = \varphi(t)$$

en une fonction

$$y = F[\varphi(t)] = f(t)$$

de la nouvelle variable t.

Si y admet une dérivée

$$D_x F(x)$$

par rapport à x, et si x admet une dérivée

$$D_t \varphi(t),$$

par rapport à t, y admettra aussi une dérivée par rapport à t et l'on aura

$$D_t f(t) = D_x F(x) \cdot D_t \varphi(t),$$

ce que l'on peut écrire

$$D_t y = D_x y \cdot D_t x.$$

Le théorème se généralise; ainsi quand

$$z = \chi(y) = \chi[\psi(x)] = \chi[\psi(\varphi(t))],$$

on a

$$D_t \chi(y) = D_y \chi(y) \cdot D_x \psi(x) \cdot D_t \varphi(t)$$

ce que l'on peut écrire

$$D_t z = D_y z \cdot D_x y \cdot D_t x,$$

et ainsi de suite.

C'est la *règle de la dérivation des fonctions de fonctions.*

80) *Z. Math. Phys. 42 (1897), p. 205.*

On en déduit immédiatement, pour toute fonction u de x admettant une dérivée par rapport à x et pour toute constante m par rapport à x, la formule

$$D_x(u^m) = mu^{m-1}D_x u.$$

Pour m entier positif, cette formule rentre comme cas particulier dans la formule

$$\frac{D_x(uv\ldots w)}{uv\ldots w} = \frac{D_x u}{u} + \frac{D_x v}{v} + \cdots + \frac{D_x w}{w}$$

qui n'est elle-même qu'une extension de la *formule de Leibniz* [n° 5]

$$D_x(uv) = uD_x v + vD_x u.$$

En particulier, quand

$$u = x - a,\ v = x - b,\ \ldots,\ w = x - c,$$

on a

$$D_x \log_e u = \frac{1}{x-a} + \frac{1}{x-b} + \cdots + \frac{1}{x-c}.$$

La *règle de dérivation des fonctions inverses*[81]) se déduit immédiatement de la règle de dérivation des fonctions de fonctions:

Si $x = \varphi(y)$ est la fonction inverse de $y = f(x)$ en sorte que l'on ait identiquement

$$y = f[\varphi(y)] \quad \text{et} \quad x = \varphi[f(x)],$$

on a

$$D_y x = \frac{1}{D_x y}.^*$$

7. Fonctions continues non dérivables. On a longtemps admis comme évident que *toute fonction continue est dérivable.* Il faut dire toutefois que cette façon de voir s'explique aisément si l'on veut bien tenir compte de ce que la notion de fonction continue elle-même manquait entièrement de précision.

A. M. Ampère[82]) semble être le premier qui ait compris que cette

81) La notion de *fonction inverse*, que l'on néglige encore trop souvent d'approfondir, est précisée dans *O. Stolz* [Grundzüge der Differential- und Integralrechnung 1, Leipzig 1893, p. 38 et suiv.; Vorlesungen über allgemeine Arithmetik 1, Leipzig 1885, p. 186 et suiv.] *et dans *J. Tannery* [Théorie des fonctions[53]) (1re éd.), p. 129/30].*

82) J. Éc. polyt. (1) cah. 13 (1806), p. 148, 149, 154.

*Cette démonstration est d'autant plus nécessaire que, quand $f(x)$ est dérivable, parmi les fonctions du type

$$\frac{1}{i^m}[f(x+i) - f(x)],$$

où m peut prendre une valeur constante quelconque, la seule qui ne devienne ni nulle, ni infinie, lorsque $i = 0$, si ce n'est pour des valeurs particulières de x, est la fonction

$$\frac{1}{i}[f(x+i) - f(x)]$$

qui correspond à la valeur $m = 1$.*

proposition ne pouvait être admise sans démonstration. Ne doutant d'ailleurs pas de son exactitude il cherche à la préciser en démontrant[83]) que toute fonction d'une variable, continue dans un intervalle déterminé, admet une dérivée en chacun des points de cet intervalle, sauf éventuellement en quelques points isolés de cet intervalle.

Sa pseudo-démonstration a été suivie de plusieurs autres[84]). Aucune de ces démonstrations ne résiste à un examen un peu attentif, mais il convient d'observer qu'il était beaucoup moins aisé de s'apercevoir de leurs points faibles autrefois qu'aujourd'hui.

C'est *B. Riemann* qui, le premier, trancha la question[85]). Dans sa dissertation inaugurale, en 1854, il construisit en effet, une fonction discontinue en chaque point à affixe rationnelle et cependant intégrable[86]); l'intégrale de cette fonction fournissait un exemple[87]) d'une fonction continue dans un intervalle déterminé, n'admettant pas de dérivée en une infinité de points d'une partie quelconque de cet intervalle, choisie aussi petite que l'on veut.

Le mémoire de *B. Riemann* n'a toutefois été publié[88]) qu'en 1867.

Dès 1861, *K. Weierstrass* avait, dans un cours professé à l'institut industriel de Berlin[89]), donné le premier exemple d'une fonction qui,

83) La critique de cette démonstration de *A. M. Ampère* a été nettement formulée par *U. Dini*, Fondamenti [48]), p. 68, 219; trad. p. 88, 298 [n°s 69 et 169].

84) *Voir par ex. *E. Galois* [Ann. math. pures appl. 21 (1830/1); p. 182; Œuvres, éd. par *E. Picard*, Paris 1897, p. 9], *J. P. M. Binet* [Bull. Soc. philom. Paris (2) 1 (1807/8), p. 275/8] et surtout le mémoire intéressant, malgré ses conclusions inexactes, de *A. H. E. Lamarle* [Mém. couronnés et autres Mém. Acad. Belgique in 8°, 11 (1861), p. 96; Mém. Acad. Belgique 29 (1855), mém. n° 1, p. 1/116] ainsi que celui de *J. M. C. Duhamel* [Éléments du calcul infinitésimal 1, Paris 1856, p. 94/7] et celui de *J. Bertrand* [Traité de calcul différentiel et de calcul intégral 1, Paris 1864, p. 2/4].*

85) **A. L. Cauchy* avait cependant déjà distingué nettement les notions de *fonction continue* et de *fonction dérivable:* „le rapport *pourra* converger vers une autre limite soit positive soit négative. Cette limite, *lorsqu'elle existe*, a une valeur déterminée" [Résumé des leçons donnés à l'Éc. polyt. sur le calcul infinitésimal, Paris 1823, troisième leçon; Œuvres (2) 4, Paris 1899, p. 22].*

86) Über die Darstellbarkeit einer Funktion durch eine trigonometrische Reihe, Habilitationsschrift, Göttingue 1854 (§ 6); publ. par *R. Dedekind*, Abh. Ges. Gött. 13 (1866/7), éd. 1868, math. p. 105/8; Werke, (2e éd.) publ. par *H. Weber*, Leipzig 1892, p. 241/4; trad. *L. Laugel*, Paris 1898, p. 243/6.

87) *Voir *G. Darboux*, Ann. Éc. Norm. (2) 4 (1875), p. 75.*

88) Cf. note 86.

89) Voir *H. A. Schwarz*, Archives sc. phys. naturelles Genève (3) 48 (1873), p. 33/8; Verh. Schweiz. Naturf. Ges. 56 (1873), p. 252/8; Math. Abh. 2, Berlin 1890, p. 269; *K. Weierstrass*, Werke 2, Berlin 1895, p. 71/4; *K. Weierstrass*, Note lue à l'Académie de Berlin le 18 juillet 1872, mais non publiée; Abh. aus der Functionenlehre, Berlin 1886, p. 97/101; trad. Mathesis (1) 7 (1887), p. 222/5.

quoique continue dans une intervalle, n'admet de dérivée en *aucun* point de cet intervalle. C'est la fonction

$$f(x) = \sum_{n=0}^{n=+\infty} a^n \cos(b^n \pi x),$$

où a désigne une constante positive plus petite que 1 et b un entier impair tel que l'on ait

$$ab > 1 + \frac{3\pi}{2},$$

mais ce fait, si suggestif, ne fut publié que beaucoup plus tard[90]).

*En faisant usage du principe de condensation des singularités, dû à *H. Hankel*[91]), on peut, il est vrai, construire aisément de nombreuses fonctions continues non dérivables, mais ce principe lui-même demandait à être précisé. Avant les recherches de *U. Dini*[92]) on pouvait ne pas attacher une importance décisive aux conséquences que l'on en tirait.

On comprend dès lors pourquoi cette question de la non-dérivabilité d'un grand nombre de fonctions continues, quoique considérée à juste titre comme entièrement élucidée par plusieurs géomètres, ait pu pendant si longtemps faire encore l'objet de nombreuses recherches[93]). *

On connaît aujourd'hui[94]) un grand nombre de fonctions continues

---

90) *P. du Bois-Reymond* [J. reine angew. Math. 79 (1875), p. 29/31].

Chr. Wiener [J. reine angew. Math. 90 (1881), p. 221] a essayé de commenter géométriquement cet exemple; mais ses recherches renferment une confusion regrettable que *K. Weierstrass* a immédiatement signalée [Functionenlehre[44]), p. 100; Werke 2, p. 228; cf. *P. Mansion*[114]), Mathesis (1) 7 (1887), p. 224/5].

91) Untersuchungen über die unendlich oft oscillirenden und unstetigen Functionen, Tübinger Universitätsschriften aus dem Jahre 1870, éd. Tubingue 1870; réimp. Math. Ann. 20 (1882), p. 77 et suiv.; *J. S. Ersch* et *J. G. Gruber*, Allgemeine Encyclopädie 90, Leipzig 1871, p. 189 (article: Grenze).

92) Voir II 1, **18**.

93) Le dernier essai de ce genre semble avoir été fait en 1872 par *Ph. Gilbert* [Mém. couronnés et autres Mém. Acad. Belgique in 8°, 23 (1873), mém. n° 3, p. 1/16; *voir aussi *E. Catalan* et *Ph. Gilbert*, Bull. Acad. Belgique (2) 33 (1872), p. 367, 498, 502]; la conclusion a été rectifiée par *Ph. Gilbert* lui-même [Bull. Acad. Belgique (2) 35 (1873), p. 709/17].*

94) *G. Darboux* a communiqué à la Société mathématique de France le 19 mars 1873 et le 28 janvier 1874 [Ann. Éc. Norm (2) 4 (1875), p. 92 et suiv.] plusieurs exemples de fonctions continues non dérivables en une infinité de points d'un intervalle fini. Parmi ces exemples, il y en a un où la fonction continue envisagée n'a de dérivée en *aucun* point de l'intervalle envisagé [voir encore l'addition à ce mémoire Ann. Éc. Norm. (2) 8 (1879), p. 175/202].

H. A. Schwarz a communiqué à la Société suisse des sciences naturelles[89]) le 19 avril 1873 un exemple de fonction continue sans dérivée.

non-dérivables[95]), et si l'on ne tenait pas compte des applications de l'analyse aux sciences expérimentales on pourrait même dire que, parmi les fonctions continues, ce sont les fonctions non-dérivables[96]) qui constituent le *cas général*[97]).*

8. Dérivée à droite. Dérivée à gauche. Soit

$$y = f(x)$$

une fonction continue de la variable x. Lorsque, pour une valeur déterminée de x, le quotient des différences $\frac{\Delta y}{\Delta x}$ de y et de x tend vers un même nombre fini, de quelque façon que la différence Δx tende vers zéro par valeurs *positives*, on dit[98]) que ce nombre fini est le nombre *dérivé à droite* de la fonction $f(x)$ au point x. On dit alors aussi que $f(x)$ est *dérivable à droite* au point x.

On peut représenter le nombre dérivé à droite de $f(x)$ au point x par le symbole

$$f'(x + 0).$$

Voir aussi *M. Lerch*, J. reine angew. Math. 103 (1888), p. 126 [décembre 1886].

L'exemple donné par *Ch. Cellérier* [Bull. sc. math. (2) 14 (1890), p. 142/60] est très voisin de celui de *K. Weierstrass*. Le mémoire de *Ch. Cellérier*, intitulé: „Note sur les principes fondamentaux de l'Analyse" a été trouvé dans les papiers de *Ch. Cellérier*; il est écrit de sa main sur du papier jauni par le temps.

U. Dini, Fondamenti[48]), p. 147; trad. p. 204 (n° 118); *E. Pascal*, Esercizi e note critiche di calcolo infinitesimale, Milan 1895, p. 124/8.*

95) *La démonstration de *K. Weierstrass*[89]) est reproduite par *C. Jordan*, Cours d'Analyse (1e éd.) 3, Paris 1887, p. 577.

Ch. J. de la Vallée Poussin [Ann. Soc. scient. Bruxelles 16^1 (1891/2), p. 57/62] démontre autrement ce même théorème et l'étend (p. 60) au cas où, *a* étant *pair*, on a

$$\frac{\pi}{ab - 1} < 0{,}68244.^*$$

96) *Voir par ex. *A. Köpcke*, Math. Ann. 29 (1887), p. 123; 34 (1889), p. 161; *G. Peano*, id. 36 (1890), p. 157; *D. Hilbert*, id. 38 (1891), p. 459; *E. H. Moore*, Trans. Amer. math. Soc. 1 (1900), p. 72/90.*

97) **A. Harnack* [Die Elemente der Differential- und Integralrechnung, Leipzig 1881, p. 38] a essayé de formuler des conditions nécessaires et suffisantes permettant de reconnaître si une fonction donnée admet des dérivées.

E. Steinitz [Math. Ann. 52 (1899), p. 58/69] a étudié d'une façon générale les conditions d'existence des fonctions continues non dérivables.*

98) **O. Stolz* [Grundzüge[81]) 1, p. 35] a donné des conditions suffisantes pour qu'une fonction admette une dérivée unilatérale.

Les recherches de *U. Dini* [Fondamenti[48]), p. 66, 188; trad. p. 87, 257 (n°s 68 et 143)] sont plus générales. Voir aussi *J. Tannery*, Introd.[53]), (1e éd.) p. 218/9; (2e éd.) 1, p. 340/1.*

Lorsque, pour une valeur déterminée de x, le quotient $\frac{\Delta f(x)}{\Delta x}$ tend vers un même nombre fini de quelque façon que la différence Δx tende vers zéro par valeurs *négatives*, on dit de même[99]) que ce nombre fini est le nombre *dérivé à gauche* de $f(x)$ au point x. On dit alors aussi que $f(x)$ est *dérivable à gauche* au point x. On peut représenter le nombre dérivé à gauche de $f(x)$ par le symbole[100])

$$f'(x-0).$$

Les nombres dérivés à droite et à gauche d'une fonction $f(x)$ en un point x sont parfois dits nombres *dérivés unilatéraux*.

Une fonction $f(x)$ peut, en un point x, n'être dérivable qu'à droite ou n'être dérivable qu'à gauche; si elle est dérivable à droite et à gauche d'un point x, les deux dérivées unilatérales peuvent être distinctes l'une de l'autre[101]).

On appelle *fonction dérivée unilatérale* (soit à droite, soit à gauche) de $f(x)$ dans un intervalle (a, b) la fonction qui, en chacun des points de cet intervalle, a pour valeur celle de la dérivée unilatérale envisagée de $f(x)$ en ce point x.

Quand en un point x, de quelque manière que l'on fasse tendre Δx vers zéro par valeurs croissantes [ou par valeurs décroissantes], le quotient des différences $\frac{\Delta f(x)}{\Delta x}$ tend vers $+\infty$, on convient de dire encore, par extension, que la fonction $f(x)$ admet, en ce point x, une dérivée à gauche $+\infty$ [ou une dérivée à droite $+\infty$].

On parle, de même, d'une dérivée à gauche $-\infty$ [ou d'une dérivée à droite $-\infty$] de $f(x)$ en un point x, quand, en ce point x, $\frac{\Delta f(x)}{\Delta x}$ tend vers $-\infty$ de quelque manière qu'on fasse tendre Δx vers zéro par valeurs croissantes [ou par valeurs décroissantes].

---

99) **J. Thomae* [Bestimmte Integrale[52]), p. 8] appelle les dérivées à droite *dérivées prises en arrière* (*rückwärts*) et les dérivées à gauche *dérivées prises en avant* (*vorwärts*).

P. du Bois-Reymond [Math. Ann. 16 (1880), p. 120] appelle, au contraire, les dérivées à droite *dérivées antérieures* (*vordere*) et les dérivées à gauche *dérivées postérieures* (*hintere*).*

Cf. II 1, **10.**

100) *U. Dini* [Fondamenti[48]), p. 200; trad. p. 272 (n° 149)] écrit aussi d'_x pour la dérivée à gauche et d_x pour la dérivée à droite de $f(x)$.

101) *On pourrait appeler *dérivée moyenne* au point x la limite

$$\lim_{\varepsilon_1=0,\ \varepsilon_2=0} \frac{f(x+\varepsilon_1)-f(x-\varepsilon_2)}{\varepsilon_1+\varepsilon_2},$$

où $\varepsilon_1 > 0$ et $\varepsilon_2 > 0$ [voir *P. du Bois-Reymond*, Math. Ann. 16 (1880), p. 121].*

On étend aussi, comme on l'a fait pour la notion de dérivée elle-même, la notion de *dérivée unilatérale* aux points $x = +\infty$ et $x = -\infty$.

9. Dérivées supérieures et inférieures, à droite et à gauche[102]**.** Soit

$$y = f(x)$$

une fonction univoque de x, finie dans le voisinage du point x, mais n'étant pas, en général, une fonction continue de x. Si $x + \Delta x$ est situé dans les environs, à droite, du point x, et si

$$y + \Delta y = f(x + \Delta x),$$

on démontre que le quotient des différences $\frac{\Delta y}{\Delta x}$ admet toujours, quand Δx tend vers zéro par valeurs positives, deux *limites d'indétermination*[103]), l'une *supérieure*, l'autre *inférieure*. La limite supérieure d'indétermination est ce qu'on appelle la *dérivée supérieure à droite*[104]) de la fonction $f(x)$ au point envisagé x; on la désigne par le symbole[105])

$$D^+ f(x).$$

La limite inférieure d'indétermination est ce qu'on appelle la dérivée inférieure à droite au point envisagé x; on la désigne par le symbole

$$D_+ f(x).$$

Dans un intervalle (a, b) la fonction dérivée supérieure à droite de $f(x)$ est définie par la condition de coïncider en chaque point x de (a, b) avec la dérivée supérieure à droite de $f(x)$ en ce point x. On définit de même la fonction dérivée inférieure à droite de la fonction $f(x)$ dans l'intervalle (a, b).

Si dans ce qui précède au lieu d'envisager les environs à droite d'un point x de l'intervalle (a, b) on envisage les environs à gauche

102) Cf. II 2, 38.

103) *P. du Bois-Reymond*, Antrittsprogramm enthaltend neue Lehrsätze über die Summen unendlicher Reihen zur Übernahme der ordentlichen Professur für Mathematik an der Universität Freiburg i/Baden (s. d.) [1870], p. 3; Abh. Akad. München 12 (1876) Abt. II, p. 1/103.

104) Ce nom leur a été donné par *L. Scheeffer* [Acta math. 5 (1884/5), p. 52]. On observera toutefois que la notion correspondante est déjà mise en pleine lumière par *U. Dini* [Fondamenti[48]), (chap. XI et XII); voir en partic., p. 191; trad. p. 261 (n° 145)].

105) *L. Scheeffer*, Acta math. 5 (1884/5), p. 281. Les notations de *U. Dini* [Fondamenti[48]), p. 190; trad. p. 260 (n° 145)] et celles dont *M. Pasch* a fait usage [Math. Ann. 30 (1887), p. 135] semblent moins pratiques.

U. Dini emploie les symboles Λ_x, λ_x, Λ'_x, λ'_x dans le sens de

$$\lambda_x = D_+, \quad \Lambda_x = D^+, \quad \lambda'_x = D_-, \quad \Lambda'_x = D^-.$$

M. Pasch emploie les symboles D^-, D^+, ${}_-D$, ${}_+D$ dans le sens de

$$D^- = D_+, \quad D^+ = D^+, \quad {}_-D = D_-, \quad {}_+D = D^-.$$

de ce point x, on obtient de même une dérivée supérieure à gauche,

$$D^- f(x),$$

de la fonction $f(x)$ au point x et une dérivée inférieure à gauche,

$$D_- f(x),$$

de la fonction $f(x)$ au point x. Et l'on définit encore, de même, les fonctions dérivées supérieure à gauche et inférieure à gauche de la fonction $f(x)$ dans l'intervalle (a, b).

Si les dérivées supérieure et inférieure à droite $D^+ f(x)$ et $D_+ f(x)$ d'une fonction $f(x)$, *continue* dans l'intervalle (a, b), n'admettent, dans cet intervalle, que des discontinuités telles qu'en chaque point x de (a, b) les limites

$$\lim_{\varepsilon=0} D^+ f(x+\varepsilon), \qquad \lim_{\varepsilon=0} D_+ f(x+\varepsilon),$$

où ε tend vers zéro par valeurs *positives*, existent et soient égales, la fonction continue $f(x)$ est dérivable à droite [n° 8] dans l'intervalle (a, b), et sa dérivée à droite au point x est précisément la valeur commune de ces deux limites en ce point x.

De même si l'on a, en chaque point x de (a, b),

$$\lim_{\varepsilon=0} D^- f(x-\varepsilon) = \lim_{\varepsilon=0} D_- f(x-\varepsilon),$$

cette valeur commune est précisément la dérivée à gauche [n° 8] de $f(x)$.

Si l'une des quatre fonctions dérivées

$$D^+ f(x), \quad D_+ f(x), \quad D^- f(x), \quad D_- f(x)$$

est *continue* dans l'intervalle (a, b), les trois autres lui sont toutes trois identiques et leur expression commune

$$D^+ f(x) = D_+ f(x) = D^- f(x) = D_- f(x)$$

est précisément la fonction dérivée[106]) $D_x f(x)$ de $f(x)$ dans l'intervalle (a, b).

L'étude des fonctions $f(x)$ qui admettent quatre fonctions dérivées distinctes, ou même deux dérivées distinctes (l'une à droite, l'autre à gauche), rentre dans l'étude générale des fonctions. Nous n'envisagerons, dans cet article, que des fonctions dérivables au sens du n° 4. Au début du calcul intégral [cf. II 2 et II 4] au contraire, il semble indispensable d'envisager des fonctions plus générales ayant quatre dérivées distinctes.

---

106) *U. Dini*, Fondamenti [48]), p. 194/200; trad. p. 265/73 (n°s 148 et 149).

10. Dérivées du second ordre. Dérivées d'ordre quelconque. On dit souvent que la dérivée $f'(x)$ d'une fonction $f(x)$ est la dérivée *première ou du premier ordre* de $f(x)$.

Quand la fonction $f'(x)$ est elle-même dérivable, on dit que sa dérivée première ou dérivée du premier ordre est la *dérivée seconde*, ou *du second ordre*, de la fonction $f(x)$.

*On représente la dérivée seconde de $f(x)$, soit, d'après *J. L. Lagrange*[107]), par le symbole

$$f''(x)$$

soit, d'après *L. F. A. Arbogast* et *A. L. Cauchy* par le symbole

$$DDf(x), \text{ ou } D^{(2)}f(x), \text{ ou } D_x^{(2)}f(x).$$

Si $y = f(x)$ on écrit souvent y'' au lieu de $f''(x)$.*

En un point déterminé x de l'intervalle (a, b) envisagé on a d'ailleurs

$$f''(x) = \lim_{k=0} \lim_{h=0} \left\{\frac{1}{hk}[f(x+h+k) - f(x+h) - f(x+k) + f(x)].\right.$$

Observons que cette expression pourrait servir de définition à la dérivée seconde d'une fonction $f(x)$, mais qu'on ne pourrait définir $f''(x)$ par l'expression

$$\lim_{h=0} \left\{\frac{1}{h^2}[f(x+2h) - 2f(x+h) + f(x)]\right\}$$

que l'on déduit en prenant $h = k$; cela tient à ce que, quoique cette dernière limite représente toujours $f''(x)$ quand $f''(x)$ existe, elle a cependant des valeurs déterminées pour certaines valeurs de x pour lesquelles $f(x)$ n'admet pas de dérivée seconde[108]).

On peut de même introduire successivement les notions de dérivée d'ordre 3, d'ordre 4, ... et l'on parvient ainsi de proche en proche à la notion de dérivée d'ordre quelconque n. La dérivée d'ordre n de $f(x)$ est la dérivée du premier ordre de la dérivée $f^{(n-1)}(x)$, d'ordre $n-1$, de $f(x)$. On la représente par le symbole

$$f^{(n)}(x) \quad \text{ou} \quad D_x^{(n)}f(x).$$

Si $y = f(x)$, on écrit souvent $y^{(n)}$ au lieu de $f^{(n)}(x)$.

---

107) *Le symbole $f''(x)$ a parfois été utilisé déjà par *L. Euler* [cf. Institutiones calculi integralis 3, St. Pétersbourg 1770, p. 113/4: perpetuo in designandis functionibus hac lege utemur, ut sit $d.f:v = dvf':v$ sicque porro $d.f':v = dvf'':v$] (Note de *G. Eneström*).*

108) Cf. *A. Harnack*, Math. Ann. 23 (1884), p. 260; *O. Stolz*, Grundzüge[81]) 1, p. 93; *E. Pascal*, Esercizi calcolo infinit.[94]), p. 174.

Si l'on pose

$$\Delta^{(1)}(x) = f(x + h_1) - f(x)$$
$$\Delta^{(2)}(x) = \Delta^{(1)}(x + h_2) - \Delta^{(1)}x$$
$$\cdots\cdots\cdots\cdots$$
$$\Delta^{(n)}(x) = \Delta^{(n-1)}(x + h_n) - \Delta^{(n-1)}(x)$$

on a

$$f^n(x) = \lim_{h_1=0,\, h_2=0,\, \ldots,\, h_n=0} \frac{\Delta^{(n)}(x)}{h_1 h_2 \ldots h_n}.$$

On pourrait encore[109] prendre le second membre de cette expression comme définition de $f^{(n)}(x)$; mais si l'on prend $h_1, h_2, \ldots, h_n$ égaux entre eux, l'expression

$$\lim_{h=0} \frac{\Delta^n(x)}{h^n}$$

à laquelle elle se réduit peut avoir des valeurs déterminées en certains points x où $f^{(n)}(x)$ n'existe pas: $\Delta^n(x)$ est ici égal à

$$f(x+nh) - \frac{n}{1} f(x+nh-h) + \frac{n(n-1)}{1.2} f(x+nh-2h) - \cdots + (-1)^n f(x).$$

*Pour les *fonctions élémentaires* $f(x)$ [II 7, **1**] et plus généralement pour les fonctions $f(x)$ qu'on peut construire par un nombre fini d'opérations soit en utilisant les quatre opérations rationnelles soit en utilisant la notion de fonction de fonction, la fonction $f^{(n)}(x)$ est (sauf en des points singuliers x) dérivable quel que soit n. On dit de ces fonctions qu'elles admettent, en général, des dérivées de *tous les ordres*[110]).

Voici quelques exemples de dérivées $n^{\text{ièmes}}$ de fonctions élémentaires: m et n désignant des nombres entiers positifs, on a

$$D_x^{(n)}[x^m] = m(m-1)\ldots(m-n+1)x^{m-n} \quad \text{pour } n \leqq m$$

et

$$D_x^{(n)}[x^m] = 0, \quad \text{pour } n > m$$
$$D_x^{(n)}[e^x] = e^x,$$
$$D_x^{(n)}[a^x] = a^x \log_e^n a,$$
$$D_x^{(n)}[\sin x] = \sin\left(x + \frac{n\pi}{2}\right), \qquad D_x^{(n)}[\cos x] = \cos\left(x + \frac{n\pi}{2}\right),$$
$$D_x^{(n)}[\log_e x] = \frac{(-1)^{n-1}(n-1)!}{x^n}, \qquad x > 0,$$
$$D_x^{(n)}[\operatorname{arc\,tg} x] = \frac{(n-1)!}{(1+x^2)^{\frac{n}{2}}} \sin n\left[\frac{\pi}{2} + \operatorname{arc\,tg} x\right]$$
$$= \frac{i}{2}(n-1)!\,(-1)^{n-1}\left[\frac{1}{(x+i)^n} - \frac{1}{(x-i)^n}\right], \quad \text{où } i = \sqrt{-1};$$

---

109) *Cf. *A. Genocchi*, Nouv. Ann. math. (2) 8 (1869), p. 385/8.*

110) **C. A. Laisant* [Assoc. fr. avanc. sc. 27 (Nantes) 1898[1], p. 105; id. 1898[2], p. 76/9] a essayé d'introduire sous le nom de *dérivées factorielles* des expressions

dans les trois dernières lignes on suppose $n \geqq 2$; pour $n \geqq 2$, on a aussi[111])

$$D_x^{(n)}[\text{arc}\sin x] = \frac{1.3\ldots(2n-3)}{2^{n-1}}\frac{Y}{(1-x)^{n-1}\sqrt{1-x^2}}$$

où, en désignant par $n_1, n_2, \ldots\ldots$ les coefficients binomiaux $\frac{n-1}{1}$, $\frac{(n-1)(n-2)}{1.2}, \ldots\ldots$, on a posé

$$Y = 1 - \frac{1.n_1}{2n-3}\frac{1-x}{1+x} + \frac{1.3.n_2}{(2n-3)(2n-5)}\frac{(1-x)^2}{(1+x)^2} - \cdots \pm \frac{(1-x)^{n-1}}{(1+x)^{n-1}}.^*$$

11. Théorème des accroissements finis. $_*$*B. Cavalieri*[112]) appelle déjà l'attention sur le fait, d'ailleurs évident pour les courbes usuelles, qu'en *un au moins* des points d'un arc de courbe usuel, la tangente à l'arc est parallèle à la corde joignant les extrémités de l'arc.*

En cherchant à dégager, de ce fait géométrique, une propriété des fonctions continues $y = f(x)$ d'une variable, dérivable dans un intervalle (a, b), on parvient (en fixant l'axe des x sur la corde joignant les extrémités de l'arc envisagé) au *théorème de Rolle*[113]) que l'on peut énoncer ainsi[114]):

$f_1(x), f_2(x), \ldots$ qui sont liées assez simplement aux dérivées successives de $f(x)$. Ainsi pour un polynome $f(x)$ on a

$$f_1(x) = f'(x) + \frac{1}{2!}f''(x) + \frac{1}{3!}f'''(x) + \cdots\cdots$$

111) Pour les dérivées d'ordre n d'autres fonctions, voir par ex. *J. Bertrand,* Traité de calcul différentiel 1, Paris 1864, p. 140 et suiv.

Indiquons ici les dérivées suivantes:

$$D_x^{(n-1)}\left[(1-x^2)^{n-\frac{1}{2}}\right] = (-1)^{n-1}.1.3.5\ldots(2n-1).\frac{\sin(n\,\text{arc}\cos x)}{n},$$

$$D_x^{(n)}\left[\frac{1}{x}\log_e x\right] = (-1)^{n-1}\frac{n!}{x^{n+1}}\left[1 + \frac{1}{2} + \frac{1}{3} + \cdots + \frac{1}{n} - \log_e x\right],$$

$$D_x^{(n)}[e^x \sin x] = \frac{e^x}{\sin^n\frac{\pi}{4}}\sin\left(x + \frac{n\pi}{4}\right),$$

$$D_x^{(n)}[e^x \cos x] = \frac{e^x}{\sin^n\frac{\pi}{4}}\cos\left(x + \frac{n\pi}{4}\right).^*$$

112) $_*$Geometria indivisibilibus continuorum nova quadam ratione promota, Bologne 1635; (2e éd.); Bologne 1653, p. 492.*

$_*$Cf. *G. Vacca,* Bibl. math. (3) 2 (1901), p. 148/9.*

113) $_*$Ce théorème est différent de celui qui a été énoncé en 1690 par *M. Rolle* [Traité d'Algèbre, Paris 1690, p. 128] et qui du reste ne s'occupe que du cas où $f(x)$ est un polynome. *M. Rolle* énonce ainsi le théorème dont il s'agit:

Lorsqu'il y a des racines effectives dans une cascade, les hypothèses de cette cascade donnent alternativement l'une $+$ et l'autre $-$.

Lorsqu'une fonction $f(x)$, univoque et continue *dans* l'intervalle (a, b), c'est-à-dire [cf. n° **4**; II 1, **4**] pour $a \leqq x \leqq b$, s'annule pour $x = a$ et pour $x = b$, et admet à *l'intérieur* de (a, b), c'est-à-dire pour $a < x < b$, une dérivée $f'(x)$, en général finie mais pouvant être $+\infty$ ou $-\infty$ en des points isolés de (a, b), il existe un point $x = \xi$ (au moins) à l'intérieur de l'intervalle (a, b), pour lequel on a

$$f'(\xi) = 0.$$

Lorsqu'une fonction univoque $f(x)$, s'annulant pour $x = a$ et $x = b$, est dérivable dans l'intervalle (a, b), les hypothèses sous lesquelles le théorème de Rolle s'applique sont d'ailleurs manifestement vérifiées.

Le théorème de Rolle se déduit immédiatement du théorème de Weierstrass [II 1, **9**, théorème α] d'après lequel une fonction finie et continue dans un intervalle (a, b), et admettant par suite, dans cet intervalle, une borne supérieure et une borne inférieure, atteint effectivement pour un point au moins de cet intervalle sa borne supérieure et pour un point au moins de cet intervalle sa borne inférieure.

Du théorème de Rolle on déduit aisément[115]) la *formule des ac-*

Dans le langage de *M. Rolle* la locution „cascade" signifie une équation et la locution „les hypothèses de la cascade" signifie ici les racines de l'équation dérivée; on peut rendre ainsi le théorème: „Si une équation algébrique $f(x) = 0$ n'a que des racines réelles et inégales et si a et b sont deux racines consécutives de l'équation $f'(x) = 0$, une des racines de l'équation $f(x) = 0$ est située entre a et b [cf. *G. Eneström*, Bibl. math. (3) 7 (1906/7), p. 302].

Le théorème appelé aujourd'hui „théorème de Rolle" a été énoncé en 1691 par *M. Rolle* [Démonstration d'une méthode pour résoudre les égalitez de tous les degrez, Paris 1691, article 9 corollaire 6 et article 11; cf. *F. Cajori*, Bibl. math. (3) 11 (1910/1), p. 306/7], dans le cas où $f(x)$ est un polynome, sous une forme équivalente à celle-ci: Si a et b sont deux racines consécutives d'une équation algébrique, il y a entre a et b une racine de l'équation $f'(x) = 0$. (Note de *G. Eneström*).*

114) *Au sujet des premières démonstrations rigoureuses du théorème de Rolle, voir *A. Pringsheim*, Bibl. math. (3) 1 (1900), p. 454; Voir aussi *U. Dini*, Fondamenti[48]), p. 75; trad. p. 100/1 (n° 72); *A. Harnack*, Die Elemente der Differential- und Integralrechnung, Leipzig 1881, p. 64; *M. Pasch*, Einleitung in die Differenzialrechnung, Leipzig 1882, p. 83; *P. Mansion*, Résumé du cours d'analyse infinitésimale de l'Université de Gand, Paris et Gand 1887, p. 80/2 [démonstration basée sur le lemme de *K. Weierstrass*]; *J. Tannery*, Introd.[58]), (1re éd.) p. 231; (2e éd.) 1, p. 359; *A. Demoulin*, Mathesis (3) 2 (1902), p. 81.*

115) *Dans ses cours professés à l'École polytechnique, *O. Bonnet* a démontré cette formule en toute rigueur en s'appuyant sur le théorème de Rolle.* Il donnait en outre une démonstration du théorème de Rolle qui, telle du moins qu'elle est exposée dans *J. A. Serret* [Cours de calcul différentiel et intégral, (1re éd.) 1, Paris 1868, p. 17/9; (5e éd.) 1, Paris 1900, p. 17/9 (les éditions successives ne sont que de

croissements finis qui joue un rôle fondamental dans tout le calcul différentiel[116]) et n'est, au fond, elle aussi, comme le théorème de Rolle, qu'une traduction en langage précis du fait intuitif sur lequel *B. Cavalieri* avait appelé l'attention des géomètres. On peut l'énoncer ainsi:

Soit $f(x)$ une fonction univoque finie et continue de x dans l'intervalle (a, b), admettant à l'*intérieur* de (a, b) une dérivée (univoque), en général finie, mais pouvant être $+\infty$, ou $-\infty$ en des points isolés de (a, b)[117]). Pour une valeur (au moins) du nombre réel θ, comprise entre 0 et 1, on a[118])

$$f(b) - f(a) = (b - a) f'(\xi) \quad \text{où} \quad \xi = a + \theta(b - a).$$

En d'autres termes, si x et $x + h$ sont tous deux dans l'intervalle (a, b), on a

$$f(x + h) - f(x) = h f'(x + \theta h).$$

La démonstration ne suppose pas la continuité de la fonction dérivée $f'(x)$.

Si les conditions précédentes sont vérifiées pour la dérivée $f'(x)$ de $f(x)$ non seulement à l'intérieur de (a, b) mais dans tout l'intervalle (a, b), les conditions, concernant $f(x)$, sous lesquelles la formule a été établie sont toujours vérifiées[119]).

---

simples réimpressions)] est loin d'être à l'abri de toute objection. *G. Peano* [dans *A. Genocchi*, Calcolo differenziale, Turin 1884, Annotazioni p. XIV; voir aussi *G. Peano*, Nouv. Ann. math. (3) 3 (1884), p. 45, 153, 252] observait que l'alternative „il faudra qu'elle [la fonction] commence à croître en prenant des valeurs positives ou à décroître" peut ne pas se produire, comme on le voit en envisageant la fonction $y = x \sin \frac{1}{x}$ aux environs du point $x = 0$.

116) *Il convient de remarquer que ce rôle fondamental résulte surtout du mode d'exposition du calcul différentiel que l'on a aujourd'hui généralement adopté. Pour *J. L. Lagrange*, qui se plaçait à un point de vue différent, cette formule n'était qu'une conséquence de la formule de Taylor [Fonctions analyt.[28]), (1re éd.) p. 49; Œuvres 9, p. 83].*

117) *Voir *U. Dini*, Fondamenti[48]), p. 69; trad. p. 90 (n° 71).*

118) Le même théorème a lieu lorsque la fonction $f(x)$ finie et continue dans l'intervalle (a, b) n'admet dans cet intervalle qu'une dérivée à droite $f'(x)$ par exemple, elle-même continue. On a alors [cf. *J. Thomae*, Bestimmte Integrale[52]), p. 10; *A. Harnack*, Die Elemente der Differential- und Integralrechnung, Leipzig 1881, p. 181] pour un nombre (au moins) θ compris entre 0 et 1

$$f(b) - f(a) = (b - a) f'_+(\xi), \quad \text{où} \quad \xi = a + \theta(b - a).$$

119) *Comme on a $a < a + \theta(b - a) < b$ le théorème sous lequel on peut énoncer la formule des accroissements finis pourrait être désigné sous le nom

*La démonstration du théorème de *K. Weierstrass* sur lequel repose en dernière analyse le théorème des accroissements finis est de celles auxquelles *L. Kronecker* refuse le droit de cité en *mathématiques* parce qu'elle ne fournit aucun procédé permettant de déterminer effectivement, avec une approximation donnée à l'avance, les bornes supérieure et inférieure et par suite le nombre θ dont il est question. Pour combler cette lacune *G. Kowalewski*[120]) démontre le théorème des accroissements finis en formant une suite infinie qui définit le point $a + \theta(b - a)$.*

*Du théorème des accroissements finis il résulte que si, dans l'intervalle (a, b), la valeur absolue de $f'(x)$ reste inférieure à un nombre positif donné M, à tout nombre positif ε donné aussi petit que l'on veut on peut faire correspondre un nombre positif η tel que dans *tout* intervalle plus petit que η compris dans (a, b) l'écart de $f(x)$ soit plus petit que ε. Il suffit, par ex.[121]), de prendre $\eta = \frac{\varepsilon}{2M}$.*

Nous allons indiquer plusieurs conséquences très importantes que l'on peut déduire du théorème des accroissements finis. Elles concernent les fonctions $f(x)$ univoques et admettant dans l'intervalle (a, b) une dérivée $f'(x)$.

*I. Si, dans l'intervalle (a, b), la dérivée $f'(x)$ est constamment nulle [sauf éventuellement en un ensemble dénombrable[122]) de points où la façon dont se comporte la dérivée n'importe pas], $f(x)$ est *constante* dans l'intervalle (a, b).

II. Si, dans l'intervalle (a, b), la dérivée $f'(x)$ n'est jamais négative, et si $f'(x)$ n'est pas nulle pour *tous* les x d'un intervalle fini quelconque compris dans (a, b), la fonction $f(x)$ est *croissante* dans l'intervalle (a, b). En d'autres termes, on peut déterminer un nombre positif ε tel que, en chacun des points x situés à l'intérieur de (a, b), le rapport

$$\frac{f(x + \Delta x) - f(x)}{\Delta x}$$

soit positif pour tout Δx plus petit que ε en valeur absolue. On a alors en particulier $f(b) > f(a)$.

III. Si, dans l'intervalle (a, b), la dérivée $f'(x)$ est constamment

---

de „théorème de la moyenne" si l'on n'avait pas déjà réservé ce nom à deux théorèmes du calcul intégral [cf. II 4].* *Plusieurs auteurs italiens disent effectivement „theorema del valor medio"; voir par ex. *C. Arzelà*, Lezioni di calcolo infinitesimale 1, Florence 1901, p. 156 (Note de *G. Vivanti*).*

120) *Ber. Ges. Lpz. 52 (1900), math. p. 214/9.*

121) *Cf. *J. Tannery*, Introd.[55]), (2e éd.) 1, p. 362/3.*

122) Cf. *U. Dini*, Fondamenti[48]), p. 73; trad. p. 95/6 (n° 72).

positive [sauf éventuellement en un ensemble dénombrable de points où $f'(x)$ peut être nulle], les mêmes conclusions subsistent et l'on a encore

$$f(b) > f(a).$$

IV. Si, dans l'intervalle (a, b), la dérivée $f'(x)$ n'est jamais positive, et si elle n'est pas nulle pour *tous* les x d'un intervalle fini quelconque compris dans (a, b), la fonction $f(x)$ est *décroissante* dans l'intervalle (a, b). En d'autres termes, on peut déterminer un nombre positif ε tel que, en chacun des points x situés à l'intérieur de (a, b), le rapport

$$\frac{f(x+\Delta x)-f(x)}{\Delta x}$$

soit négatif pour tout Δx plus petit que ε en valeur absolue. On a alors, en particulier, $f(b) < f(a)$.

V. Si, dans l'intervalle (a, b), la dérivée $f'(x)$ est constamment négative [sauf éventuellement en un ensemble dénombrable de points où $f'(x)$ peut être nulle], les mêmes conclusions subsistent et l'on a encore

$$f(b) < f(a).$$

VI. Si, en chacun des points d'un intervalle (a, b), deux fonctions univoques finies et continues $f(x)$, $\varphi(x)$ admettent la même dérivée [sauf éventuellement en un ensemble dénombrable de points], la différence $\varphi(x) - f(x)$ est nécessairement *constante* dans tout l'intervalle (a, b)[123]).

Les réciproques de ces théorèmes sont évidentes, mais ces théorèmes eux-mêmes ne sont pas évidents. Ils ne le seraient que si, pour chaque fonction envisagée $f(x)$, l'intervalle (a, b) pouvait être décomposé en un nombre fini d'intervalles dans chacun desquels $f(x)$ serait ou constante, ou croissante, ou décroissante, ce qui n'est pas.*

On peut généraliser, de diverses manières, la formule des accroissements finis.

---

123) On peut également démontrer que $\varphi(x) - f(x)$ est nécessairement une constante dans tout l'intervalle (a, b), quand on sait seulement qu'en chacun des points de (a, b) [sauf éventuellement en un ensemble dénombrable de points] une des quatre égalités suivantes est vérifiée:

$$D^+f(x) = D^+\varphi(x), \qquad D_+f(x) = D_+\varphi(x),$$
$$D^-f(x) = D^-\varphi(x), \qquad D_-f(x) = D_-\varphi(x).$$

Cf. *L. Scheeffer*, Acta math. 5 (1884/5), p. 282; au sujet du lemme sur lequel on s'appuie, voir id. p. 184.

Si m et M désignent le minimé et le maximé de $f'(x)$ dans l'intervalle (a, b), la formule des accroissements finis revient à la double inégalité

$$m < \frac{f(b) - f(a)}{b - a} < M.$$

C'est sous cette forme que cette formule à été utilisée par *A. M. Ampère*[124]) et qu'elle a été généralisée par *A. L. Cauchy* à qui l'on doit les propositions que voici:

Si deux fonctions univoques $f(x)$, $\varphi(x)$ sont dérivables[125]) dans un intervalle (a, b) et si m et M désignent le minimé et le maximé du quotient $\frac{f'(x)}{\varphi'(x)}$ dans cet intervalle, on a[126])

$$m < \frac{f(b) - f(a)}{\varphi(b) - \varphi(a)} < M.$$

Pour un choix convenable du nombre positif θ, plus petit que 1, on a aussi[127])

$$\frac{f(b) - f(a)}{\varphi(b) - \varphi(a)} = \frac{f'(\xi)}{\varphi'(\xi)},$$

où $\xi = a + \theta(b - a)$ est compris à l'intérieur de (a, b); en d'autres termes on a

$$\frac{f(a+h) - f(a)}{\varphi(a+h) - \varphi(a)} = \frac{f'(a+\theta h)}{\varphi'(a+\theta h)}$$

pourvu que $\varphi'(x)$ ne soit ni nulle, ni infinie dans l'intervalle $(a, a + h)$.

Ces formules et d'autres analogues[128]) sont d'ailleurs comprises

---

124) *Cette forme convenait à l'objet que *A. M. Ampère* avait en vue: il cherchait à déterminer une borne supérieure et une borne inférieure pour l'expression du *reste* dans la formule de Taylor [J. Éc. polyt. (1) cah. 13 (1806), p. 153].*

125) *A. L. Cauchy* supposait ces dérivées elles-mêmes continues dans l'intervalle (a, b); cette restriction est inutile. On trouve [*S. Realis*, Nouv. Ann. math. (2) 6 (1867), p. 415] d'autres théorèmes déduits du théorème de Rolle où l'on suppose tout aussi inutilement que les dérivées sont continues dans l'intervalle (a, b).

126) Calcul diff.[56]), p. 33/4; Œuvres (2) 4, p. 308/9.

127) Calcul diff.[56]), p. 37; Œuvres (2) 4, p. 313. Voir aussi *F. N. M. Moigno*, Leçons de calcul différentiel et de calcul intégral 1, Paris 1840, p. 33.

128) Voir par ex. *J. Arez* [Jornal sciencias math. astron. (Coïmbre) 11 (1892/3), p. 187/8].

comme cas particuliers dans la relation[129])

$$\begin{vmatrix} f'(\xi) & \varphi'(\xi) & \psi'(\xi) \\ f(a) & \varphi(a) & \psi(a) \\ f(b) & \varphi(b) & \psi(b) \end{vmatrix} = 0$$

dans laquelle $f(x)$, $\varphi(x)$, $\psi(x)$ désignent des fonctions univoques continues quelconques de x, dérivables dans l'intervalle (a, b), et ξ une valeur déterminée de x comprise à l'intérieur de cet intervalle.

Pour $\psi(x) = 1$, on retombe sur la généralisation de *A. L. Cauchy*[130]) de la formule des accroissements finis; pour $\varphi(x) = \psi(x) = 1$, on retrouve la formule des accroissements finis elle-même.

H. A. Schwarz[131]) a généralisé cette formule fondamentale en l'étendant, en quelque sorte, à un nombre quelconque de fonctions. **T. J. Stieltjes*[132]) a ensuite donné une démonstration de caractère plus élémentaire de cette formule générale.*

*Dans le cas de trois fonctions $f(x)$, $\varphi(x)$, $\psi(x)$, univoques et continues de x, admettant dans l'intervalle (a, b) des dérivées secondes, on a, en désignant par x_1, x_2, x_3 $[x_1 < x_2 < x_3]$ trois points situés dans l'intervalle (a, b),

$$2\begin{vmatrix} f(x_1) & \varphi(x_1) & \psi(x_1) \\ f(x_2) & \varphi(x_2) & \psi(x_2) \\ f(x_3) & \varphi(x_3) & \psi(x_3) \end{vmatrix} = \begin{vmatrix} 1 & x_1 & x_1^2 \\ 1 & x_2 & x_2^2 \\ 1 & x_3 & x_3^2 \end{vmatrix} \times \begin{vmatrix} f(x) & \varphi(x) & \psi(x) \\ f'(\xi) & \varphi'(\xi) & \psi'(\xi) \\ f''(\eta) & \varphi''(\eta) & \psi''(\eta) \end{vmatrix}$$

où
$$x_1 < \xi < x_2, \qquad x_1 < \eta < x_3.\text{*}$$

La formule que l'on obtient en cherchant à déduire directement du théorème fondamental un théorème analogue concernant les fonctions complexes

$$f(t) = \varphi(t) + i\psi(t)$$

d'une variable réelle t n'offre pas grand intérêt[133]). On obtient, au contraire, une formule très utile à l'occasion, en commençant par observer que si l'on trace une ligne convexe quelconque entourant la courbe dont les équations sont

$$x = \varphi'(t), \quad y = \psi'(t)$$

129) *G. Peano*, dans *A. Genocchi*, Calcolo differ.[115]), Annotazioni p. XIV.

130) **G. Darboux*, dans *J. Tannery* [Introd.[58]), (1re éd.) p. 394] a donné encore une autre généralisation de la formule des accroissements finis.*

131) Ann. mat. pura appl. (2) 10 (1880/2), p. 129/36.

132) *Nouv. Ann. math. (3) 7 (1888), p. 27/30; Bull. Soc. math. France 16 (1887/8), p. 100/13.*

133) Voir par ex. *P. Mansion*, Résumé d'Analyse infin.[114]), p. 97.

(pouvant même avoir avec cette courbe des points communs, mais alors isolés) le point dont l'affixe l est défini par la relation

$$l = \frac{f(b) - f(a)}{b - a}$$

ne peut en aucun cas être situé en dehors de cette ligne convexe. Cette proposition suppose que, dans l'intervalle $a \leqq t \leqq b$, la fonction complexe $f(t)$ de la variable réelle t est univoque continue et admet une dérivée $f'(t)$ elle-même continue, ne se réduisant pas à une constante[184]). On en déduit aisément la formule annoncée

$$f(b) - f(a) = \lambda(b - a) f'[a + \theta(b - a)],$$

où λ est un nombre, en général complexe, dont la valeur absolue ne peut dépasser l'unité et θ un nombre réel vérifiant les inégalités $0 \leqq \theta \leqq 1$. Cette formule est due à *G. Darboux*[185]) qui l'a d'abord démontrée directement en faisant usage de considérations empruntées à la Géométrie et à la Mécanique.

B. Riemann[136]) est sans doute le premier qui ait montré comment on peut étendre le théorème fondamental à des dérivées du second ordre. *H. A. Schwarz* a démontré[137]) que si une fonction $f(x)$ finie et continue dans un intervalle $a \leqq x \leqq b$, est telle que la limite

$$\lim_{h=0} \left\{ \frac{f(x+h) - 2f(x) + f(x-h)}{h^2} \right\}$$

est nulle pour toute valeur de x vérifiant les inégalités $a < x < b$, cette

---

134) Voir *O. Stolz* [Grundzüge der Differential- und Integralrechnung 2, Leipzig 1896, p. 69] qui attribue cette proposition à *K. Weierstrass*. Il suffit même qu'en a la fonction $f(t)$ admette une dérivée à droite, en b une dérivée à gauche.

135) J. math. pures appl. (3) 2 (1876), p. 291. La formule démontrée par *G. Darboux* est plus générale et correspond à la généralisation due à *A. L. Cauchy* de la formule des accroissements finis, citée plus haut.

136) Habilitationsschrift[86]), § 8; Abh. Ges. Gött. 13 (1866/7), éd. 1868, p. 124/5; Werke[86]), (2ᵉ éd.) p. 248; trad. p. 251.

137) Ce théorème est cité dans *G. Cantor*, J. reine angew. Math. 72 (1870), p. 141. Cf. *H. A. Schwarz*, Math. Abh. 2, Berlin 1890, p. 341/3. Voir aussi *A. Harnack*, Math. Ann. 19 (1882), p. 247; Bull. sc. math. (2) 6 (1882), p. 256.

*Le mode de démonstration de *H. A. Schwarz* est analogue à celui, bien connu de *O. Bonnet*, publié par *J. A. Serret*, Calcul diff.[115]), (1ʳᵉ éd.) 1, p. 17/9; (5ᵉ éd.) 1, p. 17/9.*

U. Dini [Fondamenti[46]), p. 92; trad. p. 122 (nᵒ 84)] a montré que le théorème de *H. A. Schwarz* subsiste lorsque, pour un ensemble dénombrable de points de (a, b), on sait seulement que

$$\lim_{\delta=0} \frac{f(x+\delta) - 2f(x) + f(x-\delta)}{\delta} = 0.$$

fonction est nécessairement de la forme $\alpha x + \beta$, où α et β désignent des constantes, en sorte que sa dérivée du second ordre est nulle. *A. Harnack*[138]) a ensuite continué ces recherches, en les étendant à des dérivées d'ordres supérieurs au second.

12. Différentielles. Si $y = f(x)$ est une fonction univoque de x dérivable au point x, les accroissements correspondants Δx, Δy de la variable x et de la fonction y au point x sont liés par une relation de la forme

$$\Delta y = f'(x)\Delta x + R\Delta x,$$

où R tend vers zéro avec Δx.

Envisageons Δx comme un *quelconque* des accroissements de x. Nous dirons alors, avec *A. L. Cauchy*[139]), que le produit fini[140])

$$f'(x)\Delta x,$$

qui figure dans la relation précédente, est la *différentielle*[141]) de la fonction $f(x)$ au point x.

La *différentielle* d'une fonction $y = f(x)$ en un point x est donc le produit de la dérivée $f'(x)$ de cette fonction au point x par une

138) Math. Ann. 23 (1884), p. 244/84; *O. Hölder* [Math. Ann. 24 (1884), p. 183] a étendu les inégalités d'Ampère aux dérivées du second ordre.

139) C. R. Acad. sc. Paris 17 (1843), p. 278; Œuvres (1) 8, Paris 1893, p. 14; Exercices d'analyse et de phys. math. 3, Paris 1844, p. 7.

Voir aussi *Ch. Hermite*, Cours d'analyse de l'Éc. polyt. 1, Paris 1873, p. 65; *C. Jordan*, Cours d'analyse, (2e éd.) 1, Paris 1893, p. 62/3; *P. du Bois-Reymond*, Functionenth.[49]), p. 83, 132, 140; trad. p. 80, 114, 119; *A. Genocchi*, Calcolo diff.[115]), p. 31.

140) *C'est d'ailleurs là précisément la définition que *G. W. Leibniz* a donnée, au commencement de son mémoire „Nova methodus pro maximis et minimis itemque tangentibus" [Acta Erud. Lps. 1684, p. 467/73; Werke, éd. *C. I. Gerhardt*, Math. Schr. 5, Halle 1858, p. 220/6], des quantités qu'il y appelle ordinairement *différences* et exceptionnellement *quantités différentielles* ou *différentielles*. Mais comme *G. W. Leibniz* donne sa définition sous une forme géométrique, il se sert, au lieu de $f'(x)$, du rapport de l'ordonnée à la sous-tangente (Note de *G. Eneström*).*

141) *G. W. Leibniz* s'est presque toujours servi du mot *differentia* pour différentielle[140]), bien qu'il ait employé les locutions „calculus differentialis" et „aequatio differentialis". De même *G. F. A. de l'Hospital* [Analyse des infiniment petits[35]), (1re éd.) p. 2] dit „la portion infiniment petite dont une quantité variable augmente ou diminue continuellement en est appelée la *différence.*" L'introduction du mot *différentielle* [*differentialis* ou *differentiale*] est due en premier lieu à *Jean Bernoulli* [voir par ex. Opera 3, Lausanne et Genève 1742, p. 387] et à *L. Euler* [voir par ex. Calculi diff.[27]), p. 99] qui s'y réfère avec peu de raison à *G. W. Leibniz* (Note de *G. Eneström*).*

quantité finie arbitraire Δx [suffisamment petite]. Nous désignerons la différentielle de $y = f(x)$ au point x par le symbole dy.

Pour faire concorder cette notation avec le cas particulier où $f(x)$ se réduit à x et où par suite $f'(x)$ se réduit à 1, on devra représenter par dx la quantité finie *arbitraire* Δx et dire de cette quantité finie *arbitraire* qu'elle est la *différentielle* de la variable indépendante x au point envisagé x.

En résumé on a, par définition, au point x, la relation[142])

$$dy = f'(x)dx,$$

dans laquelle chacun des deux membres est une quantité finie arbitraire, ou si l'on veut une *variable indéterminée*, inférieure à une certaine borne finie.

„A la vérité[143]) les différentielles dx et dy ne sont alors pas déterminées: leur rapport seul est déterminé, mais cela est plutôt utile, attendu qu'on peut ainsi disposer d'une différentielle."

On définit de même, d'après *A. L. Cauchy*, la différentielle du second ordre[144]) d^2y de la fonction $y = f(x)$ au point x comme étant le produit de la dérivée seconde $f''(x)$ en ce point x par le carré de la quantité finie arbitraire dx, en sorte que l'on a, par définition,

$$d^2y = f''(x)dx^2.$$

Et ainsi de suite. La différentielle d^ny d'ordre n de la fonction $y = f(x)$ au point x est définie comme étant le produit de la dérivée $f^{(n)}(x)$ en ce point x par la $n^{\text{ième}}$ puissance de la quantité finie arbitraire dx, en sorte que l'on a

$$d^ny = f^{(n)}(x)dx^n.$$

*La notation différentielle est due à *G. W. Leibniz*[145]) qui a fait usage de la lettre *d* initiale du mot *differentia*.*

142) *Quoique cette définition de la différentielle d'une fonction y de la variable x ne prête à aucune ambiguïté, les recherches, de caractère plus ou moins métaphysique, sur la nature des différentielles ne prennent point fin, même après la publication, des Exercices d'analyse et de phys. math. de *A. L. Cauchy*. Voir à ce sujet, *A. H. E. Lamarle*, Mém. Soc. sc. Liége (1) 2 (1845/6), p. 221/848; Mém. Acad. Belgique 29 (1855), mém. nº 1, p. 69.*

143) *A. L. Cauchy*, C. R. Acad. sc. Paris 17 (1843), p. 275/9; Œuvres (1) 8, Paris 1893, p. 11/7.*

144) *G. W. Leibniz* appelait la différentielle du second ordre „differentio-differentialis" [voir par ex. Acta Erud. Lps. 1693, p. 179; Werke, éd. *C. I. Gerhardt*, Math. Schr. 5, Halle 1858, p. 287] ou „differentia secundi gradus" [voir par ex. Acta Erud. Lps. 1695, p. 310; Math. Schr. 5, p. 321] (Note de *G. Eneström*).*

145) *Dans les premières notes manuscrites où il s'agit de l'analyse infinitésimale, *G. W. Leibniz* se sert de différents symboles pour désigner les différentielles. Le

*On peut d'ailleurs remplacer la relation

$$dy = f'(x)dx$$

par la relation symbolique

$$\frac{dy}{dx} = f'(x)$$

ou, plus explicitement, par la relation symbolique

$$\frac{dy}{dx} = \lim_{\Delta x = 0} \frac{\Delta y}{\Delta x}$$

dans laquelle on conserve en quelque sorte, dans l'expression limite, la trace du quotient dont elle est la limite.*

C'est là l'origine de la locution quotient différentiel[146]) dont on a aussi fait usage pour désigner la dérivée[147]).

On peut évidemment, de même, remplacer pour chaque indice n la relation $d^n y = f^n(x)dx^n$ par la relation symbolique[148])

$$\frac{d^n y}{dx^n} = f^n(x).$$

---

26 octobre 1675, il désigne par ω la différentielle de la variable y [Briefwechsel von *G. W. Leibniz* mit Mathematikern publ. par *C. I. Gerhardt* 1, Berlin 1899, p. 150] et trois jours plus tard il prend l ou $\frac{y}{d}$ au lieu de ω (id. p. 153, 155) pour désigner la différentielle de y; quelques jours plus tard, le 11 novembre 1675 (id. p. 162, 163, 164) [dans son ms. intitulé „Methodi tangentium inversae exempla" Werke, éd. *C. I. Gerhardt,* Math. Schr. 5, Halle 1858, p. 217], il garde d'abord le symbole $\frac{x}{d}$ pour la différentielle de x, puis il introduit définitivement le symbole dy pour la différentielle de y, et, immédiatement après [id. p. 220], le symbole dx pour la différentielle de x (Note de *G. Eneström*).*

*Ce symbole est aujourd'hui universellement adopté. En Angleterre le premier ouvrage [*R. Woodhouse,* The principles of analytical calculation, Cambridge 1803] où l'on en a fait usage ne date toutefois que du commencement du 19ième siècle.*

146) *Cette locution a été introduite vers la fin du 18ième siècle par les représentants de l'École combinatoire en Allemagne. En 1794, *C. F. Hindenburg* parle du „quotient des différentielles" [Archiv der reinen angew. Math. 1 (1794/5), p. 209]; en 1796, *J. F. Pfaff* [id. 2 (1796/8), p. 69] emploie le terme „rapport différentiel" et *G. S. Klügel* [Sammlung combinatorisch-analytischer Abhandlungen, publiée par *C. F. Hindenburg* 1, Leipzig 1796, p. 81] emploie le terme même „quotient différentiel" (Note de *G. Eneström*).

J. Ch. F. Sturm,* Cours d'Analyse, (9e éd.) 1, Paris 1888, p. 18 „c'est pourquoi on appelle aussi la dérivée *rapport différentiel* ou *quotient différentiel.

147) On peut signaler aussi la locution *coefficient différentiel* au lieu de dérivée [Voir par ex. *S. F. Lacroix,* Calcul diff.[55]), (2e éd.) 1, p. 147, 237; *A. L. Cauchy,* Résumé calcul infin.[85]) 1, p. 19 (4e leçon); Calcul diff.[56]), (1re leçon); Œuvres (2) 4, Paris 1899, p. 28, 289]; elle est conforme à la relation $dy = f'(x)dx$ et s'explique parce qu'on a, pendant longtemps, introduit les dérivées après les différentielles.

148) On disait aussi *coefficient différentiel de l'ordre n,* au lieu de dérivée

*En fait la notation leibnizienne est *théoriquement* superflue[149]). *Pratiquement* elle a une grande importance. Cela tient en partie à ce que, dans cette notation, la variable est bien spécifiée et en partie à ce que plusieurs théorèmes du calcul différentiel envisagé comme une extension du problème des tangentes se présentent sous une forme intuitive très simple: le théorème des fonctions composées [n° 6], par exemple, se présente sous la forme

$$\frac{dy}{dt} = \frac{dy}{dx} \cdot \frac{dx}{dt}.$$

Comme on le verra dans l'article II 4, l'importance de la notation leibnizienne tient aussi et surtout à ce que cette notation convient aussi au calcul intégral envisagé comme une extension du problème des quadratures, en sorte qu'elle met en évidence l'identité de ce problème et du problème inverse de celui du calcul de la dérivée. La notation leibnizienne offre de plus quelques avantages de symétrie dans les formules de calcul différentiel se rapportant aux fonctions de plusieurs variables et l'usage de ces formules en est singulièrement facilité.*

Les applications de l'analyse infinitésimale à l'étude des phénomènes physiques semblent singulièrement facilitées[150]) lorsqu'on se place à un point de vue différent du point de vue rigoureux de *A. L. Cauchy.* Ce point de vue qui est d'un usage courant, en physique par exemple, revient au fond à celui de *G. W. Leibniz.* On convient, une fois pour toutes, que l'on entendra par le symbole dy non pas la différentielle $f'(x)\,dx$ mais un *accroissement variable* suffisamment petit de la fonction $y = f(x)$, tel toutefois que, si dx est l'accroissement *variable* de x, la relation qui lie y à x continue à être vérifiée quand on y remplace simultanément x par $x + dx$ et y par $y + dy$.

Une *formule différentielle*, c'est-à-dire une relation entre x, y, dx et dy, devant exprimer, par exemple, la loi d'un phénomène physique *n'a plus* alors, il est vrai, *aucun sens précis.* Elle est toutefois le plus souvent commode à établir et il n'y a aucun inconvénient à en faire usage, car pour lui faire acquérir un sens précis il suffit de diviser ses deux membres par dx et d'effectuer ensuite un passage à la limite en faisant tendre dx vers zéro, et par suite aussi dy vers zéro,

---

de l'ordre n. Voir par ex. *A. L. Cauchy*, Résumé calcul infin.[147]), 12e leçon; Œuvres (2) 4, p. 70; *S. F. Lacroix*, Calcul diff.[56]), (2e éd.) 1, p. 167.

149) Voir déjà *J. d'Alembert*, Encycl. ou dictionnaire raisonné[34]) 4, Paris 1754, p. 986/7 (article „différentiel"); Encycl. méthodique, math. 1, p. 522/3.

150) Cf. *G. W. Leibniz* [Acta Erud. Lps. 1695, p. 311; Werke, éd. *C. I. Gerhardt*, Math. Schr. 5, Halle 1858, p. 322] („sufficit cognita semel reducendi via postea methodum adhiberi, in qua incomparabiliter minora negliguntur").

en tenant naturellement compte de la relation qui lie y à x. La formule différentielle s'est ainsi transformée en une équation différentielle.

Les symboles dx et dy ne sont ici que des *intermédiaires* qui permettent d'obtenir rapidement les relations finales (équations différentielles) dans lesquelles ils ne figurent plus[151]).

Pour obtenir des équations finales exactes, il ne faut d'ailleurs jamais oublier, en passant à la limite, de tenir compte de la façon dont dy devient infiniment petit relativement à dx, quand dx tend vers zéro. Si dy devient infiniment petit par rapport à dx il faut à la limite remplacer dans l'équation finale $\frac{dy}{dx}$ par zéro; si $\frac{dy}{dx}$ tend vers une limite finie (positive ou négative) il faut, dans l'équation finale, remplacer $\frac{dy}{dx}$ par $f'(x)$. On dit, dans le premier cas, que dy est un infiniment petit d'*ordre supérieur* à celui de dx, dans le second cas, que dy et dx sont des infiniment petits de même ordre.

G. W. Leibniz[152]) déjà envisageait l'*ordre* des différentielles comme un des caractères essentiels de son nouvel algorithme; mais, avant *A. L. Cauchy*[153]), et malgré les premiers essais de *S. L'Huilier*[154]) qui, parmi tant d'autres, méritent peut-être seuls d'être conservés, on peut dire que ces notions manquaient entièrement de précision et de netteté.

*D'ordinaire, on dit d'une façon générale que si, parmi les quantités infiniment petites $\alpha, \beta \ldots$ que l'on considère simultanément, on en choisit une α comme terme de comparaison, l'infiniment petit β sera dit d'ordre n si le quotient $\frac{\beta}{\alpha^n}$ est de la forme

$$\frac{\beta}{\alpha^n} = \mu + \varepsilon,$$

151) *P. du Bois-Reymond* [Functionenth.[49]) 1, p. 141; trad. p. 119/20] a insisté sur les inconvénients graves qui peuvent résulter de cette façon d'envisager les infiniment petits.

152) Acta Erud. Lps. 1695, p. 310; Historia et origo calculi differentialis, ms. bibl. Hanovre écrit vers 1714 (publ. d'abord en brochure par *C. I. Gerhardt*, Hanovre 1846); Werke, éd. *C. I. Gerhardt*, Math. Schr. 5, Halle 1858, p. 321, 394.

*Déjà avant *G. W. Leibniz*, *I. Newton* [Principia math.[2]), livre 1, section 1, lemme 11, scolie; (2e éd.) p. 32; éd. *S. Horsley* 2, p. 39; trad. marquise *du Châtelet* 1, p. 46] avait envisagé des grandeurs infiniment petites de différents ordres à indice soit entier soit fractionnaire [cf. *G. Vivanti*, Bibl. math. (2) 5 (1891), p. 97/8]. Cf. note 157.*

153) Cours d'Analyse de l'Éc. polyt. 1, Analyse algébrique, Paris 1821, p. 26/34; Œuvres (2) 3, Paris 1897, p. 37/42.

Exercices math. 1, Paris 1826, p. 145/50; Œuvres (2) 6, Paris 1887, p. 184/90.

154) Exposition élémentaire des principes des calculs supérieurs, Berlin (s. d.) [1786], en partic. p. 31 et suiv.; Principiorum calculi differentialis et integralis expositio elementaris, Tubingue 1795, préface p. II.

où μ est un nombre fini différent de zéro et ε un infiniment petit. On dit alors que α est l'infiniment petit principal, que $\mu\alpha^n$ est la partie principale de l'infiniment petit β, et enfin que $\varepsilon\alpha^n$ est le *terme complémentaire* de β. Le terme complémentaire est infiniment petit par rapport à la partie principale.

Ceci posé, la différentielle $dy = D_x(y)dx$ de la fonction $y = f(x)$ est la partie principale de l'accroissement de y correspondant à l'accroissement dx de la variable x, pris comme infiniment petit principal.

A. L. Cauchy[155]) remplace ces définitions par les suivantes:

Un infiniment petit β est d'ordre n si, quelque petit que soit le nombre *positif* ε, on a

$$\lim_{\substack{x=0\\y=0}} \frac{y}{x^{n-\varepsilon}} = 0 \quad \text{et} \quad \lim_{\substack{x=0\\y=0}} \frac{y}{x^{n+\varepsilon}} = \pm\infty.$$

On remarquera que ces conditions peuvent être vérifiées sans que les précédentes le soient[156]).

Les fondateurs de l'Analyse infinitésimale se sont contentés d'aperçus assez peu précis, parfois même contradictoires, sur la notion de différentielle et sur le caractère des quotients de différentielles $\frac{dy}{dx}$. A ce propos, et en général pour avoir une vue d'ensemble sur ce qui concerne l'emploi des infiniment petits et la portée que l'on donnait à la méthode des limites [cf. I 3] en analyse, on consultera par exemple *I. Newton*[157]), *G. W. Leibniz*[158]), *L. Euler*[159]), *C. Maclaurin*[160]), (*Jean le*

---

155) Calcul diff.[56]), préliminaires; Œuvres (2) 4, p. 281.

156) *E. Borel* [Bull. Soc. math. France 29 (1901), p. 154] remarque que cette définition de *A. L. Cauchy* est souvent plus utile que la définition généralement adoptée.

157) Principia math.[3]), livre 1, section 1, lemme 11, scolie; éd. *S. Horsley* 2, p. 41; trad. marquise *du Châtelet* 1, p. 48: „Ultimae rationes illae, quibuscum quantitates evanescunt, reverâ non sunt rationes quantitatum ultimarum; sed *limites*, ad quos quantitatum sine limite decrescentium, rationes semper appropinquant; et quas propiùs assequi possunt, *quàm pro datâ quâvis differentiâ* . . . In sequentibus igitur, si quando, facili rerum conceptui consulens, dixero quantitates quam minimas, vel evanescentes, vel ultimas; cave intelligas quantitates magnitudine determinatas, sed cogita, semper diminuendas sine limite."

158) Werke, éd. *C. I. Gerhardt*, Math. Schr. 5, Halle 1858, p. 217/8. „Videndum an exacte demonstrari possit in quadraturis quod differentia non tantum sit infinite parva, *sed omnino nulla*, quod ostendetur, si constet eo usque inflecti semper posse polygonum ut differentia assumta etiam infinite parva minor fiat error" [feuillet daté du 20 mars 1676; manuscrit bibliothèque Hanovre]; id. Essai de Théodicée, Amsterdam 1710; Philos. Schr. 6, Berlin 1885, p. 90: „. . . et les infinis ou infiniment petits n'y signifient que les grandeurs qu'on peut prendre

Rond) *d'Alembert*[161]), *J. L. Lagrange*[162]), *L. N. M. Carnot*[163]), *S. L'Huilier*[164]), *B. Bolzano*[165]) et enfin *A. L. Cauchy*[166]).

---

aussi grandes ou aussi petites que l'on voudra, pour montrer qu'une erreur est moindre que celle qu'on a assignée, *c'est-à-dire qu'il n'y a aucune* erreur: ou bien on entend par l'infiniment petit l'étude de l'évanouissement ou du commencement d'une grandeur, conçus à l'imitation des grandeurs déjà formées . . ."

Voir aussi Acta Erud. Lps. 1695, p. 311; Math. Schr. 5, Halle 1858, p. 322 (Responsio ad non-nullas difficultates): „Caeterum aequalia esse puto, non tantum quorum differentia est omnino nulla, sed et quorum differentia est incomparabiliter parva."

Lettre au R. P. *Tournemine* datée de Brunswick le 28 octobre 1714 [Mém. pour l'hist. des sc. et des beaux-arts de l'imprimerie S. A. S. à Trévoux 1715, p. 155]: „ . . . Au lieu de prendre les grandeurs infinitésimales pour zéro, comme Monsieur de Fermat, Monsieur Descartes et même Monsieur Newton et tous les autres ont fait, avant que mon *Algorithme des incomparables* ait paru dans les actes de Leipzic; il faut supposer que ces grandeurs sont quelque chose, qu'elles different entre elles, et qu'elles soient marquées de differentes manieres dans l'Analyse nouvelle. Car elles y seraient confondues si elles étaient prises pour des zero. Je les prens donc, non pas comme des riens, ni même pour des infiniment petits à la rigueur; mais pour des quantités incomparablement ou indéfiniment petites, et plus que d'une grandeur donnée ou assignable, inférieures à d'autres dont elles sont les differences, ce qui rend l'erreur moindre qu'aucune erreur assignable, ou donnée, et par conséquent elle est nulle."

Lettre à *P. Dangicourt* datée de Hanovre le 11 septembre 1716 [*G. G. Leibnitii* epistolae ad diversos 3, Leipzig 1738, p. 286]: „. . . . je leur témoignai que je ne croyais point, qu'il y eut de grandeurs véritablement infinies ni véritablement infinitésimales, que ce n'étaient que des fictions, mais des fictions utiles pour abréger et pour parler universellement, comme les racines imaginaires dans l'Algèbre, telles que $\sqrt[2]{-1}$."

159) Calculi diff.[27]), preface p. X, XI et tout particulièrement p. XIV, où *L. Euler* considère les différentielles comme de véritables *zéros* ayant entre eux des rapports finis; (p. XIV): „Hic autem limes, qui quasi rationem ultimam incrementorum constituit, verum est objectum calculi differentialis"; (p. X): „quod *nihilum* jam hic littera ω exhibetur, id in calculo differentiali *quia ut incrementum quantitatis x spectatur*, signo dx repraesentari ejusque differentiale vocari solet."

160) Treatise of fluxions[35]) 1, p. 10; 2, p. 579; trad. *E. Pezenas* 1, préface, p. XI; 2, p. 158.

161) Encycl. ou dictionnaire raisonné[34]) 4, Paris 1754, p. 986 [article „différentiel"]; 6, Paris 1756, p. 922/3 [article „fluxions"]; 9, Paris 1765, p. 542 [article „limites"].

Encycl. méthodique[34]), math. 1, Paris et Liége 1784, p. 522; 2, Paris et Liége 1785, p. 77, 310.

Voir aussi *R. Simson*, De limitibus quantitatum et rationum fragmentum [Opera, Glasgow 1776, mém. n° 4].

162) Calcul des fonctions[26]); réimp. J. Éc. polyt. (1) cah. 12 (an XII), p. 2; Œuvres 10, p. 8. „Au reste, je ne disconviens pas qu'on ne puisse, par la con-

Fonctions de plusieurs variables.

13. Dérivées partielles. Différentielles partielles. Soit

$$u = f(x, y, z \dots)$$

sidération des limites envisagées d'une manière particulière, démontrer rigoureusement les principes du calcul différentiel . . . mais l'espèce de métaphysique que l'on est obligé d'y employer est, sinon contraire, du moins étrangère à l'esprit de l'analyse . . :"

Voir aussi Calcul des fonctions[38]), (nouv. éd.) Paris 1806, p. 292; Œuvres 10, p. 269/70 [non contenu dans la 1re éd.].

Misc. Taurinensia [Mélanges de philos. et de math. Soc. Turin] 2 (1760/1), éd. 1762: note de *J. L. Lagrange* au mémoire de *H. S. Gerdil*, De l'infini absolu considéré dans la grandeur, p. 18 de la troisième pagination; Œuvres 7, Paris 1877, p. 598 „Il en est ici comme dans la méthode des infiniment petits, où le calcul redresse aussi de lui-même les fausses hipotéses que l'on y fait . . . L'erreur est détruite par une autre erreur . . . La méthode de M. Newton est au contraire tout à fait rigoureuse soit dans les suppositions, soit dans les procédés du calcul."

Discours prononcé à la séance d'ouverture des cours de l'École polytechnique le 7 pluviôse an VII [J. Éc. polyt. (1) cah. 6 (an VII), p. 232/5]; Œuvres 7, Paris 1877, p. 324/8.

163) Réflexions sur la métaphysique de l'analyse infinitésimale [(1e éd.) dans les „Œuvres math. du citoyen Carnot, Bâle 1797 à la suite d'un „Essai sur les machines en général", Bâle 1797, p. 130 et p. 137, 143, 159, 170, 175, 179]; (2e éd.) Paris 1813, p. 3, 19, 42 et p. 156, 185, 189, 207; (5e éd.) Paris 1881. *L. N. M. Carnot* appelle infiniment petit [(2e éd.) p. 19] „toute quantité qui est considérée comme continuellement décroissante, tellement qu'elle puisse être rendue aussi petite que l'on veut sans qu'on soit obligé pour cela de faire varier celles dont on cherche la relation". Il dit aussi, en accentuant encore, à cet égard, le point de vue de *J. L. Lagrange*[162]): „l'analyse infinitésimale n'est autre chose qu'un calcul d'erreurs compensées".

On peut signaler dans un ordre voisin de celui de *L. N. M. Carnot* concernant la „compensation d'erreurs" un essai de *J-B. Brasseur* [Mém. Soc. sc. Liége (2) 3 (1873), p. 131/92].

*L'idée de la compensation avait été émise, avant *L. N. M. Carnot*, par *G. Berkeley*. Voir *J. J. Baumann*, Die Lehren von Raum, Zeit und Mathematik in der neuen Philosophie 2, Berlin 1869, p. 443/4; cf. *G. Vivanti*, Il concetto d'infinitesimo, Giorn. mat. (2) 8 (1901), p. 317/65.*

164) *Simon L'Huilier* a particulièrement insisté sur ce que le *quotient différentiel* n'est qu'un *symbole* [Exposition élém.[154]), p. 32; Princ. calc. diff.[154]), p. 36].

165) Dans un mémoire écrit en 1847/8, *B. Bolzano* [Paradoxien des Unendlichen, publ. par *F. Přihonsky*, Leipzig 1851, p. 67; réimp. Berlin 1889, p. 67] insiste, lui aussi, sur le caractère *symbolique* de $\frac{dy}{dx}$.

166) *A. L. Cauchy* [C. R. Acad. sc. Paris 17 (1843), p. 277; Œuvres (1) 8, Paris 1893, p. 13] critique le point de vue de *J. L. Lagrange*: „il faudrait commencer par faire voir que l'accroissement d'une *fonction quelconque* est, sinon

une fonction univoque et continue d'un nombre quelconque de variables $x, y, z, \ldots$ dans un domaine

$$a_1 \leqq x \leqq b_1; \quad a_2 \leqq y \leqq b_2; \quad a_3 \leqq z \leqq b_3; \ldots$$

Fixons $y, z, \ldots$; si la fonction continue de x à laquelle se réduit alors u est dérivable, on dit que sa dérivée est la dérivée partielle (du premier ordre) prise par rapport à x[167]) de la fonction u des variables $x, y, z, \ldots$; on représente cette dérivée partielle par l'un ou l'autre des symboles[168])

$$\frac{\partial u}{\partial x} \text{ ou } \frac{\partial f}{\partial x}, \quad D_x u \text{ ou } D_x f, \quad u_x' \text{ ou } f_x';$$

---

dans tous les cas possibles, du moins sous certaines conditions, la somme d'une série convergente ordonnée suivant les puissances ascendantes de l'accroissement de la variable. Or la démonstration d'un pareil théorème ne peut se donner *a priori*.

Il expose ensuite [id. p. 278/9] son propre point de vue qui est ici adopté dans le texte au commencement du n° **12**.

167) La fonction de x à laquelle se réduit f_x' pour $y = b$ est égale à

$$\lim_{h=0} \frac{f(x+h, b) - f(x, b)}{h};$$

elle n'est en général pas égale à

$$\lim_{y=b} \lim_{h=0} \frac{f(x+h, y) - f(x, b)}{h}.$$

168) *Dans le brouillon d'une lettre adressée vers la fin de l'année 1694 à *G. F. A. de l'Hospital*, *G. W. Leibniz* [Werke, éd. *C. I. Gerhardt*, Math. Schr. 2, Berlin 1850, p. 261] écrit δm pour $\frac{\partial m}{\partial x}$ et ϑm pour $\frac{\partial m}{\partial y}$. *L. Euler* désigne d'abord [Comm. Acad. Petrop. 3 (1728), éd. 1732, p. 116] par de nouvelles lettres (par ex. P, Q, R) les dérivées partielles d'une fonction de x, y, z prises par rapport à ces variables (Note de *G. Eneström*).* Plus tard *L. Euler* [Calculi diff.[27]), p. 195] mettait entre parenthèses les dérivées partielles, en sorte que le symbole $\left(\frac{du}{dy}\right)$ par exemple représentait pour lui ce que nous désignons aujourd'hui par le symbole $\frac{\partial u}{\partial y}$.

La notation actuelle est due à *A. M. Legendre* [Hist. Acad. Paris 1786, éd. 1788, M. p. 8; cf. *P. Stäckel*, dans *W. Ostwald*, Klassiker der exakten Wissenschaften n° 78, Leipzig 1896, p. 64/5]. Elle a été adoptée par *C. G. J. Jacobi* [J. reine angew. Math. 22 (1841), p. 320; 23 (1842), p. 4; Werke 3, Berlin 1884, p. 395/6; 4, Berlin 1886, p. 152] qui a beaucoup contribué à la répandre.

J. L. Lagrange [Fonctions analyt.[28]), (1e éd.) p. 92; Œuvres 9, p. 143] a fait usage, dans le cas de deux variables, des notations

$$u', u_1; \quad u'', u_1', u_{11}$$

pour désigner les dérivées partielles

$$f_x', f_y'; \quad f_{xx}'', f_{xy}'', f_{yy}''.$$

S. F. Lacroix [Calcul diff.[55]), (2e éd.) 1, p. 243] a proposé de supprimer les

on définit, de même, la dérivée partielle (du premier ordre), prise par rapport à y, de la fonction u des variables $x, y, z, \ldots$ et on la représente par l'un ou l'autre des symboles

$$\frac{\partial u}{\partial y} \text{ ou } \frac{\partial f}{\partial y}, \quad D_y u \text{ ou } D_y f, \quad u_y' \text{ ou } f_y',$$

et ainsi de suite pour les dérivées partielles de la fonction u prises par rapport à chacune des variables dont dépend u.

Les dérivées partielles de la fonction

$$u = f(x, y, z, \ldots)$$

sont en général des fonctions de $x, y, z, \ldots$; ces fonctions peuvent elles-mêmes admettre des dérivées partielles; s'il en est ainsi on dit que la fonction u admet des dérivées partielles du second ordre par rapport aux variables dont elle dépend, et l'on écrit

$$\frac{\partial}{\partial x}\left(\frac{\partial u}{\partial x}\right) = \frac{\partial^2 u}{\partial x^2} = D_x^2 u = f''_{xx},$$

$$\frac{\partial}{\partial y}\left(\frac{\partial u}{\partial x}\right) = \frac{\partial^2 u}{\partial x \partial y} = D_y D_x u = f''_{xy},$$

$$\frac{\partial}{\partial x}\left(\frac{\partial u}{\partial y}\right) = \frac{\partial^2 u}{\partial y \partial x} = D_x D_y u = f''_{yx},$$

$$\frac{\partial}{\partial y}\left(\frac{\partial u}{\partial y}\right) = \frac{\partial^2 u}{\partial y^2} = D_y D_y u = f''_{yy}.$$

Il est aisé d'étendre ces définitions aux dérivées partielles d'un ordre quelconque.

Plaçons-nous dans le cas où les conditions [n° **18**] sous lesquelles l'ordre des dérivations peut être interverti à volonté sont satisfaites.

L'ordre n d'une dérivée partielle

$$D^n_{x^p y^q z^r \ldots} = \frac{\partial^n u}{\partial x^p \partial y^q \partial z^r \ldots},$$

où $p + q + r + \cdots = n$, indique le nombre de dérivations qu'il faut effectuer sur cette fonction pour obtenir la dérivée envisagée.

Le nombre de dérivées partielles d'ordre n d'une fonction de k variables indépendantes, qui serait k^n dans le cas général, se réduit à

$$\frac{(n+1)(n+2)\ldots(n+k-1)}{1 \cdot 2 \ldots (k-2)(k-1)}$$

---

parenthèses de *L. Euler* et de désigner simplement les dérivées partielles par les symboles

$$\frac{du}{dx}, \frac{du}{dy}, \ldots; \quad \frac{d^2u}{dx^2}, \frac{d^2u}{dxdy}, \ldots\ldots$$

On a pendant longtemps, surtout en France, fait usage des notations de *S. F. Lacroix*. *Ch. Hermite* [Cours d'analyse de l'Éc. polyt., Paris 1873] les emploie encore. Toutefois les notations de *A. M. Legendre*, adoptées en Allemagne sous l'influence de *C. G. J. Jacobi*, ont fini par prévaloir dans tous les pays.

puisque, dans le cas envisagé, l'ordre des dérivations peut être interverti à volonté.

*Aux dérivées partielles de la fonction u correspondent les différentielles partielles[169])

$$d_x u = \frac{\partial u}{\partial x} dx = D_x u \cdot dx = f_x' dx,$$

$$d_x^2 u = \frac{\partial^2 u}{\partial x^2} dx^2 = D_x^{(2)} u \cdot dx^2 = f_x'' dx^2,$$

$$d_x d_y u = \frac{\partial^2 u}{\partial y \partial x} dx dy = D_x D_y u \cdot dx dy = f_{yx}'' dx dy,$$

$$\cdots\cdots\cdots\cdots\cdots\cdots\cdots\cdots$$

et ainsi de suite.

La notation de Legendre est d'ailleurs insuffisante; elle peut en effet prêter à ambiguïté. Dans le cas d'une fonction $u = f(x, y, z)$ de trois variables x, y, z par exemple, on évitera toute ambiguïté en envisageant comme distincts les symboles désignant:

1°) la dérivée partielle $D_x f(x, y, z)$ dans laquelle y et z sont envisagées comme des constantes,

2°) la dérivée partielle $D_x f[x, y(x), z]$ dans laquelle y dépend de x,

3°) la dérivée partielle $D_x f[x, y, z(x, y)]$ dans laquelle z dépend de x et de y,

4°) la dérivée partielle $D_x f[x, y(x), z(x, y)]$ dans laquelle y dépend de x tandis que z dépend de x et de y.

Le symbole $\frac{\partial f}{\partial x}$ est alors généralement réservé au premier cas.*

E. Czuber[170]) a proposé d'introduire la notion de dérivée de $f(x, y, z, \ldots)$ dans une direction quelconque donnée de la variété $(x, y, z, \ldots)$. La dérivée partielle $\frac{\partial f}{\partial x}$ par exemple rentre dans cette notion générale; elle correspond au cas où la direction donnée est celle de l'axe des x.

14. Extension du théorème des accroissements finis aux fonctions de plusieurs variables. Différentielle totale. Soit $u = f(x, y)$ une fonction admettant des dérivées partielles finies du premier ordre, f_x' et f_y', par rapport aux deux variables x et y, en chacun des points d'un

---

169) Les notations

$$d_x d_x u = d_x^2 u, \quad d_x d_y u = d_{yx}^2 u, \ldots\ldots$$

sont dues à *A. L. Cauchy* [Exercices d'analyse et de phys. math. 3, Paris 1844, p. 14/7]; elles ne sont plus guère employées.

170) Sitzgsb. Akad. Wien 101 IIa (1892), p. 1417/35.

domaine déterminé

$$a_1 \leqq x \leqq b_1, \quad a_2 \leqq y \leqq b_2.$$

Donnons à x et à y des accroissements Δx, Δy; soit alors

$$\Delta u = f(x + \Delta x, y + \Delta y) - f(x, y)$$

l'accroissement correspondant de la fonction $u = f(x, y)$.

De l'identité

$$\Delta u = [f(x + \Delta x, y + \Delta y) - f(x + \Delta x, y)] + [f(x + \Delta x, y) - f(x, y)]$$

on déduit aisément, en appliquant le théorème des accroissements finis à chacune des expressions entre crochets, que l'on a, en chacun des points (x, y) situés à *l'intérieur* du domaine envisagé, et pour des valeurs suffisamment petites des Δx et Δy,

$$\begin{aligned}\Delta u &= f(x + \Delta x, y + \Delta y) - f(x, y) \\ &= f_y'(x + \Delta x, y + \eta \Delta y)\Delta y + f_x'(x + \theta \Delta x, y)\Delta x,\end{aligned}$$

où les nombres θ et η sont compris entre 0 et 1.

On a de même

$$\begin{aligned}\Delta u &= f(x + \Delta x, y + \Delta y) \\ &= f_x'(x + \theta_1 \Delta x, y + \Delta y)\Delta x + f_y'(x, y + \eta_1 \Delta y)\Delta y,\end{aligned}$$

les nombres θ_1 et η_1 étant compris entre 0 et 1.

Si, au point (x, y), les dérivées partielles f_x' et f_y' sont des fonctions *continues* [II 1, **22**], les multiplicateurs de Δx et Δy tendront vers $f_x'(x, y)$ et $f_y'(x, y)$ lorsqu'on fera tendre Δx et Δy vers zéro, et cela de quelque façon que puissent varier θ, η ou θ_1, η_1. On a donc

$$\begin{aligned}\Delta u &= f(x + \Delta x, y + \Delta y) - f(x, y) \\ &= f_x'(x, y)\Delta x + f_y'(x, y)\Delta y + R_1 \Delta x + R_2 \Delta y,\end{aligned}$$

où R_1 et R_2 sont des fonctions de x et y qui tendent vers zéro quand Δx et Δy tendent tous deux vers zéro.

L'extension du théorème des accroissements finis aux fonctions d'un nombre quelconque de variables s'entend maintenant d'elle-même. En particulier si la fonction $u = f(x_1, x_2, \ldots, x_n)$ admet dans un domaine déterminé des dérivées partielles $f_{x_1}', f_{x_2}', \ldots, f_{x_n}'$ *continues* par rapport à $(x_1, x_2, \ldots, x_n)$, on a

$$\begin{aligned}(1) \quad \Delta u &= f(x_1 + \Delta x_1, x_2 + \Delta x_2, \ldots, x_n + \Delta x_n) - f(x_1, x_2, \ldots, x_n) \\ &= \sum_{i=1}^{i=n} f_{x_i}'(x_1, x_2, \ldots, x_n)\Delta x_i + \sum_{i=1}^{i=n} R_i \Delta x_i,\end{aligned}$$

où $R_1, R_2, \ldots, R_n$ sont des fonctions de $x_1, x_2, \ldots, x_n$ qui tendent vers zéro quand les accroissements $\Delta x_1, \Delta x_2, \ldots, \Delta x_n$ tendent simultanément vers zéro.

Dans les applications on fait souvent usage de la formule approchée

$$\Delta u = \sum_{i=1}^{i=n} f'_{x_i}\left(x_1 + \frac{1}{2}\Delta x_1, x_2 + \frac{1}{2}\Delta x_2, \ldots, x_n + \frac{1}{2}\Delta x_n\right)\Delta x_i.$$

On appelle *différentielle totale* de la fonction $u = f(x_1, x_2, \ldots, x_n)$ en un point $(x_1, x_2, \ldots, x_n)$ du domaine envisagé et l'on désigne par le symbole du l'expression

$$\sum_{i=1}^{i=n} f'_{x_i}(x_1, x_2, \ldots, x_n)\Delta x_i$$

qui figure dans la relation (1).

On rappelle que $\Delta x_1, \Delta x_2, \ldots, \Delta x_n$ sont des quantités finies d'ailleurs arbitraires, mais suffisamment petites.

Pour faire concorder cette notation avec les cas particuliers où u est égal soit à x_1, soit à $x_2, \ldots,$ soit à x_n, il faut, dans l'expression qui définit du, écrire $dx_1, dx_2, \ldots, dx_n$ au lieu de $\Delta x_1, \Delta x_2, \ldots, \Delta x_n$. On a alors

$$du = \sum_{i=1}^{i=n} f'_{x_i}(x_1, x_2, \ldots, x_n)dx_i = \sum_{i=1}^{i=n} d_{x_i}u.$$

Ainsi *la différentielle totale d'une fonction est la somme de ses différentielles partielles par rapport à chacune des variables qui y figurent.*

Quand $\Delta x_1, \Delta x_2, \ldots, \Delta x_n$ tendent simultanément vers zéro, le rapport de l'accroissement Δu de la fonction $f(x_1, x_2, \ldots, x_n)$ à la différentielle totale du de cette même fonction tend vers 1.

J. Thomae[171]) a montré que, pour des fonctions $f(x, y)$ de deux variables, les mêmes résultats subsistent quand $f(x, y)$ admet en un point (x, y) une dérivée partielle f_x' et, au voisinage de ce point (x, y), une dérivée partielle f_y' qui soit continue au point (x, y).

Des recherches analogues[172]) ont été ensuite entreprises dans le cas de fonctions de plus de deux variables et aussi pour les différentielles d'ordre supérieur au premier [n° **19**].

15. Dérivation des fonctions composées de fonctions d'une seule variable. *Considérons m fonctions

$$y_1 = \varphi_1(x),\ y_2 = \varphi_2(x), \ldots, y_m = \varphi_m(x)$$

171) Bestimmte Integrale[52]), p. 37.

172) On peut consulter à cet égard le mémoire de *R. Bettazzi*, Giorn. mat. (1) 22 (1884), p. 133.

d'une variable x; et soit

$$u = f(y_1, y_2, \ldots, y_m)$$

une fonction de $y_1, y_2, \ldots, y_m$. Supposons que chacune des fonctions $\varphi_1, \varphi_2, \ldots, \varphi_m$ admette une dérivée du premier ordre par rapport à x[173]), et que, au point analytique $(y_1^0, y_2^0, \ldots, y_m^0)$ correspondant, les dérivées partielles $\frac{\partial f}{\partial y_1}, \frac{\partial f}{\partial y_2}, \ldots, \frac{\partial f}{\partial y_m}$ soient des fonctions continues[173]) de $y_1, y_2, \ldots, y_m$. La fonction f de $y_1, y_2, \ldots, y_m$ admet alors une différentielle totale du au point analytique $(y_1^0, y_2^0, \ldots, y_m^0)$ et l'on a

$$du = \frac{\partial f}{\partial y_1} dy_1 + \frac{\partial f}{\partial y_2} dy_2 + \cdots + \frac{\partial f}{\partial y_m} dy_m,$$

en sorte que la différentielle totale du premier ordre est encore la somme des différentielles partielles prises par rapport à $y_1, y_2, \ldots, y_m$ comme si ces fonctions de x étaient des variables indépendantes[174]).

Si en particulier $m = 1$, on a

$$du = \frac{df}{dy} dy$$

et l'on est dans le cas des fonctions de fonction [n° **6**].*

16. Dérivation des fonctions composées de fonctions de plusieurs variables. Considérons maintenant m fonctions

$$y_1 = \varphi_1(x_1, x_2, \ldots, x_n), \ldots, y_m = \varphi_m(x_1, x_2, \ldots, x_n)$$

de n variables $x_1, x_2, \ldots, x_n$; et soit

$$u = f(y_1, y_2, \ldots, y_m).$$

Si l'on exprime $y_1, y_2, \ldots, y_m$ en fonction de $x_1, x_2, \ldots, x_n$, on a

$$u = F(x_1, x_2, \ldots, x_n).$$

Supposons qu'au voisinage $|x_1 - x_1^0| < \delta$, $|x_2 - x_2^0| < \delta$, ..., $|x_n - x_n^0| < \delta$ d'un point analytique $(x_1^0, x_2^0, \ldots, x_n^0)$ les dérivées partielles

$$\frac{\partial \varphi_i}{\partial x_1}, \frac{\partial \varphi_i}{\partial x_2}, \ldots, \frac{\partial \varphi_i}{\partial x_n} \qquad (i = 1, 2, \ldots, m)$$

existent et qu'au point $(x_1^0, x_2^0, \ldots, x_n^0)$ ces dérivées partielles soient des fonctions continues de $x_1, x_2, \ldots, x_n$. Supposons de plus qu'en chacun des points analytiques $(y_1, y_2, \ldots, y_m)$ correspondant au voisi-

173) *La continuité de ces dérivées n'est pas nécessaire pour que la règle s'applique; cf. *O. Stolz* [Grundzüge[81]) 1, p. 140] qui formule une règle plus générale encore.*

174) *Exemple:*

$$d(u^v) = v u^{v-1} du + u^v \log_e u \, du;$$

en particulier:

$$d(x^x) = x^x [\log_e x + 1] dx.$$

nage envisagé les dérivées partielles $\frac{\partial f}{\partial y_1}, \frac{\partial f}{\partial y_2}, \ldots, \frac{\partial f}{\partial y_m}$ existent et que ces dérivées soient des fonctions continues de $y_1, y_2, \ldots, y_m$ au point analytique $(y_1^0, y_2^0, \ldots, y_m^0)$ qui correspond au point analytique $(x_1^0, x_2^0, \ldots, x_n^0)$. On a alors[175])

$$du = \frac{\partial f}{\partial y_1} dy_1 + \frac{\partial f}{\partial y_2} dy_2 + \cdots + \frac{\partial f}{\partial y_m} dy_m,$$

d'où l'on déduit

$$du = \sum_{i=1}^{i=n} \left[\frac{\partial f}{\partial y_1}\frac{\partial \varphi_1}{\partial x_i} + \cdots + \frac{\partial f}{\partial y_m}\frac{\partial \varphi_m}{\partial x_i}\right] dx_i = \sum_{i=1}^{i=n}\sum_{k=1}^{k=m} \frac{\partial f}{\partial y_k}\frac{\partial \varphi_k}{\partial x_i} dx_i.$$

*Les règles de dérivation des fonctions d'une variable [n° 5] s'étendent maintenant aisément aux différentielles totales. On a, en particulier, pour des fonctions quelconques $u, v, \ldots, w$ d'une ou de plusieurs variables indépendantes,

$$d(u + v + w + \cdots) = du + dv + dw + \cdots,$$
$$d(uv) = u\,dv + v\,du,$$
$$d(uv\ldots w) = uv\ldots w\left[\frac{du}{u} + \frac{dv}{v} + \cdots + \frac{dw}{w}\right],$$
$$d\frac{u}{v} = \frac{v\,du - u\,dv}{v^2},$$
$$du^m = mu^{m-1}du,$$
$$d\log_a u = \log_a e \cdot \frac{du}{u}.^*$$

17. Dérivées des fonctions implicites. Soit $f(x, y)$ une fonction continue en un point (x_0, y_0), admettant des dérivées partielles f_x' et f_y' elles-mêmes continues en ce point (x_0, y_0). Si $f(x_0, y_0) = 0$, tandis que $f_y'(x_0, y_0)$ est différent de zéro, on peut déterminer dans le voisinage du point (x_0, y_0) une fonction et une seule continue au point x_0,

$$y = \varphi(x),$$

prenant pour $x = x_0$ la valeur y_0, admettant pour $x = x_0$ une dérivée $\varphi'(x_0)$ et satisfaisant identiquement à l'équation

$$f(x, y) = 0.$$

---

175) Voir *P. du Bois-Reymond*, Functionenth.[49]) 1, p. 136 en note; trad. p. 117; *O. Stolz*, Grundzüge[81]) 1, p. 137. Ici encore on peut formuler une règle plus générale.

G. Fontené [L'enseignement math. 2 (1900), p. 451/2] donne une démonstration intuitive de ce théorème dans le cas où $m = 2$ et $n = 1$.

La démonstration même de ce théorème[176]) fournit l'expression

$$\varphi'(x) = -\left(\frac{f_x'}{f_y'}\right)_{\substack{x=x_0\\ y=y_0}}$$

de la dérivée $\frac{dy}{dx} = \varphi'(x)$ au point (x_0, y_0).

De ce théorème fondamental on déduit aisément par induction le théorème suivant concernant le cas le plus général qui puisse se présenter[177]).

Lorsque des fonctions continues

$$f_1(x_1, \ldots, x_n, y_1, \ldots, y_m), \ldots, f_m(x_1, \ldots, x_n, y_1, \ldots, y_m),$$

admettant des dérivées partielles du premier ordre, elles-mêmes continues aux environs d'un point analytique

$$(x_1^{(0)}, \ldots, x_n^{(0)}, y_1^{(0)}, \ldots, y_m^{(0)}),$$

s'annulent en ce point analytique (c'est-à-dire pour $x_1 = x_1^{(0)}, \ldots, y_m = y_m^{(0)}$), tandis que le déterminant fonctionnel

$$\begin{vmatrix} \frac{\partial f_1}{\partial y_1}, \ldots, \frac{\partial f_1}{\partial y_m} \\ \cdot \quad \cdot \quad \cdot \quad \cdot \quad \cdot \\ \frac{\partial f_m}{\partial y_1}, \ldots, \frac{\partial f_m}{\partial y_m} \end{vmatrix}$$

y prend une valeur différente de zéro, on peut déterminer, dans le voisinage de ce point analytique, un système de m fonctions et un seul continues au point analytique $(x_1^0, x_2^0, \ldots, x_n^0)$

$$y_1 = \varphi_1(x_1, x_2, \ldots, x_n), \ldots, y_m = \varphi_m(x_1, x_2, \ldots, x_n),$$

se réduisant à $y_1^0, y_2^0, \ldots, y_m^0$ pour $x_1 = x_1^{(0)}, x_2 = x_2^{(0)}, \ldots, x_n = x_n^{(0)}$, ad-

---

176) Voir *A. Genocchi*, Calcolo diff.[115]) 1, p. 149/51; *U. Dini*, Lezioni di analisi infinitesimale (cours autographié) 1, Pise 1877/8, p. 163; id. (imprimé) 1, Pise 1910, p. 203; *O. Stolz*, Grundzüge[81]) 1, p. 162; *J. Cels*, Revue de math. spéc. 3 (1895/6), p. 321/4; *C. Jordan*, Cours d'analyse, (2e éd.) 1, Paris 1893, p. 80/2; *D. A. Grave*, Soobščenija Charĭkovskago matěmatičeskago Obščěstva (communic. Soc. math. Kharkov) (2) 6 (1899), p. 288/93.

177) *A. Genocchi*, Calcolo diff.[115]), p. 152/64. *C. Jordan*, Cours d'analyse, (2e éd.) 1, Paris 1893, p. 82/4. Dans *R. Lipschitz* [Lehrbuch der Analysis 2, Bonn 1880, p. 598/614] le même théorème est établi au moyen de considérations empruntées au calcul intégral. Voir aussi la démonstration de *E. Lindelöf*, Bull. sc. math. (2) 23 (1899), p. 68.

*Le théorème fondamental a encore lieu même quand f_x' n'existe pas et le théorème plus général que l'on en déduit a encore lieu même quand $\frac{\partial f_i}{\partial x_1}$, $\frac{\partial f_i}{\partial x_2}, \ldots, \frac{\partial f_i}{\partial x_n}$ $(i = 1, 2, \ldots, m)$ n'existent pas [voir à ce sujet *G. Peano*, Lezioni di analisi infinitesimale 2, Turin 1893, p. 157] (Note de *G. Vivanti*).*

mettant en ce point analytique des dérivées partielles du premier ordre

$$\frac{\partial y_1}{\partial x_1}, \frac{\partial y_1}{\partial x_2}, \ldots, \frac{\partial y_1}{\partial x_n}, \frac{\partial y_2}{\partial x_1}, \ldots, \frac{\partial y_m}{\partial x_n}$$

et vérifiant identiquement les équations

$$f_1 = 0, \; f_2 = 0, \; \ldots, \; f_m = 0.$$

La démonstration même de ce théorème fournit les expressions des dérivées partielles

$$\frac{\partial y_i}{\partial x_1}, \frac{\partial y_i}{\partial x_2}, \ldots, \frac{\partial y_i}{\partial x_n}.$$

Mais *une fois ce théorème démontré* il est pratiquement plus simple de déduire ces expressions à nouveau en appliquant la règle de dérivation des fonctions composées, qui fournit immédiatement, sous l'hypothèse de la continuité des dérivées partielles $\frac{\partial y_i}{\partial x_k}$, les relations[178])

$$(1) \qquad \frac{\partial f_i}{\partial x_k} + \frac{\partial f_i}{\partial y_1}\frac{\partial y_1}{\partial x_k} + \frac{\partial f_i}{\partial y_2}\frac{\partial y_2}{\partial x_k} + \cdots + \frac{\partial f_i}{\partial y_m}\frac{\partial y_m}{\partial x_k} = 0$$

$$(i = 1, 2, \ldots, m; \; k = 1, 2, \ldots, n),$$

c'est-à-dire n groupes de m relations linéaires indépendantes entre les mn dérivées partielles continues $\frac{\partial y_i}{\partial x_k}$. Le déterminant

$$\begin{vmatrix} \frac{\partial f_1}{\partial y_1}, & \frac{\partial f_1}{\partial y_2}, & \ldots, & \frac{\partial f_1}{\partial y_m} \\ \frac{\partial f_2}{\partial y_1}, & \frac{\partial f_2}{\partial y_2}, & \ldots, & \frac{\partial f_2}{\partial y_m} \\ \cdot & \cdot & \cdot & \cdot \\ \frac{\partial f_m}{\partial y_1}, & \frac{\partial f_m}{\partial y_2}, & \ldots, & \frac{\partial f_m}{\partial y_m} \end{vmatrix}$$

ne s'annule pas au point analytique $(x_1^{(0)}, x_2^{(0)}, \ldots, x_n^{(0)}, y_1^{(0)}, y_2^{(0)}, \ldots, y_m^{(0)})$ en sorte que les mn dérivées partielles $\frac{\partial y_i}{\partial x_k}$ sont uniquement déterminées par les mn relations linéaires (1).

18. Dérivées partielles d'ordre quelconque. L'étude des conditions sous lesquelles on peut intervertir, dans une dérivée d'un ordre quelconque, l'ordre des dérivations se ramène facilement à l'étude des conditions sous lesquelles, $u = f(x, y)$ désignant une fonction de deux variables x et y, on a

$$(1) \qquad \frac{\partial^2 u}{\partial x \partial y} = \frac{\partial^2 u}{\partial y \partial x}.$$

Cette relation (1) fut d'abord envisagée comme évidente par *Nicolas*

178) *C. Jordan*, Cours d'analyse, (2e éd.) 1, Paris 1893, p. 84/5. On s'est pendant bien longtemps contenté d'appliquer cette règle sans s'inquiéter de savoir sous quelles conditions on était assuré de l'existence même des fonctions implicites et de leurs dérivées. Mais actuellement il n'en est plus ainsi.

Bernoulli[179]). *Nicolas II Bernoulli*[180]), fils de *Jean Bernoulli*, en donna déjà en 1721 une démonstration géométrique.*

Pour *L. Euler*[181]) la relation (1) résultait de la symétrie en Δx et Δy de l'expression

$$\frac{\Delta\frac{\Delta u}{\Delta y}}{\Delta x}=\frac{\Delta^2 u}{\Delta x\Delta y}=\frac{\Delta\frac{\Delta u}{\Delta x}}{\Delta y};$$

il ne se préoccupait nullement de l'influence que pouvait avoir, sur la valeur finale, la transposition des deux passages à la limite dont l'ordre diffère suivant que l'on veut déduire de l'expression $\frac{\Delta^2 u}{\Delta x\Delta y}$ l'une ou l'autre des dérivées $\frac{\partial^2 u}{\partial x\partial y}$ ou $\frac{\partial^2 u}{\partial y\partial x}$.

A. L. Cauchy[182]) s'est placé au même point de vue que *L. Euler*.

C'est probablement *P. H. Blanchet*[183]) qui, le premier, s'est rendu compte de la difficulté qu'offre la démonstration de cette égalité et qui a cherché sous quelles conditions la transposition des deux passages à la limite dont on vient de parler est légitime. Ses recherches ne sont toutefois pas rigoureuses. *Il en est de même de celles de *L. L. Lindelöf*[184]) et de *A. Genocchi*[185]).* Comme on peut assez facilement construire[186]) des fonctions $f(x, y)$ ayant deux dérivées distinctes[187]) $\frac{\partial^2 f}{\partial x\partial y}$ et $\frac{\partial^2 f}{\partial y\partial x}$, il est indispensable d'approfondir cette question. On démontre tout d'abord le théorème suivant[188]):

179) *Lettre à *L. Euler*, datée du 6 avril 1743; *P. H. Fuss*, Corresp. math. phys. 2, St Pétersbourg 1843, p. 704; voir *Nicolas II Bernoulli*, Acta Erud. Lps. Suppl. 7 (1721), p. 310/1; *Jean Bernoulli*, Opera 2, Lausanne et Genève 1742, p. 443.*

180) *Acta Erud. Lps. Suppl. 7 (1721), p. 307/8; *Jean Bernoulli*, Opera 2, Lausanne et Genève 1742, p. 439 [cf. *G. Eneström*, Bibl. math. (3) 2 (1901), p. 443].*

181) *Comm. Acad. Petrop. 7 (1734/5), éd. 1740, p. 177/8;* Calculi diff.[27]), p. 192.

182) Calcul diff.[56]), p. 220; Œuvres (2) 4, p. 525. Exercices d'Analyse et de phys. math. 3, Paris 1844, p. 33/4.

183) J. math. pures appl. (1) 6 (1841), p. 65/8.

184) *Acta Soc. scient. Fennicae 8 (1867), n° 7, p. 205/13.*

185) *Atti Accad. Torino 4 (1868/9), p. 327/31.*

186) *H. A. Schwarz*, Archives sc. nat. Genève[89]); Math. Abh. 2, p. 280; *A. Genocchi*, Calcolo diff.[115]), p. 174.

187) *Exemples moins simples que ceux de *H. A. Schwarz* et de *A. Genocchi* dans *A. Harnack* [Die Elemente der Differential- und Integralrechnung, Leipzig 1881, p. 97] et *U. Dini* [Lezioni di analisi infinitesimale (cours autographié) 1, Pise 1877/8, p. 127; id. (imprimé) 1, Pise 1910, p. 169].*

188) *H. A. Schwarz*, Archives sc. nat. Genève[89]); Math. Abh. 2, p. 278; **J. A. Serret*, Calcul diff.[115]), (5e éd.) 1, p. 76/7; *R. Lipschitz*, Analysis[177]) 2, p. 270; *C. Jordan*, Cours d'analyse 1, Paris 1882, p. 31; (2e éd.) 1, Paris 1893, p. 118/9.*

Si les quatre dérivées partielles $\frac{\partial^2 f}{\partial x^2}$, $\frac{\partial^2 f}{\partial x \partial y}$, $\frac{\partial^2 f}{\partial y \partial x}$, $\frac{\partial^2 f}{\partial y^2}$ d'une fonction de deux variables sont des fonctions univoques et continues de ces deux variables en un point (x, y), on a toujours

$$\frac{\partial^2 f}{\partial x \partial y} = \frac{\partial^2 f}{\partial y \partial x}.$$

H. A. Schwarz[189]) a d'ailleurs montré qu'il suffit que les deux dérivées du premier ordre $\frac{\partial f}{\partial x}$, $\frac{\partial f}{\partial y}$ et l'une seulement des deux dérivées du second ordre $\frac{\partial^2 f}{\partial y \partial x}$, $\frac{\partial^2 f}{\partial x \partial y}$, la seconde par exemple, soient univoques et continues en (x, y) pour que l'on puisse en conclure l'existence et la continuité de la première et être assuré que l'on a

$$\frac{\partial^2 f}{\partial y \partial x} = \frac{\partial^2 f}{\partial x \partial y}.$$

J. Thomae[190]) a ensuite montré qu'il suffit même que

$$\frac{\partial f}{\partial x} \quad \text{et} \quad \frac{\partial}{\partial y}\left(\frac{\partial f}{\partial x}\right)$$

soient des fonctions univoques et continues de (x, y) et *U. Dini*[191]) a donné des conditions encore plus générales mais qui sont un peu longues à formuler[192]).

En étendant ces résultats aux dérivées d'un ordre quelconque, on obtient les conditions sous lesquelles les diverses dérivées

$$\frac{\partial^n f(x, y)}{\partial x^p \partial y^{n-p}} \qquad (0 < p < n)$$

ont des valeurs indépendantes de l'ordre dans lequel on effectue les dérivations successives[193]).

---

189) Archives sc. nat. Genève[89]); Math. Abh. 2, p. 284.

190) Bestimmte Integrale[52]), p. 22. Voir aussi *G. Peano* [Mathesis (1) 10 (1890), p. 153/4] *qui montre que si f''_{xy} existe dans le voisinage de (x_0, y_0) et est continue pour $x = x_0$, $y = y_0$, et si $f'_y(x, y_0)$ existe dans le voisinage de $x = x_0$, alors f''_{yx} existe aussi et l'on a $f''_{xy} = f''_{yx}$ au point (x_0, y_0).*

191) Lezioni di analisi infinitesimale (cours autographié) 1, Pise 1877/8, p. 122; id. (imprimé) 1, Pise 1910, p. 164.

192) *O. Stolz* [Grundzüge[81]) 1, p. 146] a groupé l'ensemble des résultats obtenus; **P. Mansion* [Nouv. Corresp. math. 6 (1880), p. 369/70; Résumé analyse infin.[114]), p. 63] a proposé une démonstration très simple de l'égalité

$$\frac{\partial^2 f}{\partial x \partial y} = \frac{\partial^2 f}{\partial y \partial x}$$

dans le cas usuel où $f(x, y)$ est une fonction élémentaire.*

193) Voir par ex. *O. Stolz*, Grundzüge[81]) 1, p. 151/60.

19. Différentielles totales d'ordre quelconque. *Dans l'expression

$$(1)\qquad du = \frac{\partial u}{\partial x_1}dx_1 + \frac{\partial u}{\partial x_2}dx_2 + \cdots + \frac{\partial u}{\partial x_n}dx_n$$

de la différentielle totale du premier ordre du d'une fonction u de n variables indépendantes $x_1, x_2, \ldots, x_n$, les quantités $dx_1, dx_2, \ldots, dx_n$ sont des accroissements finis des variables $x_1, x_2, \ldots, x_n$. Imaginons dans ce qui suit que ces accroissements soient arbitrairement fixés[194]).

Quand alors la fonction du des variables $x_1, x_2, \ldots, x_n$ définie par l'expression (1) admet une différentielle totale, $d \cdot du$, on dit que cette différentielle totale est la *différentielle totale du second ordre* de la fonction u et on la représente par le symbole

$$d^2u.$$

Les différentielles totales du second ordre $d^2x_1, d^2x_2, \ldots, d^2x_n$ des variables indépendantes $x_1, x_2, \ldots, x_n$ sont nulles.

On a immédiatement

$$d^2u = \sum_{(i)} \frac{\partial^2 u}{\partial x_i^2} dx_i^2 + \sum_{(i,k)} \frac{\partial^2 u}{\partial x_i \partial x_k} dx_i dx_k \qquad (i, k = 1, 2, \ldots, n).$$

Quand les conditions [n° **18**] sous lesquelles on peut transposer l'ordre des dérivations sont vérifiées, on aperçoit aisément que pour obtenir d^2u il suffit de former le carré de l'expression symbolique

$$\frac{\partial}{\partial x_1}dx_1 + \frac{\partial}{\partial x_2}dx_2 + \cdots + \frac{\partial}{\partial x_n}dx_n$$

comme si chacun des termes de cette expression représentait une véritable quantité, en remplaçant ensuite chaque symbole

$$\frac{\partial^2}{\partial x_i^2} \quad \text{ou} \quad \frac{\partial^2}{\partial x_i \partial x_k}$$

par la dérivée partielle

$$\frac{\partial^2 u}{\partial x_i^2} \quad \text{ou} \quad \frac{\partial^2 u}{\partial x_i \partial x_k}.$$

C'est ce qu'exprime la formule symbolique

$$d^2u = \left(\frac{\partial}{\partial x_1}dx_1 + \frac{\partial}{\partial x_2}dx_2 + \cdots + \frac{\partial}{\partial x_n}dx_n\right)^{(2)}\Big| u.$$

On a ainsi, dans le cas de deux variables indépendantes x, y par ex.,

$$d^2u = \left(\frac{\partial}{\partial x}dx + \frac{\partial}{\partial y}dy\right)^{(2)}\Big| u = \frac{\partial^2 u}{\partial x^2}dx^2 + 2\frac{\partial^2 u}{\partial x \partial y}dx\,dy + \frac{\partial^2 u}{\partial y^2}dy^2.$$

---

194) **C. Jordan* [Cours d'analyse, (2e éd.) 1, Paris 1893, p. 120/1] donne la définition de d^2u et la forme symbolique; *Ph. Gilbert* [Cours d'analyse infinitésimale, Louvain 1872; (3e éd.) Paris 1887, p. 140] donne la forme symbolique et [id. p. 139] la définition de d^2u.*

On définit de même successivement les différentielles totales d'ordre 3, d'ordre 4, ... La différentielle totale d'ordre k d'une fonction u de n variables indépendantes $x_1, x_2, \ldots, x_n$ est la différentielle totale de la différentielle totale d'ordre $k-1$ de u, envisagée comme une fonction de $x_1, x_2, \ldots, x_n$, tandis que $dx_1, dx_2, \ldots, dx_n$ sont toujours les mêmes accroissements arbitrairement fixés dans l'expression de la différentielle totale du premier ordre du.

On représente la différentielle totale d'ordre k de u par le symbole

$$d^k u.$$

La formule symbolique

$$d^k u = \left(\frac{\partial}{\partial x_1} dx_1 + \frac{\partial}{\partial x_2} dx_2 + \cdots + \frac{\partial}{\partial x_n} dx_n\right)^{(k)} \Big| u$$

fournit aisément l'expression de $d^k u$, si l'on applique la formule du binome au développement de

$$\left(\frac{\partial}{\partial x_1} dx_1 + \frac{\partial}{\partial x_2} dx_2 + \cdots + \frac{\partial}{\partial x_n} dx_n\right)^k$$

comme si les symboles $\frac{\partial}{\partial x_1} dx_1, \frac{\partial}{\partial x_2} dx_2, \ldots, \frac{\partial}{\partial x_n} dx_n$ étaient de véritables quantités et que l'on remplace[195]), dans le résultat ainsi obtenu, chaque symbole

$$\frac{\partial^k}{\partial x_1^{p_1} \partial x_2^{p_2} \ldots \partial x_n^{p_n}} \qquad (p_1 + p_2 + \cdots + p_n = k)$$

par la dérivée partielle correspondante

$$\frac{\partial^k u}{\partial x_1^{p_1} \partial x_2^{p_2} \ldots \partial x_n^{p_n}}.$$

Observons en passant que, si $u = f(x_1, x_2, \ldots, x_n)$ est une fonction homogène d'ordre m des variables $x_1, x_2, \ldots, x_n$ en sorte que l'on ait,

195) *Ch. Méray* [Leçons nouvelles[45]) 1, p. 123] a proposé d'étendre au cas de plusieurs variables la notation de *J. L. Lagrange*. Pour spécifier une dérivée d'ordre supérieur, il suffit d'écrire au lieu de

$$\frac{\partial^{p+q} u}{\partial x^p \partial y^q},$$

soit

$$f^{(p,q,\ldots)}_{x,y,\ldots}(x, y, \ldots),$$

soit

$$D^{p,q,\ldots}_{x,y,\ldots} f(x, y, \ldots).$$

Dans bien des cas cette notation est commode. La forme symbolique sous laquelle se présentent les différentielles totales d'ordre quelconque semble ici encore militer en faveur de l'emploi simultané des deux notations. Observons que, typographiquement, la notation $f^{(p,q)}_{i_{x_k} y_l}$ [cf. nº 9] n'est ni élégante ni pratique.

quel que soit t,

$$f(tx_1, tx_2, \ldots, tx_n) = t^m f(x_1, x_2, \ldots, x_n),$$

on a, de même, les égalités symboliques

$$m(m-1)\ldots(m-k+1)u = \left(x_1 \frac{\partial}{\partial x_1} + \cdots + x_n \frac{\partial}{\partial x_n}\right)^k \Big| u$$

pour $k = 1, 2, 3, \ldots, m$. Celle de ces égalités qui correspond à $k=1$ fournit la relation d'un usage fréquent

$$mu = x_1 \frac{\partial u}{\partial x_1} + x_2 \frac{\partial u}{\partial x_2} + \cdots + x_n \frac{\partial u}{\partial x_n}.$$

20. Différentielles totales d'ordre quelconque d'une fonction composée. En reprenant la notation du n° **16**, on démontre que, pour obtenir la différentielle totale du second ordre de la fonction

$$u = F(x_1, x_2, \ldots, x_n)$$

des variables $x_1, x_2, \ldots, x_n$, il suffit de différentier l'expression

$$du = \frac{\partial u}{\partial y_1} dy_1 + \cdots + \frac{\partial u}{\partial y_m} dy_m$$

et d'écrire $d^2y_1, d^2y_2, \ldots, d^2y_m$ pour les différentielles de $dy_1, dy_2, \ldots, dy_m$. Le résultat que l'on obtient ainsi est contenu dans la formule symbolique

$$d^2u = \left(\frac{\partial}{\partial y_1} dy_1 + \cdots + \frac{\partial}{\partial y_m} dy_m\right)^{(2)} \Big| u + \left(\frac{\partial u}{\partial y_1} d^2y_1 + \cdots + \frac{\partial u}{\partial y_m} d^2y_m\right).$$

Quand aux variables d'abord envisagées on substitue de nouvelles variables la différentielle totale du second ordre change de valeur mais la *forme* précédente subsiste.

C'est là un des grands avantages de la notation différentielle.

Cette forme se simplifie toutefois quand $y_1, y_2, \ldots, y_m$ sont des variables indépendantes car alors $d^2y_1 = 0,\ d^2y_2 = 0,\ \ldots,\ d^2y_m = 0$.

Ce que l'on vient de dire de la différentielle totale du second ordre des fonctions composées s'étend successivement aux différentielles totales d'ordre $3, 4, \ldots$ des fonctions composées.

En appliquant les formules ainsi obtenues, on peut obtenir aisément les dérivées d'un ordre quelconque k d'une fonction implicite y de x définie par une relation

$$f(x, y) = 0,$$

où la fonction f admet toutes ses dérivées partielles d'ordre k et où ces dérivées partielles sont des fonctions continues de (x, y). S'il en est ainsi, non seulement la fonction implicite y de x mais toutes ses dérivées $\frac{dy}{dx}, \frac{d^2y}{dx^2}, \ldots, \frac{d^ky}{dx^k}$ d'ordre $\leq k$ existent. On obtient ces k

dérivées en égalant à zéro les développements des différentielles totales

$$du, d^2u, \ldots, d^ku$$

de la fonction $u = f(x, y)$ des deux variables x, y.

Ces considérations s'étendent à des fonctions d'un nombre quelconque de variables.

On peut aussi rattacher à l'emploi des différentielles totales le problème du changement de variables [cf. n° **31**] que l'on étudiera aussi dans d'autres articles de l'Encyclopédie.*

Applications analytiques.

21. Premières recherches sur les développements de Taylor et de Maclaurin. La relation

$$(1) \qquad f(x+h) = f(x) + \frac{h}{1!}f'(x) + \frac{h^2}{2!}f''(x) + \cdots\cdots,$$

où le nombre des termes qui figurent dans le second membre est indéterminé, est due à *B. Taylor*[196]) qui l'a envisagée comme cas limite d'une relation analogue, composée d'un nombre n déterminé de termes[197]) relative aux *accroissements finis* d'ordre $1, 2, \ldots, n-1$ d'une fonction quelconque donnée $f(x)$; *B. Taylor*[198]) ne s'est d'ailleurs nullement préoccupé de la signification précise du développement

$$f(x) + \frac{h}{1!}f'(x) + \frac{h^2}{2!}f''(x) + \cdots\cdots$$

qui figure dans le second membre de la relation (1).*

*La relation

$$(2) \qquad f(x) = f(0) + \frac{x}{1}f'(0) + \frac{x^2}{2!}f''(0) + \cdots\cdots$$

196) Methodus incrementorum directa et inversa, Londres 1715, p. 23.

197) Id. p. 21.

198) *G. Peano* [dans *A. Genocchi*, Calcolo diff.[115]), Annotazioni, p. XVII] conteste la priorité de *B. Taylor* et estime légitime la revendication faite à cet égard par *Jean Bernoulli* [Acta Erud. Lps. 1724, p. 357/8; Opera 2, Lausanne et Genève 1742, p. 584]; *A. Pringsheim* [Bibl. math. (3) 1 (1900), p. 433] fait observer que cette revendication s'adresse, en réalité, non à la relation de Taylor, mais à la relation de Bernoulli [Opera 1, Lausanne et Genève 1742, p. 125]:

$$\int_0^x \varphi(x)\,dx = \frac{x}{1!}\varphi(x) - \frac{x^2}{2!}\varphi'(x) + \frac{x^3}{3!}\varphi''(x) - \cdots\cdots;$$

et au dix-huitième siècle aucun mathématicien avant *C. Maclaurin* [Treatise of fluxions[35]) 2, p. 612; trad. *E. Pezenas* 2, p. 188] ne semble avoir soupçonné que la série de Taylor puisse se déduire de celle de Bernoulli [cf. *G. Eneström*, Bibl. math. (3) 6 (1905), p. 213].*

se déduit immédiatement de la relation (1); elle est généralement attribuée on ne sait trop pourquoi, mais certainement à tort, à *C. Maclaurin*[199]). La relation (1) peut d'ailleurs aussi se déduire de la relation (2).*

La relation (1) se trouve encore, sous la même forme imprécise, dans *L. Euler*[200]) qui s'attache surtout à montrer le parti que l'on peut en tirer sans se préoccuper des conditions sous lesquelles elle a lieu.

J. L. Lagrange[201]) a étendu les relations (1) et (2) aux fonctions de plusieurs variables. Il a montré que, si l'on convient, dans le développement de

$$(hf_x' + kf_y' + \cdots)^n$$

suivant la formule du binome, de remplacer les puissances $f_x'^p$ par les dérivées $f_x^{(p)}$, les puissances $f_y'^q$ par les dérivées $f_y^{(q)}, \ldots$, on a la relation symbolique

$$f(x+h, y+k, \ldots) - f(x, y, \ldots) = e^{hf_x' + kf_y' + \cdots} - 1.$$

22. Formule de Taylor. La *formule de Taylor* est une généralisation de la formule des accroissements finis.

Soit $f(x)$ une fonction univoque de x admettant dans l'intervalle (a, b) des dérivées d'ordre $1, 2, \ldots, n$. Envisageons l'expression

$$R_n = f(b) - f(a) - \frac{b-a}{1} f'(a) - \frac{(b-a)^2}{2!} f''(a) - \cdots - \frac{(b-a)^{n-1}}{(n-1)!} f^{n-1}(a)$$

formée à l'aide des n premiers termes de la relation (1) du n° 21 pour $x = a$, $h = b - a$.

---

199) **C. Maclaurin* [Treatise of fluxions[55]) 2, p. 611; trad. *E. Pézenas* 2, p. 186], en indiquant la formule, dit lui-même qu'elle est due à *B. Taylor*. Elle a aussi été mentionnée avant *C. Maclaurin* par *J. Stirling* [Methodus differentialis, sive tractatus de summatione et interpolatione serierum infinitarum, Londres 1730, p. 102].

A. Pringsheim [Bibl. math. (3) 1 (1900), p. 438] a appelé l'attention sur une remarque faite par *B. Taylor* [Methodus incrementorum directa et inversa, Londres 1715, p. 27] qui revient à dire que si toutes les quantités $f(0)$, $f'(0)$, $f''(0), \ldots$, sont finies la fonction $f(z)$ peut être développée en une série entière en z. On est donc certain que, quoiqu'il n'ait pas traité explicitement ce cas spécial de sa série, *B. Taylor* en a reconnu l'utilité.*

200) Calculi diff.[27]), p. 335.

201) Nouv. Mém. Acad. Berlin 3 (1772), éd. 1774, p. 189; Œuvres 3, Paris 1869, p. 445. Voir aussi *P. S. Laplace* [Hist. Acad. sc. Paris 1779, M. p. 245/51; Œuvres 10, Paris 1894, p. 34/40]; *J. Brinkley* [Philos. Trans. London 97 (1807), p. 114] et *S. F. Lacroix* [Calcul diff.[55]), (2e éd.) 3, p. 60].

*Pour $n = 1$, elle se réduit à

$$R_1 = f(b) - f(a),$$

expression que l'on sait [n° **11**] être égale à

$$f[a + \theta(b - a)], \qquad \text{où } 0 < \theta < 1,$$

ce qui fournit en réalité deux bornes entre lesquelles est nécessairement compris R_1.

On peut se demander si, pour chacune des valeurs $n = 2, 3, \ldots$, on pourra de même trouver une expression analytique simple de R_n ou, si l'on veut, deux bornes entre lesquelles est compris R_n.*

(*Jean le Rond*) *d'Alembert*[202]) a, le premier, donné une *méthode* permettant d'obtenir le résultat sous forme d'une intégrale itérée n fois; mais c'est à *J. L. Lagrange*[203]) que l'on doit la première solution du problème: il détermine la dérivée de R_n prise par rapport à un paramètre t convenablement choisi et le résultat qu'il obtient[204]) revient à écrire[205])

$$(1) \qquad R_n = \frac{1}{(n-1)!}\int_a^b (b-t)^{n-1} f^n(t)\,dt.$$

Quoique la question posée soit ainsi entièrement résolue et que la

---

202) Recherches sur différens points importans du système du monde 1, Théorie de la Lune, Paris 1754, p. 50.

En appliquant la méthode de *J. d'Alembert*, *S. F. Lacroix* [Calcul differ.[55]), (2e éd.) 3, p. 397] a obtenu R_n sous forme d'une intégrale itérée n fois.

203) Fonct. analyt.[28]), (1re éd.) p. 49; Œuvres 9, p. 83; *voir aussi la méthode dont *J. L. Lagrange* [Calcul des fonctions[28]); réimp. J. Éc. polyt. (1) cah. 12 (an XII) p. 65/83; (nouv. éd.) Paris 1806, p. 88/110; Œuvres 10, p. 85/105 (leçon 9)] fait usage pour avoir les limites du développement d'une fonction lorsqu'on n'a égard qu'à un nombre déterminé de termes.*

204) *Cf. *A. Pringsheim*, Bibl. math. (3) 1 (1900), p. 440.*

205) *En transformant l'intégrale itérée n fois qui fournit[202]) l'expression du „reste" de la formule de Taylor, *A. L. Cauchy* [Résumé calcul infin.[85]) 1, p. 140; Œuvres (2) 4, p. 212] montre comment on parvient au même résultat.

Voir déjà *S. F. Lacroix*, Calcul diff.[55]), (2e éd.) 1, p. 387. *P. S. Laplace* [Théorie analytique des probabilités, (3e éd.) Paris 1820, p. 174/7; Œuvres 7, Paris 1886, p. 177/80] parvient au même résultat en effectuant sur une identité une suite d'intégrations par parties.*

Il convient de signaler la forme élégante sous laquelle *L. Kronecker* [Sitzgsb. Akad. Berlin 1885, p. 841 et suiv.] a présenté la méthode de *P. S. Laplace* en la généralisant, et la façon très simple dont *C. Jordan* [Cours d'Analyse (2e éd.) 1, Paris 1893, p. 245] vérifie l'identité de l'intégrale itérée n fois[202]) et de l'expression du „reste" R_n sous forme d'intégrale définie.

forme sous laquelle se présente ici R_n soit souvent très avantageuse dans les applications[206]), on peut se demander si R_n ne peut être mis sous une forme analogue à celle sous laquelle se présente R_1 dans la formule des accroissements finis.

Il suffit que $f^{(n-1)}(x)$ soit continue dans l'intervalle (a, b) et que $f^{(n)}(x)$ existe à l'intérieur de cet intervalle[207]) pour que l'on ait

$$(2) \qquad R_n = \frac{(b-a)^n}{n!} f^{(n)}[a+\theta(b-a)] \qquad \text{où } 0<\theta<1$$

et aussi

$$(3) \qquad R_n = \frac{(b-a)^n}{(n-1)!}(1-\theta)^{n-1} f^{(n)}[a+\theta(b-a)] \qquad \text{où } 0<\theta<1.$$

La première de ces deux expressions de R_n est due à *J. L. Lagrange*[208]) qui l'a obtenue à l'aide d'intégrations; *A. M. Ampère*[209]) l'a ensuite déduite directement de la formule des accroissements finis sans faire intervenir de considérations empruntées au calcul intégral; *A. L. Cauchy*[210]) a suivi la même voie et ayant obtenu à nouveau l'expression (2) il en a, en outre, *déduit* l'expression (3).

---

206) Au sujet de l'interprétation donnée à la formule de Taylor, dans les applications, voir *J. Plücker*, Diss. Marbourg 1823, éd. Bonn 1824; Wiss. Abh. 1, Leipzig 1895, p. 41; *A. F. Möbius*, Ber. Ges. Lpz. 1 (1846/7), math. p. 79; J. reine angew. Math. 36 (1848), p. 91; Werke 4, Leipzig 1887, p. 627.

207) Si, sans supposer la continuité de $f^{(n)}(x)$, on voulait obtenir R_n sous la forme d'une intégrale définie, il faudrait faire une étude minutieuse des conditions sous lesquelles l'intégration est légitime.

208) Fonctions analyt.[28]), (1re éd.) p. 49; (2e éd.) p. 67; Œuvres 9, p. 83: „d'où résulte ce théorème nouveau et remarquable par sa simplicité et sa généralité."

*Voir aussi Calcul des fonctions[28]); réimp. J. Éc. polyt. (1) cah. 12, an XII, p. 74; (nouv. éd.) Paris 1806, p. 105; Œuvres 10, p. 94; *J. Liouville*, J. math. pures appl. (1) 2 (1837), p. 483/4; cf. *G. Peano*, Mathesis (1) 9 (1889), p. 182/3; voir encore *S. D. Poisson*, J. math. pures appl. (1) 3 (1838), p. 4/9.

Voir aussi *A. Winckler*, Z. Math. Phys. 4 (1859), p. 291/5; *J. N. Hatzidakis* (*Hazzidakis*), L'enseignement math. 2 (1900), p. 447/9.*

209) J. Éc. polyt. (1) cah. 13 (1806), p. 165; cf. id. p. 171. Voir aussi *J. Caqué* [J. math. pures appl. (1) 10 (1845), p. 379/82], *A. Picart* [Nouv. Ann. math. (2) 13 (1874), p. 15/8]; *E. Carvallo* [id. (3) 10 (1891), p. 24/9].

210) Exercices math. 1, Paris 1826, p. 27/8; Œuvres (2) 6, Paris 1887, p. 41/2; Addition au Résumé des Leçons sur le calcul infinitésimal[86]), Œuvres (2) 4, p. 246. Expliqué avec plus de détails Calcul diff.[56]), p. 75 (6e leçon); Œuvres (2) 4, p. 329. *Voir aussi *A. L. Cauchy*, C. R. Acad. sc. Paris 13 (1841), p. 842/9; Œuvres (1) 6, Paris 1888, p. 347/54. Voir encore *F. N. M. Moigno*, Calcul diff.[127]) 1, p. 52; *Chr. Jürgensen*, Nouv. Ann. math. (1) 19 (1860), p. 308/10; *A. A. L. Reynaud*, Nouv. Ann. math. (2) 2 (1863), p. 271/3 (considérations géométriques).*

O. Schlömilch[211]) a établi une expression plus générale de R_n qui comprend à la fois l'expression (2) et l'expression (3).

C'est l'expression

$$(4)\qquad R_n = \frac{(1-\theta)^{n-1}(b-a)^{n-1}}{(n-1)!}\,\frac{\psi(b-a)-\psi(0)}{\psi'[(1-\theta)(b-a)]}\,f^{(n)}[a+\theta(b-a)],$$

où $0<\theta<1$ et où l'on peut prendre pour $\psi(x)$ une fonction univoque quelconque de x finie et continue admettant une dérivée qui, dans l'intervalle envisagé, ne soit ni nulle ni infinie.

**E. Roche*[212]) est parvenu par une autre voie, indépendamment de *O. Schlömilch*[213]) mais après lui, à l'expression

$$(5)\qquad R_n = \frac{1}{p}\,\frac{(1-\theta)^{n-p}(b-a)^n}{(n-1)!}\,f^{(n)}[a+\theta(b-a)],$$

où p désigne un nombre naturel arbitrairement fixé. Elle se déduit immédiatement de l'expression (4) en y prenant $\psi(x)=x^p$. Pour $p=n$ on retombe sur l'expression (2), pour $p=1$ sur l'expression (3).

E. Roche[214]) a établi plus tard une formule plus générale encore qui comprend celle de *O. Schlömilch* comme cas particulier. C'est la formule

$$(6)\qquad R_n = \Psi\cdot\frac{(q-1)!}{(n-1)!}\,(h-\theta h)^{n-q}\,\frac{f^{(n)}(a+\theta h)}{\psi^{(q)}(a+\theta h)},$$

où l'on a posé

$$\Psi = \left[\psi(b)-\psi(a)-\frac{h}{1!}\,\psi'(a)-\cdots-\frac{h^{q-1}}{(q-1)!}\,\psi^{(q-1)}(a)\right];$$

on a encore $0<\theta<1$ et l'on peut prendre pour $\psi(x)$ une fonction univoque quelconque de x dont les dérivées d'ordres $1, 2, \ldots, q-1$ restent finies dans l'intervalle (a, b) et dont la dérivée d'ordre q n'est ni nulle ni infinie dans cet intervalle.*

---

211) Handbuch der Differential- und Integralrechnung 1, Greifswald 1847, p. 177; **J. Bourget* [Nouv. Ann. math. (2) 9 (1870), p. 537/40] a reproduit cette formule en énonçant sous une forme moins précise les conditions vérifiées par la fonction $\psi(x)$.*

212) *Acad. sc. et lettres Montpellier (Mém. section sc.) 4 (1858/60), p. 125 [1858]; J. math. pures appl. (2) 3 (1858), p. 271; Nouv. Ann. math. (1) 19 (1860), p. 311/5; *Ch. Hermite* [Cours d'Analyse[168]) 1, p. 49/50] donne une démonstration très simple de la formule de *E. Roche*; elle consiste en une généralisation directe de la marche suivie par *O. Bonnet* pour démontrer le théorème des accroissements finis; *Ch. Hermite* attribue cette démonstration à *Homersham-Cox* et à *E. Rouché*. Elle n'est pas à l'abri de toute objection. Cf. *J. Mister*, Nouv. Corresp. math. 3 (1877), p. 75.*

213) *J. math. pures appl. (2) 3 (1858), p. 384.*

214) *Acad. sc. et lettres Montpellier (Mém. section sc.) 5 (1863), p. 419; C. R. Acad. sc. Paris 58 (1864), p. 380; J. math. pures appl. (2) 9 (1864), p. 129/34.*

Les relations (2), (3), (4), (5) et (6) peuvent encore avoir lieu quand $f^{(n)}(x)$ est infinie ou même n'existe pas en certains points déterminés de l'intervalle (a, b). L'existence de $f^{(n)}(x)$ pour $x = a$ ou $x = b$ n'intervient en rien dans la démonstration de ces relations[215]). On a même démontré que ces relations subsistent quand, pour $x = b$, les dérivées $f'(x), f''(x), \ldots, f^{(n-1)}(x)$ ne sont point univoques et finies[216]).

En remplaçant a par x et b par $x + h$ le résultat obtenu peut se mettre sous la forme

$$f(x+h) = f(x) + \frac{h}{1} f'(x) + \cdots + \frac{h^{n-1}}{(n-1)!} f^{(n-1)}(x) + R_n$$

à laquelle on a donné le nom de *formule de Taylor*. Cette formule permet d'exprimer $f(x+h)$ en fonction linéaire de $f(x)$, de ses $n-1$ premières dérivées et d'un *terme complémentaire* R_n auquel on donne souvent le nom de *reste*.

Les trois formes les plus usuelles du *reste de la formule de Taylor* sont

$$R_n = \frac{1}{(n-1)!} \int_0^h u^{n-1} f^{(n)}(x - u + h) du,$$

$$R_n = \frac{h^n}{n!} f^{(n)}(a + \theta h), \quad \text{où } 0 < \theta < 1,$$

$$R_n = \frac{h^n}{(n-1)!} (1-\theta)^{n-1} f^{(n)}(a + \theta h), \quad \text{où } 0 < \theta < 1.$$

*Signalons ici une forme du reste due à *M. d'Ocagne*[217]) dans laquelle θ n'entre pas sous le signe fonctionnel.*

23. Formule de Taylor pour les fonctions de plusieurs variables. Envisageons une fonction univoque et continue $f(x, y)$ admettant, dans le voisinage d'un point (a, b), toutes ses $n + 1$ dérivées partielles[218]) d'ordre

215) Voir par ex. *J. Tannery*, Introd.[53]), (1re éd.) p. 246; (2e éd.) 1, p. 391.

216) Cette remarque est due à *O. Stolz* [Grundzüge[81]) 1, p. 97/100] qui l'a déduite d'une des formules établies par *E. Roche*.

217) *Mathesis (2) 1 (1891), p. 19. *M. d'Ocagne* [Revue de math. spéc. 5 (1898/1900), p. 1/3] a ensuite généralisé cette formule.*

218) Comme l'a montré *G. Peano* [dans *A. Genocchi*, Calcolo diff.[115]), Annotazioni, p. XXV], il est indispensable de supposer que ces dérivées partielles d'ordre n soient des fonctions continues de x et de y. *Il ne suffit pas que la fonction et ses dérivées partielles d'ordre $n - 1$ soient continues et que les dérivées partielles d'ordre n soient seulement *déterminées*, comme le dit *J. A. Serret*, Calcul diff.[115]), (5e éd.) 1, p. 194.*

n, elles-mêmes continues au point (a, b), et un point

$$(x = a + ht, \quad y = b + kt) \quad \text{où } 0 \leqq t \leqq 1$$

faisant partie du voisinage de (a, b). Appliquons la formule de Maclaurin à la fonction

$$\varphi(t) = f(a + ht, \; b + kt),$$

et dans le développement ainsi obtenu prenons $t = 1$. Nous obtenons ainsi comme l'a montré *A. L. Cauchy*[219]) la relation

$$f(a+h, b+k) = f(a, b) + [f_1] + \frac{1}{2!}[f_2] + \cdots + \frac{1}{(\nu-1)!}[f_{\nu-1}] + R_\nu,$$

où

$$[f_1] = hf_x'(a, b) + kf_y'(a, b) = \left(h\frac{\partial}{\partial x} + k\frac{\partial}{\partial y}\right)^{(1)} \Big| f(x, y)_{\substack{x=a\\y=b}}$$

$$[f_2] = h^2 f_{xx}''(a, b) + 2hk f_{xy}''(a, b) + k^2 f_{yy}''(a, b)$$
$$= \left(h\frac{\partial}{\partial x} + k\frac{\partial}{\partial y}\right)^{(2)} \Big| f(x, y)_{\substack{x=a\\y=b}}$$

. . . .

$$[f_{\nu-1}] = \left(h\frac{\partial}{\partial x} + k\frac{\partial}{\partial y}\right)^{(\nu-1)} \Big| f(x, y)_{\substack{x=a\\y=b}}$$

$$R_\nu = \left(h\frac{\partial}{\partial x} + k\frac{\partial}{\partial y}\right)^{\nu} \Big| f(x, y)_{\substack{x=a+\theta h\\y=b+\theta k}}.$$

Cette formule est entièrement analogue à celle de Taylor pour les fonctions d'une variable. Il est aisé de l'étendre à des fonctions d'un nombre quelconque de variables. En particulier, on a

$$f(a + dx, b + dy) = f(a, b) + df(x, y)_{\substack{x=a\\y=b}} + \cdots$$
$$+ \frac{1}{(\nu-1)!} d^{\nu-1} f(x, y)_{\substack{x=a\\y=b}} + \frac{1}{\nu!} d^\nu f(x, y)_{\substack{x=a+\theta h\\y=b+\theta k}}.$$

A. M. Ampère[220]) avait obtenu, avant *A. L. Cauchy*, une formule analogue en appliquant le théorème des accroissements finis.

Mais c'est à *J. L. Lagrange*[221]) qu'est, en réalité, due l'extension

219) Calcul diff.[56]), p. 244; Œuvres (2) 4, p. 568. Voir aussi *A. Genocchi*, Calcolo diff.[115]), p. 145/8; *O. Stolz*, Grundzüge[81]) 1, p. 159/61. **A. L. Cauchy* [Calcul diff.[56]), p. 143; Œuvres (2) 4, p. 568] montre comment on peut étendre la formule de Taylor au cas de n variables, en appliquant une méthode déjà employée par *S. F. Lacroix* [Calcul diff.[55]), (2e éd.) 1, p. 387].*

220) Ann. math. pures appl. 17 (1826/7), p. 317/29. *Dans ce mémoire *A. M. Ampère* assigne deux limites (correspondant à $\theta = 0$ et $\theta = 1$) entre lesquelles est compris le terme complémentaire de la formule de Cauchy.*

221) Théorie des fonctions analytiques, (1e éd.) Paris an V, p. 91; Œuvres 9, Paris 1881, p. 142.

de la formule de Taylor aux fonctions d'un nombre quelconque de variables. Sa méthode est d'ailleurs plus directe et, peut-être même, plus simple que celle de *A. L. Cauchy*. Elle consiste essentiellement à appliquer la formule de Taylor, une première fois à la différence

$$f(a+h, b+k) - f(a, b+k),$$

une seconde fois à la différence

$$f(a, b+k) - f(a, b),$$

et aussi aux différences des dérivées, prises par rapport à x, qui figurent dans l'expression de la première différence. Toutefois l'expression du terme complémentaire à laquelle on parvient ainsi[222]) est loin d'être simple et symétrique, et c'est pourquoi on adopte généralement le procédé de *A. L. Cauchy*.

La formule de Lagrange suppose seulement que $f(x, y)$ admette toutes ses $\nu + 1$ dérivées partielles d'ordre ν; elle ne suppose pas, comme la formule de Cauchy, que ces $\nu + 1$ dérivées soient des fonctions continues de (x, y) au point (a, b)[223]).

Ce qui précède s'étend aisément aux fonctions $f(x_1, x_2, \ldots, x_n)$ d'un nombre quelconque n de variables $x_1, x_2, \ldots, x_n$.

24. Extension de la formule de Taylor. On peut, comme l'a montré *G. Darboux*[224]), étendre la formule de Taylor aux fonctions d'une variable complexe. L'expression du terme complémentaire est alors un peu plus compliquée que dans le cas d'une variable réelle; en désignant par λ un nombre complexe dont la valeur absolue ne peut dépasser l'unité, *G. Darboux* a mis le terme complémentaire sous la forme

$$R_n = \lambda \frac{(b-a)^n (1-\theta)^{n-1}}{(n-1)!} f^n[a + \theta(b-a)].$$

222) Les développements sont effectués dans *O. Stolz*, Grundzüge[81]) 1, p. 143.

223) **J. A. Rouyaux* [C. R. Acad. sc. Paris 84 (1877), p. 1014/6] a généralisé la formule approchée donnée vers la fin du n° **14**; en y prenant $n+1$ termes, on tient compte des $n+2$ premiers termes du développement de Taylor.*

224) *G. Darboux*, J. math. pures appl. (3) 2 (1876), p. 294. *Voir aussi *E. Amigues* [Nouv. Ann. math. (3) 12 (1893), p. 88/92]; *Ch. Hermite* [Cours (autographié) faculté sc. Paris, rédigé par *H. Andoyer*, (4ᵉ éd.) Paris 1891, p. 61/2]* et la formule qui, pratiquement équivalente à celle de *G. Darboux*, en diffère cependant quelque peu, due à *P. Mansion* [Bull. Acad. Belgique (3) 10 (1885), p. 348; Mathesis (1) 6 (1886), p. 102]; voir surtout *O. Stolz*, Grundzüge[134]) 2, p. 93.

La formule de *Ch. Hermite*[225])

$$f(x)=f(x_1)+(x-x_1)f(x_1,x_2)+(x-x_1)(x-x_2)f(x_1,x_2,x_3)+\cdots$$
$$+(x-x_1)(x-x_2)\dots(x-x_{n-1})f(x_1,x_2,\dots,x_n)$$
$$+\frac{1}{n!}(x-x_1)(x-x_2)\dots(x-x_n)f^{(n)}(\xi)$$

peut aussi être envisagée comme une extension de la formule de Taylor. Dans cette formule $x_1, x_2, \dots, x_n$ désignent n constantes réelles inégales, ξ une valeur déterminée comprise entre la plus petite et la plus grande de ces n constantes; $f^{(n)}(x)$ est la dérivée d'ordre n de $f(x)$, prise par rapport à x, enfin

$$f(x_1,x_2),\ f(x_1,x_2,x_3),\ \dots,\ f(x_1,x_2,\dots,x_n)$$

sont les $n-1$ fonctions interpolaires d'Ampère correspondant à la fonction $f(x)$ envisagée, en sorte que l'on a[226])

$$f(x_1,x_2)=\frac{f(x_1)}{x_1-x_2}+\frac{f(x_2)}{x_2-x_1},$$

$$f(x_1,x_2,x_3)=\frac{f(x_1)}{(x_1-x_2)(x_1-x_3)}+\frac{f(x_2)}{(x_2-x_1)(x_2-x_3)}+\frac{f(x_3)}{(x_3-x_1)(x_3-x_2)},$$

. . . .

$$f(x_1,x_2,\dots,x_n)=\frac{f(x_1)}{(x_1-x_2)(x_1-x_3)\dots(x_1-x_n)}+\cdots$$
$$+\frac{f(x_n)}{(x_n-x_1)(x_n-x_2)\dots(x_n-x_{n-1})}.$$

La démonstration de cette formule suppose seulement que la fonction envisagée $f(x)$ admette une dérivée d'ordre n en chacun des points intérieurs à l'intervalle compris entre la plus grande et la plus petite des n constantes $x_1, x_2, \dots, x_n$.

225) *Ch. Hermite*, J. reine angew. Math. 84 (1878), p. 70/9. Voir aussi *R. Lipschitz*, C. R. Acad. sc. Paris 86 (1878), p. 119; **A. Genocchi*, Atti Accad. Torino 16 (1880/1), p. 269; *H. A. Schwarz*, id. 17 (1881/2), p. 740/2; Math. Abh. 2, Berlin 1890, p. 307/8.*

226) *Voir *J. D. Gergonne*, Ann. math. pures appl. 16 (1825/6), p. 329/49 [d'après des notes dues à *A. M. Ampère*]. Voir aussi *A. L. Cauchy*, C. R. Acad. sc. Paris 11 (1840), p. 775/88; Œuvres (1) 5, Paris 1885, p. 409/24.

Ces fonctions interpolaires sont au fond celles que *I. Newton* avait déjà introduites dans sa formule générale d'interpolation [Principia math.[3]), (1re éd.) Londres 1687, livre 3, lemme V; (2e éd.) Cambridge 1713, p. 446; (3e éd.) Londres 1726, p. 486/7; éd. *S. Horsley* 3, Londres 1782, p. 128/30, trad. *G. E. de Breteuil*, marquise *du Châtelet* 2, Paris 1759, p. 120/1] et que *E. Waring* [Philos. Trans. London 69 (1779), p. 59; cf. *A. von Braunmühl*, Bibl. math. (3) 2 (1901), p. 95] et, après lui, *J. L. Lagrange* avaient aussi envisagées [Leçons élémentaires sur les math. données à l'École normale en l'an III (ces leçons ont paru d'abord dans les deux éditions des «Séances des Écoles normales» Paris an III et an IX); réimpr. J. Éc. polyt. (1) cah. 8 (1812), p. 276/7; Œuvres 7, Paris 1877, p. 285/6].*

Cette formule de *Ch. Hermite* comprend, comme cas particulier, une formule due à *A. L. Crelle*[227]) qui, elle aussi, peut déjà être envisagée comme une extension de la formule de Taylor.

La démonstration de ces formules est aisée quand on s'appuie sur les formules analogues concernant le théorème des accroissements finis.

Il y a bien d'autres formules encore, que l'on peut, si l'on veut, envisager comme une extension de la formule des accroissements finis[228]). Telle est, par exemple, la *formule de Lagrange*, dans laquelle le terme complémentaire, qui avait été donné par *A. Popov*[229]) sous la forme d'une intégrale, s'exprime aussi implicitement sous une forme assez simple[230]). Tels aussi les développements formels de *J. Hoëné Wronski*[231]) que l'on peut, si l'on veut, rattacher, malgré leur grande généralité, à la formule des accroissements finis.

Il faut toutefois observer que la complexité croissante des expressions explicites des divers termes complémentaires auxquels on parvient ainsi ne permet de faire que très rarement usage de ces formules, en sorte que, pour la plupart, elles ne présentent que peu d'intérêt[232]).

25. Série de Taylor. Envisageons une fonction $f(x)$ univoque et continue, admettant des dérivées de tous les ordres chacune finie

---

227) J. reine angew. Math. 22 (1841), p. 249. Voir déjà Abh. Akad. Berlin 1828, éd. 1831, Math. Klasse, p. 1/20; id. 1830, éd. 1832, Math. Klasse p. 29/40. Voir aussi *O. Schlömilch*, Ber. Ges. Lpz. 31 (1879), math. p. 27/33; Z. Math. Phys. 25 (1880), p. 48/53.

228) *Voir par ex. *P. Proubet*, Revue de math. spéc. 5 (1898/1900), p. 143.*

229) C. R. Acad. sc. Paris 53 (1861), p. 798.

230) Voir par ex. *J. C. Glashan*, Amer. J. math. 4 (1881), p. 282/92.

231) En ce qui concerne l'ensemble des recherches de *J. Hoëné Wronski*, consulter *A. de Montferrier* [Encyclopédie mathématique ou exposition complète de toutes les branches des mathématiques, d'après les principes de la philosophie des mathématiques de Hoëné Wronski (en 4 volumes, Paris 1856/9); voir en particulier 3, p. 401] et l'exposé des méthodes générales de *J. Hoëné Wronski* par *E. West*, J. math. pures appl. (3) 7 (1881), p. 5/32, 111/28; (3) 8 (1882), p. 19/54, 125/66; (3) 9 (1883), p. 301/434.

*Ces mémoires ont été publiés en un volume: Exposé des méthodes générales en mathématiques, Paris 1886. Voir aussi *S. Dickstein*, Hoëne Wroński, Jego życie i prace (sa vie et ses œuvres), Cracovie 1896 (Note de *G. Vivanti*).*

232) Dans la théorie des fonctions d'une variable complexe, on rencontrera encore d'autres extensions de la formule de Taylor. *Au point de vue des applications, il peut y avoir intérêt à substituer au développement de Maclaurin un développement où figurent les valeurs moyennes de la fonction et de ses dérivées successives dans l'intervalle qu'on envisage. Voir à ce sujet *H. Léauté*, C. R. Acad. sc. Paris 90 (1880), p. 1404/8; J. math. pures appl. (3) 7 (1881), p. 185/200.*

et continue dans un intervalle donné

$$(a, a+k), \quad \text{où} \quad k > 0.$$

La formule de Taylor [nº 22] met en évidence que la condition nécessaire et suffisante pour que la somme de la série entière en h (où $h < k$)

$$f(a) + \frac{h}{1!} f'(a) + \frac{h^2}{2!} f''(a) + \cdots + \frac{h^n}{n!} f^{(n)}(a) + \cdots\cdots$$

soit égale à $f(a+h)$, est que le terme complétementaire R_n de cette formule tende vers zéro quand n croît indéfiniment[233]).

Lorsqu'il en est ainsi on dit que $f(a+h)$ est *développable* en série entière en h dans le voisinage (ou aux environs) du point a. On donne à cette série entière le nom de *série de Taylor.*

On met souvent ce développement sous la forme

$$f(x) = f(a) + \frac{x-a}{1!} f'(a) + \frac{(x-a)^2}{2!} f''(a) + \cdots + \frac{(x-a)^n}{n!} f^{(n)}(a) + \cdots\cdots$$

Dans le cas particulier où $a = 0$, on donne à la série de Taylor le nom de *série de Maclaurin.*

*Lorsqu'on peut assigner un nombre fini N tel que les inégalités, en nombre infini,

$$|f^{(n)}(x)| < N \qquad (n = 1, 2, 3, \ldots\ldots)$$

soient toutes vérifiées, quel que soit l'ordre n de la dérivée, et en chacun des points x de l'intervalle $(a, a+h)$, il est aisé de voir que la condition

$$\lim_{n=+\infty} R_n = 0$$

est toujours vérifiée. Cette remarque fournit une condition *suffisante*[233]) pour qu'une fonction $f(x)$ soit développable en série de Taylor au point a[234]).*

---

233) *A. L. Cauchy*, Résumé leçons Éc. polyt. sur calcul infin.[86]), p. 4; Œuvres (2) 4, p. 224; cf. *F. N. M. Moigno*, Calcul diff.[127]) 1, p. 150.

Voir déjà *P. S. Laplace*, Théorie analytique des probabilités, (1ᵉ éd.) Paris 1812; (3ᵉ éd.) Paris 1820, p. 177; Œuvres 7, Paris 1886, p. 180.

O. Schlömilch [Nouv. Ann. math. (1) 11 (1852), p. 180] démontre ce théorème par des considérations élémentaires.*

234) **M. d'Ocagne* [Mathesis (2) 1 (1891), p. 19/20] remarque que si, à partir d'un certain rang, aucune des dérivées de $f(x)$ ne s'annule dans l'intervalle $(0, x)$, et si

$$\lim_{n=+\infty} [f^{(n)}(x) - f^{(n)}(0)]$$

est finie, $f(x)$ est développable en série de Maclaurin. Cette condition n'est manifestement pas nécessaire.*

*On constate sans peine que cette condition suffisante est vérifiée, dans un intervalle fini comprenant le point $x = 0$, pour les fonctions élémentaires[235])

$$e^x, \ \sin x, \ \cos x, \ \log(1+x), \ (1+x)^m, \ \operatorname{arctg} x, \ldots$$

et pour plusieurs autres fonctions dont on fait un fréquent usage dans les applications. Pour ces fonctions on peut écrire sans difficulté les développements en séries de Mauclaurin. On a ainsi[236])

$$e^x = 1 + \frac{x}{1!} + \frac{x^2}{2!} - \cdots + \frac{x^n}{n!} + \cdots\cdots$$

$$\sin x = \frac{x}{1} - \frac{x^3}{3!} + \frac{x^5}{5!} - \cdots + (-1)^n \frac{x^{2n-1}}{(2n+1)!} + \cdots\cdots$$

$$\cos x = 1 - \frac{x^2}{2!} + \frac{x^4}{4!} - \cdots + (-1)^n \frac{x^{2n}}{(2n)!} + \cdots\cdots$$

$$\log_e(1+x) = \frac{x}{1} - \frac{x^2}{2} + \frac{x^3}{3} - \cdots + (-1)^{n-1}\frac{x^n}{n} + \cdots\cdots$$

$$(1+x)^m = x + \frac{m}{1!}x + \frac{m(m-1)}{2!}x^2 + \cdots + \frac{m(m-1)\ldots(m-n+1)}{n!}x^n + \cdots\cdots$$

$$\arcsin x = x + \frac{1}{2}\frac{x^3}{3} + \frac{1\cdot 3}{2\cdot 4}\frac{x^5}{5} + \cdots + \frac{1\cdot 3\cdot 5\ldots(2n-1)}{2\cdot 4\cdot 6\ldots 2n}\frac{x^{2n+1}}{2n+1} + \cdots\cdots$$

$$\operatorname{arc\,tg} x = x - \frac{x^3}{3} + \frac{x^5}{5} - \cdots + (-1)^n \frac{x^{2n+1}}{2n+1} + \cdots\cdots$$

Mais quand on envisage des fonctions ayant un caractère moins élémentaire, la condition

$$\lim_{n=+\infty} R_n = 0$$

se présente sous une forme peu maniable. Elle ne fournit d'ailleurs aucun renseignement sur ce qui différencie de l'ensemble des fonctions univoques dont toutes les dérivées sont finies en un point a, celles que l'on peut développer en série de Taylor aux environs de ce point a. A cet égard les diverses formes que l'on a données au terme complémentaire R_n ne sont pas moins désavantageuses les unes que les autres: on ignore, en effet, les conditions nécessaires et suffisantes auxquelles doit satisfaire une fonction $f(x)$ dans un intervalle donné pour que l'intégrale définie qui représente R_n s'annule pour $n = +\infty$, et, d'autre part, dans les expressions où figure θ, il ne faut pas oublier que, si le nombre θ est déterminé pour chaque indice n, la façon

235) *S. L'Huilier* [Philos. Trans. London 86 (1796), p. 142/65] donne une méthode élémentaire fondée sur une propriété essentielle des progressions géométriques pour obtenir les développements de $\log(1+x)$, $\arcsin x$, $\arccos x$, d'où, par la méthode du retour des suites, il obtient les développements de e^x, $\sin x$, $\cos x$.*

236) *Voir l'article II 7, nos **10**, **12**, **15**, **18**, **20**, **21**.*

dont θ varie avec n est entièrement inconnue. Il en résulte[237]) que pour reconnaître si l'on a

$$\lim_{n=+\infty} R_n = 0$$

il faut pratiquement rechercher si cette limite tend *uniformément*[238]) vers zéro pour *tous* les θ compris entre 0 et 1; mais alors, si même on reconnaît qu'il n'en est pas ainsi, on n'en saurait conclure que $f(x)$ n'est pas développable en série de Taylor aux environs du point envisagé.*

Avant *A. L. Cauchy* la question se présentait autrement. On admettait, en effet, que le développement d'une fonction univoque $f(x)$ en série de Taylor aux environs d'un point a est toujours possible lorsque $f(a)$ et *toutes* les dérivées

$$f'(a),\ f''(a), \ldots, f^{(n)}(a), \ldots\ldots$$

sont finies. On admettait donc d'une part que, sous cette hypothèse, la série de Taylor

$$f(a) + \frac{x-a}{1} f'(a) + \frac{(x-a)^2}{2!} f''(a) + \cdots + \frac{(x-a)^n}{n!} f^{(n)}(a) + \cdots\cdots$$

est nécessairement convergente, d'autre part, et c'était encore l'opinion de *J. L. Lagrange*[239]), que cette série a effectivement pour somme $f(x)$.

C'est cette opinion de *J. L. Lagrange* que *A. L. Cauchy*[240]) chercha

---

237) *A. Pringsheim*, Mathematical papers of the Chicago Congress 1893, éd. New York 1896, p. 292; Math. Ann. 44 (1894), p. 59.

238) *D'une façon plus précise il faut pratiquement rechercher si, à chaque nombre positif ε fixé arbitrairement aussi petit que l'on veut, et à chaque nombre h plus petit en valeur absolue qu'un nombre positif déterminé k qui est à notre choix, on peut faire correspondre un entier positif ν tel que l'on ait $|R_n| < \varepsilon$ pour tout entier $n \geq \nu$ et pour tous les θ vérifiant les inégalités $0 \leq \theta \leq 1$.*

239) *J. L. Lagrange*, Fonctions analyt.[28]), (1e éd.) p. 38; Œuvres 9, p. 65; Calcul des fonctions[28]); réimpr. J. Éc. polyt. (1) cahier 12 (an XII), p. 2; (nouv. éd.) Paris 1806, p. 74 (huitième leçon); Œuvres 10, p. 72.

*„On peut donc conclure en général que le développement

$$fx + \frac{i}{1} f'x + \frac{i^2}{1\cdot 2} f''x + \text{etc.}$$

de la fonction $f(x+i)$ ne peut devenir fautif, pour une valeur déterminée de x, qu'autant qu'une des fonctions $fx, f'x, f''x$, etc. deviendra infinie en donnant à x cette valeur; et que ce développement ne sera fautif qu'à commencer du terme qui deviendra infini."

C'est encore ce que dit *A. H. E. Lamarle* [Bull. Acad. Belgique (1) 13 I (1846), p. 725] qui s'appuie sur cette proposition erronée comme sur un véritable principe.*

240) Calcul diff.[56]), p 105; Œuvres (2) 4, p. 394; **F. N. M. Moigno*, Calcul diff.[127]) 1, p. 72.*

à réfuter en montrant que la série de Maclaurin correspondant à la fonction

$$e^{-x^2} + e^{-\frac{1}{x^2}},$$

quoique convergente, a pour somme, non pas la fonction $e^{-x^2} + e^{-\frac{1}{x^2}}$, mais son premier terme e^{-x^2}.

*Il faut reconnaître que même la façon dont *Ch. Hermite* a présenté le raisonnement de *A. L. Cauchy* laisse quelque doute dans l'esprit parce que la fonction $e^{-\frac{1}{x^2}}$ n'est qu'improprement définie au point $x = 0$; elle est, en effet, définie en ce point comme la *limite* vers laquelle tend, pour $x = 0$, l'expression

$$1 : \sum_{k=0}^{k=+\infty} \frac{1}{k!\,x^{2k}};$$

or rien n'empêcherait *d'exclure* a priori de tels points; l'exemple donné par *A. L. Cauchy* ne suffirait alors pas à réfuter le point de vue de *J. L. Lagrange*[241]). Ce n'était cependant pas une raison pour admettre sans contrôle l'opinion de *J. L. Lagrange*, comme l'ont fait plusieurs géomètres[242])* même après que *G. Lejeune Dirichlet* eût insisté, dans ses recherches sur la convergence des séries trigonométriques, sur ce que de telles séries peuvent être convergentes et cependant ne pas représenter la fonction au moyen de laquelle on a formé suivant la règle de Fourier les coefficients de la série, et alors que la possibilité de séries convergentes avec un reste différent de zéro avait déjà été signalée.

*Il est probable que *Ch. Cellérier*[243]) est le premier qui ait construit une fonction univoque $f(x)$ finie ainsi que *toutes* ses dérivées, pour $x = 0$, et telle cependant que la série de Maclaurin correspondante

$$f(0) + \frac{x}{1} f'(0) + \frac{x^2}{2!} f''(0) + \cdots + \frac{x^n}{n!} f^{(n)}(0) + \cdots\cdots$$

soit divergente en des points x d'un intervalle $(0, x)$ fixé aussi petit

241) *P. du Bois-Reymond*, Abh. Akad. München 12 (1876), Abt. I (1875), p. 119; Sitzgsb. Akad. München 6 (1876), p. 225/37; réimp. Math. Ann. 21 (1883), p. 109/17. Voir aussi *A. Pringsheim*, Math. Ann. 44 (1894), p. 51.

242) *Voir par exemple *H. Hankel*, Math. Ann. 20 (1882), p. 102 [1870].*

243) Le mémoire posthume de *Ch. Cellérier* *(mort à Genève en 1889) intitulé „Note sur les principes fondamentaux de l'Analyse" ne porte aucune date, mais il est entièrement écrit de sa main sur du papier jauni par le temps.* Il a été publié en 1890 [Bull. sc. math. (2) 14 (1890), p. 158/60].

que l'on veut: c'est la fonction

$$f(x) = \sum_{\nu=1}^{\nu=+\infty} \frac{1}{\nu!} \sin(\alpha^\nu x),$$

où α désigne un nombre naturel[244]).*

Le premier exemple qui ait été *publié* est dû à *P. du Bois-Reymond*[245]) mais plusieurs critiques pourraient être formulées au sujet du choix de cet exemple et il faut bien reconnaître, en outre, que le mode de démonstration employé est loin d'être lumineux.

***M. Lerch*[246]) a montré, avant la publication de l'exemple dû à *Ch. Cellérier*, que la fonction

$$f(x) = \sum_{\nu=1}^{\nu=+\infty} \frac{1}{\nu!} \cos(\alpha^\nu x)$$

jouit de la même propriété que celle de *Ch. Cellérier*.*

On doit à *A. Pringsheim* des exemples particulièrement suggestifs: ainsi la série de Maclaurin formée au moyen de la fonction

$$f(x) = \sum_{\nu=0}^{\nu=+\infty} \frac{1}{\nu!} \frac{1}{1 + a^{2\nu} x^2} a^\nu \qquad (\text{où } a > 1)$$

et de ses dérivées, pour $x = 0$, est divergente[247]), et il suffit de changer

---

244) **Ch. Cellérier* n'envisage que le cas où α est un nombre naturel très grand. Cette restriction est d'ailleurs inutile [cf. *A. Pringsheim*, Math. Ann. 42 (1893), p. 182; Sitzgsb. Akad. München 22 (1892), p. 244].*

245) Sitzgsb. Akad. München 6 (1876), p. 235; Math. Ann. 21 (1883), p. 113. *Cet exemple est fourni par la fonction

$$f(x) = \sum_{\nu=0}^{\nu=+\infty} (-1)^{\nu+1} \frac{1}{(2\nu)!} \frac{x^{2\nu}}{x^2 + a_\nu^2},$$

où aucun des nombres $a_0, a_1, a_2, \ldots, a_\nu, \ldots$.. n'est nul et où $\lim_{\nu=+\infty} a_\nu = 0$. La série de Maclaurin correspondant à cette fonction est *divergente* quelque petit que soit x.*

246) *J. reine angew. Math. 103 (1888), p. 136 [décembre 1886]. *M. Lerch* suppose a impair. La fonction envisagée par *I. Fredholm* [voir *M. G. Mittag-Leffler*, Acta math. 15 (1891), p. 279/80] fournit un autre exemple fort simple du même fait pour le point $x = 1$ (ou $x = -1$) au lieu de $x = 0$; la démonstration donnée par *I. Fredholm* est toutefois loin d'être élémentaire. Voir aussi *A. Pringsheim*, Math. Ann. 42 (1893), p. 169/76; 50 (1898), p. 450.*

247) *A. Pringsheim*, Sitzgb. Akad. München 22 (1892), p. 221; Math. Ann. 42 (1893), p. 156, 159 [1892]; Math. papers Chicago[237]), p. 300/1. *Voir encore les exemples donnés par *G. Vivanti*, Rivista mat. 3 (1893), p. 111/4.*

a en $-a$ pour avoir un exemple où la série de Maclaurin est convergente mais a une somme différente[248]) de $f(x)$. *A. Pringsheim*[249]) donne aussi un exemple où la série de Maclaurin correspondant à une fonction $f(x)$ est convergente pour $x=0$, mais où la somme de cette série, égale à $f(x)$ à gauche du point $x=0$, diffère de $f(x)$ à droite du point $x=0$.

Malgré tous ces exemples la question concernant la transformation, sous une forme immédiatement applicable, de la condition nécessaire et suffisante

$$\lim_{n=+\infty} R_n = 0,$$

énoncée plus haut, n'en restait pas moins entière. Elle a été élucidée par *A. Pringsheim*[250]) qui a démontré la proposition que voici:

Envisageons une fonction $f(x)$ qui, dans l'intervalle

$$x_0 \leqq x < x_0 + R,$$

soit univoque et finie; supposons qu'en chacun des points de l'intervalle

$$x_0 < x < x_0 + R$$

cette fonction $f(x)$ admette des dérivées finies de tous les ordres et qu'au point

$$x = x_0$$

$f(x)$ admette des dérivées à droite finies de tous les ordres[251]).

La condition nécessaire et suffisante pour qu'une fonction $f(x)$ satisfaisant à ces conditions [que nous désignerons pour abréger par (A) et qui sont manifestement nécessaires] soit développable en série de Taylor dans l'intervalle

$$0 \leqq h < R,$$

248) *A. Pringsheim*, Sitzgsb. Akad. München 22 (1892), p. 223; Math. Ann. 42 (1893), p. 161, 162, 165, 166; Math. papers Chicago[237]), p. 300/4.

249) Math. Ann. 44 (1894), p. 54/6 [1893] exemple annoncé en note: Math. papers Chicago[237]), p. 295.

250) Math. Ann. 44 (1894), p. 68 [1893]; Math. papers Chicago[237]), p. 293; *E. Pascal*, Rivista mat. 5 (1895/8), p. 43; Esercizi e note critiche[94]), p. 196/207.

251) Il importe d'insister sur ce que l'ensemble des valeurs finies $|f^{(n)}(a)|$ pour $n=1, 2, 3, \ldots\ldots$ peut n'avoir aucune borne supérieure finie. *Si l'on admettait que toujours

$$|f^{(n)}(a)| < N,$$

où N est un nombre fini *indépendant de n*, on tomberait dans des erreurs du genre de celle commise par *P. Mansion* [Ann. Soc. scient. Bruxelles 3[2] (1878/9), p. 263/4] ou par *Gy.* (*J.*) *König* [Nouv. Ann. math. (2) 13 (1874), p. 270/2]. Au sujet de cette dernière démonstration voir encore *E. Amigues* [Nouv. Ann. math. (2) 19 (1880), p. 105/9] qui retrouve en outre la forme générale du terme complémentaire de *O. Schlömilch* qu'il attribue à tort à *J. Bourget*[211]).*

en sorte que l'on ait dans cet intervalle

$$f(x_0+h)=\sum_{\nu=0}^{\nu=+\infty}\frac{f^{(\nu)}(x_0)}{\nu!}h^\nu,$$

est que, r désignant un nombre positif fixé arbitrairement de façon que $r<R$, l'expression

$$\frac{1}{(n+\nu)!}f^{(n)}(x_0+h)\cdot k^n$$

converge uniformément vers zéro quand n croît indéfiniment, quelles que soient les quantités h et k que l'on fixe parmi celles qui vérifient les inégalités

$$0\leqq h\leqq h+k\leqq r.$$

„Il a ensuite montré[252]), en n'utilisant que des procédés extrêmement simples, que pour toute fonction $f(x)$ satisfaisant aux conditions nécessaires (A) la condition nécessaire et suffisante pour que dans l'intervalle

$$0\leqq h<R$$

on ait

$$f(x_0+h)=\sum_{\nu=0}^{\nu=+\infty}\frac{f^{(\nu)}(x_0)}{\nu!}h^\nu$$

est que

α) d'une part, pour chaque nombre positif $r<R$, l'expression

$$\frac{1}{n!}f^{(n)}(x_0)r^n$$

converge uniformément vers zéro quand n croît indéfiniment

β) d'autre part, le nombre positif r étant fixé plus petit que R, l'expression

$$\frac{1}{n!}f^{(n)}(x_0+h)\varrho^n,$$

envisagée pour chaque ϱ positif plus petit que $R-r$, converge uniformément vers zéro quand n croît indéfiniment, quel que soit h vérifiant les inégalités

$$0\leqq h\leqq \varrho.$$

Cette dernière condition (β) peut être remplacée par la suivante:

β') le nombre positif r étant fixé plus petit que R, l'expression

$$\frac{1}{n!}\left|f^{(n)}(x_0+h)\right|\cdot\varrho_0{}^n$$

reste inférieure à une borne finie B pour un certain nombre positif ϱ_0 inférieur à $R-r$ et pour tout h vérifiant les inégalités

$$0\leqq h\leqq\varrho_0.“$$

252) „Sitzgsb. Akad. München, Math.-phys. Klasse 1912, p. 137/54.“

La formule du reste de Cauchy permet aussi d'énoncer facilement les conditions nécessaires et suffisantes du développement d'une fonction $f(x)$ en série de Taylor dans l'intervalle envisagé.

Pour toute fonction $f(x)$ satisfaisant aux conditions (A), la condition nécessaire et suffisante cherchée est que, quand n croît indéfiniment, l'expression du terme complémentaire de Cauchy

$$R_n = \frac{h^n(1-\theta)^{n-1}}{(n-1)!} f^{(n)}(a+\theta h)$$

converge uniformément vers zéro pour chaque valeur positive $h \leqq r < R$ et pour toutes les valeurs de θ faisant partie de l'intervalle[253])

$$0 \leqq \theta \leqq 1$$ [254]).

Ce théorème ne serait pas exact si l'on remplaçait dans son énoncé le terme complémentaire de Cauchy par celui de Lagrange[255]). La condition obtenue serait encore suffisante dans l'intervalle $0 \leqq h < R$, mais elle ne serait plus nécessaire que dans l'intervalle $0 \leqq h < \frac{R}{2}$.

26. Fonctions analytiques d'une variable réelle. Lorsqu'on compare le théorème que l'on vient d'énoncer au théorème de Cauchy [II 8] d'après lequel la condition nécessaire et suffisante pour qu'une fonction $f(z)$ d'une variable *complexe* z soit développable, aux environs d'un point a, en une série entière en $z-a$, est que $f(z)$ soit univoque, finie et admette une dérivée finie en chacun des points d'un cercle de rayon fini décrit de a comme centre, on est tout d'abord frappé du nombre moindre de conditions qui semble imposé aux fonctions d'une variable complexe. *Mais un instant de réflexion suffit[256]) pour se rendre compte que l'existence d'une dérivée du premier ordre au sens de la théorie des fonctions d'une variable complexe représente un ensemble infini de conditions qui a la *puissance du continu*, tandis que pour une fonction d'une variable réelle la condition d'admettre des dérivées finies de tous les ordres ne représente qu'un ensemble infini *dénombrable* de conditions.*

*Le théorème de *A. Pringsheim* met précisément en évidence les conditions, concernant la façon dont $f^{(n)}(a)$ devient infinie avec n,

---

253) *A. Pringsheim*, Math. Ann. 44 (1894), p. 73 [1893]. Voir déjà Jahresb. deutsch. Math.-Ver. 3 (1892/3), éd. Berlin 1894, p. 82/4.

254) *Gy.* (*J.*) *König* [Math. Ann. 23 (1884), p. 450/2] avait déjà essayé de résoudre le même problème; mais, d'après *A. Pringsheim* [Math. papers Chicago[287]), p. 295/6], le critère qu'il formule est quelque peu illusoire.

255) *A. Pringsheim*, Math. Ann. 44 (1894), p. 75/6; *Sitzgsb. Akad. München, Math. Phys. Klasse 1912, p. 153.*

256) *A. Pringsheim*, Math. Ann. 44 (1894), p. 57/8.

qu'il faut adjoindre à cet ensemble dénombrable de conditions pour obtenir pour les fonctions $f(x)$ d'une variable réelle l'équivalent de l'ensemble de conditions ayant la puissance du continu donné par le théorème de Cauchy pour les fonctions $f(z)$ d'une variable complexe.*

Par analogie avec la terminologie adoptée dans la théorie des fonctions d'une variable complexe il est naturel d'appeler *fonctions analytiques d'une variable réelle* x celles des fonctions $f(x)$ qui sont, au moins dans le voisinage d'un point, développables en série de Taylor.

*Lorsqu'une fonction univoque $f(x)$ est développable en série entière en $(x-a)$ de sorte que, dans le voisinage de a,

$$f(x) = c_0 + c_1(x-a) + c_2(x-a)^2 + \cdots + c_\nu(x-a)^\nu + \cdots\cdots,$$

où $c_0, c_1, c_2, \ldots, c_\nu \ldots\ldots$ sont des constantes par rapport à x, on a nécessairement

$$c_0 = f(a), \quad c_1 = f'(a);$$

mais, comme l'a montré *G. Peano*[256]), il peut fort bien arriver que c_2 ne soit pas égal à $\frac{1}{2}f''(a)$.*

E. Borel[257]) a abordé l'étude générale des fonctions univoques indéfiniment dérivables et non analytiques.

27. Maximés et minimés des fonctions d'une variable. Envisageons une fonction univoque

$$y = f(x)$$

d'une variable x, définie dans un intervalle fini. Si les valeurs que prend y dans cet intervalle admettent une borne supérieure *finie* b [ou une borne inférieure *finie* β] et que cette borne soit atteinte pour une valeur de x comprise dans l'intervalle envisagé, on dit que b est le *maximé* [ou que β est le *minimé*] de *y dans cet intervalle* [cf. I 3, **20**].

*On dit[258]) que la fonction $f(x)$ est *maximée pour* $x = a$, ou *au*

256) *G. Peano*, Atti Accad. Torino 27 (1891/2), p. 40/6.*

257) *Ann. Éc. Norm. (3) 12 (1895), p. 42; Leçons sur les fonctions de variables réelles, Paris 1905, p. 68* [cf. II 1, **12** note 146].

258) La terminologie dont on fait usage est loin d'être uniforme. *Sans insister sur ce qu'on emploie, en général, les mots latins de „maximum" et „minimum" au lieu des mots français de „maximé" et „minimé", ce qui offre quelque inconvénient parce qu'on est ainsi amené à dire „la valeur de la variable qui rend la fonction maximum" ce qui est fort long et gênant, au lieu de dire simplement „le maximant de la fonction" et qu'en outre on n'a pas à sa disposition les verbes „maximer" et „minimer",* il faut remarquer que souvent des divergences plus graves se sont produites dans les locutions employées. Ainsi, pour ne citer qu'un exemple, plusieurs auteurs appellent „maxima absolus" les „maximés dans un intervalle" et „maxima relatifs" les „maximés pour une valeur de x"; au contraire, pour *A. Genocchi* [Calcolo diff.[115]), p. 191] un „maximum

point a, ou simplement *en* a, lorsqu'on peut déterminer un nombre positif ε tel que l'on ait

$$f(a+h)-f(a)<0$$

pour tout h positif ou négatif vérifiant l'inégalité

$$|h|<\varepsilon.$$

*On peut alors dire aussi que $x=a$ est un *maximant* de $f(x)$ et que $f(a)$ est *une valeur maximée* de $f(x)$.*

On dit que $f(x)$ est *minimée pour* $x=a$, ou *au point* a, ou simplement *en* a, lorsqu'on peut déterminer un nombre positif ε tel que l'on ait

$$f(a+h)-f(a)>0$$

pour tout h positif ou négatif vérifiant l'inégalité

$$|h|<\varepsilon.$$

*On peut alors aussi dire que $x=a$ est un *minimant* de $f(x)$ et que $f(a)$ est *une valeur minimée* de $f(x)$.*

Il est parfois avantageux d'envisager des valeurs $x=a$ auxquelles on puisse faire correspondre un nombre positif ε tel que l'on ait

$$f(a+h)-f(a)\leqq 0$$

pour *tout* h vérifiant l'inégalité

$$|h|<\varepsilon,$$

avec cette restriction toutefois que parmi les $|h|<\eta<\varepsilon$ il y en ait toujours, quelque petit que l'on prenne η, pour lesquels on ait

$$f(a+h)-f(a)=0.$$

On dit alors que $x=a$ est un *maximé impropre*[259]) de $f(x)$.

absolu" est un „maximé pour une valeur de x" du texte, et un „maximum relatif est un „maximé dans un intervalle" du texte. D'autre part certains auteurs, surtout de langue allemande, appellent *maximés absolus* les *maximés libres* et *maximés relatifs* les *maximés liés* [cf. n° 30].

Pour éviter toute confusion il nous a semblé indispensable de rejeter complètement dans cet article l'emploi des deux adjectifs „absolu" et „relatif".

J. d'Alembert [Encyclopédie[34]) 10, Neufchastel 1765, p. 216; Encyclopédie méthodique, math. 2, Paris et Liége 1785, p. 367] avait déjà insisté sur le caractère relatif des maximés et minimés en un point.

Il convient d'observer ici que *C. Jordan* [Cours d'analyse, (2° éd.) 1, Paris 1893, p. 22] se sert indistinctement des mots „maximum" et „limite supérieure". Quand il y a „maximé" il dit que „le maximum ou la limite supérieure" est atteinte.

259) *O. Stolz*, Grundzüge[81]) 1, p. 199, 211.

La définition d'un *minimé impropre* $x = a$ de $f(x)$ s'entend maintenant d'elle-même. Exemple: la fonction

$$f(x) = \left(x \sin \frac{a}{x}\right)^2$$

au point $x = 0$.

Lorsque la distinction entre le maximé et le minimé d'une fonction $f(x)$ est inutile, ou impossible, il est commode[260]) d'avoir à sa disposition une locution permettant de les désigner l'un et l'autre. *Nous entendrons par *extrémé* de $f(x)$ soit le maximé soit le minimé de $f(x)$ et par *extrémant* de $f(x)$ soit le maximant soit le minimant de $f(x)$ et nous conjuguerons les verbes „extrémer, maximer, minimer".*

*Lorsqu'une fonction $f(x)$ est extrémée en un point $x = a$ d'un intervalle dans lequel cette fonction est dérivable (autant de fois qu'il est nécessaire pour appliquer les critères dont nous allons parler) on dit que $f(a)$ est un *extrémé ordinaire* et que a est un *extrémant ordinaire*[261]) de $f(x)$. C'est de la détermination des extrémés et extrémants ordinaires des fonctions que nous nous occuperons exclusivement; seule cette détermination est en effet soumise à des règles générales[262]). Il ne faudrait toutefois pas croire que d'autres extrémés de fonctions $f(x)$ ne se rencontrent jamais dans les applications[263]).*

---

260) *P. du Bois-Reymond* [Math. Ann. 15 (1879), p. 565] appelle „extremum inter propinquos" les maximés et minimés en un point. Voir aussi *H. R. Baltzer*, Die Elemente der Math. (6e éd.) 1, Leipzig 1879, p. 219.

261) *A. Mayer* [Ber. Ges. Lpz. 33 (1881), math. p. 28] emploie le même mot dans un sens quelque peu différent.

262) *C'est à *P. de Fermat* [Methodus ad disquirendam maximam et minimam, (envoyé par l'intermédiaire de *M. Mersenne* à *R. Descartes* qui reçut cet envoi le 10 janvier 1638); Œuvres, éd. *P. Tannery* et *Ch. Henry* 1, Paris 1891, p. 133/4; trad. par *P. Tannery*, id. 3, Paris 1896, p. 121/2] que l'on doit la première règle qui ait été formulée [cf. note 12]. Cette règle suppose que $y = f(x)$ est donnée explicitement. *J. Hudde* [Geometria a Renato Des Cartes, éd. *F. van Schooten* 1, Amsterdam 1659, p. 513/5] envisage aussi le cas où y est donnée implicitement par une relation

$$R(x, y) = 0,$$

où R est une fonction rationnelle de x et y. Il ramène la recherche des extrémés de y à celle des racines doubles de l'équation $R(x, y) = 0$ envisagée comme une équation en x. *J. Hudde* simplifie aussi la recherche de ces racines doubles.

Au fond ce procédé revient à l'élimination de y entre les deux équations

$$R(x, y) = 0, \quad \frac{\partial}{\partial x} R(x, y) = 0.$$

Pour plus de détails, voir *E. H. Dirksen*, Abh. Akad. Berlin 1841, erster Teil, éd. Berlin 1843, Math. Abh., p. 105 et suiv. Pour ce qui concerne le procédé de *J. Hudde* [Geometria a Renato Des Cartes, éd. *F. van Schooten* 1, Amsterdam

Pour qu'une fonction univoque $f(x)$ admettant dans le voisinage $(a-h,\ a+h)$ d'un point a une dérivée finie $f'(x)$ soit extrémée en a il faut que $f'(a)$ soit nulle[264]).

Cette condition nécessaire n'est pas suffisante; mais[265]) si, quand x varie par valeurs croissantes aux environs de a depuis $a-h$ jusqu'à $a+h$, la fonction $f'(x)$ s'annule en passant du positif au négatif quand x traverse a, on peut affirmer[266]) que $f(a)$ est un maximé de $f(x)$.

D'ailleurs si l'on a simultanément

$$f'(a)=0 \quad \text{et} \quad f''(a)<0,$$

$f(a)$ est nécessairement un maximé de $f(x)$ [même si $f''(a)=-\infty$]; de même si l'on a simultanément

$$f'(a)=0 \quad \text{et} \quad f''(a)>0,$$

$f(a)$ est nécessairement un minimé de $f(x)$ [même si $f''(a)=+\infty$].

Ce critère est en général, mais non toujours, plus facile à appliquer que le précédent. Il rentre d'ailleurs comme cas particulier dans le théorème suivant[267]):

1659, p. 510/3] dans le cas particulier de l'équation $P_1(x)y-P_2(x)=0$, où $P_1(x)$ et $P_2(x)$ sont deux polynomes en x, voir *G. Eneström*, Bibl. math. (3) 12 (1911/2), p. 157/9.*

263) *E. Pascal* [Esercizi e note critiche[94]), p. 216/22] donne des exemples d'extrémés en α de fonctions $f(x)$ admettant en α soit une dérivée infinie [la possibilité de tels extrémés avait été remarquée par *G. F. A. de l'Hospital*, Analyse des infiniment petits[25]), (2e éd.) Paris 1715, p. 41/2] soit des dérivées unilatérales distinctes ou encore n'admettant pas en α de dérivée du second ordre. Ainsi

$$f(x)=1+x^{\frac{2}{3}} \text{ est minimée pour } x=0,$$

$$f(x)=x\frac{e^{\frac{1}{x}}-1}{e^{\frac{1}{x}}+1} \text{ est minimée pour } x=0,$$

$$f(x)=1-ax^2+x^2\sin\frac{1}{x} \text{ est maximée pour } x=0.*$$

264) Lorsqu'un point a, où $f(x)$ n'est pas dérivable mais admet une dérivée à droite et une dérivée à gauche, est extrémant de $f(x)$, la dérivée à droite et la dérivée à gauche de $f(x)$ en a ne peuvent être du même signe [cf. *O. Stolz*, Grundzüge[81]) 1, p. 200].

265) *A. L. Cauchy*, Calcul diff.[56]), p. 63; Œuvres (2) 4, p. 341.

266) Si $f(x)$ n'est pas dérivable en a, mais que les autres conditions du théorème subsistent, $f(a)$ est encore un extrémé de $f(x)$.

267) *C. Maclaurin*, Treatise of fluxions[35]) 1, p. 226; 2, p. 695; trad. *E. Pezenas* 1, p. 165; 2, p. 266. *J. L. Lagrange*, Misc. Taurinensia 1 (1759), deuxième pagination p. 18; Œuvres 1, Paris 1867, p. 3 [n° 1].

Si l'on a simultanément

$$f'(a)=0,\quad f''(a)=0,\ \dots,\ f^{(2n-1)}(a)=0,\quad f^{(2n)}(a)<0,$$

on peut affirmer que $f(a)$ est un maximé de $f(x)$ [même si $f^{(2n)}(a)=-\infty$].

Si l'on a simultanément

$$f'(a)=0,\quad f''(a)=0,\ \dots,\ f^{(2n-1)}(a)=0,\quad f^{(2n)}(a)>0,$$

on peut affirmer que $f(a)$ est un minimé de $f(x)$ [même si $f^{(2n)}(a)=+\infty$].

Si l'on a simultanément

$$f'(a)=0,\quad f''(a)=0,\ \dots,\ f^{(2n)}(a)=0,\quad f^{(2n+1)}(a)\gtrless 0,$$

on peut affirmer que $f(a)$ n'est pas un extrémé de $f(x)$.

Si *toutes* les dérivées d'une fonction $f(x)$ s'annulent en un point a, le critère précédent ne peut servir à discerner[268]) si a est effectivement un extrémant de $f(x)$.

Exemple: $x=0$ est un minimant de la fonction $e^{-\frac{1}{x^2}}$; ce n'est pas un extrémant de la fonction $xe^{-\frac{1}{x^2}}$[269]).

28. Extrémants d'une fonction de plusieurs variables. Envisageons une fonction univoque

$$y=f(x_1, x_2, \dots, x_n)$$

de plusieurs variables $x_1, x_2, \dots, x_n$, définie dans un domaine déterminé (x). Si les valeurs que prend y dans ce domaine (x) admettent une borne supérieure *finie* b [ou une borne inférieure finie β] et que cette borne soit atteinte par y pour un point analytique déterminé (a) du domaine, on dit que b est le *maximé* [ou β le *minimé*] de y *dans le domaine* (x).

On dit que la fonction $f(x_1, x_2, \dots, x_n)$ est *maximée au point analytique* (a) du domaine (x) ayant pour coordonnées

$$x_1=a_1,\quad x_2=a_2,\ \dots,\ x_n=a_n$$

[ou simplement que cette fonction est *maximée en* (a)] lorsqu'on peut

---

O. Stolz [Grundzüge[81]) 1, p. 206/8] a étendu ce critère au cas où, les dérivées de $f(x)$ d'ordre $\leq n$ s'annulant simultanément pour $x=a$, la dérivée $f^{(n)}(x)$ d'ordre n n'est pas dérivable en $x=a$ mais admet en ce point une dérivée à droite et une dérivée à gauche de signes contraires (ces dérivées à droite et à gauche étant d'ailleurs finies ou infinies). Pour n impair, a n'est pas un extrémant de $f(x)$; pour n pair, $f(a)$ est maximé ou minimé suivant que la dérivée à droite de $f^{(n)}(x)$ est négative ou positive.

268) Cf. *L. Scheeffer*, Ber. Ges. Lpz. 38 (1886), math. p. 103; Math. Ann. 35 1890), p. 542.

269) *Sur les extrémés des fonctions d'une variable réelle, voir encore *A. Bindoni*, Periodico mat. (Livourne) (3) 2 (1904/5), p. 226/9; Il Bolletino di mat. e di sc. fis. natur. Bologna 8 (1909), p. 286/8; *T. Hayashi*, Annaes da academia polytechnica do Porto 4 (1909), p. 229/40.*

déterminer un nombre positif ε tel que l'on ait

$$f(a_1+h_1, a_2+h_2, \ldots, a_n+h_n) - f(a_1, a_2, \ldots, a_n) < 0$$

pour *toutes* les valeurs positives ou négatives de $h_1, h_2, \ldots, h_n$ vérifiant les inégalités

$$|h_1| < \varepsilon, \quad |h_2| < \varepsilon, \quad \ldots, \quad |h_n| < \varepsilon,$$

à l'exception des valeurs simultanées

$$h_1 = h_2 = \cdots = h_n = 0.$$

*On peut alors dire aussi que le point analytique (a) est un *maximant* de la fonction $f(x_1, x_2, \ldots, x_n)$ et que $f(a_1, a_2, \ldots, a_n)$ est une *valeur maximée* de la fonction $f(x_1, x_2, \ldots, x_n)$.*

On dit que la fonction $f(x_1, x_2, \ldots, x_n)$ est *minimée au point analytique* (a) du domaine (x) ayant pour coordonnées

$$x_1 = a_1, \quad x_2 = a_2, \quad \ldots, \quad x_n = a_n$$

[ou simplement que cette fonction est *minimée en* (a)] lorsqu'on peut déterminer un nombre positif ε tel que l'on ait

$$f(a_1+h_1, a_2+h_2, \ldots, a_n+h_n) - f(a_1, a_2, \ldots, a_n) > 0$$

pour *toutes* les valeurs de $h_1, h_2, \ldots, h_n$ vérifiant les inégalités

$$|h_1| < \varepsilon, \quad |h_2| < \varepsilon, \quad \ldots, \quad |h_n| < \varepsilon,$$

à l'exception des valeurs simultanées

$$h_1 = h_2 = \cdots = h_n = 0.$$

*On peut alors dire aussi que le point analytique (a) est un *minimant* de la fonction $f(x_1, x_2, \ldots, x_n)$ et que $f(a_1, a_2, \ldots, a_n)$ est une *valeur minimée* de la fonction $f(x_1, x_2, \ldots, x_n)$.*

Il est parfois avantageux d'envisager des points analytiques (a) auxquels on puisse faire correspondre un nombre positif ε tel que l'on ait

$$f(a_1+h_1, \ldots, a_n+h_n) - f(a_1, \ldots, a_n) \leqq 0$$

pour *toutes* les valeurs $h_1, h_2, \ldots, h_n$ pour lesquelles on a simultanément

$$|h_1| < \varepsilon, \quad \ldots, \quad |h_n| < \varepsilon,$$

les valeurs $h_1 = h_2 = \cdots = h_n = 0$ exceptées, avec cette restriction toutefois que, parmi les valeurs $h_1, h_2, \ldots, h_n$ telles que

$$|h_1| < \eta < \varepsilon, \quad \ldots, \quad |h_n| < \eta < \varepsilon$$

il y en ait toujours, quelque petit que l'on prenne η, pour lesquelles

on ait
$$f(a_1+h_1, \ldots, a_n+h_n)-f(a_1, \ldots, a_n)=0.$$

On dit alors que le point analytique (a) est un *maximé impropre* de $f(x)$. On définit de même les *minimés impropres* de $f(x)$.

*Nous appellerons *extrémé* de $f(x_1, x_2, \ldots, x_n)$ soit le maximé, soit le minimé de cette fonction et *extrémant* de $f(x)$ soit le maximant, soit le minimant de $f(x)$.*

Lorsqu'une fonction $f(x_1, x_2, \ldots, x_n)$ est extrémée en un point analytique (a) d'un domaine dans lequel cette fonction est dérivable en (a) par rapport à chacune des variables (autant de fois qu'il est nécessaire pour appliquer les critères dont nous allons parler), on dit que $f(a_1, a_2, \ldots, a_n)$ est un *extrémé ordinaire* et que (a) est un extrémant *ordinaire* de $f(x_1, x_2, \ldots, x_n)$. C'est de la détermination des extrémants et extrémés ordinaires des fonctions $f(x_1, x_2, \ldots, x_n)$ que nous nous occuperons exclusivement dans cet article.

Pour qu'une fonction univoque $f(x_1, x_2, \ldots, x_n)$, admettant dans le voisinage du point analytique (a) des dérivées partielles finies
$$f'_{x_1},\ f'_{x_2},\ \ldots,\ f'_{x_n},$$
soit extrémée en (a), il faut que l'on ait à la fois[270])
$$f'_{x_1}(a_1, a_2, \ldots, a_n)=0,\ \ldots,\ f'_{x_n}(a_1, a_2, \ldots, a_n)=0.$$
Supposons que cette conditions soit vérifiée en un point analytique (a). Si alors[271]) la forme homogène quadratique en $h_1, h_2, \ldots, h_n$
$$[f_2]=\sum_{(i,k)} h_i h_k f''_{x_i x_k}(a_1, a_2, \ldots, a_n) \qquad (i,k=1,2,\ldots,n),$$
qui figure [n° **23**] dans la formule de Taylor
$$f(a_1+h_1, a_2+h_2, \ldots, a_n+h_n)$$
$$=f(a_1, a_2, \ldots, a_n)+[f_1]+\frac{1}{2!}[f_2]+\frac{1}{3!}[f_3]+\cdots+\frac{1}{(\nu-1)!}[f_{\nu-1}]+R_\nu,$$
est une forme *définie positive*, on est certain que (a) est un *minimant* de
$$f(x_1, x_2, \ldots, x_n).$$

---

270) Pour $n=2$, ce théorème a déjà été établi par *L. Euler* [Calc. diff.[27]), p. 644/56].

271) Ce théorème est dû à *J. L. Lagrange* [Misc. Taurinensia 1 (1759), seconde pagination, p. 18/32, en partic. p. 21/3; Œuvres 1, Paris 1867, p. 1/20, en partic. p. 7; Fonctions analyt.[28]), (1re éd.) p. 194; Œuvres 9, p. 288]. Il l'a établi d'abord pour des fonctions de deux variables seulement, puis dans le cas général en étudiant la transformation de la forme quadratique $[f_2]$ en une somme de carrés.

Si $[f_2]$ est une forme *définie négative*, on est certain que (a) est un *maximant* de

$$f(x_1, x_2, \ldots, x_n).$$

Si $[f_2]$ est une forme *indéfinie*, on est certain que (a) n'est pas un extrémant de

$$f(x_1, x_2, \ldots, x_n).$$

Dans le cas d'une fonction $f(x, y)$ de deux variables on a donc à examiner tout d'abord si en chacun des points (a, b), où

$$f'_x = f'_y = 0,$$

la forme binaire quadratique

$$h^2 f''_{xx}(a, b) + 2hk f''_{xy}(a, b) + k^2 f''_{yy}(a, b)$$

est définie ou indéfinie.

La condition nécessaire et suffisante pour que cette forme soit *définie positive*[272]) est que l'on ait à la fois

$$f''_{xx}(a, b) > 0 \quad \text{et} \quad f''_{xx}(a, b) f''_{yy}(a, b) - [f''_{xy}(a, b)]^2 > 0.$$

Pour voir si la forme est définie négative, il suffit d'ailleurs de voir si la forme égale et de signe contraire est définie positive.

Il peut arriver que $[f_2]$ s'annule identiquement en $h_1, h_2, \ldots, h_n$. Si l'on envisage alors[273]) la suite

$$[f_3], [f_4], \ldots$$

---

272) *J. F. Français* [Ann. math. pures appl. 3 (1812/3), p. 132/7] insiste sur ce que ces conditions ne sont pas nécessaires pour que (a, b) soit un extrémant de la fonction $f(x, y)$; il peut l'être quand bien même on aurait

$$f''_{xx}(a, b) f''_{yy}(a, b) - [f''_{xy}(a, b)]^2 = 0.$$

Dans le cas où $n > 2$, la discussion est analogue; voir *G. Peano* dans *A. Genocchi*, Calcolo diff.[115]), p. 198/9.

273) Voir *J. L. Lagrange* [Fonctions analyt.[28]), (1re éd.) p. 196; Œuvres 9, p. 290] et *A. L. Cauchy* [Calcul diff.[56]), p. 234; Œuvres (2) 4, p. 543].

On doit à *G. Peano* [dans *A. Genocchi*, Calcolo diff.[115]), p. 188, 189, 197] la première démonstration rigoureuse et complète de ce théorème. *L. Scheeffer* [Math. Ann. 35 (1890), p. 557] a présenté ensuite cette démonstration sous une forme un peu plus concise.

Voir aussi *C. Jordan* [Cours d'analyse, (3e éd.) Paris 1909, p. 381/8]. *A. Mayer* [Ber. Ges. Lpz. 41 (1889), math. p. 127/8] a étendu cette démonstration aux fonctions implicites de plusieurs variables.

*Voir aussi une remarque de *W. Zajączkowski* [Rocznik towarzystwa naukowego z Uniwersytetem Krakowskim połączonego (Cracovie) (3) 12 (1867), p. 1/8]; cette remarque est analysée Bull. sc. math. (1) 11 (1876), p. 269; elle concerne les caractères qui permettent de distinguer pratiquement entre les maximés et les minimés.*

des formes homogènes cubiques, biquadratiques, ... et si $[f_\mu]$ est la première des formes de cette suite qui ne s'annule pas identiquement en $h_1, h_2, \ldots, h_n$, la fonction $f(x_1, x_2, \ldots, x_n)$ ne sera ni maximée, ni minimée en (a) quand μ est *impair*. Si, au contraire, μ est pair et si la forme $[f_\mu]$ est *définie positive* la fonction $f(x_1, x_2, \ldots, x_n)$ sera minimée en (a); si μ est pair et si la forme $[f_\mu]$ est *définie négative*, la fonction $f(x_1, x_2, \ldots, x_n)$ sera maximée en (a); si enfin μ est pair et que la forme $[f_\mu]$ soit *indéfinie*, la fonction $f(x_1, x_2, \ldots, x_n)$ ne sera ni maximée, ni minimée en (a).

29. Recherches de Peano, Scheeffer, Stolz et von Dantscher. On dit qu'une forme binaire quadratique

$$\alpha h^2 + 2\beta hk + \gamma k^2$$

est *semi-définie*[274]) lorsque cette forme s'annule pour certaines valeurs de h et k autres que $h = k = 0$ et conserve *le même signe* pour toutes les autres. *J. D. Gergonne*[275]) a le premier appelé l'attention sur ces formes quadratiques singulières qu'on avait d'ailleurs déjà rencontrées, mais sans s'y arrêter, dans l'étude analytique des surfaces. Pendant longtemps, on ne s'était pas rendu compte du rôle important que la forme semi-définie

$$[f_2] = h^2 f''_{xx}(a, b) + 2hk f''_{xy}(a, b) + k^2 f''_{yy}(a, b)$$

joue dans la théorie des extrémés.

Lorsque, dans la formule de Taylor

$$f(a+h, b+k) - f(a, b) = [f_1] + \frac{1}{2!}[f_2] + \frac{1}{3!}[f_3] + \frac{1}{4!}[f_4] + R_5,$$

$[f_1]$ est nulle et $[f_2]$ semi-définie, on croyait pouvoir démontrer[276]) que si, pour les valeurs de h et de k qui annulent $[f_2]$, la forme cubique $[f_3]$ s'annule aussi, mais que si, pour ces mêmes valeurs, la forme biquadratique $[f_4]$ conserve son signe, $f(a, b)$ est un maximé ou un minimé de $f(x, y)$ suivant que ce signe est négatif ou positif.

G. Peano[277]) a donné un exemple du contraire et a signalé la cause de l'erreur que l'on avait commise. La fonction envisagée par

---

274) *L. Scheeffer* [Math. Ann. 35 (1890), p. 555 (mém. posth. 1885)].

275) Ann. math. pures appl. 20 (1829/30), p. 331.

276) **J. A. Serret*, Calcul diff.[116]), (5e éd.) 1, p. 219; *J. Bertrand*, Traité de calcul différentiel et de calcul intégral 1, Paris 1864, p. 504; *I. Todhunter*, A treatise on the diff. calculus, (4e éd.) Cambridge et Londres 1864, p. 229.*

277) *G. Peano* dans *A. Genocchi*, Calcolo diff.[115]), annotazioni, p. XXIX.

G. Peano est

$$f(x, y) = (y^2 - 2px)(y^2 - 2qx) \quad \text{où} \quad p > q > 0;$$

pour $a = b = 0$ on a

$$[f_2] = 8pqh^2,$$
$$[f_3] = -12(p+q)h \cdot k^2,$$
$$[f_4] = 24k^4;$$

la forme $[f_2]$ est semi-définie; pour $h = 0$, $[f_2]$ et $[f_3]$ s'annulent, $[f_4]$ est positif; et cependant $f(0, 0) = 0$ n'est pas un minimé de $f(x, y)$ puisque, en remplaçant y^2 par $2lx$, où l est un nombre quelconque vérifiant la double inégalité

$$p > l > q,$$

la fonction $f(x, y)$ se réduit à

$$4(l-p)(l-q)x^2$$

et que cette expression est négative quel que soit x.

On voit donc déjà que pour discerner les extrémés d'une fonction il faut parfois suivre une voie différente de celle qui avait été pendant assez longtemps la voie classique.

C'est d'ailleurs par des considérations tout autres que *L. Scheeffer* a réalisé un progrès dans la recherche des extrémés des fonctions de deux variables.

Dans des recherches concernant le calcul des variations [cf. II 31, **3** et **20**], *L. Scheeffer* a été amené à approfondir la théorie des extrémés. On lui doit un théorème qui met en pleine lumière l'impossibilité, quand on envisage *séparément* les termes successifs $[f_1], [f_2], [f_3], \ldots$ du développement d'une fonction par la formule de Taylor dans le voisinage d'un point (a, b), de discerner toujours si ce point est, ou non, un extrémant de la fonction.

Supposons, en effet, que l'on puisse déterminer un entier ν et des nombres positifs a et δ tels que, la fonction $f(x, y)$ étant représentée, dans le voisinage du point $(0, 0)$, par la formule de Maclaurin

$$f(x, y) - f(0, 0) = [f_1] + \frac{1}{2!}[f_2] + \cdots + \frac{1}{(\nu-1)!}[f_{\nu-1}] + R_\nu$$

et r étant un nombre *quelconque* positif $< \delta$, la valeur absolue du polynome

$$F_{\nu-1}(x, y) = f(0, 0) + [f_1] + \frac{1}{2!}[f_2] + \cdots + \frac{1}{(\nu-1)!}[f_{\nu-1}]$$

soit plus grande que $ar^{\nu-1}$, en chacun des points de la circonférence du cercle de rayon r décrit du point $(0, 0)$ comme centre. Sous cette hypothèse, *L. Scheeffer*[278]) a démontré que, ou bien les deux fonctions $f(x, y)$ et $F_{\nu-1}(x, y)$ ont toutes deux un extrémé au point (0, 0), ou bien ni l'une ni l'autre de ces deux fonctions n'a d'extrémé au point (0, 0). Il s'agit donc de discerner les extrémés des polynomes $F_{\nu-1}(x, y)$.

Lorsque le polynome $F_{\nu-1}(x, y)$ est *homogène*, la détermination des extrémés de $f(x, y)$ est ainsi ramenée à un problème dont la solution est relativement simple[279]). Lorsque $F_{\nu-1}(x, y)$ n'est pas homogène cette détermination est moins aisée; on parvient alors au résultat par un procédé calqué sur celui dont *V. A. Puiseux* a fait usage dans ses recherches sur les points singuliers d'une fonction algébrique, procédé qui ne nécessite jamais qu'un *nombre fini d'opérations*, à moins que le polynome $F_{\nu-1}(x, y)$ ne contienne un facteur double[280]) dépendant de x et y, et s'annulant pour $x = y = 0$, facteur double qui, égalé à zéro, définit une courbe double réelle passant par le point $x = 0$, $y = 0$.

L. Scheeffer[281]) attribuait l'imperfection des anciennes théories sur les extrémés des fonctions de deux variables, en particulier l'imperfection des procédés indiqués par *J. L. Lagrange*[282]), à ce que, pour discerner si un point (a, b) pour lequel

$$f'_x(a, b) = 0, \quad f'_y(a, b) = 0$$

est un extrémant de la fonction $f(x, y)$, on se contentait de rechercher si la fonction

$$\varphi(\varrho) = f(a + \varrho \cos \alpha, b + \varrho \sin \alpha)$$

de la seule variable ϱ est extrémée pour chaque valeur de α fixée arbitrairement parmi celles qui satisfont à l'inégalité[283])

$$0 \leqq \alpha < \pi.$$

---

278) Ber. Ges. Lpz. 38 (1886), math. p. 117; Math. Ann. 35 (1890), p. 554. Voir aussi *O. Stolz*, Grundzüge[81]) 1, p. 217/21. *O. Stolz* a étendu aux fonctions de n variables le théorème démontré par *L. Scheeffer* pour les fonctions de deux variables seulement [Sitzgsb. Akad. Wien 99 II^a (1890), p. 499; Grundzüge[81]) 1, p. 237].

279) Cf. *L. Scheeffer*, Math. Ann. 35 (1890), p. 556.

280) *L. Scheeffer*, id. p. 572; Voir aussi *C. Jordan*, Cours d'Analyse, (3e éd.) 1, Paris 1909, p. 385.

281) Math. Ann. 35 (1890), p. 546. **V. P. Ermakov* [Mat. Sbornik (recueil Soc. math. Moscou) 16 (1891/3), p. 411/36] donne un critère permettant de distinguer les maximés des minimés.*

282) Fonctions analyt.[18]), (1re éd.) p. 188; Œuvres 9, p. 280.

283) *L. Scheeffer* estimait que l'exemple donné par *G. Peano* confirmait sa façon de voir; dans cet exemple $\varphi(\varrho)$ est en effet minimée pour $\varrho = 0$ quel que soit α et cependant $f(x, y)$ n'est pas minimée pour $x = y = 0$.

C'est, au contraire, en faisant usage de cette méthode de réduction à des fonctions d'un nombre moindre de variables que *O. Stolz*[284]) a pu étendre aux fonctions de plus de deux variables le théorème de *L. Scheeffer* ramenant la détermination des extrémés d'une fonction $f(x, y)$ développée par la formule de Taylor à celle des extrémés d'un polynome en x et y.

Déjà dans le cas de fonctions de trois variables la méthode employée par *O. Stolz* pour discerner effectivement les extrémés d'une fonction donnée est extrêmement compliquée.

Les recherches de *V. von Dantscher* ont un caractère tout à fait distinct des précédentes. *V. von Dantscher*[285]) a montré que les raisons invoquées par *L. Scheeffer* pour rejeter le procédé de *J. L. Lagrange* ne portent pas. Cela provient de ce que *L. Scheeffer* ne tenait pas compte de l'*intervalle* dans lequel, sur chacune des droites envisagées menées par le point (a, b), la fonction $f(x, y)$ a des valeurs plus grandes ou plus petites que $f(a, b)$.

Supposons que pour une valeur déterminée de α on ait

$$f(a+\varrho\cos\alpha, b+\varrho\sin\alpha)-f(a, b)>0$$

pour chaque valeur de ϱ vérifiant les inégalités

$$-p_\alpha<\varrho<q_\alpha,$$

où p_α et q_α sont des nombres positifs déterminés qui dépendent en général de α. Désignons par r_α le plus petit des deux nombres positifs p_α, q_α et par r la borne inférieure des nombres positifs r_α quand α varie de 0 à π. *V. von Dantscher*[286]) a démontré que si r est un nombre positif, la fonction $f(x, y)$ admet un *minimé* au point (a, b); si r est *nul*, $f(x, y)$ n'admet pas d'extrémé en (a, b). Le théorème concernant le maximé de $f(x, y)$ ne diffère de celui que l'on vient d'énoncer qu'en ce que le signe $>$ est remplacé par le signe $<$ et que les deux mots „maximé" et „minimé" sont intervertis.

L. Scheeffer avait aussi montré sur un autre exemple qu'en un point $x=a$, $y=b$ une fonction $f(x, y)$ de deux variables indépendantes peut n'être pas minimée, quoiqu'étant minimée en ce point lorsqu'on l'envisage comme une fonction d'une seule variable sur une quelconque des courbes algébriques passant par ce point. *Si au contraire elle est minimée sur toutes les courbes continues passant par ce point, elle est certainement minimée en ce point [*G. Vivanti*, Atti R. Accad. Lincei *Rendic.* (5) 7 I (1898), p. 240/1].*

284) *O. Stolz*, Sitzgsb. Akad. Wien 99 IIa (1890), p. 496; id. 100 IIa (1891), p. 1167; id. 102 IIa (1893), p. 85.

Voir aussi *O. Stolz*, Grundzüge[81]) 1, p. 239/40.

285) Math. Ann. 42 (1893), p. 89/90.

286) Id. p. 91.

Lorsque la fonction envisagée dépend de *deux* variables seulement, *V. von Dantscher*[287]) indique un procédé permettant de reconnaître (sauf dans un cas exceptionnel qui correspond à celui déjà signalé lorsqu'on applique le procédé de *L. Scheeffer*) si un point donné est effectivement un extrémant de la fonction. Il suffit, pour cela, d'effectuer une suite d'opérations déterminées qui, dans le cas d'un extrémant de la fonction, sont en nombre fini, tandis qu'elle forment une suite infinie dans le cas contraire.

On ne semble pas jusqu'ici avoir obtenu de critère analogue concernant les fonctions de plus de deux variables.

*Toutefois *J. Lüroth*[288]) complète les résultats précédents par ses recherches sur les extrémés des fonctions de deux ou trois variables. Sa méthode peut, dans certains cas, être généralisée pour n variables.*

30. Extrémés liés. Lorsque les variables $x_1, x_2, \ldots, x_n$ dont dépend la fonction $f(x_1, x_2, \ldots, x_n)$ sont liées par des équations de condition

$$\varphi_1 = 0, \ \varphi_2 = 0, \ \ldots, \ \varphi_\varkappa = 0 \qquad (\varkappa < n)$$

que l'on supposera distinctes, on peut transformer $f(x_1, x_2, \ldots, x_n)$, au moyen de ces équations de condition, en une fonction de $n - \varkappa$ variables *indépendantes* et chercher ensuite les extrémés de cette fonction transformée. Mais cette méthode est d'une application difficile; les calculs à effectuer sont même parfois dès le début inextricables; aussi y a-t-il presque toujours avantage à appliquer une autre méthode, due à *J. L. Lagrange*[289]), à laquelle on a donné le nom de *méthode des multiplicateurs.*

J. L. Lagrange a montré que les extrémants de la fonction envisagée $f(x_1, x_2, \ldots, x_n)$ sont nécessairement compris parmi les points analytiques dont les coordonnées $a_1, a_2, \ldots, a_n$ vérifient les n équations obtenues en éliminant les inconnues auxiliaires (multiplicateurs)

$$\lambda_1, \lambda_2, \ldots, \lambda_\varkappa$$

---

287) Math. Ann. 42 (1893), p. 108; 51 (1899), p. 227.

288) *Sitzgsb. Akad. München 36 (1906), p 405/13. Sur les extrémés de fonctions de plusieurs variables voir encore *U. Scarpis*, Supplemento al Periodico mat. (Livourne) 7 (1904/5), p. 81/3; *G. A. Bliss*, The Amer. math. Monthly 14 (1907), p. 47/9 (Texte et note de *M. Lecat*).*

289) *J. L. Lagrange,* Fonctions analyt.[26]), (1re éd.) p. 197; Œuvres 9, p. 291; Mécanique analytique, (2e éd.) 1, Paris 1811, p. 74; (3e éd.), publ. par *J. Bertrand* 1, Paris 1853, p. 69; Œuvres 11, Paris 1888, p. 77.

entre les $n + \varkappa$ équations

$$(\alpha) \qquad \frac{\partial f}{\partial x_i} + \lambda_1 \frac{\partial \varphi_1}{\partial x_i} + \lambda_2 \frac{\partial \varphi_2}{\partial x_i} + \cdots + \lambda_\varkappa \frac{\partial \varphi_\varkappa}{\partial x_i} = 0 \quad (i = 1, 2, \ldots, n),$$

$$(\beta) \qquad \varphi_\nu(x_1, x_2, \ldots, x_n) = 0 \qquad (\nu = 1, 2, \ldots, \varkappa).$$

A. L. Cauchy[290]) a fait observer que, la fonction $f(x_1, x_2, \ldots, x_n)$ pouvant être permutée avec chacune des fonctions $\varphi_\nu(x_1, x_2, \ldots, x_n)$ sans que le résultat de l'élimination de $\lambda_1, \lambda_2, \ldots, \lambda_\varkappa$ entre les n équations (α) soit modifié, il doit toujours exister une *réciprocité* entre les extrémés liés de chacune des $\varkappa + 1$ fonctions $f, \varphi_1, \varphi_2, \ldots, \varphi_\varkappa$, la liaison étant chaque fois définie en égalant à zéro les $\varkappa$ autres fonctions. On avait souvent remarqué cette réciprocité dans l'étude de problèmes déterminés particulièrement simples, entre autres dans le problème des isopérimètres [cf. II 31]; mais c'est à *A. Mayer*[291]) que l'on doit d'avoir précisé cette notion.

Plaçons-nous dans le cas général où $(n+1)$ variables

$$y, x_1, x_2, \ldots, x_n$$

sont liées par $(\varkappa + 1)$ relations[292])

$$\varphi_0 = 0, \quad \varphi_1 = 0, \ldots, \varphi_\varkappa = 0 \qquad (\varkappa < n).$$

Supposons que l'on puisse vérifier identiquement ces $(\varkappa + 1)$ relations en y remplaçant $y, x_1, x_2, \ldots, x_n$ par des fonctions de h paramètres $(h \geqq 1)$

$$y = F_0(q_1, q_2, \ldots, q_h),$$

$$x_1 = F_1(q_1, q_2, \ldots, q_h),\ x_2 = F_2(q_1, q_2, \ldots, q_h), \ldots, x_n = F_n(q_1, q_2, \ldots, q_h),$$

et qu'en résolvant par rapport à q_1 l'équation

$$y = F_0(q_1, q_2, \ldots, q_h)$$

on obtienne la relation

$$q_1 = \psi_0(y, q_2, \ldots, q_h).$$

Le théorème de réciprocité précisé par *A. Mayer* consiste alors en

290) Calcul diff.[56]), p. 252; Œuvres (2) 4, p. 564.

**A. L. Cauchy* [C. R. Acad. sc. Paris 24 (1847), p. 758; Œuvres (1) 10, Paris 1897, p. 286] dit *conditionnel* au lieu de *lié*; *J. Hadamard* [Leçons sur le calcul des variations 1, Paris 1910, (cours professé au Collége de France en 1908), préface] dit *extremum lié*.*

291) Ber. Ges. Lpz. 41 (1889), math. p. 313/4.

292) La première de ces relations n'est pas nécessairement de la forme

$$y - f(x_1, x_2, \ldots, x_n) = 0$$

et les k dernières peuvent dépendre de y aussi bien que de $x_1, x_2, \ldots, x_n$.

ce que, si

$$y_0 = F_0(q_{10}, q_{20}, \ldots, q_{h0})$$

est un extrémé de

$$y = F_0(q_1, q_2, \ldots, q_h),$$

alors

$$q_{10} = \psi_0(y_0, q_{20}, \ldots, q_{h0})$$

sera un extrémé de

$$q_1 = \psi_0(y, q_2, \ldots, q_h).$$

On ne peut appliquer la méthode de *L. Scheeffer* à l'étude des extrémés liés qu'en reprenant dans chaque cas qui se présente tous les calculs, et ces calculs sont généralement assez longs.

Dans divers mémoires, *A. Mayer*[293]) a cherché à déterminer des cas étendus dans lesquels, comme dans celui des extrémants des formes semi-définies, il est nécessaire, pour déterminer si un point analytique $(a_1, a_2, \ldots, a_n)$ est ou non un extrémant lié d'une fonction

$$f(x_1, x_2, \ldots, x_n),$$

d'envisager les termes du développement de la fonction

$$f(a_1 + h_1, a_2 + h_2, \ldots, a_n + h_n)$$

qui sont de dimension supérieure à la seconde en $h_1, h_2, \ldots, h_n$. Il montre comment on peut former ces termes et comment on peut s'en servir pour obtenir effectivement les extrémés liés de la fonction $f(x_1, x_2, \ldots, x_n)$. Il admet à cet effet qu'une fonction

$$f(x_1, x_2, \ldots, x_n)$$

est certainement extrémée quand on se déplace sur *toutes* les courbes

$$x_i = a_i + t a_i^{(1)} + t^2 a_i^{(2)} + \cdots\cdots \qquad (i = 1, 2, \ldots, n)$$

passant par le point $(a_1, a_2, \ldots, a_n)$. Cette proposition n'est cependant pas évidente et elle aurait besoin d'être légitimée davantage qu'il ne le fait.

Les recherches sur les extrémés des fonctions de plusieurs variables montrent combien il serait important de pouvoir reconnaître, dans tous les cas, si une forme donnée est définie, semi-définie, ou indéfinie.

Pour les formes *quadratiques* d'un nombre n de variables le problème a été résolu et le critère auquel on est parvenu est élégant et

293) Ber. Ges. Lpz. 41 (1889), math. p. 128. On y trouve l'énoncé du théorème de *L. Scheeffer* étendu aux extrémés conditionnés.

Voir aussi Ber. Ges. Lpz. 44 (1892), math. p. 54/85. Voir déjà les remarques [Ber. Ges. Lpz. 33 (1881), math. p. 42] sur un cas déjà cité par *A. L. Cauchy* où les conditions *nécessaires* pour qu'il y ait un extrémé lié sont vérifiées pour une *infinité de systèmes* de valeurs des variables, formant une ariété continue [cf. *S. Spitzer*, Archiv Math. Phys. (1) 22 (1854), p. 187].

d'une application facile, non seulement dans le cas où les variables sont indépendantes, mais même dans celui où elles sont liées par des relations linéaires données; c'est la transformation[294]), par des substitutions linéaires, des formes quadratiques quelconques de $h_1, h_2, \ldots$ en formes du type

$$A_1 X_1^2 + A_2 X_2^2 + \cdots,$$

ne contenant que des carrés d'un nombre limité de fonctions

$$X_1, X_2, \ldots$$

linéaires et homogènes en $h_1, h_2, \ldots$, qui a permis d'énoncer ce critère, et c'est parce que les coefficients $A_1, A_2, \ldots$ s'expriment aisément au moyen des coefficients de la forme quadratique envisagée qu'il est d'une application facile.

Pour les formes de dimension plus grande que 2, le problème est au contraire bien loin d'être résolu, et lorsque ces formes dépendent d'un nombre quelconque de variables, on peut même dire que,

294) La partie essentielle de ce critère se trouve déjà dans *J. L. Lagrange* [Misc. Taurinensia 1 (1759), seconde pagination p. 20/3; Fonctions analyt.[38]), (1re éd.) p. 194/6; Œuvres 9, p. 288/91] et dans *A. L. Cauchy* [Calcul diff.[56]), p. 246; Œuvres (2) 4, p. 554].

J. J. Sylvester l'a étendu au cas de n variables [London Edinb. Dublin philos. mag. (4) 4 (1852), p. 138/42; Philos. Trans. London 143 (1853), p. 480; Papers 1, Cambridge 1904, p. 378/81, 511]. On trouvera une démonstration de la formule de *J. J. Sylvester* dans *B. Williamson*, Quart. J. pure appl. math. 12 (1873), p. 48/51.

F. Brioschi [Ann. mat. pura appl. (1) 2 (1859), p. 61/4; Opera 2, Milan 1902, p. 7/10] a exposé d'une façon très simple la marche suivie par *F. J. Richelot* [Astron. Nachr. (Altona) 48 (1858), p. 273]. De même, *O. Stolz* [Sitzungsb. Akad. Wien 58 II (1868), p. 1063; Grundzüge[61]) 1, p. 248/53] qui met en évidence que l'on peut faire dépendre la recherche du caractère défini ou semi-défini d'une forme

$$f(x_1, x_2, \ldots, x_n) = a_{11}x_1^2 + 2a_{12}x_1x_2 + \cdots + a_{nn}x_n^2$$

de celle des extrémés de cette forme sous la condition

$$x_1^2 + x_2^2 + \cdots + x_n^2 = 1.$$

La condition nécessaire et suffisante pour que $f(x_1, x_2, \ldots, x_n)$ soit définie positive est que les racines de l'équation en λ

$$D = \begin{vmatrix} a_{11} - \lambda & a_{12} & \ldots a_{1n} \\ a_{21} & a_{22} - \lambda & \ldots a_{2n} \\ a_{n1} & a_{n2} & \ldots a_{nn} - \lambda \end{vmatrix}$$

soient toutes *positives*.

La condition nécessaire et suffisante pour que $f(x_1, x_2, \ldots, x_n)$ soit semi-définie positive est que la plus petite racine de l'équation $D = 0$ soit nulle.

quoique déjà nettement posé par *J. L. Lagrange*[295]), il a été, jusqu'en ces dernières années, à peine abordé.

On sait seulement

1°) que toute forme *binaire* positive (définie ou semi-définie) d'un nombre quelconque de variables peut toujours être transformée en une somme de *deux* carrés de formes réelles[296]);

2°) que toute forme *ternaire* positive (définie ou semi-définie) peut être transformée en une somme de trois carrés de forme réelle.

Mais on sait aussi[297]) que parmi les formes positives (définies ou semi-définies) quaternaires, ou plus généralement de dimension paire 2ν, il y en a toujours qu'on ne saurait représenter par la somme d'un nombre *fini* de carrés de formes réelles.

Dans ce même ordre d'idées, *D. Hilbert*[298]) a aussi montré que toute forme ternaire positive de n variables (définie ou semi-définie) peut être représentée par le quotient de deux sommes de carrés de formes réelles.

31. Dérivation d'ordre n d'une fonction de fonction. Changement de variables. Les opérations relatives au changement de variables constituent une des questions les plus importantes du calcul différentiel.

Nous avons déjà [n° **6**] envisagé le cas le plus simple où une fonction

$$y = F(x)$$

de la variable x se transforme par la substitution

$$x = \varphi(t)$$

en une fonction

$$F[\varphi(t)] = f(t)$$

de la nouvelle variable t. Nous avons ainsi obtenu, sous les conditions énoncées au n° **6**, la règle de la dérivation des *fonctions de fonctions* qu'exprime la relation

$$f'(t) = \varphi'(t) \cdot F'(x).$$

De même l'existence des dérivées secondes de $F(x)$ prises par rapport à x et de $\varphi(t)$ prises par rapport à t entraîne l'existence d'une dérivée seconde de $f(t)$ prise par rapport à t et l'on a, en désignant ces dérivées secondes respectivement par $F''(x)$, $\varphi''(t)$ et $f''(t)$, la

295) Fonctions analyt.[26]), (1re éd.) p. 196; Œuvres 9, p. 290.

296) Voir à ce sujet *D. Hilbert*, Math. Ann. 32 (1888), p. 342.

297) *D. Hilbert*, Math. Ann. 32 (1888), p. 344. *H. Minkowski* [Diss. Königsberg 1885] avait déjà admis ce fait comme probable.

298) Acta math. 17 (1893), p. 169/97 [1892].

relation

$$D_t^{(2)} F[\varphi(t)] = f''(t) = \varphi''(t) F'(x) + \varphi'^2(t) F''(x),$$

qui fournit la règle de dérivation seconde des fonctions de fonctions.

Cette relation se déduit aisément de la précédente en appliquant aux dérivées premières qui y figurent la règle de la dérivation des fonctions de fonctions.

On peut continuer ainsi et établir successivement sous l'hypothèse de l'existence de dérivées d'ordre n de la fonction $F(x)$ prises par rapport à x et de dérivées d'ordre n de la fonction $\varphi(t)$ prises par rapport à t, des relations permettant d'exprimer les dérivées successives

$$f'''(t),\ f^{\text{IV}}(t),\ \ldots,\ f^{(n)}(t)$$

au moyen des dérivées

$$F'(x),\ F''(x),\ \ldots,\ F^{(n)}(x);$$
$$\varphi'(t),\ \varphi''(t),\ \ldots,\ \varphi^{(n)}(t);$$

ces expressions fournissent successivement la règle de dérivation troisième, quatrième, ... des fonctions de fonctions. Il est vrai que l'on n'aperçoit pas ainsi la loi générale, mais on voit toutefois aisément que $f^{(n)}(t)$ est de la forme

$$(1) \qquad f^{(n)}(t) = A_1^{(n)} F'(x) + A_2^{(n)} F''(x) + \cdots + A_n^{(n)} F^{(n)}(x),$$

où $A_1^{(n)}, A_2^{(n)}, \ldots, A_n^{(n)}$ sont des fonctions de $\varphi'(t), \varphi''(t), \ldots, \varphi^{(n)}(t)$.

J. L. Lagrange[299]) a observé que dans cette expression (1) la recherche des coefficients

$$A_1^{(n)},\ A_2^{(n)},\ \ldots,\ A_n^{(n)}$$

revient à celle des coefficients de $\frac{h^n}{n!}$ dans le développement de $f(t+h)$ suivant les puissances croissantes de h, et que pour obtenir ce développement il suffit de développer $F[\varphi(t+h)]$ c'est-à-dire

$$F\left(\varphi(t) + \frac{h}{1}\varphi'(t) + \cdots\cdots\right),$$

expression qui est de la forme

$$F(\alpha + \beta t + \gamma t^2 + \cdots\cdots).$$

On voit d'ailleurs immédiatement que les expressions de

$$A_1^{(n)},\ A_2^{(n)},\ \ldots,\ A_n^{(n)}$$

sont indépendantes de la forme particulière de la fonction envisagée $F(x)$. Pour déterminer $A_1^{(n)}, A_2^{(n)}, \ldots, A_n^{(n)}$ on est ainsi amené à spécialiser $F(x)$.

299) Nouv. Mém. Acad. Berlin 3 (1772), éd. 1774, p. 209; Œuvres 3, Paris 1869, p. 465. Cf. *S. F. Lacroix*, Calcul diff.[55]), (2. éd.) 1, p. 325/6.

En prenant

$$F(x) = x^n,$$

E. R. E. Hoppe[300]) a, le premier, obtenu une formule

$$\varkappa!\, A_\varkappa^{(n)} = \sum_{\nu=1}^{\nu=\varkappa} (-1)^{\nu+\varkappa} x^{\varkappa-\nu} \frac{\varkappa(\varkappa-1)\cdots(\varkappa-\nu+1)}{\nu!} D_t^{(n)}(x^\nu)$$

qui indique la solution du problème dans le cas général; mais cette formule est longue à écrire explicitement et elle est assez compliquée.

Elle est d'ailleurs entièrement équivalente à celle donnée ensuite par *Ubbo H. Meyer*[301])

$$\varkappa!\, A_\varkappa^{(n)} = \{D_h^{(n)}[\varphi(t+h) - \varphi(t)]^\varkappa\}_{h=0}.$$

Le procédé de *E. R. E. Hoppe* et celui de *Ubbo H. Meyer* reviennent tous deux à appliquer le développement de Taylor.

E. Hess[302]) a obtenu des expressions équivalentes à celles de *R. Hoppe* et de *Ubbo H. Meyer* en résolvant les n équations écrites en prenant successivement, dans la relation (1), pour $F(x)$, les n fonctions particulières

$$x,\ x^2,\ \ldots,\ x^n.$$

Il applique à cet effet la théorie des déterminants. On peut aussi consulter à cet égard *J. C. Glashan*[303]).

F. Mertens[304]) étend le même procédé au cas des fonctions de plusieurs variables.

E. Cesàro[305]) donne une expression des $A_\varkappa^{(n)}$, qui s'applique même aux fonctions dérivables non développables par la formule de Taylor.

F. Faà di Bruno[306]) suppose $F(x)$ et $\varphi(t)$ développables en séries de Taylor. En écrivant que, dans le développement de $f(t+h)$ suivant les puissances de h, le coefficient de $\frac{h^n}{n!}$ est $f^{(n)}(t)$, il obtient la formule qui porte son nom

$$f^{(n)}(t) = \sum_{\varkappa=1}^{\varkappa=n} n!\, F^{(\varkappa)}(x) \Big[\sum \frac{1}{i_1!\, i_2! \ldots i_r!} \Big(\frac{\varphi'(t)}{1!}\Big)^{i_1} \Big(\frac{\varphi''(t)}{2!}\Big)^{i_2} \cdots \Big(\frac{\varphi^{(r)}(t)}{r!}\Big)^{i_r}\Big],$$

300) Theorie der höheren Differentialquotienten, Leipzig 1845, p. 38, 73; voir aussi Math. Ann. 4 (1871), p. 86; J. reine angew. Math. 33 (1846), p. 78.

301) Archiv Math. Phys. (1) 9 (1847), p. 96/100.

302) Z. Math. Phys. 17 (1872), p. 1.

303) Amer. J. math. 3 (1880), p. 190/1.

304) Rozprawy i sprawozdania Akademii Umiejętności, wydzial matematyczno-przyrodniczy (Cracovie) (1) 20 (1890), p. 267/71.

305) Nouv. Ann. math. (3) 4 (1885), p. 41/55.

306) Ann. sc. mat. fis. 6 (1855), p. 479/80. *Voir encore *A. de Presle*, Bull. Soc. math. France 16 (1887/8), p. 157/62.*

où, pour chacun des n indices $\varkappa$, la somme qui figure entre crochets est étendue à tous les systèmes d'entiers positifs ou nuls $i_1, i_2, \ldots, i_r$ pour lesquels on a à la fois

$$i_1 + i_2 + \cdots + i_r = \varkappa,$$
$$i_1 + 2i_2 + \cdots + ri_r = n.$$

W. F. Meyer[307]) insiste sur le caractère algébrique de la formule de *F. Faà di Bruno*. Pour obtenir l'expression générale de la dérivée $n^{\text{ième}}$ d'une fonction $f(t)$ par rapport à une variable x liée à t par une relation donnée

$$x = \varphi(t),$$

il suffit d'exprimer $F^{(n)}(x)$ en fonction des dérivées de $f(t)$ et de $\varphi(t)$ prises par rapport à t, car on a manifestement

$$\frac{d^n f(t)}{[d\varphi(t)]^n} = \frac{d^n F(\varphi(t))}{dx^n} = F^{(n)}(x).$$

L'expression explicite de $F^{(n)}(x)$ au moyen des dérivées de $f(t)$ et de $\varphi(t)$ a été indiquée par *O. Schlömilch*[308]) sous la forme

$$F^{(n)}(x) = a_{n-1}f'(t) + \frac{n-1}{1}a_{n-2}f''(t) + \frac{(n-1)(n-2)}{2!}a_{n-3}f'''(t) + \cdots\cdots,$$

où

$$a_{n-1} = \left\{D_h^{(n-1)}\frac{h^n}{[\varphi(t+h)-\varphi(t)]^n}\right\}_{h=0}, \quad a_{n-2} = \left\{D_h^{(n-2)}\frac{h^n}{[\varphi(t+h)-\varphi(t)]^n}\right\}_{h=0},$$
$$a_{n-3} = \left\{D_h^{(n-3)}\frac{h^n}{[\varphi(t+h)-\varphi(t)]^n}\right\}_{h=0}, \quad \cdots\cdots$$

G. Steinbrinck[309]) a observé que la détermination des coefficients de l'expression de $F^{(n)}(x)$ en fonction linéaire de $f'(t), f''(t), f'''(t), \ldots$ n'est pas, comme l'avait cru *O. Schlömilch*[310]), un problème distinct de celui des coefficients $A_\varkappa^{(n)}$ dans l'expression (1). Les deux problèmes de la dérivation d'ordre quelconque d'une fonction composée et du changement de variable coïncident. Par exemple la solution d'un de ces problèmes en prenant $F(x) = \log_e x$ coïncide avec celle de l'autre problème en prenant $F(x) = e^x$.

Après que *R. Götting*[311]) eût donné explicitement une expression de la dérivée $n^{\text{ième}}$ prise par rapport à t,

$$D_t^n(x^\varkappa)$$

---

307) Math. Ann. 36 (1890), p. 435, 453; Monatsh. Math. Phys. 1 (1890), p. 33.

308) Ber. Ges. Lpz. 9 (1857), math. p. 163/80; Z. Math. Phys. 3 (1858), p. 65/180; Compendium der höheren Analysis, (2e éd.) 2, Brunswick 1866, p. 16.

309) Diss. Berlin (s. d.) [1876], p. 2.

310) Ber. Ges. Lpz. 9 (1857), math. p. 163/80; réimp. Z. Math. Phys. 3 (1858), p. 65/80.

311) Math. Ann. 3 (1871), p. 276.

d'une puissance entière quelconque $x^{\varkappa}$, expression dans laquelle ne figurent que des puissances de x et de dérivées de x prises par rapport à t, *R. Most*[312]) introduisit l'expression de la dérivée $n^{\text{ième}}$ prise par rapport à t, $F_t^{(n)}(x)$, au moyen de l'intégrale de Cauchy. Il réalisa ainsi un grand progrès dans cet ordre de recherches.

Une conséquence de cette idée de *R. Most* fut l'extension du problème à des dérivées de fonctions

$$F(x_1, x_2, \ldots, x_n)$$

d'un nombre quelconque de variables $x_1, x_2, \ldots, x_n$, elles-mêmes fonctions d'une même variable t. *Cette extension amena *R. Most*[313]) à rechercher pour deux variables, et *F. Gomes Teixeira*[314]) pour un nombre quelconque de variables, l'expression des dérivées d'ordre quelconque des fonctions composées.

Supposons que la fonction

$$F(x_1, x_2, \ldots, x_n)$$

se transforme par la substitution

$$x_1 = \varphi_1(t),\ x_2 = \varphi_2(t), \ldots,\ x_n = \varphi_n(t)$$

en

$$F(x_1, x_2, \ldots, x_n) = f(t).$$

F. Gomes Teixeira a montré que l'on a

$$\frac{1}{n!} f^{(n)}(t) = \sum_{m=1}^{m=n} \frac{\partial^m F(x_1, x_2, \ldots, x_\nu)}{\partial x_1^{r_1}, \partial x_2^{r_2}, \ldots, \partial x_\nu^{r_\nu}} X_1 X_2 \ldots X_\nu,$$

où

$$X_\varkappa = \frac{1}{\alpha_\varkappa!}\left(\frac{dx_\varkappa}{dt}\right)^{\alpha_\varkappa} \cdot \frac{1}{\beta_\varkappa!}\left(\frac{d^2x_\varkappa}{dt^2}\right)^{\beta_\varkappa} \cdot \frac{1}{\gamma_\varkappa!}\left(\frac{d^3x_\varkappa}{dt^3}\right)^{\gamma_\varkappa} \cdots \quad (\varkappa = 1, 2, \ldots, \nu);$$

$r_1, r_2, \ldots, r_\nu$ sont pour chaque indice m tous les nombres $1, 2, \ldots$ tels que

$$r_1 + r_2 + \cdots + r_\nu = m,$$

et $\alpha_1, \beta_1, \gamma_1, \ldots, \alpha_2, \beta_2, \gamma_2, \ldots$ sont tous les nombres $1, 2, 3, \ldots$ tels que

$$\alpha_1 + \beta_1 + \gamma_1 + \cdots = r_1, \quad \text{et} \quad \alpha_1 + 2\beta_1 + 3\gamma_1 + \cdots = h_1,$$
$$\alpha_2 + \beta_2 + \gamma_2 + \cdots = r_2, \quad \text{et} \quad \alpha_2 + 2\beta_2 + 3\gamma_2 + \cdots = h_2,$$
$$\cdots\cdots\cdots\cdots\cdots\cdots$$

$h_1, h_2, \ldots$ étant tous les nombres $1, 2, \ldots$ tels que l'on ait

$$h_1 + h_2 + \cdots = n.$$*

---

312) Math. Ann. 4 (1871), p. 502.

313) Id. p. 504.

314) *Giorn. mat. (1) 18 (1880), p. 301/7.*

www.ingramcontent.com/pod-product-compliance
Ingram Content Group UK Ltd.
Pitfield, Milton Keynes, MK11 3LW, UK
UKHW012011240726
13965UKWH00001B/293

9 782013 435680